Karl Wohlhart

Dynamik

Grundlagen und Beispiele

Die Deutsche Bibliothek – CIP-Einheitsaufnahme

Wohlhart, Karl:
Dynamik : Grundlagen und Beispiele / Karl Wohlhart. –
Braunschweig ;
  (Uni script)
  ISBN 978-3-528-03109-1 ISBN 978-3-663-12061-2 (eBook)
  DOI 10.1007/978-3-663-12061-2

http://www.vieweg.de

Umschlaggestaltung: Klaus Birk, Wiesbaden

Gedruckt auf säurefreiem Papier.

ISBN 978-3-528-03109-1

Karl Wohlhart

Dynamik

„Un croquis vaut un sermon"
Napoleon Bounaparte

Vorwort

Den vielen Lehrbücher über Dynamik, die sich auf dem Markt befinden, wird das vorliegende Buch keine Konkurrenz machen können: Stoffumfang und Ausführlichkeit der Darstellung reichen dafür nicht aus. Das Buch enthält die Vorlesungen, die ich an der Technischen Universität in Graz für die Studierenden des Maschinenbaus, des Bauingenieurwesens und der Verfahrenstechnik im dritten Semester ihrer Ausbildung gehalten habe. Für diese erste Dynamik-Vorlesung standen vier Wochenstunden Vorlesung und zwei Wochenstunden Übungen zur Verfügung.

Vielleicht ein Vorzug des Buches, und möglicherweise zugleich ein Mangel: Auf die zeichnerische Problemdarstellung wird besonderer Wert gelegt, was das Fehlen von ausführlichen Beschreibungen und Zwischentexten erklärt. Es wird ausgiebig von dem Massenpunkte-Konzept Gebrauch gemacht. Das bedarf einer Rechtfertigung. Moderne Bücher über Mechanik beginnen in der Regel mit der Kontinuumsmechanik und entwickeln die Theorie der Mechanik ausgehend von Impuls- und Drallsatz für das Kontinuum. Die Autoren sind darauf bedacht, den in Mißkredit geratenen Begriff des Massenpunktes, der in der Entwicklung der Mechanik eine so bedeutende Rolle gespielt hat, möglichst ganz zu vermeiden. Dabei wird das Kind mit dem Bade ausgeschüttet: Der didaktisch müheloseste erste Zugang zu den wichtigsten Sätzen der Dynamik ist der über die Massenpunkt-Mechanik, und gewiß ist die Übertragung der so abgeleiteten Sätze auf ein Kontinuum nicht ohne weiteres zulässig, sondern bedarf einer axiomatischen Absicherung. Ist es aber gerechtfertigt, von einem „Erschleichen des Impuls- und des Drallsatzes" via Punktmechanik (G. Hamel) zu reden? Man kann einwenden, daß die „Wahrheit" den Studenten von Anfang an zumutbar sei. Aber Massenpunktesystem und Kontinuum sind nur zwei verschiedene Bilder von der Wirklichkeit der makroskopischen Körper, mit deren Hilfe wir versuchen, ihr Verhalten unter Krafteinwirkung zu verstehen. Bilder haben mit der Realität nur so viel zu tun wie etwa eine Landkarte mit der Landschaft. Vom Anwendungsbereich her gesehen ist die Kontinuumsmechanik sicher die erfolgreichste Mechanik der makroskopischen Körper; das aber ist kein Grund im Anfangsunterricht nicht mit dem Massenpunkt zu beginnen und die wichtigsten Sätze der Mechanik aus einem Massenpunktesystem abzuleiten. Massenpunkte sollten dabei nicht als geometrische Punkte gesehen werden sondern als Körper, deren Positionen hinreichend durch die Lage ihrer Massenzentren gegeben sind und deren Verformungen für die Fragestellung als bedeutungslos eingeschätzt werden können. So gesehen ist die Versuchung gering, den Drallsatz als einen Folgesatz der Newtonschen Gesetze (und nicht als selbständiges Grundgesetz) zu betrachten.

Für das Zustandekommen dieses Buches bin ich Frau cand. Ing. Isolde Rentz zu großem Dank verpflichtet, der es gelungen ist, mein Manuskript fast fehlerfrei in lesbare Form zu bringen. Stehengebliebene Fehler gehen auf mein Konto.

Graz, September 1997   K. Wohlhart, TU Graz

Inhaltsverzeichnis

1 Koordinatensysteme

1.1 Lagebestimmung eines Punktes

Die Lage eines Punktes kann nur bezogen auf ein *Koordinatensystem* festgelegt werden. Unter einem *Punkt* soll im folgenden entweder ein isolierter massebehafteter Punkt (ein Massenpunkt) oder ein Punkt eines starren oder verformbaren Körpers bzw. ein immaterieller Punkt (wie der *Massenmittelpunkt* – das Massenzentrum eines Körpers) verstanden werden. Die Angabe der Lage eines Punktes P geschieht durch die Angabe der zu einem Bezugssystem gehörenden Koordinaten. Das einfachste und daher wichtigste Koordinatensystem ist das kartesische Koordinatensystem.

1.1.1 Kartesisches Koordinatensystem

Drei zueinander normal gerichtete Einheitsvektoren, die in einem gemeinsamen Punkt ansetzen, bilden ein orthogonales Dreibein. Ein solches Dreibein kann die Basis für ein Koordinatensystem bilden: Jeder Vektor kann als Linearkombination der Einheitsvektoren dargestellt werden. Der Ortsvektor $\mathbf{x}$, der vom Koordinatenursprung O zum betrachteten Punkt P hinführt, kann in der Form

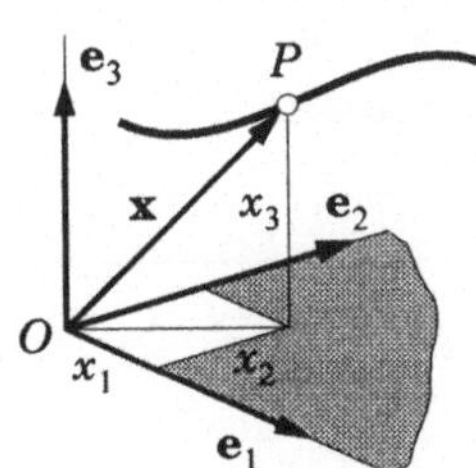

$$\mathbf{x} = x_1\mathbf{e}_1 + x_2\mathbf{e}_2 + x_3\mathbf{e}_3 = \sum_1^3 x_i\mathbf{e}_i \quad \text{kurz} \quad \mathbf{x} = x_i\mathbf{e}_i$$

dargestellt werden. Dabei gelte für die Basisvektoren:

$$\mathbf{e}_i \circ \mathbf{e}_j = \delta_{ij} = \begin{cases} 1 \text{ wenn } i = j \\ 0 \text{ wenn } i \neq j \end{cases} \quad (\delta_{ij} = \text{Kronecker-Delta})$$

Die Koeffizienten x_1, x_2, x_3 sind die kartesischen Koordinaten des Ortsvektors $\mathbf{x}$ in der Basis $(O, \mathbf{e}_1, \mathbf{e}_2, \mathbf{e}_3)$. Offensichtlich gilt:

$$x_i = \mathbf{x} \circ \mathbf{e}_i \quad i = 1, 2, 3$$

Umbenennung: Anstelle von $\mathbf{e}_1\,\mathbf{e}_2\,\mathbf{e}_3$ und $x_1\,x_2\,x_3$ werden wir oft auch $\mathbf{e}_x\,\mathbf{e}_y\,\mathbf{e}_z$ und $x\,y\,z$ schreiben.

1.1.2 Verschiedene Koordinatensysteme

Für theoretische Entwicklungen eignet sich am besten das kartesische Koordinatensystem. Es gibt aber auch Probleme, die einfacher zu lösen sind, wenn man ein (problemgerechteres) anderes Koordinatensystem verwendet. Wir betrachten hier das System der Zylinderkoordinaten und das System der Kugelkoordinaten.

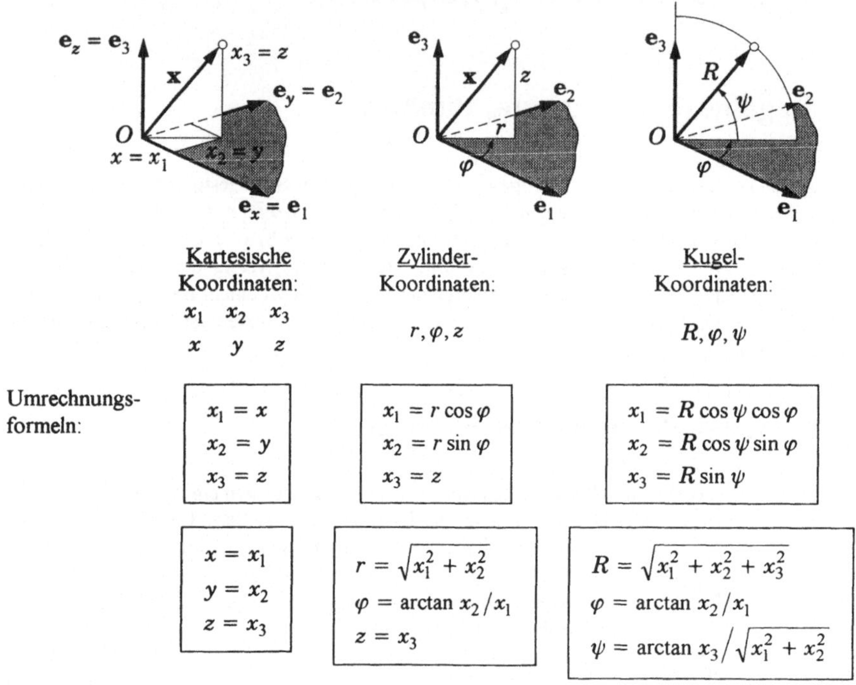

Kartesische Koordinaten:

$$x_1 \quad x_2 \quad x_3$$
$$x \quad y \quad z$$

Zylinder-Koordinaten:

$$r, \varphi, z$$

Kugel-Koordinaten:

$$R, \varphi, \psi$$

Umrechnungsformeln:

$$x_1 = x$$
$$x_2 = y$$
$$x_3 = z$$

$$x_1 = r \cos \varphi$$
$$x_2 = r \sin \varphi$$
$$x_3 = z$$

$$x_1 = R \cos \psi \cos \varphi$$
$$x_2 = R \cos \psi \sin \varphi$$
$$x_3 = R \sin \psi$$

$$x = x_1$$
$$y = x_2$$
$$z = x_3$$

$$r = \sqrt{x_1^2 + x_2^2}$$
$$\varphi = \arctan x_2 / x_1$$
$$z = x_3$$

$$R = \sqrt{x_1^2 + x_2^2 + x_3^2}$$
$$\varphi = \arctan x_2 / x_1$$
$$\psi = \arctan x_3 \big/ \sqrt{x_1^2 + x_2^2}$$

1.1.3 Allgemeine krummlinige Koordinaten

Man kann durch $x_i = x_i(q_1, q_2, q_3)$, $i = 1, 2, 3$ auch allgemeine Koordinaten $q_1 \, q_2 \, q_3$ einführen. Setzt man die Umkehrbarkeit dieser Funktionen voraus, setzt also voraus, daß die Funktionen $q_\alpha = q_\alpha(x_1, x_2, x_3)$ angegeben werden können, dann können anstelle der kartesischen Koordinaten x_i auch die allgemeinen Koordinaten q_α zur Lagebestimmung eines Punktes verwendet werden.

1.2 Die Geschwindigkeit eines Punktes

Sind die Koordinaten, die die Lage des Punktes bestimmen, als Zeitfunktionen gegeben:

$$x_{1(t)}, x_{2(t)}, x_{3(t)}$$
[oder $r_{(t)}, \varphi_{(t)}, z_{(t)}$ bzw. $R_{(t)}, \varphi_{(t)}, \psi_{(t)}$ oder schließlich $q_{1(t)}, q_{2(t)}, q_{3(t)}$],

dann ist damit der zeitliche Ablauf der Punktbewegung in bezug auf die Vektorbasis $(O, \mathbf{e}_1\, \mathbf{e}_2\, \mathbf{e}_3)$ vollständig gegeben. Die Punktbahn in Parameterform:

$$\mathbf{x}_{(t)} = x_{i(t)}\mathbf{e}_i$$

Die mittlere Geschwindigkeit:

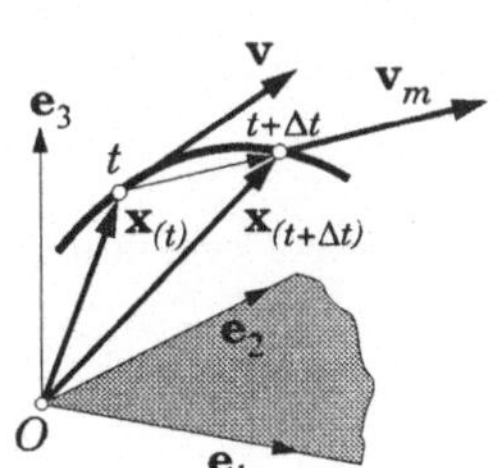

Ist die Lage des Punktes zu zwei Zeitpunkten t und $t + \Delta t$ durch die Ortsvektoren $\mathbf{x}_{(t)}$ und $\mathbf{x}_{(t+\Delta t)}$ gegeben, dann kann die mittlere Geschwindigkeit der Punktbewegung durch

$$\mathbf{v}_{m \atop (t,\,\Delta t)} = \frac{\mathbf{x}_{(t+\Delta t)} - \mathbf{x}_{(t)}}{(t + \Delta t) - t} = \frac{\Delta\mathbf{x}}{\Delta t} \qquad \text{definiert werden.}$$

Diese mittlere Geschwindigkeit hängt außer von t auch noch von Δt ab. Der Grenzwert der mittleren Geschwindigkeit ($\Delta t \to 0$) ist die (momentane) <u>Geschwindigkeit</u>:

$$\boxed{\;\mathbf{v}_{(t)} = \lim_{\Delta t \to 0} \frac{\mathbf{x}_{(t+\Delta t)} - \mathbf{x}_{(t)}}{\Delta t} = \frac{d\mathbf{x}}{dt} = \frac{dx_i}{dt}\mathbf{e}_i = v_i\mathbf{e}_i\;}$$

$\mathbf{v}$ ist ein Vektor in der Richtung der Tangente an die Bahn des Punktes. Seine kartesischen Koordinaten v_i sind die Ableitungen der kartesischen Ortskoordinaten $x_{i(t)}$ nach der Zeit.

Eine Ableitung nach der Zeit soll im folgenden immer auch durch einen übergesetzten Punkt angezeigt werden können:

$$\frac{d(\cdots)}{dt} := (\cdots)^{\bullet} \qquad \Rightarrow \qquad \mathbf{v} = \dot{\mathbf{x}} = \dot{x}_i\mathbf{e}_i$$

Der ***Betrag der (Momentan-)Geschwindigkeit*** berechnet sich aus $v = \sqrt{\mathbf{v} \circ \mathbf{v}}$ zu

$$v = \sqrt{v_1^2 + v_2^2 + v_3^2} = \frac{1}{dt}\sqrt{dx_1^2 + dx_2^2 + dx_3^2}$$

Mit $\quad |d\mathbf{x}| = ds = \sqrt{dx_1^2 + dx_2^2 + dx_3^2}\quad$ wird:

$$v = \frac{ds}{dt} = \dot{s}$$

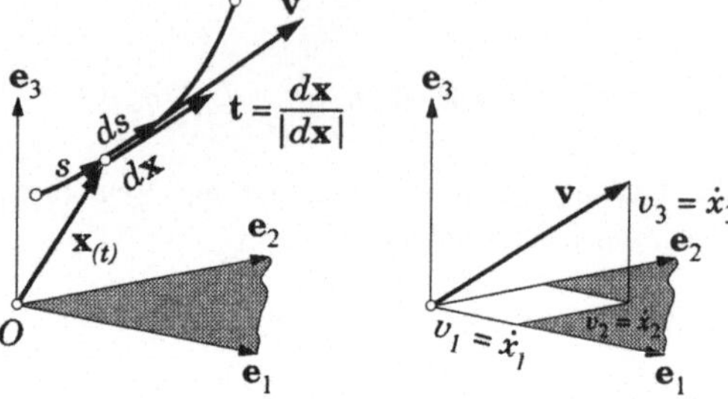

Für die in der Zeitspanne $(t - t_0)$ vom Punkt durchlaufene *Wegstrecke* $(s - s_0)$ erhält man daraus:

$$s - s_0 = \int_{t_0}^{t} v_{(t)}\, dt$$

Ist die Geschwindigkeit dem Betrage nach konstant $v = \text{konst.} = v_0$, dann folgt daraus

$$s_{(t)} = s_0 + v_0(t - t_0)$$

bzw. mit $\quad s_0 = 0,\ t_0 = 0 \quad\Rightarrow\quad s = v_0 t$

Mit dem Einheitsvektor $\quad \mathbf{t} = \dfrac{d\mathbf{x}}{|d\mathbf{x}|} = \dfrac{d\mathbf{x}}{ds}\quad$ in der Richtung der Bahntangente kann man für

den Geschwindigkeitsvektor $\quad \mathbf{v} = \dfrac{d\mathbf{x}}{dt} = \dfrac{d\mathbf{x}}{|d\mathbf{x}|} \cdot \dfrac{ds}{dt} = \mathbf{t} \cdot v\quad$ schreiben.

Ist die Vektorbasis $(O, \mathbf{e}_1\, \mathbf{e}_2\, \mathbf{e}_3)$ bekannt, so genügen zur Festlegung der Lage bzw. der Geschwindigkeit eines Punktes die kartesischen Koordinaten x_i bzw. v_i. Faßt man diese zu Spaltenmatrizen $(\underset{\sim}{x}, \underset{\sim}{v})$ zusammen, dann gilt:

$$\mathbf{v} = \dot{\mathbf{x}} \quad\rightarrow\quad v_i = \dot{x}_i \quad\rightarrow\quad \underset{\text{kart}}{v} = \begin{bmatrix} v_1 \\ v_2 \\ v_3 \end{bmatrix} = \underset{\text{kart}}{\dot{x}} = \frac{d}{dt}\begin{bmatrix} x_1 \\ x_2 \\ x_3 \end{bmatrix} = \begin{bmatrix} \dot{x}_1 \\ \dot{x}_2 \\ \dot{x}_3 \end{bmatrix}$$

1.2.1 Die Geschwindigkeit bei Verwendung von Zylinderkoordinaten

1.2.1.1 Berechnung von **v** durch Ableiten von **x**

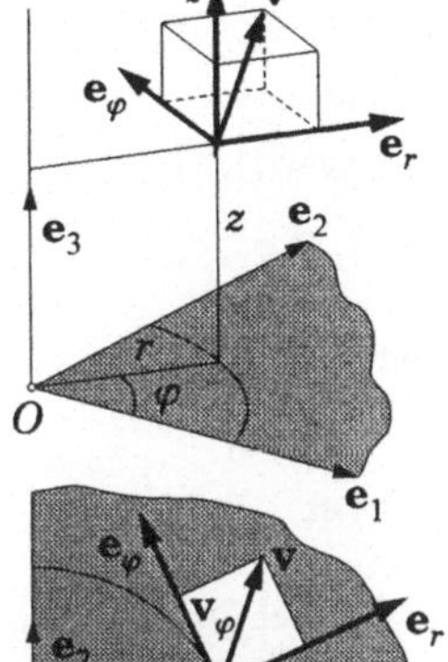

Projektion in Richtung
von $\left(-\mathbf{e}_3\right)$

$$\mathbf{x} = x_1\mathbf{e}_1 + x_2\mathbf{e}_2 + x_3\mathbf{e}_3$$

Mit $\quad x_1 = r\cos\varphi,\; x_2 = r\sin\varphi\quad$ und $\quad x_3 = z$

wird $\quad \mathbf{x} = r\left(\cos\varphi\,\mathbf{e}_1 + \sin\varphi\,\mathbf{e}_2\right) + z\,\mathbf{e}_3$.

Die Ableitung nach der Zeit ergibt für **v**:

$$\mathbf{v} = \dot{\mathbf{x}} = \dot{r}\left(\cos\varphi\,\mathbf{e}_1 + \sin\varphi\,\mathbf{e}_2\right)$$

$$+ r\dot{\varphi}\left(-\sin\varphi\,\mathbf{e}_1 + \cos\varphi\,\mathbf{e}_2\right) + \dot{z}\,\mathbf{e}_3.$$

Mit den neuen Einheitsvektoren $\mathbf{e}_r$, $\mathbf{e}_\varphi$ und $\mathbf{e}_z$:

$$\mathbf{e}_r = \cos\varphi\,\mathbf{e}_1 + \sin\varphi\,\mathbf{e}_2$$

$$\mathbf{e}_\varphi = -\sin\varphi\,\mathbf{e}_1 + \cos\varphi\,\mathbf{e}_2 \quad \left(\perp \mathbf{e}_r\right)$$

$$\mathbf{e}_z = \mathbf{e}_3 \qquad\qquad \left(\perp \mathbf{e}_r, \mathbf{e}_\varphi\right)$$

(die zueinander normalgerichtet sind $\mathbf{e}_r \circ \mathbf{e}_\varphi = 0$, $\mathbf{e}_r \circ \mathbf{e}_z = 0$, $\mathbf{e}_z \circ \mathbf{e}_\varphi = 0$) erhält man dann für die Geschwindigkeit:

$$\boxed{\;\mathbf{v} = \dot{\mathbf{x}} = \dot{r}\,\mathbf{e}_r + r\dot{\varphi}\,\mathbf{e}_\varphi + \dot{z}\,\mathbf{e}_z\;}$$

Die Koeffizienten $\dot{r} = v_r$, $r\dot{\varphi} = v_\varphi$ und $\dot{z} = v_z$ nennen wir die Geschwindigkeitskomponenten in den Richtungen $\mathbf{e}_r, \mathbf{e}_\varphi, \mathbf{e}_z$ oder die Zylinderkoordinaten der Geschwindigkeit **v**.

Für den Ortsvektor **x** kann man mit $\mathbf{e}_r$ und $\mathbf{e}_z$ $\quad\boxed{\;\mathbf{x} = r\,\mathbf{e}_r + z\,\mathbf{e}_z\;}\quad$ schreiben.

Die Vektoren $\mathbf{e}_r, \mathbf{e}_\varphi$ und $\mathbf{e}_z$ bilden ein (von Ort zu Ort verschiedenes) orthonormiertes Dreibein. Auch hier können die Koordinaten des Lage- und des Geschwindigkeitsvektors in $\left(\mathbf{e}_r\,\mathbf{e}_\varphi\,\mathbf{e}_z\right)$ zu Spaltenmatrizen zusammengefaßt werden. Dabei gilt aber jetzt nicht mehr der einfache Zusammenhang wie bei den Spaltenvektoren, die zum kartesischen Dreibein gehören.

Es ist vielmehr jetzt $\underset{\text{zyl}}{\dot{x}} \neq \underset{\text{zyl}}{v}$: $\qquad \underset{\text{zyl}}{x} = \begin{bmatrix} r \\ 0 \\ z \end{bmatrix}$ und $\underset{\text{zyl}}{v} = \begin{bmatrix} v_r \\ v_\varphi \\ v_z \end{bmatrix} = \begin{bmatrix} \dot{r} \\ r\dot{\varphi} \\ \dot{z} \end{bmatrix} \neq \underset{\text{zyl}}{\dot{x}}$!

1.2.1.2 Bestimmung von **v** direkt über das Wegelement $d\mathbf{x}$

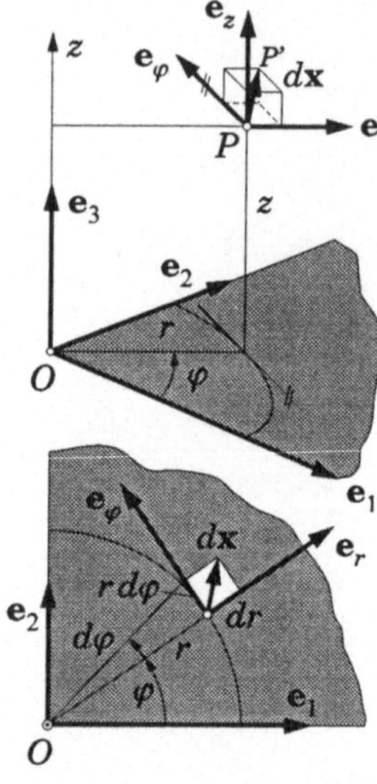

Projektion in der Richtung
von $(-\mathbf{e}_3)$

Kürzer als bei obiger formalen Bestimmung der Geschwindigkeit **v** durch Ableitung des Ortsvektors **x** kommt man zur Darstellung $\mathbf{v} = \dot{r}\mathbf{e}_r + r\dot{\varphi}\mathbf{e}_\varphi + \dot{z}\mathbf{e}_z$ auf folgende Weise:

Führen wir die folgenden Einheitsvektoren ein

$\mathbf{e}_r$ in Richtung des zunehmenden r

$\mathbf{e}_\varphi$ in Richtung des zunehmenden Winkels $\varphi\,(\perp\mathbf{e}_r)$

$\mathbf{e}_z$ in Richtung des zunehmenden z $(\perp\mathbf{e}_r,\mathbf{e}_\varphi)$

Für die infinitesimale Ortsvektorenänderung $d\mathbf{x}$ kann man aus der Zeichnung folgende Darstellung ablesen:

$$d\mathbf{x} = (dr)\,\mathbf{e}_r + (r\,d\varphi)\,\mathbf{e}_\varphi + (dz)\,\mathbf{e}_z$$

Daraus erhält man sofort (durch Division durch dt) die oben abgeleitete Darstellung von **v** in $\mathbf{e}_r\,\mathbf{e}_\varphi\,\mathbf{e}_z$:

$$\mathbf{v} = \frac{d\mathbf{x}}{dt} = \dot{\mathbf{x}} = \dot{r}\mathbf{e}_r + r\dot{\varphi}\mathbf{e}_\varphi + \dot{z}\mathbf{e}_z$$

Für den Betrag von **v** ergibt sich wegen der Orthonormalität der $\mathbf{e}_r\,\mathbf{e}_\varphi\,\mathbf{e}_z$:

$$|\,\mathbf{v}\,| = v = \sqrt{\dot{r}^2 + (r\dot{\varphi})^2 + \dot{z}^2}\,.$$

1.2.2 Die Geschwindigkeit bei Verwendung von Kugelkoordinaten

1.2.2.1 Berechnung von **v** durch Ableiten von **x**

$$\mathbf{x} = x_1\mathbf{e}_1 + x_2\mathbf{e}_2 + x_3\mathbf{e}_3 = R\big[\cos\psi\,(\cos\varphi\mathbf{e}_1 + \sin\varphi\mathbf{e}_2) + \sin\psi\mathbf{e}_3\big] \qquad \Rightarrow$$

$$\dot{\mathbf{x}} = \dot{R}\big[\cos\psi\,(\cos\varphi\mathbf{e}_1 + \sin\varphi\mathbf{e}_2) + \sin\psi\mathbf{e}_3\big] +$$
$$+ R\dot{\psi}\big[-\sin\psi\,(\cos\varphi\mathbf{e}_1 + \sin\varphi\mathbf{e}_2) + \cos\psi\mathbf{e}_3\big] +$$
$$+ R\dot{\varphi}\cos\psi\,(-\sin\varphi\mathbf{e}_1 + \cos\varphi\mathbf{e}_2)$$

Mit den neuen Einheitsvektoren $\mathbf{e}_R$, $\mathbf{e}_\varphi$ und $\mathbf{e}_\psi$

$$\mathbf{e}_R = \cos\psi\,(\cos\varphi\mathbf{e}_1 + \sin\varphi\mathbf{e}_2) + \sin\psi\mathbf{e}_3 = \cos\psi\mathbf{e}_r + \sin\psi\mathbf{e}_3$$
$$\mathbf{e}_\varphi = \qquad -\sin\varphi\mathbf{e}_1 + \cos\varphi\mathbf{e}_2 \qquad (\perp\mathbf{e}_R)$$
$$\mathbf{e}_\psi = -\sin\psi\,(\cos\varphi\mathbf{e}_1 + \sin\varphi\mathbf{e}_2) + \cos\psi\mathbf{e}_3 = -\sin\psi\mathbf{e}_r + \cos\psi\mathbf{e}_3 \qquad (\perp\mathbf{e}_R,\mathbf{e}_\varphi)$$

erhält man für die Geschwindigkeit:

$$\mathbf{v} = \dot{\mathbf{x}} = \dot{R}\mathbf{e}_R + (R\cos\psi\,\dot{\varphi})\mathbf{e}_\varphi + R\dot{\psi}\mathbf{e}_\psi$$

Die Geschwindigkeitskomponenten in den Richtungen $\mathbf{e}_R$, $\mathbf{e}_\varphi$ und $\mathbf{e}_\psi$:

$v_R = \dot{R}$, $v_\varphi = R\cos\psi\,\dot{\varphi}$ und $R\dot{\psi} = v_\psi$ sind die Kugelkoordinaten der Geschwindigkeit $\mathbf{v}$.

Die Einheitsvektoren $\mathbf{e}_R$, $\mathbf{e}_\varphi$ und $\mathbf{e}_\psi$ bilden ein ortsabhängiges orthonormales Dreibein. Für den Ortsvektor $\mathbf{x}$ gilt:

$$\mathbf{x} = R\mathbf{e}_R$$

Faßt man R, 0, 0 bzw. $\dot{R}$, $R\cos\psi\,\dot{\varphi}$, $R\dot{\psi}$ zu Spaltenvektoren zusammen:

$$\underset{\text{Kugel}}{\underaccent{\sim}{x}} = \begin{vmatrix} R \\ 0 \\ 0 \end{vmatrix}, \quad \underset{\text{Kugel}}{\underaccent{\sim}{v}} = \begin{vmatrix} v_R \\ v_\varphi \\ v_\psi \end{vmatrix} = \begin{vmatrix} \dot{R} \\ R\cos\psi\,\dot{\varphi} \\ R\dot{\psi} \end{vmatrix},$$

so gilt auch hier wieder $\underset{\text{Kugel}}{\dot{\underaccent{\sim}{x}}} \neq \underset{\text{Kugel}}{\underaccent{\sim}{v}}$.

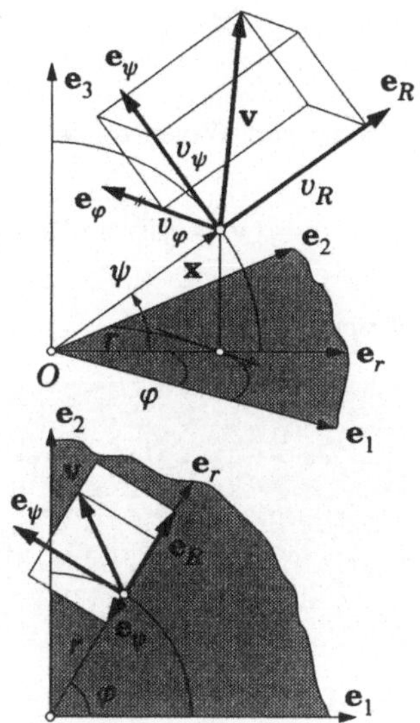

Projektion in Richtung
von $(-\mathbf{e}_3)$

1.2.2.2 Bestimmung von v direkt aus dem Wegelement $d\mathbf{x}$

Führen wir die folgenden Einheitsvektoren $\mathbf{e}_R$ $\mathbf{e}_\varphi$ $\mathbf{e}_\psi$ ein:

$\mathbf{e}_R$ in der Richtung des zunehmenden R
$\mathbf{e}_\varphi$ in der Richtung des zunehmenden φ ($\perp \mathbf{e}_R$)
$\mathbf{e}_\psi$ in der Richtung des zunehmenden ψ ($\perp \mathbf{e}_\varphi$, $\mathbf{e}_R$).

Die Lage eines Punktes ist durch R, φ und ψ festgelegt, ein infinitesimal benachbarter Punkt durch $R + dR$, $\varphi + d\varphi$ und $\psi + d\psi$. Für die infinitesimale Ortsvektorenänderung $d\mathbf{x}$ kann man aus der Zeichnung ablesen:

$$d\mathbf{x} = dR\,\mathbf{e}_R + (R\cos\psi\,d\varphi)\mathbf{e}_\varphi + (R\,d\psi)\mathbf{e}_\psi,$$

woraus wie oben

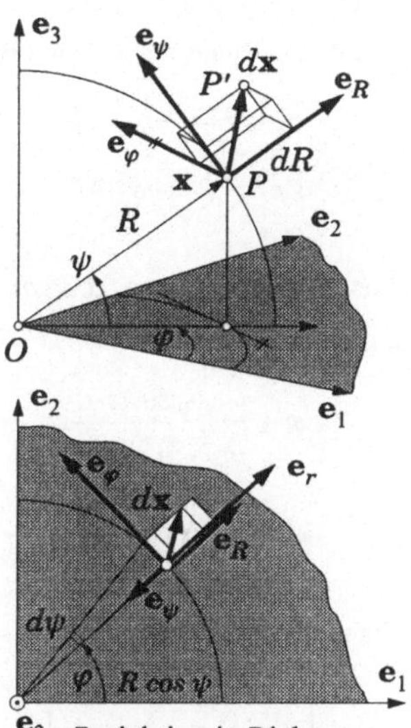

Projektion in Richtung
von $(-\mathbf{e}_3)$.

8

$$\mathbf{v} = \frac{d\mathbf{x}}{dt} = \dot{R}\,\mathbf{e}_R + \left(R\cos\psi\,\dot\varphi\right)\mathbf{e}_\varphi + \left(R\dot\psi\right)\mathbf{e}_\psi$$

erhalten wird. Wegen $\mathbf{e}_R \perp \mathbf{e}_\varphi \perp \mathbf{e}_\psi$ ergibt sich der Betrag von $\mathbf{v}$ zu:

$$v = |\,\mathbf{v}\,| = \sqrt{\dot{R}^2 + \left(R\cos\psi\,\dot\varphi\right)^2 + \left(R\dot\psi\right)^2}$$

Beispiel

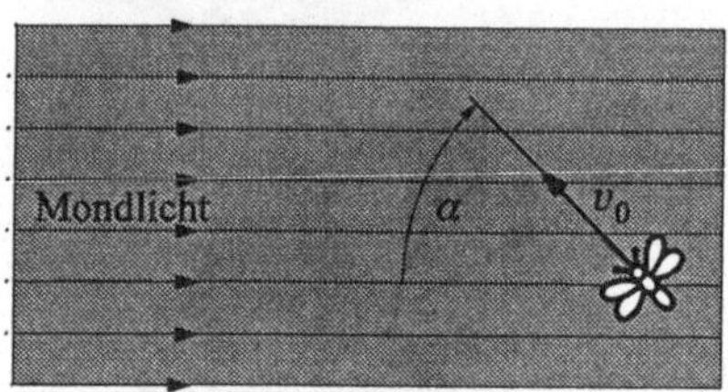

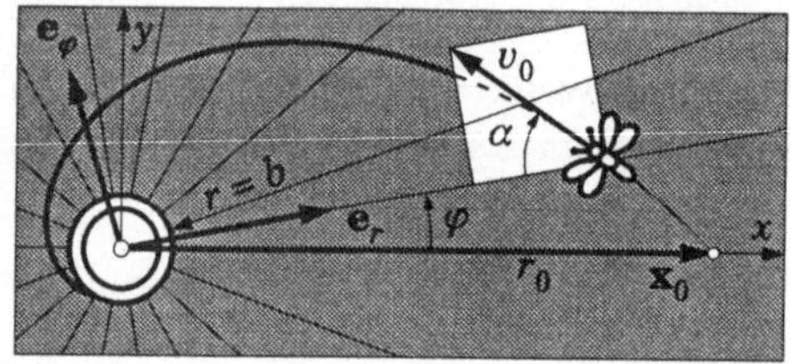

Ein Nachtfalter orientiert sich bei seinen nächtlichen Ausflügen nach dem Stand des Mondes: Er fliegt geradeaus, wenn ihm das Mondlicht unter einem konstanten Winkel α „ins Auge fällt". Verwechselt ein Nachtfalter aber eine Straßenlaterne mit dem Mond, dann fliegt er mit (dem Betrage nach konstanter) Geschwindigkeit so, daß er die Laterne immer unter dem gleichen Blickwinkel α erblickt (Macht der Gewohnheit). Auf welcher Flugbahn nähert er sich der Laterne und wann stößt er an die Laternenkugel (b)?

Die Bahn ist eingebettet in eine Ebene, die durch $\mathbf{x}_0$ und $\mathbf{v}_0$ festgelegt ist. Es ist naheliegend, zur Lagebestimmung, die „Polarkoordinaten" r und φ (= Zylinderkoordinaten mit $z \equiv 0$ bzw. Kugelkoordinaten mit $\psi \equiv 0$ und $R = r$) zu verwenden. Die Komponenten der Geschwindigkeit in den Richtungen $\mathbf{e}_r$ und $\mathbf{e}_\varphi$ sind:

$$v_r = \dot{r} = -v_0 \cos\alpha \qquad \ldots\ldots\ 1)$$

$$v_\varphi = r\dot\varphi = v_0 \sin\alpha \qquad \ldots\ldots\ 2)$$

Aus 1) folgt $dr = -v_0 \cos\alpha\, dt \;\Rightarrow\; \boxed{\, r(t) = r_0 - (v_0 \cos\alpha)t \,}$, womit man aus 2) für $\varphi(t)$ erhält:

$$\dot\varphi = \frac{v_0 \sin\alpha}{r_0 - v_0 \cos\alpha\, t} \quad\Rightarrow\quad d\varphi = \frac{v_0 \sin\alpha}{r_0 - (v_0 \cos\alpha)t}\, dt$$

$$d\varphi = -\tan\alpha\, \frac{d[r_0 - v_0 \cos\alpha\, t]}{r_0 - v_0 \cos\alpha\, t} = -\tan\alpha\, d\big[\ln(r_0 - v_0 \cos\alpha\, t)\big]$$

Unter Berücksichtigung der Anfangsbedingung $t = 0$: $\varphi = \varphi_0 = 0$ ergibt sich daraus

$$\boxed{\; \varphi(t) = -\tan\alpha \ln\big[1 - (v_0 \cos\alpha/r_0)t\big] \;}\;.$$

Die Zeit bis zum Aufprall τ: Aus $r(t = \tau) = b = r_0 - v_0 \cos\alpha\,\tau$ folgt

$$t = (r_0 - b)/(v_0 \cos\alpha)$$

Beispiel

Schräglauflinie (Loxodrome, Kursgleiche) auf der Kugeloberfläche.

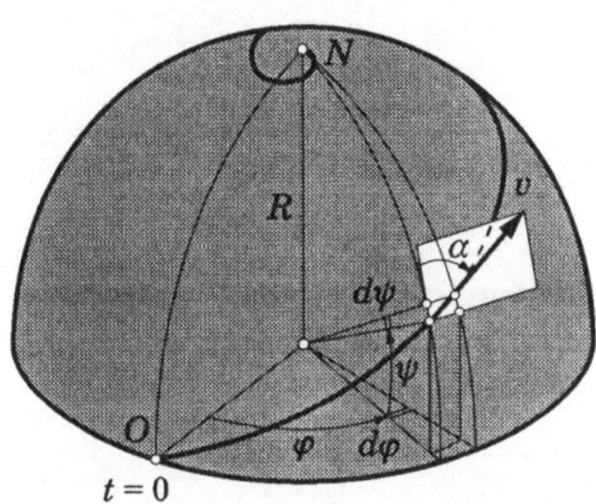

Auf der nördlichen Halbkugel fliege ein Flugzeug **mit konstantem Kurs** (α) und (dem Betrage nach) konstanter Geschwindigkeit in gleichbleibender Höhe. Die Flughöhe kann gegenüber dem Erdradius R vernachlässigt werden. Die Aufstiegszeit vom Start am Äquator ($\varphi = 0$, $\psi = 0$) bis zum Erreichen der (konst.) Flughöhe sei verglichen mit der Flugdauer sehr klein. Es soll die Flugbahn $\psi = \psi(\varphi)$, d. h. der Zusammenhang zwischen der geographischen Länge und der geographischen Breite und die Dauer sowie die Weglänge vom Äquator bis zum Nordpol berechnet werden.

Die Flugbahn verläuft auf der Oberfläche einer Kugel ($R = $ konst.). Es liegt daher nahe, zur Lagebestimmung Kugelkoordinaten zu verwenden.

Die Komponenten der Geschwindigkeit $\mathbf{v}$ in den Richtungen $\mathbf{e}_R$, $\mathbf{e}_\varphi$ und $\mathbf{e}_\psi$ sind:

$$v_R = \dot{R} = 0 \qquad \text{........ 1)}$$

$$v_\varphi = R \cos\psi\,\dot\varphi = v_0 \sin\alpha \qquad \text{........ 2)}$$

$$v_\psi = R\dot\psi \quad\quad = v_0 \cos\alpha \qquad \text{........ 3)}$$

Aus 1) folgt $R = $ konst. und aus 3) $\Rightarrow dψ = (v_0 \cos\alpha/R)dt \Rightarrow \psi = (v_0 \cos\alpha/R)t + C$.
Unter Berücksichtigung der Anfangsbedingung $t = 0$: $\psi = 0 \Rightarrow C = 0 \Rightarrow$

$$\psi(t) = (v_0 \cos\alpha/R)t$$

Damit ergibt sich bereits für die Flugdauer $(\varphi = \pi/2)$:

$$\tau = R\pi/2v_0 \cos\alpha$$

Setzt man $\psi(t) = (v_0 \cos\alpha/R)t$ in 2) ein, dann erhält man die Differentialgleichung für $\varphi(t)$.

10

Da nicht $\varphi(t)$ sondern $\psi(\varphi)$ gefragt ist, wird man versuchen, eine Differentialgleichung für $\psi(\varphi)$ direkt zu finden. Die Division von 3) durch 2) liefert

$$\frac{R\, d\psi/dt}{R\cos\psi\, d\varphi/dt} = \cot\alpha \quad \Rightarrow \quad \frac{d\psi}{d\varphi} = \cos\psi\,\cot\alpha\,.$$

Trennung der Variablen ergibt

$$\frac{d\psi}{\cos\psi} = (\cot\alpha)\,d\varphi \quad\text{........ 4)}$$

Unter Berücksichtigung der Anfangsbedingung $\psi = 0:\ \varphi = 0$ folgt: $\varphi = \tan\alpha\displaystyle\int\limits_0^{\psi}\frac{d\psi}{\cos\psi}$.

Für das Integral $\int d\psi/\cos\psi$ können verschiedene Lösungsformen angegeben werden. Eine davon erhält man wie folgt:

$$\frac{d\psi}{\cos\psi} = \frac{\cos\psi\, d\psi}{\cos^2\psi} = \frac{d(\sin\psi)}{1-\sin^2\psi} = \frac{1}{2}\left[\frac{1}{1-\sin\psi} + \frac{1}{1+\sin\psi}\right]d(\sin\psi)$$

$$= \frac{1}{2}\left[-\frac{d(1-\sin\psi)}{1-\sin\psi} + \frac{d(1+\sin\psi)}{1+\sin\psi}\right] = d\left[\frac{1}{2}\ln\frac{1+\sin\psi}{1-\sin\psi}\right] = d\left[\ln\frac{1+\sin\psi}{\cos\psi}\right] \quad\text{........5)}$$

Damit findet man für die gesuchte Schräglauflinie:

$$\varphi = \tan\alpha\,\frac{1}{2}\ln\frac{1+\sin\psi}{1-\sin\psi} \quad\Rightarrow\quad e^{2\varphi\cot\alpha} = \frac{1+\sin\psi}{1-\sin\psi} \quad\Rightarrow\quad \sin\psi = \frac{e^{2\varphi\cot\alpha}-1}{e^{2\varphi\cot\alpha}+1} \quad\Rightarrow$$

$$\sin\psi = \frac{\left(e^{\varphi\cot\alpha}-e^{-\varphi\cot\alpha}\right)/2}{\left(e^{\varphi\cot\alpha}+e^{-\varphi\cot\alpha}\right)/2} = \tanh(\varphi\cot\alpha) \quad\Rightarrow$$

$$\boxed{\psi(\varphi) = \arcsin\left[\tanh(\varphi\cot\alpha)\right]}$$

Die Weglänge L berechnet sich aus $ds = R\, d\psi/\cos\alpha$ zu $\boxed{L = \frac{1}{2}\frac{R\pi}{\cos\alpha}}$

Flugweg L und Flugdauer τ sind endlich, obwohl sich die Loxodrome (theoretisch) unendlich oft um den Nordpol herumschlingt.

Die kürzeste Verbindung zweier Punkte 1, 2
auf der Kugel ergibt sich mit

$$\underset{\sim}{n_1} = \begin{vmatrix} \cos\psi_1 \cos\varphi_1 \\ \cos\psi_1 \sin\varphi_1 \\ \sin\psi_1 \end{vmatrix}$$

und $\quad \underset{\sim}{n_2} = \begin{vmatrix} \cos\psi_2 \cos\varphi_2 \\ \cos\psi_2 \sin\varphi_2 \\ \sin\psi_2 \end{vmatrix}$

aus

$$\mathbf{n}_1 \circ \mathbf{n}_2 = \cos\alpha_{12} =$$

$$= \cos\psi_1 \cos\varphi_1 \cdot \cos\psi_2 \cos\varphi_2 + \cos\psi_1 \sin\varphi_1 \cdot \cos\psi_2 \sin\varphi_2 + \sin\psi_1 \sin\psi_2$$

zu

$$\Delta s_{\min} = R\,\alpha_{12} = R\arccos\left[\cos\psi_1 \cos\psi_2 \cos(\varphi_2 - \varphi_1) + \sin\psi_1 \sin\psi_2\right].$$

Die Punkte 1 und 2 verbindet eine Schräglauflinie, dessen Schräglaufwinkel α wie folgt zu
bestimmen ist:

$$\text{Aus 4) und 5)} \Rightarrow \int\limits_{\psi_1}^{\psi_2} \frac{d\psi}{\cos\psi} = \cot\alpha\,(\varphi_2 - \varphi_1) = \ln\left(\frac{1+\sin\psi_2}{\cos\psi_2} \cdot \frac{\cos\psi_1}{1+\sin\psi_1}\right) \Rightarrow$$

$$\tan\alpha = \frac{(\varphi_2 - \varphi_1)}{\ln\left(\dfrac{1+\sin\psi_2}{1+\sin\psi_1} \cdot \dfrac{\cos\psi_1}{\cos\psi_2}\right)}$$

Die Loxodromenlänge von 1 bis 2 ergibt sich damit aus $ds\cos\alpha = R\,d\psi$ zu

$$s_2 - s_1 = \Delta s = R(\psi_2 - \psi_1)\sqrt{1 + \left[(\varphi_2 - \varphi_1)\Big/\ln\left(\frac{1+\sin\psi_2}{1+\sin\psi_1} \cdot \frac{\cos\psi_1}{\cos\psi_2}\right)\right]^2} > \Delta s_{\min}.$$

1.3 Die Beschleunigung eines Punktes

Der Bewegungsablauf eines Punktes sei durch die Angabe der kartesischen Koordinaten oder
der Zylinder- bzw. der Kugelkoordinaten als Zeitfunktion gegeben. Dann ist der Ortsvektor als
Zeitfunktion bekannt:

$$\mathbf{x}(t).$$

Für die Geschwindigkeit zum Zeitpunkt t findet man daraus: $\mathbf{v}(t) = \dot{\mathbf{x}}(t)$.

Zum Zeitpunkt $(t + \Delta t)$ ist die Geschwindigkeit $\mathbf{v}(t + \Delta t) = \dot{\mathbf{x}}(t + \Delta t)$.

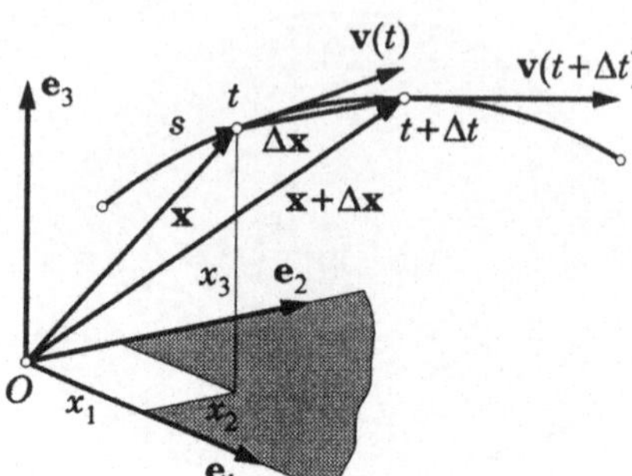

Wir definieren zunächst die **mittlere Beschleunigung** durch:

$$\mathbf{a}_m(t, \Delta t) := \frac{\mathbf{v}(t + \Delta t) - \mathbf{v}(t)}{\Delta t} = \frac{\Delta \mathbf{v}}{\Delta t}$$

Diese mittlere Beschleunigung hängt ab vom Zeitpunkt t und der Zeitspanne Δt. Den Grenzwert der mittleren Beschleunigung für $\Delta t \to 0$ bezeichnen wir als die (momentane) <u>Beschleunigung</u> (die nur von t abhängt):

$$\mathbf{a}(t) = \lim_{\Delta t \to 0} \frac{\mathbf{v}(t + \Delta t) - \mathbf{v}(t)}{\Delta t} = \frac{d\mathbf{v}}{dt} = \dot{\mathbf{v}} = \ddot{\mathbf{x}}$$

Für kartesische Koordinaten gilt: $\mathbf{a} = a_i \mathbf{e}_i = \dot{v}_i \mathbf{e}_i = \ddot{x}_i \mathbf{e}_i$.

Faßt man die Koordinaten a_i zu einer Spaltenmatrize $\underset{\sim}{a}$ zusammen, dann gilt:

$$\underset{\sim}{a} \Big|_{\text{kart.}} = \begin{vmatrix} a_1 \\ a_2 \\ a_3 \end{vmatrix} = \underset{\sim}{\dot{v}} \Big|_{\text{kart.}} = \begin{vmatrix} \dot{v}_1 \\ \dot{v}_2 \\ \dot{v}_3 \end{vmatrix} = \underset{\sim}{\ddot{x}} \Big|_{\text{kart.}} = \begin{vmatrix} \ddot{x}_1 \\ \ddot{x}_2 \\ \ddot{x}_3 \end{vmatrix}$$

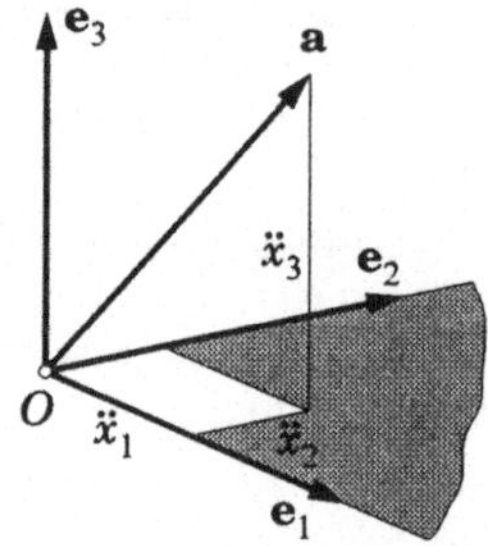

1.4 Die Schmiegebene σ und das begleitende Dreibein

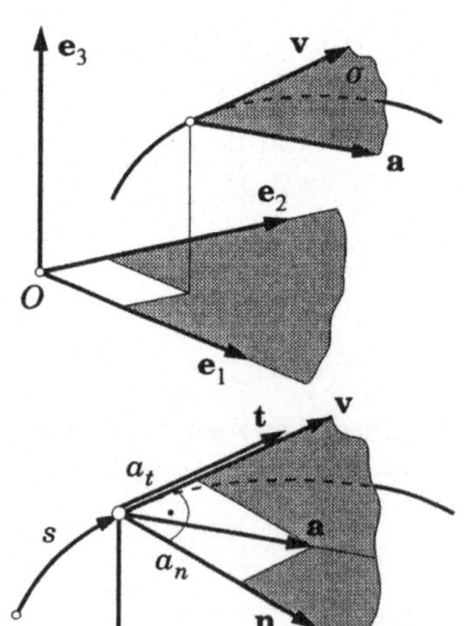

Von Ausnahmen abgesehen unterscheidet sich die Richtung der Beschleunigung $\mathbf{a}$ von der Richtung der Geschwindigkeit $\mathbf{v}$, d. h. es gilt i. a.:

$$\mathbf{v} \times \mathbf{a} \neq 0 .$$

Die beiden Vektoren $\mathbf{v}$ und $\mathbf{a}$ bestimmen unter dieser Voraussetzung eine Ebene, die wir Schmiegebene nennen und mit σ bezeichnen.

Normalenvektor $\mathbf{n}$

In der Schmiegebene σ soll ein Normalenvektor $\mathbf{n}$ normal zum Geschwindigkeitsvektor $\mathbf{v}$ (bzw. normal zum Tangenteneinheitsvektor $\mathbf{t}$) so errichtet werden, daß

$$\mathbf{n} \circ \mathbf{a} > 0$$

ist.

Binormalenvektor $\mathbf{b} = \mathbf{t} \times \mathbf{n}$.

Ferner soll der „Binormalenvektor $\mathbf{b}$" – normal zum Geschwindigkeitsvektor $\mathbf{v}$ und normal zum Beschleunigungsvektor $\mathbf{a}$ (also $\perp$ zu σ) errichtet werden:

$$\mathbf{b} = (\mathbf{v} \times \mathbf{a})/|\,\mathbf{v} \times \mathbf{a}\,|.$$

Begleitendes Dreibein

Die drei orthonormalen Vektoren $\mathbf{t}$, $\mathbf{n}$, $\mathbf{b}$ können als Vektorbasis dienen. Sie bilden ein die Bahnkurve begleitendes Dreibein.

1.4.1 Darstellung der Geschwindigkeit und der Beschleunigung im begleitenden Dreibein

Mit $|\,d\mathbf{x}\,| = ds$ wird $\mathbf{v} = \dfrac{d\mathbf{x}}{dt} = \dfrac{d\mathbf{x}}{|\,d\mathbf{x}\,|}\dfrac{ds}{dt} = \boxed{\ \mathbf{t}\dot{s} = \mathbf{v}\ }$.

Differentiation nach t ergibt

$$\mathbf{a} = \dot{\mathbf{t}}\dot{s} + \mathbf{t}\ddot{s}.$$

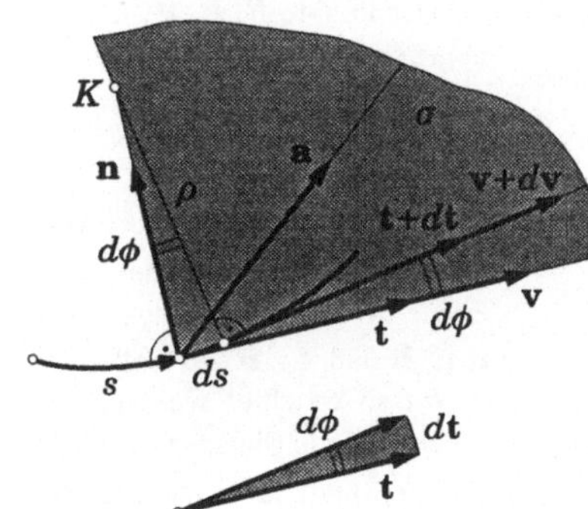

Der Vektor $\dot{\mathbf{t}}$ ist ein Vektor, der in der Schmiegebene (σ) liegt, denn mit $\mathbf{t} = \mathbf{v}/\dot{s}$ wird

$$\dot{\mathbf{t}} = (\mathbf{a} - \ddot{s}\mathbf{v}/\dot{s})/\dot{s},$$

d. h. $\dot{\mathbf{t}}$ ist eine Linearkombination von $\mathbf{v}$, und $\mathbf{a}$ liegt also in σ. $\mathbf{t}$ ist ein Einheitsvektor, d. h. es gilt:

$$\mathbf{t} \circ \mathbf{t} = 1.$$

Daraus folgt $\mathbf{t} \circ \dot{\mathbf{t}} = 0$, d. h. $\dot{\mathbf{t}} \perp \mathbf{t}$.

Schließen die Tangentenvektoren $\mathbf{t}$ und $\mathbf{t} + dt$ den Winkel $d\phi$ ein, dann kann man schreiben

$$dt = d\phi\,\mathbf{n}$$

und mit $\rho\,d\phi = ds$ wird $dt = \dfrac{ds}{\rho}\mathbf{n}$ bzw.

$$\dot{\mathbf{t}} = \frac{\dot{s}}{\rho}\mathbf{n}.$$

K, der Schnittpunkt zweier benachbarten Normalen, ist der Krümmungsmittelpunkt, ρ ist der Krümmungsradius der Bahn im betrachteten Punkt, $1/\rho = \kappa$ heißt die Krümmung. Mit $\dot{\mathbf{t}} = \dfrac{\dot{s}}{\rho}\mathbf{n}$ erhält man für den Beschleunigungsvektor $\mathbf{a}$:

$$\boxed{\mathbf{a} = \mathbf{t}\,\ddot{s} + \mathbf{n}\,\frac{\dot{s}^2}{\rho}} = \mathbf{t}\,\dot{v} + \mathbf{n}\,\frac{v^2}{\rho} = \mathbf{t}\,a_t + \mathbf{n}\,a_n \ .$$

Die Komponenten $\ddot{s}$, $\dot{s}^2/\rho$ und 0 heißen die **natürlichen Koordinaten** des Beschleunigungsvektors. Die natürlichen Koordinaten der Geschwindigkeit sind v, 0, 0. Zusammengefaßt zu Spaltenmatrizen $\underset{\text{nat.}}{\underset{\sim}{v}}$ bzw. $\underset{\text{nat.}}{\underset{\sim}{a}}$:

$$\underset{\text{nat.}}{\underset{\sim}{v}} = \begin{bmatrix} v \\ 0 \\ 0 \end{bmatrix} \ , \quad \underset{\text{nat.}}{\underset{\sim}{a}} = \begin{bmatrix} \dot{v} \\ v^2/\rho \\ 0 \end{bmatrix} \qquad \text{es gilt } \underset{\text{nat.}}{\underset{\sim}{\dot{v}}} \neq \underset{\text{nat.}}{\underset{\sim}{a}} \ !$$

Wir nennen $\dot{v} = \ddot{s} = a_t$ die Tangentialbeschleunigung und $v^2/\rho = \dot{s}^2/\rho = a_n$ die Normalbeschleunigung.

1.4.2 Die Frenetschen Ableitungsformeln

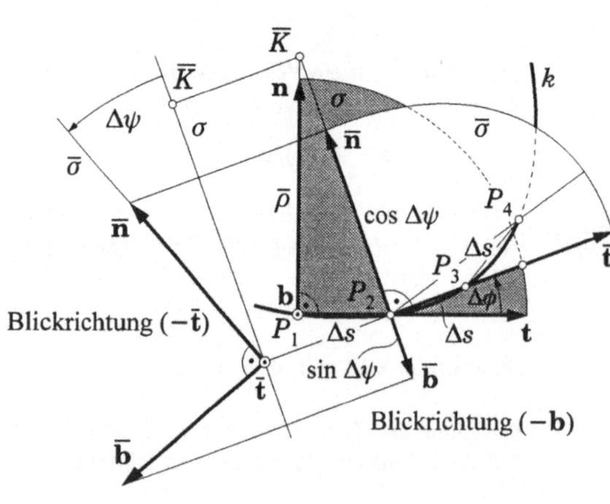

Nehmen wir an, eine Raumkurve k liege vor. Wir markieren auf ihr vier Punkte $P_1\,P_2\,P_3$ und P_4 in gleichem Bogenabstand:

$$\overline{P_1P_2} = \overline{P_2P_3} = \overline{P_3P_4} = \Delta s \ .$$

$P_1\,P_2\,P_3$ bestimmen eine Ebene σ, $P_2\,P_3\,P_4$ bestimmen eine Ebene $\overline{\sigma}$. Die Einheitsvektoren $\mathbf{t}, \mathbf{n}, \mathbf{b}$ und $\overline{\mathbf{t}}, \overline{\mathbf{n}}, \overline{\mathbf{b}}$ sollen (in σ, $\overline{\sigma}$) so errichtet werden, wie nebenstehende Skizze aufzeigt. σ und $\overline{\sigma}$ (und damit $\mathbf{b}$ und $\overline{\mathbf{b}}$) schließen den Winkel $\Delta\psi$ und $\overline{P_1P_2}$ und $\overline{P_2P_3}$ (bzw. $\overline{\mathbf{t}}$ und $\mathbf{t}$) den Winkel $\Delta\phi$ ein.

Die Vektoren $\overline{\mathbf{t}}, \overline{\mathbf{n}}$ und $\overline{\mathbf{b}}$ können als Linearkombinationen der Vektoren $\mathbf{t}, \mathbf{n}$ und $\mathbf{b}$ dargestellt werden:

$$
\begin{aligned}
\overline{\mathbf{t}} &= & \cos\Delta\phi\,\mathbf{t} + \sin\Delta\phi\,\mathbf{n} &\ + & 0\cdot\mathbf{b} \\
\overline{\mathbf{n}} &= & \cos\Delta\psi\,(-\sin\Delta\phi\,\mathbf{t} + \cos\Delta\phi\,\mathbf{n}) &\ + & \sin\Delta\psi\,\mathbf{b} \\
\overline{\mathbf{b}} &= & \sin\Delta\psi\,(\sin\Delta\phi\,\mathbf{t} - \cos\Delta\phi\,\mathbf{n}) &\ + & \cos\Delta\psi\,\mathbf{b}
\end{aligned}
$$

Mit $\Delta s \to ds = 0$, $\bar{t} - t \to dt = 0$, $\bar{n} - n \to dn = 0$ und $\bar{b} - b \to db = 0$, dem Differentialoperator

$$\frac{d(\ )}{ds} = (\ )'$$

und weiter mit

$$\phi' = \frac{d\phi}{ds} = \kappa = \frac{1}{\rho} \qquad \text{der } \textbf{Krümmung}$$

sowie

$$\psi' = \frac{d\psi}{ds} = \tau \qquad \text{der } \textbf{Torsion oder Windung}$$

erhält man daraus die <u>Frenetschen Ableitungsformeln</u> für $\textbf{t}$, $\textbf{n}$ und $\textbf{b}$

$$
\boxed{\begin{aligned}
\textbf{t}' &= & \kappa\,\textbf{n} & \\
\textbf{n}' &= -\kappa\,\textbf{t} & & +\tau\,\textbf{b} \\
\textbf{b}' &= & -\tau\,\textbf{n} &
\end{aligned}}
\quad\Rightarrow\quad
\boxed{\begin{aligned}
\dot{\textbf{t}} &= & \dot{s}\kappa\,\textbf{n} & \\
\dot{\textbf{n}} &= -\dot{s}\kappa\,\textbf{t} & & +\dot{s}\tau\,\textbf{b} \\
\dot{\textbf{b}} &= & -\dot{s}\tau\,\textbf{n} &
\end{aligned}}
$$

1.5 Die natürlichen Koordinaten s, κ, τ einer Raumkurve

Neben den kartesischen Koordinaten:	x_1	x_2	x_3
bzw. den Zylinder-Koordinaten:	r	φ	z
oder den Kugel-Koordinaten:	R	φ	ψ
können auch die **natürlichen Koordinaten**:	s	κ	τ

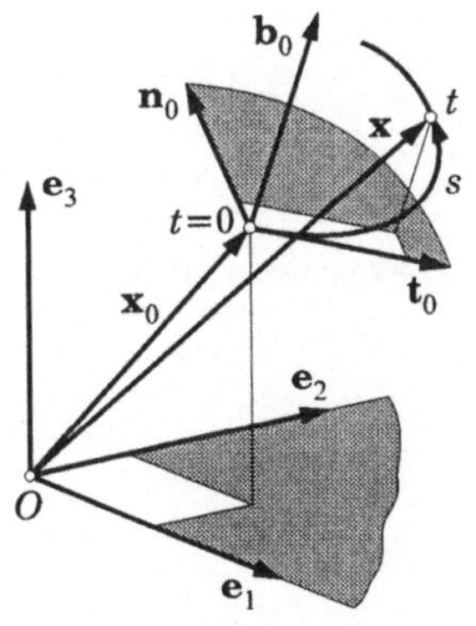

zur Beschreibung einer Raumkurve bzw. der Bewegung eines Punktes herangezogen werden. Sind die Krümmung $\kappa = 1/\rho$, die Bogenlänge s und die Windung (Torsion) τ als Zeitfunktionen $s(t)$, $\kappa(t)$, $\tau(t)$ gegeben, so wird dadurch (in Parameterform) die Raumkurve festgelegt, d. h. es kann, wenn $\textbf{x}(t = 0) = \textbf{x}_0$ und $\textbf{t}(t = 0) = \textbf{t}_0$, $\textbf{n}(t = 0) = \textbf{n}_0$ und $\textbf{b}(t = 0) = \textbf{b}_0$ gegeben sind, $\textbf{x}(t)$ berechnet werden. Denn, nehmen wir die Darstellung in einer Taylorreihe an:

$$\textbf{x}(t) = \textbf{x}_0 + \dot{\textbf{x}}_0 t + \ddot{\textbf{x}}_0\, t^2/2! + \dddot{\textbf{x}}_0\, t^3/3! + \ldots$$

dann können ja mit Hilfe der Frenetschen Formeln alle höheren Ableitungen des Ortsvektors an der Stelle $t = 0$ berechnet werden aus

$$\dot{\mathbf{x}} = \mathbf{x}'\dot{s} = \left(\mathbf{t}\,\dot{s}\right)$$

$$\ddot{\mathbf{x}} = \left(\mathbf{t}\,\dot{s}\right)^{\cdot} = \mathbf{t}\,\ddot{s} + \dot{\mathbf{t}}\,\dot{s} = \left(\mathbf{t}\,\ddot{s} + \mathbf{n}\,\dot{s}^2\kappa\right)$$

$$\dddot{\mathbf{x}} = \left(\mathbf{t}\,\ddot{s} + \mathbf{n}\,\dot{s}^2\kappa\right)^{\cdot} = \mathbf{t}\,\dddot{s} + \mathbf{t}'\dot{s}\ddot{s} + \mathbf{n}'\dot{s}^3\kappa + \mathbf{n}\left(\dot{s}^2\kappa\right)^{\cdot}$$

$$= \mathbf{t}\,\dddot{s} + \mathbf{n}\kappa\,\dot{s}\ddot{s} + \left(-\kappa\mathbf{t} + \tau\mathbf{b}\right)\dot{s}^3\kappa + \mathbf{n}\left(\dot{s}^2\kappa\right)^{\cdot}$$

$$= \mathbf{t}\left(\dddot{s} - \kappa^2\dot{s}^3\right) + \mathbf{n}\left[\kappa\,\dot{s}\ddot{s} + \left(\dot{s}^2\kappa\right)^{\cdot}\right] + \tau\,\dot{s}^3\kappa\,\mathbf{b}$$

usw.

Das Ergebnis ist

$$\mathbf{x}(t) = \mathbf{x}_0 + \mathbf{t}_0 T(t) + \mathbf{n}_0 N(t) + \mathbf{b}_0 B(t)$$

Sonderfälle

$\kappa \equiv 0 \;\Rightarrow\; \mathbf{a} = \ddot{s}\,\mathbf{t} + \dot{s}^2\kappa\,\mathbf{n} = \ddot{s}\,\mathbf{t} = \left(\ddot{s}/\dot{s}\right)\mathbf{v} \;\Rightarrow\; \mathbf{v}\|\mathbf{a} \;\Rightarrow\;$ Gerade.

$\tau \equiv 0 \;\Rightarrow\; \mathbf{b}' = -\tau\mathbf{n} \;\Rightarrow\; \mathbf{b}' = 0 \;\Rightarrow\; \mathbf{b} = \text{konst.} \;\Rightarrow\;$ ebene Kurve in $(\mathbf{t}_0\,\mathbf{n}_0)$

$\kappa = \text{konst.}, \tau = \text{konst.} \;\Rightarrow\;$ Schraublinie

$\kappa = \text{konst.} \wedge \tau \equiv 0 \;\Rightarrow\;$ Kreis.

Neben dem Kreis und der Geraden kann nur noch die Schraublinie „in sich" verschoben werden: Schwert, Türkensäbel, Schraubsäbel?

1.6 Darstellung der Beschleunigung

1.6.1 Zylinderkoordinaten

Die Ableitungsformel für $\mathbf{e}_r\,\mathbf{e}_\varphi\,\mathbf{e}_z$

Die Berechnung von $\mathbf{a}$ dargestellt in $\mathbf{e}_r\,\mathbf{e}_\varphi\,\mathbf{e}_z$ wird sehr erleichtert, wenn man $\dot{\mathbf{e}}_r\,\dot{\mathbf{e}}_\varphi\,\dot{\mathbf{e}}_z$, dargestellt in $\mathbf{e}_r\,\mathbf{e}_\varphi\,\mathbf{e}_z$, kennt.

$$\mathbf{e}_r = \cos\varphi\,\mathbf{e}_1 + \sin\varphi\,\mathbf{e}_2 \;\Rightarrow\; \dot{\mathbf{e}}_r = \left(-\sin\varphi\,\mathbf{e}_1 + \cos\varphi\,\mathbf{e}_2\right)\dot{\varphi}$$

$$\mathbf{e}_\varphi = -\sin\varphi\,\mathbf{e}_1 + \cos\varphi\,\mathbf{e}_2 \;\Rightarrow\; \dot{\mathbf{e}}_\varphi = \left(-\cos\varphi\,\mathbf{e}_1 - \sin\varphi\,\mathbf{e}_2\right)\dot{\varphi}$$

$$\mathbf{e}_3 = \mathbf{e}_3$$

$$\boxed{\begin{aligned}
\dot{\mathbf{e}}_r &= \mathbf{e}_\varphi\dot{\varphi} \\
\dot{\mathbf{e}}_\varphi &= -\mathbf{e}_r\dot{\varphi} \\
\dot{\mathbf{e}}_z &= 0
\end{aligned}}$$

Diese Ableitungsformeln erhält man unmittelbar auch aus $d\mathbf{e}_r = d\varphi\,\mathbf{e}_\varphi$, $d\mathbf{e}_\varphi = -d\varphi\,\mathbf{e}_r$, $d\mathbf{e}_z = 0$.

Die ersten beiden Ableitungen des Ortsvektors

$$\mathbf{x} = r\,\mathbf{e}_r + z\,\mathbf{e}_z$$

$$\dot{\mathbf{x}} = \dot{r}\,\mathbf{e}_r + r\,\dot{\mathbf{e}}_r + \dot{z}\,\mathbf{e}_z = \boxed{\dot{r}\,\mathbf{e}_r + r\dot{\varphi}\,\mathbf{e}_\varphi + \dot{z}\,\mathbf{e}_z = \mathbf{v}}$$

$$\ddot{\mathbf{x}} = \ddot{r}\,\mathbf{e}_r + \dot{r}\,\dot{\mathbf{e}}_r + (\dot{r}\dot{\varphi} + r\ddot{\varphi})\mathbf{e}_\varphi + r\dot{\varphi}\,\dot{\mathbf{e}}_\varphi + \ddot{z}\,\mathbf{e}_z$$

$$= \ddot{r}\,\mathbf{e}_r + \dot{r}\dot{\varphi}\,\mathbf{e}_\varphi + (\dot{r}\dot{\varphi} + r\ddot{\varphi})\mathbf{e}_\varphi + r\dot{\varphi}(-\dot{\varphi}\,\mathbf{e}_r) + \ddot{z}\,\mathbf{e}_z$$

$$\boxed{\mathbf{a} = \left(\ddot{r} - r\dot{\varphi}^2\right)\mathbf{e}_r + \left(r\ddot{\varphi} + 2\dot{r}\dot{\varphi}\right)\mathbf{e}_\varphi + \ddot{z}\,\mathbf{e}_z}$$

$$= a_r\,\mathbf{e}_r + a_\varphi\,\mathbf{e}_\varphi + a_z\,\mathbf{e}_z$$

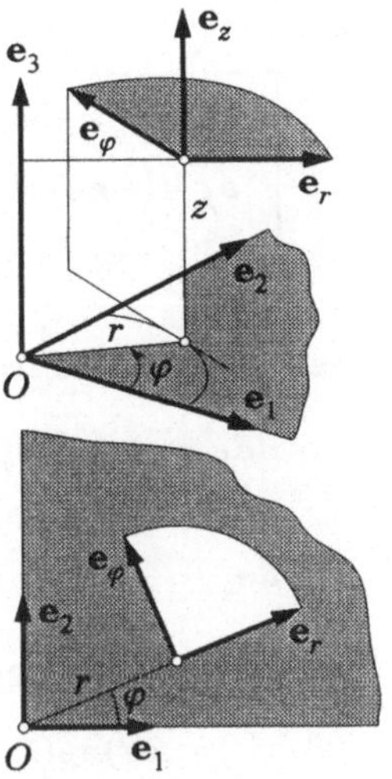

$a_r = \ddot{r} - r\dot{\varphi}^2$, $a_\varphi = r\ddot{\varphi} + 2\dot{r}\dot{\varphi}$ und $a_z = \ddot{z}$ sind die Zylinderkoordinaten des Beschleunigungsvektors a. Zusammengefaßt zu einer Spaltenmatrize $\underset{\sim}{a}$:

$$\underset{\text{Zyl.}}{\underset{\sim}{a}} = \begin{vmatrix} \ddot{r} - r\dot{\varphi}^2 \\ r\ddot{\varphi} + 2\dot{r}\dot{\varphi} \\ \ddot{z} \end{vmatrix} = \begin{vmatrix} a_r \\ a_\varphi \\ a_z \end{vmatrix} \neq \underset{\text{Zyl.}}{\dot{\underset{\sim}{v}}} \neq \underset{\text{Zyl.}}{\ddot{\underset{\sim}{x}}} \ !$$

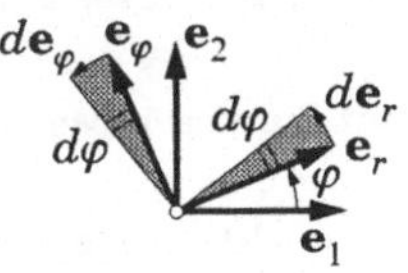

1.6.2 Kugelkoordinaten

Die Ableitungsformeln für $\mathbf{e}_R\ \mathbf{e}_\varphi\ \mathbf{e}_\psi$

Aus

$$\left.\begin{aligned}
\mathbf{e}_R &= \cos\psi\,(\cos\varphi\,\mathbf{e}_1 + \sin\varphi\,\mathbf{e}_2) + \sin\psi\,\mathbf{e}_3 \\
\mathbf{e}_\varphi &= \qquad\ (-\sin\varphi\,\mathbf{e}_1 + \cos\varphi\,\mathbf{e}_2) \\
\mathbf{e}_\psi &= -\sin\psi\,(\cos\varphi\,\mathbf{e}_1 + \sin\varphi\,\mathbf{e}_2) + \cos\psi\,\mathbf{e}_3
\end{aligned}\right\} \Rightarrow$$

$$\cos\varphi\,\mathbf{e}_1 + \sin\varphi\,\mathbf{e}_2 = \mathbf{e}_R\cos\psi - \mathbf{e}_\psi\sin\psi$$

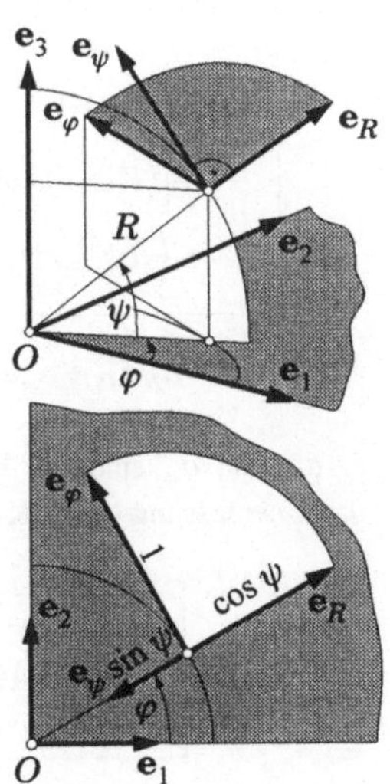

erhält man:

$$\dot{\mathbf{e}}_R = \left[-\sin\psi\,(\cos\varphi\,\mathbf{e}_1 + \sin\varphi\,\mathbf{e}_2) + \cos\psi\,\mathbf{e}_3\right]\dot{\psi} +$$

$$+ \cos\psi\,(-\sin\varphi\,\mathbf{e}_1 + \cos\varphi\,\mathbf{e}_2)\dot{\varphi}$$

$$\dot{\mathbf{e}}_\varphi = -(\cos\varphi\,\mathbf{e}_1 + \sin\varphi\,\mathbf{e}_2)\dot{\varphi}$$

$$\dot{\mathbf{e}}_\psi = -\left[\cos\psi\,(\cos\varphi\,\mathbf{e}_1 + \sin\varphi\,\mathbf{e}_2) + \sin\psi\,\mathbf{e}_3\right]\dot{\psi} -$$

$$- \sin\psi\,(-\sin\varphi\,\mathbf{e}_1 + \cos\varphi\,\mathbf{e}_2)\dot{\varphi}$$

18

bzw.

$$\dot{\mathbf{e}}_R = \mathbf{e}_\psi \dot{\psi} + \mathbf{e}_\varphi \dot{\varphi} \cos \psi$$

$$\dot{\mathbf{e}}_\varphi = \left(- \mathbf{e}_R \cos \psi + \mathbf{e}_\psi \sin \psi\right) \dot{\varphi}$$

$$\dot{\mathbf{e}}_\psi = -\mathbf{e}_R \dot{\psi} - \mathbf{e}_\varphi \dot{\varphi} \sin \psi$$

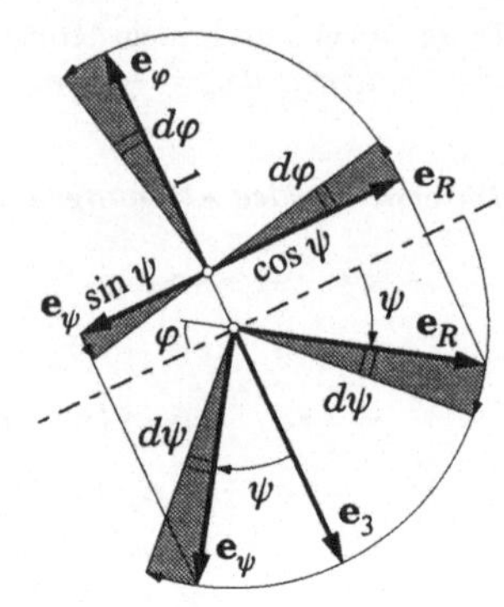

Diese Ableitungsformeln ergeben sich direkter auch aus

$$d\mathbf{e}_R = \mathbf{e}_\psi d\psi + \mathbf{e}_\varphi (\cos \psi \, d\varphi)$$

$$d\mathbf{e}_\varphi = -\mathbf{e}_R (\cos \psi \, d\varphi) + \mathbf{e}_\psi (\sin \psi \, d\varphi)$$

$$d\mathbf{e}_\psi = -\mathbf{e}_R \, d\psi - \mathbf{e}_\varphi \sin \psi \, d\varphi$$

Damit können die <u>Ableitungen des Ortsvektors</u> einfach bestimmt werden:

$$\mathbf{x}(t) = R(t) \mathbf{e}_R(t)$$

$$\dot{\mathbf{x}}(t) = \dot{R} \mathbf{e}_R + R \dot{\mathbf{e}}_R = \boxed{\dot{R} \mathbf{e}_r + R \cos \psi \, \dot{\varphi} \mathbf{e}_\varphi + R \dot{\psi} \mathbf{e}_\psi = \mathbf{v}}$$

Dieses Ergebnis haben wir bereits auf Seite 7 erhalten.

$$\ddot{\mathbf{x}} = \ddot{R} \mathbf{e}_R + \dot{R} \dot{\mathbf{e}}_R + \left(R \cos \psi \, \dot{\varphi}\right)^{\cdot} \mathbf{e}_\varphi + \left(R \cos \psi \, \dot{\varphi}\right) \dot{\mathbf{e}}_\varphi + \left(R \dot{\psi}\right)^{\cdot} \mathbf{e}_\psi + R \dot{\psi} \dot{\mathbf{e}}_\psi$$

$$= \ddot{R} \mathbf{e}_R + \dot{R} \left(\dot{\psi} \mathbf{e}_\psi + \dot{\varphi} \cos \psi \, \mathbf{e}_\varphi\right) + \left[(R \cos \psi)^{\cdot} \dot{\varphi} + (R \cos \psi) \ddot{\varphi}\right] \mathbf{e}_\varphi$$

$$+ R \cos \psi \, \dot{\varphi}^2 \left(- \cos \psi \, \mathbf{e}_R + \sin \psi \, \mathbf{e}_\psi\right) + \left(R \ddot{\psi} + \dot{R} \dot{\psi}\right) \mathbf{e}_\psi + R \dot{\psi} \left(- \dot{\psi} \mathbf{e}_R - \dot{\varphi} \sin \psi \, \mathbf{e}_\varphi\right)$$

Mit $\dot{R} \cos \psi \, \dot{\varphi} + (R \cos \psi)^{\cdot} \dot{\varphi} - R \sin \psi \, \dot{\psi} \dot{\varphi} = 2 (R \cos \psi)^{\cdot} \dot{\varphi}$ wird

$$\boxed{\begin{aligned}
\mathbf{a} &= \left(\ddot{R} - R \dot{\psi}^2 - R \cos^2 \psi \, \dot{\varphi}^2\right) \mathbf{e}_R \\
&+ \left[(R \cos \psi) \ddot{\varphi} + 2 (R \cos \psi)^{\cdot} \dot{\varphi}\right] \mathbf{e}_\varphi \\
&+ \left\{R \ddot{\psi} + 2 \dot{R} \dot{\psi} + R \cos \psi \sin \psi \, \dot{\varphi}^2\right\} \mathbf{e}_\psi
\end{aligned}}$$

$$= a_R \mathbf{e}_R + a_\varphi \mathbf{e}_\varphi + a_\psi \mathbf{e}_\psi$$

a_R, a_φ und a_ψ sind die Kugelkoordinaten des Beschleunigungsvektors in $\mathbf{e}_R \, \mathbf{e}_\varphi \, \mathbf{e}_\psi$. Die Zusammenfassung dieser Koordinaten zu einer Spaltenmatrize $\underset{\sim}{a}$ ergibt

$$\underset{\sim}{a}_{\text{Kug.}} = \boxed{\begin{matrix}
\ddot{R} - R \dot{\psi}^2 - R \cos^2 \psi \, \dot{\varphi}^2 \\
(R \cos \psi) \ddot{\varphi} + 2 (R \cos \psi)^{\cdot} \dot{\varphi} \\
R \ddot{\psi} + 2 \dot{R} \dot{\psi} + R \cos \psi \sin \psi \, \dot{\varphi}^2
\end{matrix}} \ne \underset{\sim}{\dot{v}}_{\text{Kug.}} \ne \underset{\sim}{\ddot{x}}_{\text{Kug.}} .$$

1.7 Berechnung der Koordinaten von a aus den Koordinaten von v bzw. aus ($v^2/2$) bei allgemeinen Lagekoordinaten $q_1\, q_2\, q_3$

Es sei jetzt die Bewegung eines Punktes durch die allgemeinen Lagekoordinaten als Zeitfunktionen

$$q_1(t) \quad q_2(t) \quad q_3(t)$$

gegeben. Die Differentiation des Lagevektors

$$\mathbf{x}(t) = \mathbf{x}\big(q_1(t), q_2(t), q_3(t)\big)$$

nach der Zeit ergibt für die Geschwindigkeit:

$$\mathbf{v} = \dot{\mathbf{x}} = \frac{\partial \mathbf{x}}{\partial q_1}\dot{q}_1 + \frac{\partial \mathbf{x}}{\partial q_2}\dot{q}_2 + \frac{\partial \mathbf{x}}{\partial q_3}\dot{q}_3 = \frac{\partial \mathbf{x}}{\partial q_i}\dot{q}_i$$

Wir merken gleich einmal an, daß

$$\frac{\partial \mathbf{v}}{\partial \dot{q}_i} = \frac{\partial \mathbf{x}}{\partial q_i}$$

ist. Mit $\left| \dfrac{\partial \mathbf{x}}{\partial q_\alpha} \right| = f_\alpha$ und $\dfrac{\partial \mathbf{x}}{\partial q_\alpha} \Big/ \left| \dfrac{\partial \mathbf{x}}{\partial q_\alpha} \right| = \mathbf{n}_\alpha$ wird

$$\boxed{\mathbf{v} = \mathbf{n}_1 f_1 \dot{q}_1 + \mathbf{n}_2 f_2 \dot{q}_2 + \mathbf{n}_3 f_3 \dot{q}_3}$$

Es sei nun noch angenommen, daß $\boxed{\mathbf{n}_1 \perp \mathbf{n}_2 \perp \mathbf{n}_3}$, d. h. die Orthogonalitätsbedingungen erfüllt seien. Zu diesem Fall berechnet sich $v^2/2$ zu:

$$\boxed{v^2/2 = \Big[\big(f_1 \dot{q}_1\big)^2 + \big(f_2 \dot{q}_2\big)^2 + \big(f_3 \dot{q}_3\big)^2\Big]\Big/2}$$

Damit können nun die Koordinaten von $\mathbf{a}$ in $\mathbf{n}_1\, \mathbf{n}_2\, \mathbf{n}_3$ in der folgenden Weise berechnet werden:

Wir bilden $\quad \mathbf{a} \circ \dfrac{\partial \mathbf{x}}{\partial q_\alpha} = \dot{\mathbf{v}} \circ \dfrac{\partial \mathbf{x}}{\partial q_\alpha} = \left(\mathbf{v} \circ \dfrac{\partial \mathbf{x}}{\partial q_\alpha}\right)^{\!\cdot} - \mathbf{v} \circ \left(\dfrac{\partial \mathbf{x}}{\partial q_\alpha}\right)^{\!\cdot}$

und setzen für $\dfrac{\partial \mathbf{x}}{\partial q_\alpha} = f_\alpha \mathbf{n}_\alpha$, $\mathbf{a} \circ \mathbf{n}_\alpha = a_\alpha$, $\dfrac{\partial \mathbf{x}}{\partial q_\alpha} = \dfrac{\partial \mathbf{v}}{\partial \dot{q}_\alpha}$ und $\left(\dfrac{\partial \mathbf{x}}{\partial q_\alpha}\right)^{\!\cdot} = \dfrac{\partial \mathbf{v}}{\partial q_\alpha} \Rightarrow$

20

$$a_\alpha f_\alpha = \left(\mathbf{v} \circ \frac{\partial \mathbf{v}}{\partial \dot{q}_\alpha}\right)^{\cdot} - \mathbf{v} \circ \frac{\partial \mathbf{v}}{\partial q_\alpha} = \left[\frac{\partial\left(v^2/2\right)}{\partial \dot{q}_\alpha}\right]^{\cdot} - \frac{\partial\left(v^2/2\right)}{\partial q_\alpha}$$

$$\Rightarrow \qquad \boxed{a_\alpha = \frac{1}{f_\alpha}\left[\left(\frac{\partial\left(v^2/2\right)}{\partial \dot{q}_\alpha}\right)^{\cdot} - \frac{\partial\left(v^2/2\right)}{\partial q_\alpha}\right]}$$

$$\Rightarrow \qquad \boxed{\mathbf{a} = a_1\mathbf{n}_1 + a_2\mathbf{n}_2 + a_3\mathbf{n}_3}$$

Anwendung auf Kugelkoordinaten

$$q_1 = R, \ q_2 = \varphi, \ q_3 = \psi \quad (\text{und } \mathbf{n}_1 = \mathbf{e}_R, \ \mathbf{n}_2 = \mathbf{e}_\varphi, \ \mathbf{n}_3 = \mathbf{e}_\psi)$$

Aus $\mathbf{v} = \dot{R}\mathbf{e}_R + R\cos\psi\,\dot{\varphi}\,\mathbf{e}_\varphi + R\dot{\psi}\,\mathbf{e}_\psi$ liest man ab:

$$f_R = 1, \ f_\varphi = R\cos\psi \ \text{ und } \ f_\psi = R.$$

und kann bilden:

$$v^2/2 = \left[\dot{R}^2 + R^2\left(\cos^2\psi\,\dot{\varphi}^2 + \dot{\psi}^2\right)\right]\big/2$$

Daraus erhält man für die Kugelkoordinaten der Beschleunigung:

$$\left.\begin{aligned}
a_R &= \frac{1}{1}\left[\left(\dot{R}\right)^{\cdot} - R\left(\cos^2\psi\,\dot{\varphi}^2 + \dot{\psi}^2\right)\right] = \ddot{R} - R\dot{\psi}^2 - R\cos^2\psi\,\dot{\varphi}^2 \\
a_\varphi &= \frac{1}{R\cos\psi}\left[\left(R^2\cos^2\psi\,\dot{\varphi}\right)^{\cdot} - 0\right] = (R\cos\psi)\ddot{\varphi} + 2(R\cos\psi)^{\cdot}\dot{\varphi} \\
a_\psi &= \frac{1}{R}\left[\left(R^2\dot{\psi}\right)^{\cdot} - R^2\dot{\varphi}^2\cos\psi(-\sin\psi)\right] = R\ddot{\psi} + 2\dot{R}\dot{\psi} + R\cos\psi\sin\psi\,\dot{\varphi}^2
\end{aligned}\right\} \text{wie oben}$$

1.8 Die Flächengeschwindigkeit, das Moment der Geschwindigkeit

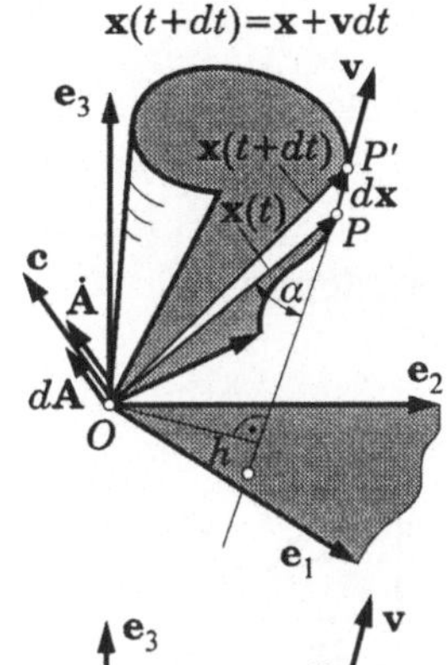

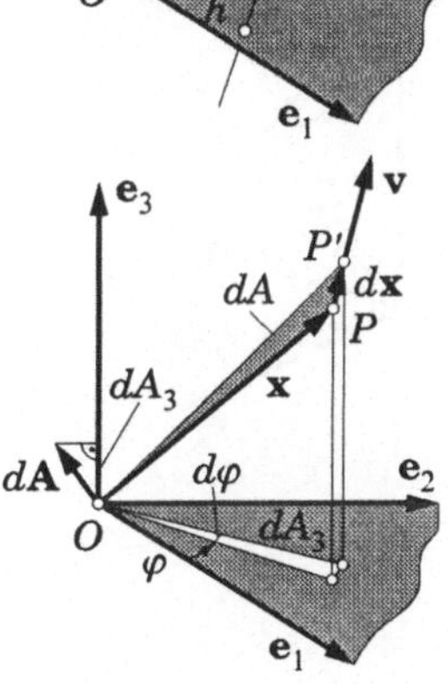

Nehmen wir an, die Bewegung eines Punktes P ist durch $\mathbf{x}(t)$ gegeben. Die Geschwindigkeit des Punktes zum Zeitpunkt t ist dann $\mathbf{v} = d\mathbf{x}/dt = \dot{\mathbf{x}}$.

Analog zum Moment einer Kraft kann man das <u>Moment der Geschwindigkeit</u> $\mathbf{c}$ definieren:

$$\mathbf{c} := \mathbf{x} \times \mathbf{v}$$

Der Ortsvektor $\mathbf{x}$ beschreibt (überstreicht) bei der Bewegung des Punktes P einen Kegel mit der Spitze in Koordinatenursprung. Der Saum des Kegels ist die vom betrachteten Punkt P durchlaufene Bahn. Die (Kegel-) Oberfläche, die der Ortsvektor $\mathbf{x}$ in der infinitesimalen Zeitspanne dt überstreicht, ist

$$dA = ds\,\frac{h}{2} = \frac{1}{2}|d\mathbf{x}|\cdot|\mathbf{x}|\sin\alpha = \frac{|\mathbf{x}\times d\mathbf{x}|}{2}.$$

Wir definieren den infinitesimalen „Flächenvektor" $d\mathbf{A}$ (normal zu $\mathbf{x}$ und zu $d\mathbf{x}$) durch

$$d\mathbf{A} = \frac{1}{2}\mathbf{x} \times d\mathbf{x}.$$

Der Betrag von $d\mathbf{A}$ ist $|d\mathbf{A}| = dA = ds\,h/2$ und die Projektionen von $d\mathbf{A}$ in die Richtungen $\mathbf{e}_1\ \mathbf{e}_2\ \mathbf{e}_3$ sind gleich den Flächeninhalten der Projektion des Dreiecks OPP' auf die von ($\mathbf{e}_2$, $\mathbf{e}_3$) bzw. ($\mathbf{e}_3$, $\mathbf{e}_1$), ($\mathbf{e}_1$, $\mathbf{e}_2$) aufgespannten Ebenen. Z. B. ist

$$d\mathbf{A} \circ \mathbf{e}_3 = \frac{1}{2}(\mathbf{x} \times d\mathbf{x}) \circ \mathbf{e}_3 = \frac{1}{2}(\mathbf{e}_3 \times \mathbf{x}) \circ d\mathbf{x} =$$

$$= \frac{1}{2}\left[\mathbf{e}_3 \times (x_1\mathbf{e}_1 + x_2\mathbf{e}_2 + x_3\mathbf{e}_3)\right] \circ d\mathbf{x} =$$

$$= \frac{1}{2}\left[x_1\mathbf{e}_2 - x_2\mathbf{e}_1\right] \circ d\mathbf{x} = \frac{1}{2}\left[x_1 dx_2 - x_2 dx_1\right] =$$

$$= \frac{1}{2}\left[(x_2 + dx_2)(x_1 + dx_1) - x_1 x_2\right] - x_2 dx_1 =$$

$$= dA_3 = r^2 d\varphi/2.$$

Die Kegelmantelfläche kann aus $A = \dfrac{1}{2}\displaystyle\int|\mathbf{x} \times d\mathbf{x}|$ berechnet werden.

Es liegt nahe, die „**Flächengeschwindigkeit**" durch

$$\dot{\mathbf{A}} = \frac{1}{2}(\mathbf{x} \times \mathbf{v})$$

$$\dot{\mathbf{A}} = \frac{\mathbf{c}}{2}$$

zu definieren. Die Flächengeschwindigkeit $\dot{\mathbf{A}}$ ist gleich dem halben Moment der Geschwindigkeit.

1.8.1 Die Flächengeschwindigkeit in den verschiedenen Koordinatensystemen

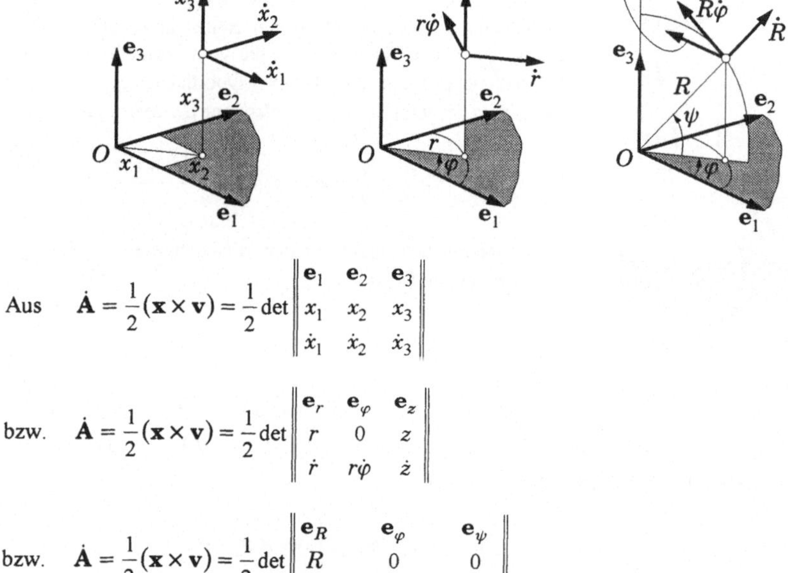

Aus
$$\dot{\mathbf{A}} = \frac{1}{2}(\mathbf{x} \times \mathbf{v}) = \frac{1}{2}\det \begin{Vmatrix} \mathbf{e}_1 & \mathbf{e}_2 & \mathbf{e}_3 \\ x_1 & x_2 & x_3 \\ \dot{x}_1 & \dot{x}_2 & \dot{x}_3 \end{Vmatrix}$$

bzw.
$$\dot{\mathbf{A}} = \frac{1}{2}(\mathbf{x} \times \mathbf{v}) = \frac{1}{2}\det \begin{Vmatrix} \mathbf{e}_r & \mathbf{e}_\varphi & \mathbf{e}_z \\ r & 0 & z \\ \dot{r} & r\dot{\varphi} & \dot{z} \end{Vmatrix}$$

bzw.
$$\dot{\mathbf{A}} = \frac{1}{2}(\mathbf{x} \times \mathbf{v}) = \frac{1}{2}\det \begin{Vmatrix} \mathbf{e}_R & \mathbf{e}_\varphi & \mathbf{e}_\psi \\ R & 0 & 0 \\ \dot{R} & R\cos\psi\,\dot{\varphi} & R\dot{\psi} \end{Vmatrix}$$

können die Koordinaten des Vektors der Flächengeschwindigkeit $\dot{\mathbf{A}}$ in den verschiedenen Koordinatensystemen berechnet und zu den verschiedenen Spaltenmatrizen zusammengefaßt werden.

$$\underset{\text{kart.}}{\dot{\mathbf{A}}} = \begin{bmatrix} \frac{1}{2}(x_2\dot{x}_3 - x_3\dot{x}_2) \\ \frac{1}{2}(x_3\dot{x}_1 - x_1\dot{x}_3) \\ \frac{1}{2}(x_1\dot{x}_2 - x_2\dot{x}_1) \end{bmatrix}, \quad \underset{\text{Zyl.}}{\dot{\mathbf{A}}} = \begin{bmatrix} -\frac{1}{2}rz\dot{\varphi} \\ \frac{1}{2}(\dot{r}z - r\dot{z}) \\ \frac{1}{2}r^2\dot{\varphi} \end{bmatrix}, \quad \underset{\text{Kug.}}{\dot{\mathbf{A}}} = \begin{bmatrix} 0 \\ -\frac{1}{2}R^2\dot{\psi} \\ \frac{1}{2}R^2\cos\psi\,\dot{\varphi} \end{bmatrix}$$

1.9 Die „zeitfreie Gleichung"

Der Betrag der Geschwindigkeit ergibt sich (nach Seite 4) aus der Ableitung des Weges s nach der Zeit t:

$$v = \frac{ds}{dt} = \dot{s}$$

Die Tangentialbeschleunigung a_t ist (nach Seite 14) die Ableitung des Betrages der Geschwindigkeit v nach der Zeit:

$$a_t = \frac{dv}{dt} = \frac{d\dot{s}}{dt} = \ddot{s}$$

Die Elinimination von dt aus diesen beiden Gleichungen ergibt die **„zeitfreie Gleichung des Weges"**:

$$a_t\, ds = v\, dv = d\left(v^2/2\right)$$

$$\boxed{\ddot{s}\, ds = \dot{s}\, d\dot{s} = d\left(\dot{s}^2/2\right)} \quad \Rightarrow \quad \ddot{s} = \frac{d\left(\dot{s}^2/2\right)}{ds}$$

Offensichtlich kann für jede beliebige Größe ( ) eine zeitfreie Gleichung angegeben werden: Denn aus den Definitionsformeln

$$\frac{d(\ )}{dt} = (\ )^{\cdot} \quad \text{und} \quad \frac{d(\ )^{\cdot}}{dt} = (\ )^{\cdot\cdot}$$

erhält man durch Elinimination von dt:

$$\boxed{(\ )^{\cdot\cdot} d(\ ) = (\ )^{\cdot} d(\ )^{\cdot} = d(\ )^{\cdot\,2}/2}$$

z. B. für den Winkel φ:

$$\frac{d\varphi}{dt} = \dot{\varphi}, \ \frac{d\dot{\varphi}}{dt} = \ddot{\varphi} \quad \Rightarrow \quad \boxed{\ddot{\varphi}\, d\varphi = \dot{\varphi}\, d\dot{\varphi} = d\left(\dot{\varphi}^2/2\right)}$$

Die Bezeichnungen Geschwindigkeit und Beschleunigung sollen ab jetzt für jede beliebige Größe übernommen werden. Wir nennen also z. B.

$\dot{\varphi}$ die <u>Winkelgeschwindigkeit</u>

$\ddot{\varphi}$ die <u>Winkelbeschleunigung</u>

24

Die zeitfreie Gleichung für s erlaubt, wenn die Tangentialbeschleunigung a_t als Funktion des Weges gegeben ist

$$\boxed{\ddot{s} = \ddot{s}(s) = a_t}\quad,$$

sofort die Bestimmung der Geschwindigkeit $\dot{s}$ als Funktion des Weges:

$$\ddot{s}(s)\,ds = \dot{s}\,d\dot{s} = d\!\left(\dot{s}^2/2\right)\quad\Rightarrow$$

$$\boxed{\dot{s}(s) = \sqrt{\dot{s}_0^2 + 2\int_{s_0}^{s}\ddot{s}(s)\,ds}}$$

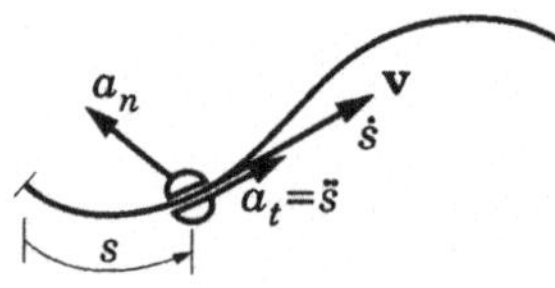

Ist $\rho(s)$ bekannt (Krümmungsradius der Straße z. B.), dann kann damit auch a_n bestimmt werden:

$$a_n = \frac{\dot{s}^2}{\rho(s)} = \boxed{\left[\dot{s}_0^2 + 2\int_{s_0}^{s}\ddot{s}(s)\,ds\right]\Big/\rho(s) = a_n}$$

Die Zeit als Funktion des Weges ergibt sich formal aus $\dot{s}(s) = ds/dt \;\Rightarrow\; dt = ds/\dot{s}(s) \;\Rightarrow$

$$\boxed{t(s) = \int_{s_0}^{s}\frac{ds}{\sqrt{\dot{s}_0^2 + 2\int_{s_0}^{s}\ddot{s}(s)\,ds}}}$$

Auch im Fall $\ddot{s} = f(\dot{s})\,g(s)$ kann die Geschwindigkeit als Funktion von s (wenn auch nicht immer explizite) berechnet werden:

$$\ddot{s}\,ds = f(\dot{s})\,g(s)\,ds = \dot{s}\,d\dot{s} \;\Rightarrow\; g(s)\,ds = \dot{s}\,d\dot{s}/f(\dot{s}) \;\Rightarrow\; F(\dot{s},s,\dot{s}_0,s_0) = 0$$

Läßt sich daraus $\dot{s} = \dot{s}(s,s_0,\dot{s}_0)$ berechnen, dann folgt $t(s) = \int_{s_0}^{s}\dfrac{ds}{\dot{s}(s,s_0,\dot{s}_0)}$.

Beispiel

$a_t = \ddot{s} = \ddot{s}_0 = \text{konst.}$ \qquad Gesucht: $v(s)$.

Die zeitfreie Gleichung $\ddot{s}_0\,ds = \dot{s}\,d\dot{s}$ liefert sofort:

$$\ddot{s}_0(s - s_0) = \left(\dot{s}^2 - \dot{s}_0^2\right)\!/2 \;\Rightarrow\; \dot{s} = \sqrt{\dot{s}_0^2 + 2\ddot{s}_0(s - s_0)}\ .$$

Damit kann $t(s)$ berechnet werden:

$$\dot{s} = \frac{ds}{dt} = \sqrt{\dot{s}_0^2 + 2\ddot{s}_0(s - s_0)} \quad \Rightarrow$$

$$t = \int_{s_0}^{s} \frac{ds}{\sqrt{\dot{s}_0^2 + 2\ddot{s}_0(s - s_0)}} = \frac{1}{\ddot{s}_0} \int_{s_0}^{s} \frac{d\left[\dot{s}_0^2 + 2\ddot{s}_0(s - s_0)\right]}{2\sqrt{\dot{s}_0^2 + 2\ddot{s}_0(s - s_0)}}$$

$$= \frac{1}{\ddot{s}_0} \sqrt{\dot{s}_0^2 + 2\ddot{s}_0(s - s_0)} \Bigg|_{s_0}^{s} = \frac{1}{\ddot{s}_0}\left[\sqrt{\dot{s}_0^2 + 2\ddot{s}_0(s - s_0)} - \dot{s}_0\right] = t(s).$$

Die Umkehrung $s(t)$ ergibt sich über $\left(\ddot{s}_0 t + \dot{s}_0\right)^2 = \dot{s}_0^2 + 2\ddot{s}_0(s - s_0) = \ddot{s}_0^2 t^2 + 2\dot{s}_0 \ddot{s}_0 t + \dot{s}_0^2 \quad \Rightarrow$

zu $s(t) = s_0 + \dot{s}_0 t + \ddot{s}_0\, t^2/2$. Letzeres Ergebnis hätte man freilich viel einfacher durch Integration von $\ddot{s} = \ddot{s}_0$ über t erhalten: $\dot{s} = \dot{s}_0 + \ddot{s}_0 t \quad \Rightarrow \quad s = s_0 + \dot{s}_0 t + \ddot{s}_0\, t^2/2$.

1.10 Beispiele

1.10.1 Ebene Kurven, Darstellung in natürlichen Koordinaten

Die Bogenlänge s, die Krümmung κ und die Windung τ bestimmen als Funktionen eines Parameters (z. B. der Zeit t) die Form einer Raumkurve (Seite 15). Im folgenden setzen wir $\tau \equiv 0$ voraus, beschränken uns also auf ebene Kurven [$d\mathbf{b}/ds = -\tau\,\mathbf{n} = 0 \Rightarrow \mathbf{b} = \mathbf{b}_0 = $ konst.].

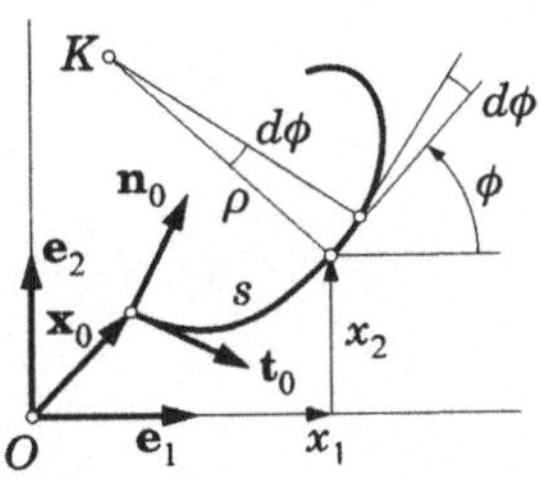

Als Parameter kann (anstelle von t) auch die Bogenlänge s verwendet werden. Die Form der Raumkurve ist dann durch die Funktion $\kappa(s)$ und $\tau(s)$ festgelegt und die Form einer ebenen Kurve durch

$$\kappa(s)$$

Aus $\kappa = d\phi/ds = \kappa(s)$ kann $\phi(s)$ bzw. $s(\phi)$ prinzipiell immer bestimmt werden. Somit können zur Festlegung der ebenen Kurve auch s und ϕ (statt κ) dienen.

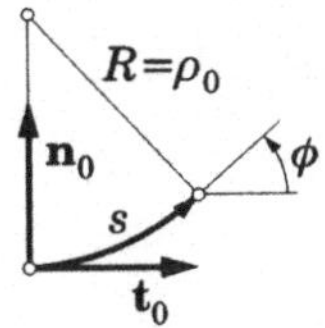

Kreisbahn

$$\rho = \rho_0 = \frac{ds}{d\phi} \qquad \boxed{s(\phi) = \rho_0 \phi}$$

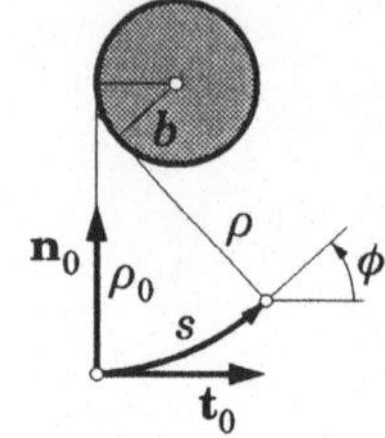

Kreisevolvente

Aus $\rho = \rho_0 - b\phi = ds/d\phi$ folgt mit der Anfangsbedingung $s = 0$: $\phi = 0$

$$s(\phi) = \rho_0 \phi - b\phi^2/2$$

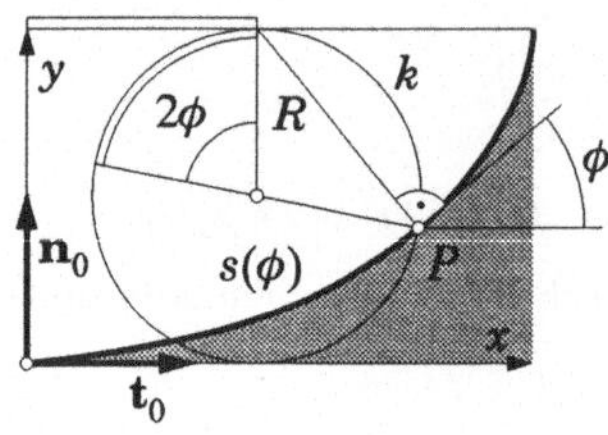

Die gespitzte Zykloide

Eine gespitzte Zykloide beschreibt ein Punkt P des Kreisumfanges, wenn der Kreis k mit dem Radius R auf einer Geraden ($y = 2R$) abrollt.

$$x(\phi) = R(2\phi + \sin 2\phi) \qquad y(\phi) = R(1 - \cos 2\phi)$$

$$dx = R\,2d\phi(1 + \cos 2\phi) \qquad dy = 2R\sin 2\phi \cdot d\phi$$

$$ds = \sqrt{dx^2 + dy^2} = 2R\,d\phi\sqrt{2}\sqrt{1 + \cos 2\phi} = 4R\cos\phi\,d\phi \quad \Rightarrow$$

$$s(\phi) = 4R\sin\phi \qquad \Rightarrow \qquad \boxed{s(\phi) = \rho_0 \sin\phi}$$

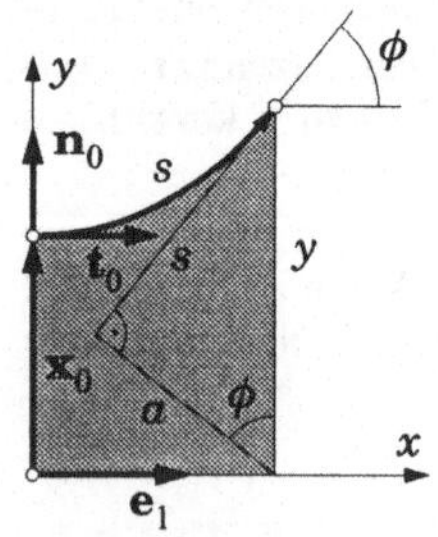

Die Kettenlinie

$$y = a\cosh(x/a)$$

$$ds = \sqrt{1 + (dy/dx)^2}\,dx = {} = \cosh(x/a)\,dx$$

$$s = a\sinh\frac{x}{a} = ay' = a\tan\phi \qquad \boxed{s(\phi) = \rho_0 \tan\phi}$$

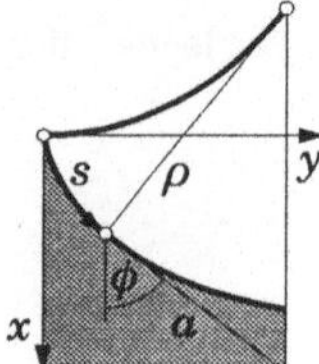

Die Traktrix

Die Traktrix ist die Evolvente der Kettenlinie.

$$\rho = a\tan\phi$$

$$\rho = \frac{ds}{d\phi} = a\tan\phi \qquad (\rho_0 = 0) \qquad \boxed{s(\phi) = a\ln\frac{1}{\cos\phi}}$$

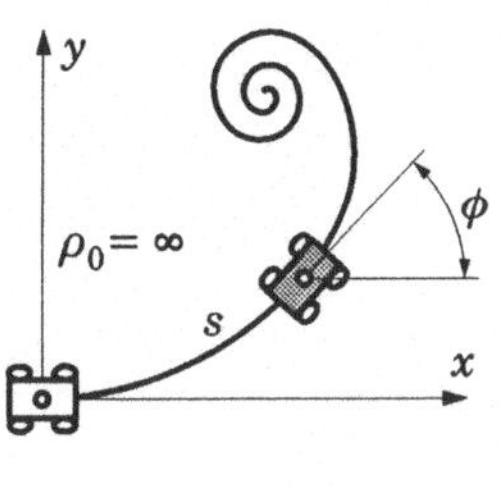

Die Übergangskurve (Klothoide, Kornusche Spirale, Spinn-kurve)

Die Übergangskurve wird definiert durch $\kappa = ks$, d. h. die Krümmung κ soll proportional mit dem durchlaufenen Weg s zunehmen.

$$\kappa = \frac{1}{\rho} = ks = \frac{d\phi}{ds} \quad \Rightarrow$$

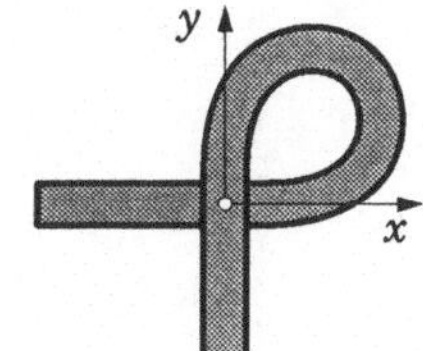

$$\phi = ks^2/2 \quad \Rightarrow \quad \boxed{s(\phi) = \sqrt{\frac{2\phi}{k}}}$$

Teile dieser Kurve werden im Eisenbahnbau bzw. Straßenbau (Autobahnausfahrten) als Über-gangskurven ausgeführt. Die Darstellung dieser Kurve in kartesischen Koordinaten gelingt nur in der Form von Reihenentwicklungen:

$$x(s) = \int \cos\phi(s)\,ds = \int \cos\frac{ks^2}{2}\,ds = s - \left(\frac{k}{2}\right)^2\left(\frac{1}{2!}\right)\frac{s^5}{5} + \left(\frac{k}{2}\right)^4\left(\frac{1}{4!}\right)\frac{s^9}{9} - \ldots$$

$$y(s) = \int \sin\phi(s)\,ds = \int \sin\frac{ks^2}{2}\,ds = \left(\frac{k}{2}\right)^1\left(\frac{1}{1!}\right)\frac{s^3}{3} - \left(\frac{k}{2}\right)^3\left(\frac{1}{3!}\right)\frac{s^7}{7} + \left(\frac{k}{2}\right)^5\left(\frac{1}{5!}\right)\frac{s^{11}}{11} - \ldots$$

für $k \ll 1$ gilt näherungsweise: $y = \frac{k}{2}x^3 + \ldots$

1.10.2 Einfache Bewegungsaufgaben

1.10.2.1 Uhrenbeispiel

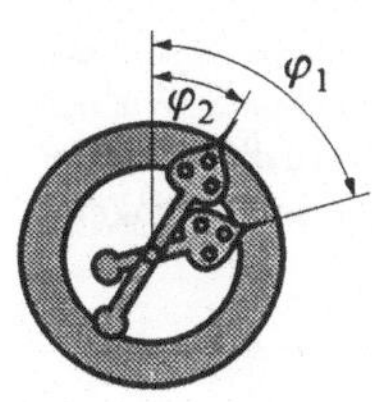

Der Minuten- und der Stun-denzeiger drehen sich mit konstanter Winkelgeschwin-digkeit, d. h. es gelten

$$\dot{\varphi}_1 = \omega_1 = \text{konst.},$$

$$\dot{\varphi}_2 = \omega_2 = \text{konst.}$$

(Am Grazer Uhrturm ist der lange Zeiger der Stun-denzeiger!)

Die beiden Zeiger decken sich zu Mittag und um Mitternacht ($t = 0$). Zu welchen Zeitpunkten decken sich die Zeiger sonst noch ($t = t_n$)?

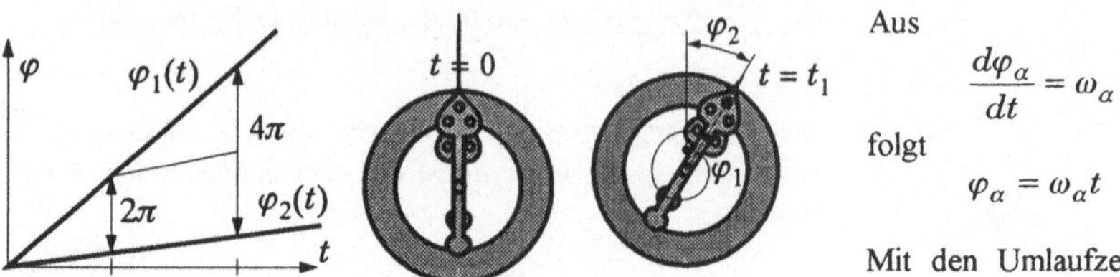

$$\varphi_\alpha = \omega_\alpha t$$

$$\left.\begin{array}{l}\varphi_\alpha = \omega_\alpha t \\ 2\pi = \omega_\alpha \tau_\alpha\end{array}\right\} \Rightarrow \varphi_\alpha = 2\pi\,\frac{t}{\tau_\alpha} \qquad\qquad \alpha = 1,2$$

Aus

$$\frac{d\varphi_\alpha}{dt} = \omega_\alpha$$

folgt

$$\varphi_\alpha = \omega_\alpha t$$

Mit den Umlaufzeiten τ_α der Zeiger:

Die beiden Zeiger werden sich immer dann decken, wenn $\varphi_1 - \varphi_2 = 2\pi n$ wird.

Mit $\varphi_1 = 2\pi t/\tau$ und $\varphi_2 = 2\pi t/\tau_2$ folgt daraus für t:

$$\boxed{t_n = n\,\tau_1\tau_2/(\tau_2 - \tau_1)}$$

Für $n = 1$ erhält man daraus mit $\tau_1 = 1^{\mathrm{h}} = 60 \cdot 60\,[\sec]$ und $\tau_2 = 12 \cdot 60 \cdot 60\,[\sec]$

$$t_1 = 1 \cdot (60 \cdot 60) \cdot (12 \cdot 60 \cdot 60)/(12 \cdot 60 \cdot 60 - 60 \cdot 60) = 60 \cdot 60 \cdot 12/11 =$$

$$= 60 \cdot 60 + 5 \cdot 60 + 27{,}\dot{2}\dot{7} = 1^{\mathrm{h}}\ 5'\ 27{,}\dot{2}\dot{7}''$$

1.10.2.2 Roboter

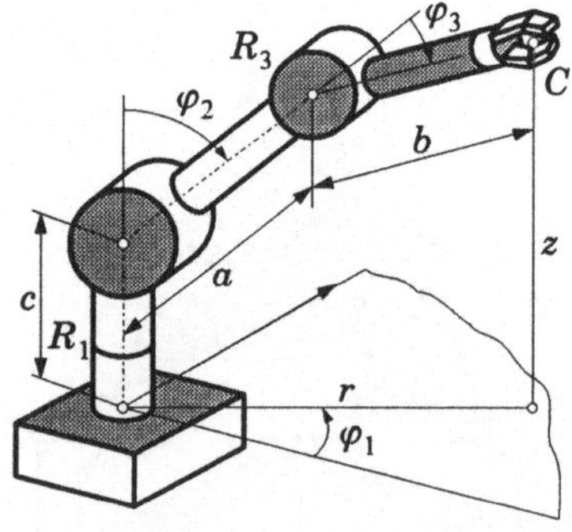

Gegeben ist ein Roboter mit drei Freiheitsgraden. Drei Scharniergelenke ($R_1\ R_2\ R_3$) erlauben dem Punkt C der Roboterhand (in einem bestimmten Arbeitsraum) jede Position einzunehmen. Wir nehmen an, daß die drei Antriebsmotore die Scharniergelenke mit konstanten Winkelgeschwindigkeiten aktivieren:

$$\dot{\varphi}_\alpha = \omega_\alpha = \text{konst.} \quad (\alpha = 1, 2, 3).$$

Gesucht sind die Geschwindigkeitskomponenten von C in Zylinderkoordinaten.

Mit $\quad r(t) = a \sin\varphi_2(t) + b \sin(\varphi_2(t) + \varphi_3(t)),\ \ \varphi(t) = \varphi_1(t)$

und $\quad z(t) = c + a \cos\varphi_2(t) + b \cos(\varphi_2(t) + \varphi_3(t))$

erhält man

$$\underset{\text{zyl.}}{\underaccent{\sim}{v}} = \begin{cases} \dot{r} = a\omega_2\cos\varphi_2(t) + b(\omega_2+\omega_3)\cos[\varphi_2(t)+\varphi_3(t)] \\[2mm] r\dot\varphi = [a\sin\varphi_2(t) + b\sin(\varphi_2(t)+\varphi_3(t))]\omega_1 \\[2mm] \dot{z} = -\{a\omega_2\sin\varphi_2(t) + b(\omega_2+\omega_3)\sin[\varphi_2(t)+\varphi_3(t)]\} \end{cases}$$

1.10.2.3 Flugzeug

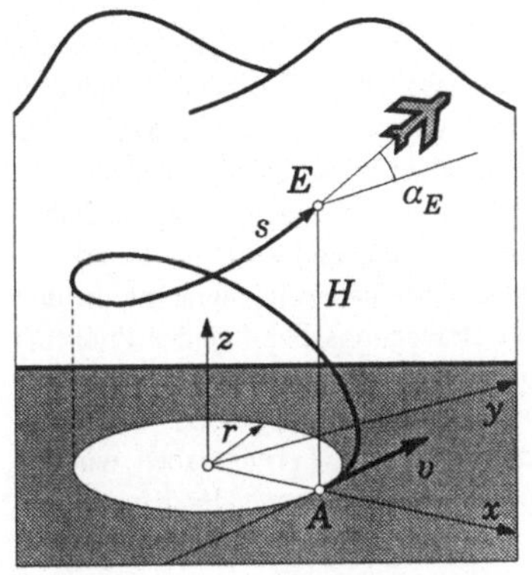

Ein Flugzeug hebt bei A mit der Geschwindigkeit v vom Flugfeld ab. Um (in der gebirgigen Umgebung) Höhe zu gewinnen, steigt es mit konstanter Geschwindigkeit ($|\mathbf{v}| = \text{konst.} = v$) in einer Schleife auf, die durch

$$r = \text{konst, und } z = H(\varphi/2\pi)^2$$

gegeben sein soll. Wie groß ist die Steigzeit τ von A bis E ($z = H$)?

Aus $\quad |\mathbf{v}| = \text{konst} = v = \dfrac{ds}{dt}$

folgt $\quad s = v \cdot t$

Die Steigzeit ergibt sich aus

$$v\cdot\tau = s_{AE} = \int \sqrt{(r\,d\varphi)^2 + dz^2} = r\int_0^{2\pi}\sqrt{1+(dz/r\,d\varphi)^2}\,d\varphi =$$

$$= \left(2\pi^2 r^2/H\right)\int_0^{H/\pi r}\sqrt{1+u^2}\,du$$

mit $u = \sinh\omega \Rightarrow du = \cosh\omega\,d\omega$ wird

$$\int\sqrt{1+u^2}\,du = \int\cosh^2\omega\,d\omega = \int\left[\left(e^\omega + e^{-\omega}\right)^2\big/4\right]d\omega = \frac{1}{2}\int(\cosh 2\omega + 1)\,d\omega =$$

$$= \frac{1}{2}\left[\sinh\omega\cosh\omega + \omega\right] = \frac{1}{2}\left[u\sqrt{1+u^2} + \operatorname{arsinh} u\right]$$

und damit

$$\tau = \left(\pi^2 r^2/Hv\right)\left[\left(\frac{H}{r\pi}\right)\sqrt{1+\left(\frac{H}{r\pi}\right)^2} + \operatorname{arsinh}\frac{H}{r\pi}\right].$$

2 Kinetik des Massenpunktes

Wir haben uns bisher mit der Beschreibung von Punktbahnen beschäftigt. Wir haben angenommen, daß wir Punktabstände und Zeitunterschiede hinreichend genau mit Hilfe von Maßstäben bzw. Zeitmessern bestimmen können. Unbegrenzte Meßgenauigkeit voraussetzend konnten die Begriffe „*Momentan-Geschwindigkeit* und *Momentan-Beschleunigung*" eines bewegten Punktes eingeführt werden. Wir haben die Darstellung der Momentan-Geschwindigkeit und der Momentan-Beschleunigung in den verschiedenen Koordinatensystemen kennengelernt. In den Beispielen, die wir bis jetzt durchgerechnet haben, war der Bewegungsablauf (eines Punktes) immer durch eine Vorschreibung, durch eine Annahme vorgegeben. Es wurde z. B. beim Aufsteigen des Flugzeuges die Bahn als vorgegeben angenommen und vorausgesetzt, daß diese mit, dem Betrage nach konstanter Geschwindigkeit, durchflogen wird. Ferner haben wir das Flugzeug als einen „Punkt" angesehen. Im folgenden beschäftigen wir uns mit der Kinetik des **Modellkörpers**: **Massenpunkt**.

Massenpunkt

Unter einem „Massenpunkt" soll ein (kleiner) Körper verstanden werden, dessen Lage in dreidimensionalen Raum für das gestellte Problem hinreichend mit drei Koordinaten festgelegt werden kann. In der Kinetik (der eigentlichen Dynamik) wird das Zusammenspiel zwischen dem Bewegungsablauf eines Körpers und den diesen Ablauf steuernden Kräften untersucht. Nach Newton sind <u>Kräfte</u> die <u>Ursache von Bewegungsänderungen</u> (und nicht Ursache der Bewegung!). Über Kräfte haben wir in der Statik eine Reihe von Axiomen kennengelernt, die wir jetzt in die Dynamik übernehmen.

Grundlage der Dynamik

Grundlage der (klassischen) Dynamik (der Massenpunkte) sind die Newtonschen Axiome. Ihre Gültigkeit ist auf „makroskopische Körper" beschränkt, die sich mit Geschwindigkeiten bewegen, die wesentlich kleiner sind als die Geschwindigkeit des Lichtes.

Axiome

Axiome sind die an den Anfang einer Wissenschaft gestellten Grundgesetze. Sie können streng genommen niemals bewiesen werden, sie können aber auch nicht (völlig) willkürlich angenommen werden, sondern werden durch immer wieder gemachte Erfahrungen nahegelegt. Axiome stellen Ordnungsprinzipe der Erfahrungen dar. Da immer nur eine endliche Anzahl von Erfahrungen gemacht werden kann, bedeutet die Formulierung eines *Grundgesetzes*, das diese zu beschreiben in der Lage ist, zugleich eine Extrapolation auf noch nicht gemachte Erfahrungen. Ein Axiom ist also mehr als nur „komprimierte Erfahrung". Jedes Naturgesetz existiert aber nur *bis auf Widerruf,* denn jede neue Erfahrung, die das Grundgesetz nicht einzuschließen vermag, sprengt den Rahmen, zerstört die vorläufig angenommene Allgemeingültigkeit des Axioms.

In dem Werk „**Philosophiae naturalis principia mathematica**" (die mathematischen Grundgesetze der Naturphilosophie), der Bibel der Naturwissenschaftler, hat ISAAK NEWTON 1687, also vor etwas mehr als 300 Jahren, die Axiome der Dynamik formuliert. Sie lauten:

I. Jeder Körper (Massenpunkt) verharrt im Zustand der Ruhe oder der geradlinig gleichförmigen Bewegung, solange er kräftefrei ist:

$$\mathbf{F} = 0 \quad \Rightarrow \quad \dot{\mathbf{x}} = \text{konst.}$$

II. Die zeitliche Änderung des Impulses $\mathbf{p} = m\mathbf{v}$ mißt die auf den Körper einwirkende Kraft $\mathbf{F}$. m ist ein dem Körper eigener Proportionalitätsfaktor, der Masse genannt wird:

$$\dot{\mathbf{p}} = \mathbf{F} = (m\mathbf{v})' = m\mathbf{a}$$

III. Die Kraft, die ein Körper (A) auf einen anderen (B) ausübt, ist gleich groß und entgegengesetzt gerichtet der Kraft, die dieser (B) auf den ersteren (A) ausübt:

$$\mathbf{F}_{AB} = -\mathbf{F}_{BA} \qquad \text{actio} = \text{reactio}$$

2.1 Diskussion der Newtonschen Axiome

2.1.1 Das erste Axiom (Trägheitsaxiom, Beharrungsgesetz)

Wirkt auf einen Körper keine Kraft (oder ist die Summe der auf ihn wirkenden Kräfte immer gleich Null), dann behält der Körper seinen Geschwindigkeitszustand bei, d. h. ist er in Ruhe, dann bleibt er in Ruhe, bewegt er sich zu einem Zeitpunkt $t = 0$ mit der Geschwindigkeit $\mathbf{v}_0$, dann bewegt er sich geradlinig und gleichförmig weiter mit der Geschwindigkeit $\mathbf{v}_0$:

$$(\mathbf{F} = 0) \quad \Rightarrow \quad \mathbf{x}(t) = \mathbf{x}_0 + \mathbf{v}_0 t$$

Hinweise auf das Trägheitsgesetz findet man schon bei **Aristoteles** (–384 bis –322), der in seiner „Physik-Vorlesung" schreibt:

> Es wäre unerfindlich, wie im leeren Raum ein einmal in Bewegung gekommener Körper an irgend einer Stelle wieder zur Ruhe kommen könnte. Denn welche Stelle sollte im leeren Raum eine solche Auszeichnung vor den übrigen besitzen?

Aristoteles spricht <u>nicht</u> von einer Bewegung entlang einer Geraden!

Auch **Galileo Galilei** (1564 Pisa ÷ 1642 Florenz) argumentiert bei der Ableitung der Wurf-parabel mit dem Trägheitsgesetz; er nimmt an, daß die Horizontalbewegung eines geworfenen Steines eine *Trägheitsbewegung* mit $v_x = $ konst. ist, setzt diese (gleichförmig geradlinige) Bewegung mit der von ihm entdeckten Fallbewegung ($\ddot{y} = -g = $ konst.) zusammen und schließt daraus, daß die Bahn des geworfenen Steines eine Parabel sein muß. Galilei spricht nirgends von „Kräften" und seine Formulierung des Trägheitsgesetzes bezieht sich auf ein mit der Erde fest verbundenes Koordinatensystem.

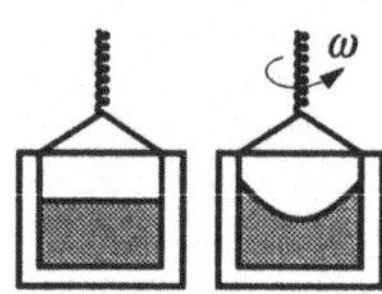

Newton (1642 Woolthorpe bei Grantham ÷ 1727 Kensington) for-muliert seine Axiome in bezug auf den „absoluten Raum" – den Raum *an sich* (ohne materielle Gegenstände) und glaubte die Exi-stenz eines solchen Raumes mit Hilfe eines einfachen Versuches nachweisen zu können. Newton denkt sich im vollkommen leeren Raum einen Eimer mit Wasser; rotiert der Eimer, dann wölbt sich die Wasseroberfläche, und diese Wölbung ist ein Maß für die Drehung des Eimers gegenüber dem leeren, dem absoluten Raum.

E. Mach und **A. Einstein** argumentierten gegen diese Auffassung mit dem Hinweis, daß doch ein Nichts (der leere Raum) nicht ein Etwas (die Wölbung) bewirken könne. Daß die Wölbung vielmehr durch die Drehung des Eimers relativ zum Fixsternhimmel verursacht werde. Würde der Eimer ruhen, und der Fixsternhimmel sich um ihn drehen, dann käme es zur gleichen Wöl-bung! Oder auch: Könnte man die Fixsterne des Himmels wegfegen und den Eimer beliebig schnell drehen, dann würde sich die Oberfläche <u>nicht</u> wölben. Allgemein: Trägheitswirkungen sind eine Folge der Relativbewegung gegenüber dem Fixsternhimmel! Weitere Kritik an Newton: ein kräftefreier Körper (wie soll man ihn gegen alle Einflüsse abschirmen?) bewegt sich geradlinig gleichförmig auf einer Geraden – aber was ist denn das im physikalischen Sinne: eine Gerade? Verwirklicht ein Lineal eine Gerade, ein Lichtstrahl vielleicht? Was ist vor allem eine Gerade im leeren Raum, wie kann dann im leeren Raum festgestellt werden, daß eine *Gerade* gerade ist?

Wird die Existenz des absoluten Raumes vorausgesetzt, dann ist das erste Newtonsche Axiom nur ein Sonderfall des zweiten, denn aus $\mathbf{F} = m\mathbf{a}$ folgt mit $\mathbf{F} = 0 \Rightarrow \mathbf{v} = $ konst. Das Träg-heitsaxiom gewinnt allerdings eine selbständige Bedeutung, wenn man es zur Definition einer physikalischen <u>Geraden</u> heranzieht:

Eine Gerade ist die Bahn, die ein kräftefreier Körper beschreibt.

Damit erst ist ein kartesisches Koordinatensystem aufzubauen. Man formuliert das Trägheits-axiom daher neuerdings so:

Es existieren Bezugssysteme (Inertialsysteme), von denen aus beurteilt sich ein kräftefreier Körper geradlinig gleichförmig bewegt oder ruht.

Offenbar müssen unendlich viele Inertialsysteme existieren, wenn eines existiert. Nehmen wir an, daß $(O\,\mathbf{E}_1\,\mathbf{E}_2\,\mathbf{E}_3)$ ein Inertialsystem ist, dann ist ein anderes Bezugssystem $(o\,\mathbf{e}_1\,\mathbf{e}_2\,\mathbf{e}_3)$, das sich ohne Drehungen ($\dot{\mathbf{e}}_i = 0$) translato-risch gegen das Inertialsystem $(O\,\mathbf{E}_1\,\mathbf{E}_2\,\mathbf{E}_3)$ mit konstan-

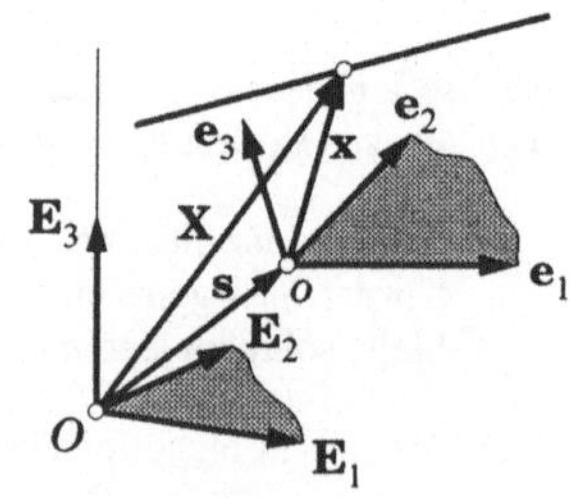

ter Geschwindigkeit ($\dot{\mathbf{s}}$ = konst.) bewegt, ebenfalls ein Inertialsystem: Denn aus

$$\mathbf{X} = \mathbf{s} + \mathbf{x} = \mathbf{x} + x_i \mathbf{e}_i$$

folgt mit $\mathbf{e}_i$ = konst.: $\quad \dot{\mathbf{X}} = \dot{\mathbf{s}} + \dot{x}_i \mathbf{e}_i$

d. h., wenn $\dot{\mathbf{X}}$ = konst. ist, dann ist mit $\dot{\mathbf{s}}$ = konst. auch $\dot{x}_i$ = konst.

Sowohl von $(O\,\mathbf{E}_1\,\mathbf{E}_2\,\mathbf{E}_3)$ aus, als auch von $(o\,\mathbf{e}_1\,\mathbf{e}_2\,\mathbf{e}_3)$ aus beurteilt bewegt sich ein kräftefreier Körper geradlinig gleichförmig.

2.1.2 Das zweite Axiom

Das zweite Axiom bringt den Grundgedanken von Newton zum Ausdruck: Kräfte sind die Ursache (nicht von Bewegungen, sondern) von Bewegungsänderungen, d. i. von Beschleunigungen. In der klassischen Dynamik wird also Proportionalität zwischen (der resultierenden) Kraft $\mathbf{F}$ und der von $\mathbf{F}$ verursachten Beschleunigung angesetzt. Der Proportionalitätsfaktor ist die Masse.

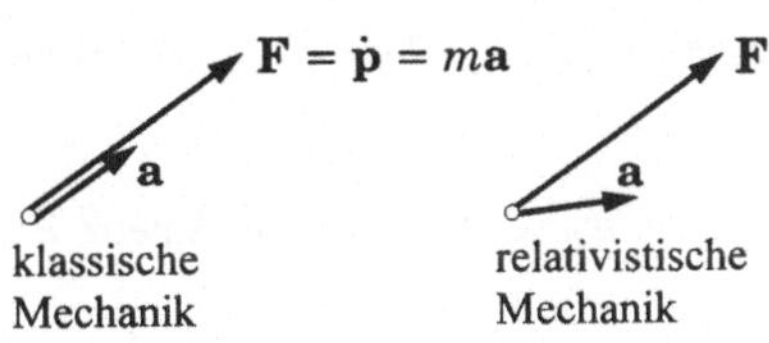

In der Relativistischen Mechanik ist der Faktor m (die Masse) von der Geschwindigkeit abhängig. Es gilt dann

$$\mathbf{F} = (m\mathbf{v})^{\cdot} = \dot{m}\mathbf{v} + m\mathbf{a}$$

d. h. $\mathbf{F}$ ist eine Linearkombination von $\mathbf{v}$ und $\mathbf{a}$. $\mathbf{F}$ und $\mathbf{a}$ sind nicht mehr kollinear.

Jedes Abweichen von der geradlinigen Bahn, jedes Schneller- oder Langsamerwerden eines Körpers auf einer geraden Bahn, das von einem Inertialsystem aus beobachtet wird, wird in der Newtonschen Mechanik als Folge der Einwirkung einer Kraft gedeutet. Nach Galilei fällt (in Erdnähe) ein Stein mit konstanter Beschleunigung ($a = g$) zu Boden. Nach Newton ist das so zu interpretieren, daß eine Kraft (die Schwerkraft) diese Beschleunigung hervorbringt, $F_G = mg$.

Wie kann die Masse m eines Körpers bestimmt werden?

Massenvergleich:

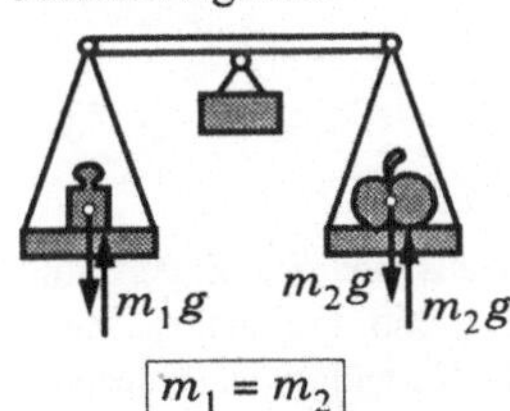

Zunächst muß eine *Masseneinheit* festgelegt werden: Die Masseneinheit ist das <u>Kilogramm</u> [kg] und diese Masse besitzt die „Urmasse", die in Paris-Sèvres seit 1889 aufbewahrt wird. Das ist ein Platin-Iridium-Zylinder mit einer Höhe und einem Durchmesser von 39 mm. Damit vergleichen wir nun andere Körper.

Auf den freifallenden Körper wirkt die Kraft mg. Wird der Körper durch eine Unterlage am Fallen verhindert ($a = 0$), dann muß von der Unterlage in der entgegengesetzten Richtung eine Kraft auf den Körper wirken, so daß $\Sigma\mathbf{F} = 0$, d. h.

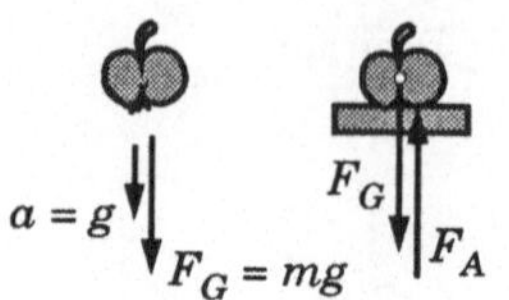

mit $a = 0$ wird:

$$F_A = F_G = mg\,.$$

Daraus folgt, daß auf einer Waage mit den gleichen Kräften auf die Waagschalen sich auch gleiche Massen auf den Waagschalen befinden müssen. Eine Waage kann also zum Massenvergleich herangezogen werden. Vergleicht man einen Körper mit dem geeichten Massestück, so kann ihm das Vielfache an kg als Masse zugeordnet werden. Die Masse eines Körpers gibt also an, wieviele Masseneinheiten (Urmassen) den Körper aufwiegen.

Die Einheit der Kraft: das Newton [N]

Nachdem nun bekannt ist, was wir unter *Masse eines Körpers* zu verstehen haben, können wir darangehen, eine Krafteinheit festzulegen. Die Grundeinheiten der Dynamik sind das Meter [m], die Sekunde [sec] und das Kilogramm [kg]. Mit Hilfe von $ma = F$ definieren wir jetzt die „abgeleitete" Krafteinheit 1 Newton durch:

$$1[\mathrm{N}] = 1[\mathrm{kg}] \cdot 1\left[\mathrm{m}/\mathrm{sec}^2\right]$$

Ein Newton ist also die Kraft, die einem Körper mit der Masse von 1 kg die Beschleunigung von $1\ \mathrm{m}/\mathrm{sec}^2$ erteilt.

Oder auch: Das ist die Kraft, mit der ein ≈ 10 Dekagramm schwerer Körper (ein Apfel z. B.) auf eine ruhende Unterlage drückt:

Ist die Fallbeschleunigung aller Körper an einem bestimmten Punkt der Erdoberfläche gleich $g\left[\mathrm{m}/\mathrm{sec}^2\right]$, dann bedeutet das nach Newton, daß auf ihn eine Kraft gm wirkt, wenn er die Masse m besitzt. Mit der gleichen Kraft drückt er auf seine Unterlage, wenn er am Fallen verhindert wird.

Wählt man einen Körper mit der Masse $m = (1/g)[\mathrm{kg}]$ (das ist mit $g \approx 10\,\mathrm{m}/\mathrm{sec}^2$ ungefähr $1/10\,\mathrm{kg} = 10\,\mathrm{da}$), dann wird dieser Körper mit der Kraft

$$F = (1/g)\,\mathrm{kg} \cdot g\left[\mathrm{m}/\mathrm{sec}^2\right] = 1\,\mathrm{kg} \cdot 1\,\mathrm{m}/\mathrm{sec}^2 = 1\,\mathrm{N}$$

auf seine Unterlage drücken.

2.1.3 Das dritte Axiom

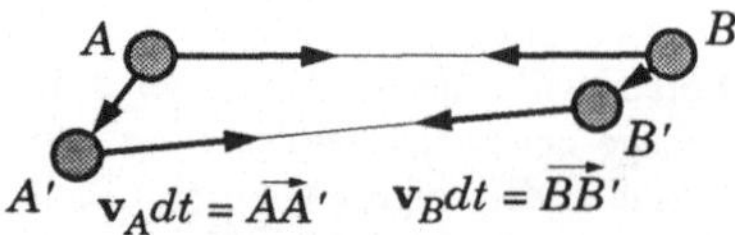

Das ist das uns schon aus der Statik vertraute Wechselwirkungsgesetz (actio = reactio). Auch dieses Axiom kann nicht Vollgültigkeit beanspruchen. Nach Newton soll es nicht nur für Kontaktkräfte, sondern auch für Fernkräfte gelten. Verändert sich die Stellung der Körper zueinander, dann müßten die Wechselwirkungskräfte dieser Veränderung ohne Zeitverzug folgen können, d. h. es müßte eine unendlich große Ausbreitungsgeschwindigkeit der Kraftwirkung möglich sein. Aber es gibt keine unendlich großen Geschwindigkeiten in der Natur. Wir müssen also einschränken und sagen: bei nicht zu großen Entfernungen (von A und B) und nicht zu raschem Stellungswechsel kann angenommen werden, daß die Wechselwirkungskräfte den Stellungen der Körper „ohne Verzug" nachfolgen.

2.2 Das Grundgesetz $m\mathbf{a} = \mathbf{F}$ bei Verwendung verschiedener Koordinatensysteme

Die Vektorgleichung $m\mathbf{a} = \mathbf{F}$ faßt drei skalare Gleichungen zusammen. Je nach der Art der Zerlegung erhalten wir:

Kartesisches Koordinatensystem

$$m\ddot{x} = F_x$$
$$m\ddot{y} = F_y$$
$$m\ddot{z} = F_z$$

Kugelkoordinatensystem

$$m\left(\ddot{R} - R\dot{\psi}^2 - R\cos^2\psi\,\dot{\varphi}^2\right) = F_R$$
$$m\left[R\cos\psi\,\ddot{\varphi} + 2\left(R\cos\psi\right)^{\cdot}\dot{\varphi}\right] = F_\varphi$$
$$m\left(R\ddot{\psi} + 2\dot{R}\dot{\psi} + R\cos\psi\sin\psi\,\dot{\varphi}^2\right) = F_\psi$$

Zylindrisches Koordinatensystem

$$m\left(\ddot{r} - r\dot{\varphi}^2\right) = F_r$$
$$m\left(r\ddot{\varphi} + 2\dot{r}\dot{\varphi}\right) = F_\varphi$$
$$m\ddot{z} = F_z$$

Natürliches Koordinatensystem

$$m\ddot{s} = F_t$$
$$m\,\frac{\dot{s}^2}{\rho} = F_n$$
$$0 = F_z$$

Sind die Anfangslage $\mathbf{x}_0$, die Anfangsgeschwindigkeit $\mathbf{v}_0$ und die Kraft $\mathbf{F}$ als Funktion von $\mathbf{x}, \dot{\mathbf{x}}$ und t: $\mathbf{F} = \mathbf{F}(\mathbf{x}, \dot{\mathbf{x}}, t)$ gegeben, dann kann durch Integration der drei skalaren Bewegungsgleichungen die Bewegung $\mathbf{x}(t)$ des Punktes bestimmt werden.

$$\boxed{\mathbf{x}_0, \mathbf{v}_0} \;\rightarrow\; \boxed{\text{Integration } m\ddot{\mathbf{x}} = \mathbf{F}(\mathbf{x}, \dot{\mathbf{x}}, t)} \;\rightarrow\; \boxed{\mathbf{x} = \mathbf{x}(\mathbf{x}_0, \dot{\mathbf{x}}_0, t)}$$

Ist umgekehrt $\mathbf{x}(t)$ (aus Versuchen, Beobachtungen) bekannt, dann kann aus $m\mathbf{a} = \mathbf{F}$ die Kraft $\mathbf{F}$ ermittelt werden:

$$\boxed{\mathbf{x} = \mathbf{x}(t)} \;\rightarrow\; \boxed{\text{Differentiation } m\ddot{\mathbf{x}} = \mathbf{F}} \;\rightarrow\; \boxed{\mathbf{F} = \mathbf{F}(\mathbf{x}, \dot{\mathbf{x}}, t)}$$

2.3 Der freie Fall

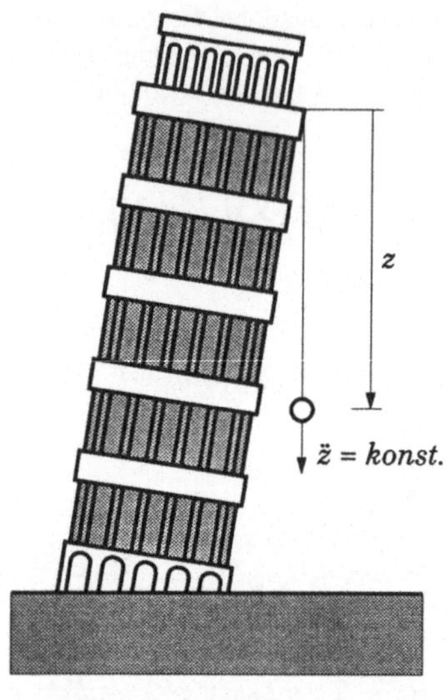

Galilei hat festgestellt, daß Körper, unabhängig von ihrer Beschaffenheit (wenn der Luftwiderstand vernachlässigt werden kann) mit gleicher, konstanter Beschleunigung fallen, d. h. daß

$$\ddot{z} = g = \text{konst.}$$

Am Normort (Paris) ist die Fallbeschleunigung: $g = 9{,}80665 \ \text{m/sec}^2$

Galilei hat dieses sein Fallgesetz aus Versuchen gewonnen, genauer: erraten. Er hat verschiedene mathematische Ansätze gemacht und die Folgerungen mit den Versuchsergebnissen verglichen. Er hat, ohne Fallversuche „im Vakuum" durchführen zu können postuliert, daß im Vakuum alle Körper gleichschnell fallen. Galilei gab keinerlei Erklärung, warum Körper überhaupt fallen und konzentrierte sich auf die Beantwortung der Frage: wie fallen Körper. Aristoteles hingegen gab eine Erklärung für das Phänomen des Falles: Der natürliche Ort der schweren Körper ist unten, deshalb streben sie, sich selbst überlassen, nach unten. Diese Aufklärung ist ungefähr soviel wert wie: Es ist natürlich, daß die meisten Menschen Rechtshänder sind, deshalb schreiben sie mit der rechten Hand. Man kann damit nicht viel anfangen.

Mit $\ddot{z} = \text{konst.}$ können $\dot{z}(t)$ und $z(t)$ bestimmt werden und auch noch $\dot{z}(z)$. Die Trennung der Variablen $\dot{z}$ und t liefert:

$$\ddot{z} = \frac{d\dot{z}}{dt} = g \quad \Rightarrow \quad d\dot{z} = g \, dt = d(gt) \quad \Rightarrow \quad \dot{z} = \dot{z}_0 + gt$$

$$\dot{z} = \frac{dz}{dt} = (\dot{z}_0 + gt) \quad \Rightarrow \quad dz = (\dot{z}_0 + gt)dt = d(\dot{z}_0 t + gt^2/2)$$

$$\Rightarrow \quad z = z_0 + \dot{z}_0 t + gt^2/2$$

Die Elimination von t aus $\dot{z}(t)$ und $z(t)$ ergibt:

$$t = (\dot{z} - \dot{z}_0)/g \quad \Rightarrow \quad (z - z_0) = \dot{z}_0 \frac{(\dot{z} - \dot{z}_0)}{z} + \frac{g}{2} \frac{(\dot{z} - \dot{z}_0)^2}{g^2}$$

$$\Rightarrow \quad 2g(z - z_0) = 2\dot{z}_0(\dot{z} - \dot{z}_0) + (\dot{z} - \dot{z}_0)^2$$

$$\Rightarrow \quad \dot{z}(z) = \sqrt{\dot{z}_0^2 + 2g(z - z_0)}$$

2.3.1 Berücksichtigung des Luftwiderstandes beim freien Fall

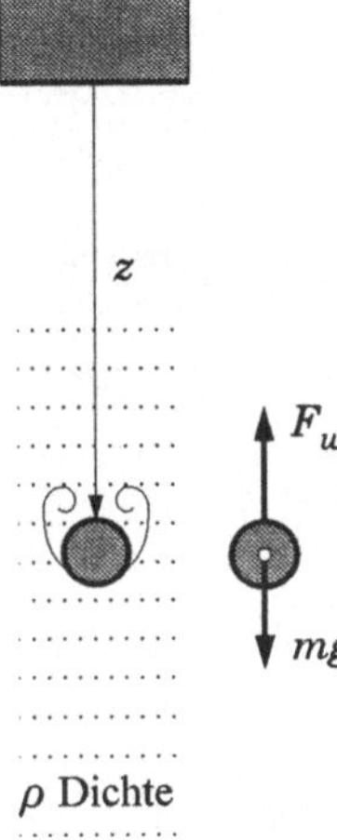

Bei dieser Aufgabenstellung kommt man mit der Galileischen Feststellung nicht weiter. $\ddot{z} = $ konst. gilt jetzt sicher nicht. Mit dem Newtonschen Ansatz aber kann die Fallbewegung $z(t)$ bestimmt werden, wenn es nur gelingt, für die Widerstandskraft einen Ausdruck zu finden, der die wirklichen Verhältnisse in Rechnung stellt. Das aber ist nicht einfach.

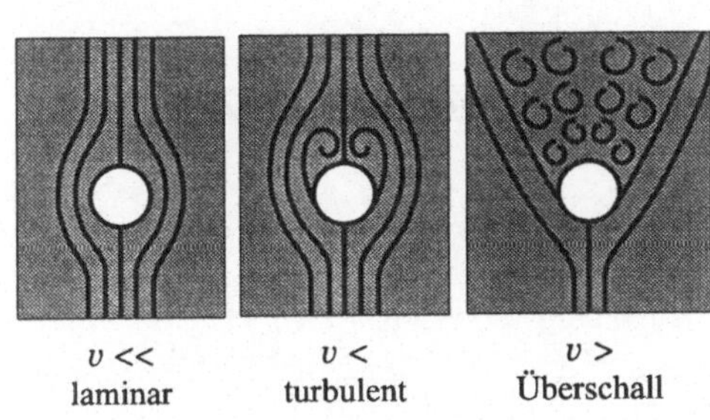

Die Widerstandskraft hängt vorrangig von der Geschwindigkeit v ab. Man muß drei Teilbereiche unterscheiden. Ist v sehr klein, dann erfolgt eine wohlgeordnete (laminare) Umströmung der „Kugel". Bei mittelgroßen Geschwindigkeiten ($v < v_{\text{Schall}}$) wird die Umströmung turbulent. Bei großen Geschwindigkeiten $v > v_{\text{Schall}}$ (Überschallgeschwindigkeit) „schließt" sich die Strömung hinter dem Körper nicht mehr. Für jeden dieser drei Geschwindigkeitsbereiche gilt ein anderes Widerstandsgesetz. Wir machen den Ansatz:

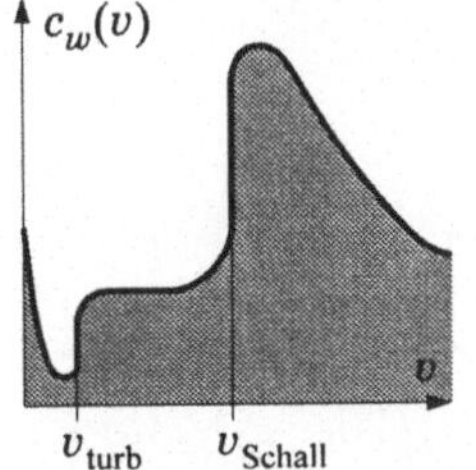

$$F_w = \frac{c_w A v^2 \rho}{2}$$

mit c_w dem Widerstandsbeiwert, ρ der Luftdichte und A der Projektionsfläche des Körpers in v-Richtung. Der Widerstandsbeiwert hängt in komplizierter Weise von v ab. Man kann keine Formel für c_w angeben, die alle drei v-Bereiche abdeckt. Für kleine Geschwindigkeiten kann $c_w \doteq \dfrac{\text{konst.}}{v}$ und für mittlere Geschwindigkeiten $c_w \doteq$ konst. gesetzt werden. Damit erhält man

die Stokessche Widerstandsformel   bzw.   *die Newtonsche Widerstandsformel*

$$\boxed{F_w = Kv}\quad \text{für } v \ll \qquad\qquad \boxed{F_w = Kv^2}\quad v < v_{\text{Schall}} \doteq 333\,\text{m/sec}$$

Im folgenden werden wir nur immer eine der beiden Formeln unseren Rechnungen zugrunde legen.

Bei Berücksichtigung eines v^2-proportionalen Luftwiderstandes gilt für den fallenden Körper

$$m\ddot{z} = mg - F_w = mg - Kv^2$$

Mit $K/m = k$, und $\dot{z} = v$ wird

$$\boxed{\ddot{z} = g - k\dot{z}^2}$$

Diese Differentialgleichung zweiter Ordnung ist unter Berücksichtigung der Anfangsbedingungen $t = 0$: $z = z_0$, $\dot{z} = v_0$ zu lösen.

2.3.2 Die Integration über die Zeit

$$\ddot{z} = \frac{d\dot{z}}{dt} = g - k\dot{z}^2 \quad \Rightarrow \quad \frac{d\dot{z}}{g - k\dot{z}^2} = dt$$

$$\frac{d\dot{z}\sqrt{k}}{\sqrt{k}\,g\left[1 - \left(\dot{z}/\sqrt{g/k}\right)^2\right]} = \frac{1}{\sqrt{gk}} \frac{d\left(\dot{z}/\sqrt{g/k}\right)}{1 - \left(\dot{z}/\sqrt{g/k}\right)^2} = dt = \frac{1}{\sqrt{gk}} \frac{du}{1 - u^2} \quad \text{mit } u = \frac{\dot{z}}{\sqrt{g/k}}$$

Die Substitution $u = \tanh w \;\Rightarrow\; du = \frac{1}{\cosh^2 w}\,dw = \frac{\cosh^2 w - \sinh^2 w}{\cosh^2 w}\,dw = \left(1 - u^2\right)dw$

$$\Rightarrow \frac{du}{1 - u^2} = d\left(\text{artanh}\left(\frac{\dot{z}}{\sqrt{g/k}}\right)\right)$$

ergibt $d\left(t\sqrt{kg}\right) = d\left[\text{artanh}\left(\dot{z}/\sqrt{g/k}\right)\right] \;\Rightarrow\; t\sqrt{kg} = \text{artanh}\left(\dot{z}/\sqrt{g/k}\right) + C$

Mit der Anfangsbedingung $t = 0$: $\dot{z} = v_0$ $\qquad 0 = \text{artanh}\left(v_0/\sqrt{g/k}\right) + C \;\Rightarrow$

$$\boxed{\dot{z}(t) = \sqrt{\frac{g}{k}}\,\tanh\left[\sqrt{kg}\,t + \text{artanh}\left(\frac{v_0}{\sqrt{g/k}}\right)\right]}$$

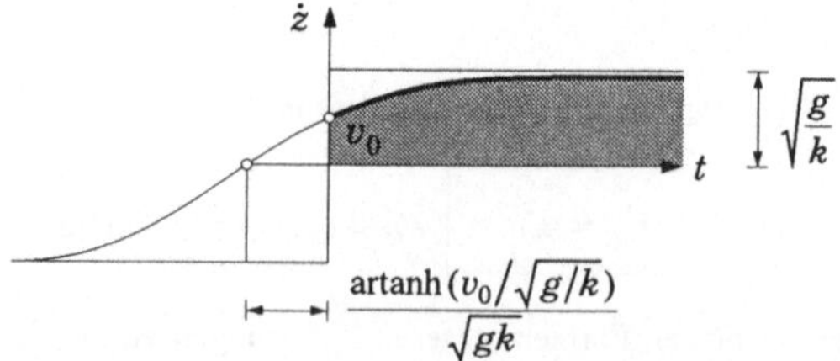

Für $t \to \infty$ strebt die Geschwindigkeit dem Grenzwert

$$v_{grenz} = \sqrt{g/k} \qquad \text{zu.}$$

Dieser Grenzwert hätte bereits aus $\ddot{z} = 0 = g - k\dot{z}^2 \Rightarrow \dot{z}_{grenz} = \sqrt{g/k}$ bestimmt werden können.

Kontrolle $k \to 0$: $\qquad \dot{z} = \sqrt{\dfrac{g}{k}} \cdot \left[\sqrt{kg}\, t + v_0 \sqrt{k/g} \right] = v_0 + gt$

Aus $\dot{z} = \dfrac{dz}{dt} = \sqrt{\dfrac{g}{k}}\, \tanh\!\left[\sqrt{kg}\, t + \operatorname{artanh}\!\left(v_0 / \sqrt{g/k} \right) \right]$ folgt

$$dz = \frac{1}{\sqrt{kg}} \cdot \sqrt{\frac{g}{k}}\, \frac{\sinh[\cdots]\, dt \sqrt{kg}}{\cosh[\cdots]} = \frac{1}{k}\, \frac{d(\cosh[\cdots])}{\cosh[\cdots]}$$

$$z = \frac{1}{k} \ln\!\left\{ \cosh\!\left[\sqrt{gk}\, t + \operatorname{artanh}\!\left(v_0 / \sqrt{g/k} \right) \right] \right\} + C$$

Mit $t = 0$: $z = z_0$ $\Rightarrow$

$$z - z_0 = \frac{1}{k} \ln\!\left\{ \frac{\cosh\!\left[\sqrt{gk}\, t + \operatorname{artanh}\!\left(v_0 / \sqrt{g/k} \right) \right]}{\cosh\!\left[\operatorname{artanh}\!\left(v_0 / \sqrt{g/k} \right) \right]} \right\}$$

$$z(t) = z_0 + \frac{1}{k} \ln\!\left\{ \cosh\!\left(\sqrt{gk}\, t \right) + \tanh\!\left[\operatorname{artanh}\!\left(v_0 / \sqrt{g/k} \right) \right] \cdot \sinh\sqrt{gk}\, t \right\}$$

$$\boxed{\; z(t) = z_0 + \frac{1}{k} \ln\!\left\{ \cosh\!\left(\sqrt{gk}\, t \right) + \left(v_0 \sqrt{\frac{k}{g}} \right) \sinh\!\left(\sqrt{gk}\, t \right) \right\} \;}$$

Kontrolle $k \to 0$:

$$z(t) = z_0 + \frac{1}{k} \ln\!\left\{ 1 + \frac{\left(\sqrt{gk}\, t \right)^2}{2} + \ldots v_0 \sqrt{\frac{k}{g}} \cdot \left(\sqrt{gk}\, t + \ldots \right) \right\} =$$

$$= z_0 + \frac{1}{k} \ln\!\left[1 + k\left(\frac{gt^2}{2} + v_0 t \right) \ldots \right] = z_0 + \frac{1}{k} \left[k\left(\frac{gt^2}{2} + v_0 t \right) \right] + \ldots =$$

$$= z_0 + v_0 t + \frac{gt^2}{2}$$

2.3.3 Integration über den Weg: zeitfreie Gleichung

Um die Geschwindigkeit $\dot{z}$ als Funktion des Fallweges z zu bestimmen, bräuchte man jetzt nur die Zeit t aus den Gleichungen $\dot{z} = \dot{z}(t)$ und $z = z(t)$ zu eliminieren. Viel einfacher und direkter erhält man aber $\dot{z}(z)$ über die zeitfreie Gleichung, die die Trennung der Variablen z und $\dot{z}$ erlaubt:

$$\frac{dz}{dt} = \dot{z} \ , \quad \frac{d\dot{z}}{dt} = \ddot{z} \ \Rightarrow \ \dot{z}\,d\dot{z} = \ddot{z}\,dz = \left(g - k\dot{z}^2\right)dz \ \Rightarrow \ \frac{\dot{z}\,d\dot{z}}{g - k\dot{z}^2} = dz$$

$$\frac{-\dot{z}\,d\dot{z}\,2k}{g - k\dot{z}^2} = -2k\,dz = \frac{d\left(g - k\dot{z}^2\right)}{\left(g - k\dot{z}^2\right)} = d\left[\ln\left(g - k\dot{z}^2\right)\right] = d(-2kz)$$

Unter Berücksichtigung von $z = z_0 : \dot{z}_0 = v_0$ wird $-2k\left(z - z_0\right) = \ln\left[\left(g - k\dot{z}^2\right)\big/\left(g - kv_0^2\right)\right]$

$$\left(\frac{g}{k} - v_0^2\right)e^{-2k(z-z_0)} = \frac{g}{k} - \dot{z}^2 \qquad \Rightarrow$$

$$\boxed{\ \dot{z}(z) = \sqrt{\frac{g}{k} - \left(\frac{g}{k} - v_0^2\right)e^{-2k(z-z_0)}}\ }$$

2.3.4 Fallzeit τ_F und Aufprallgeschwindigkeit v_A

Für $z_0 = 0$ und $v_0 = 0$ gelten:

$$\dot{z}(t) = \sqrt{\frac{g}{k}}\,\tanh\left(\sqrt{gk}\ t\right), \qquad z(t) = \frac{1}{k}\ln\left[\cosh\left(\sqrt{kg}\ t\right)\right]$$

und $\quad \dot{z}(z) = \sqrt{\frac{g}{k}}\sqrt{1 - e^{-2kz}}$.

Mit $z = H$ erhält man daraus für die Fallzeit τ_F: $\qquad \boxed{\ \tau_F = \frac{1}{\sqrt{gk}}\,\mathrm{arcosh}\left(e^{kH}\right)\ }$

und für v_A: $\qquad \boxed{\ v_A = \sqrt{\frac{g}{k}}\sqrt{1 - e^{-2kH}}\ }$

2.4 Der Wurf

2.4.1 Der Wurf nach oben, v^2-proportionaler Luftwiderstand

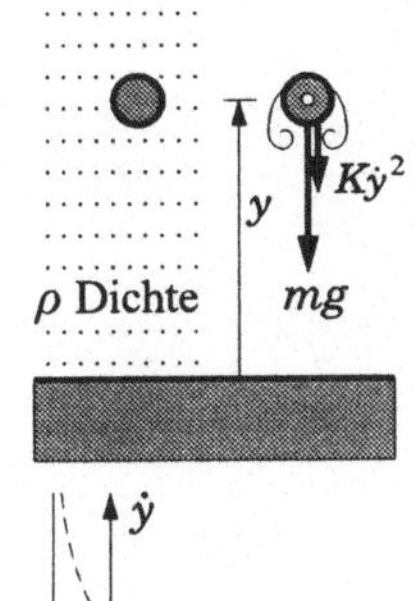

Aus $m\ddot{y} = -mg - K\dot{y}^2$ folgt mit $K/m = k$:

$$\ddot{y} = -\left(g + k\dot{y}^2\right)$$

Die erste Integration über t ergibt

$$-\frac{d\dot{y}}{g + k\dot{y}^2} = dt = \frac{-d\dot{y}}{g\left[1 + \left(\dot{y}/\sqrt{g/k}\right)^2\right]} =$$

$$= -\frac{d\left(\dot{y}/\sqrt{g/k}\right)}{1 + \left(\dot{y}/\sqrt{g/k}\right)^2} = \sqrt{kg}\, dt = -\frac{dU}{1 + U^2} \;.$$

Mit $U = \tan W$ und $dU = \dfrac{1}{\cos^2 W}\, dW = \left(1 + U^2\right) dW$ wird:

$$\sqrt{gk}\, dt = -dW = -d[\arctan U] = -d\left[\arctan\left(\dot{y}/\sqrt{g/k}\right)\right]$$

Mit $t = 0$: $\dot{y} = v_0$ erhält man

$$-\sqrt{kg}\, t = \arctan\frac{\dot{y}}{\sqrt{g/k}} - \arctan\frac{v_0}{\sqrt{g/k}}$$

und damit für die Geschwindigkeit $\dot{y}$:

$$\dot{y}(t) = \sqrt{\frac{g}{k}} \tan\left[\arctan\frac{v_0}{\sqrt{g/k}} - \sqrt{gk}\, t\right]$$

Für die Steigzeit τ_{St} findet man aus $\dot{y}(\tau_{St}) = 0$:

$$\tau_{St} = \frac{1}{\sqrt{gk}} \arctan\frac{v_0}{\sqrt{g/k}}$$

Die zweite Integration liefert mit $\dfrac{dy}{dt} = \dot{y} = \sqrt{\dfrac{g}{k}}\,\tan\!\left[\sqrt{kg}\,(\tau_{St} - t)\right]$

$$dy = \sqrt{\frac{g}{k}}\,\frac{\sin[\ ]}{\cos[\ ]}\,dt = \frac{1}{k}\,\frac{-\sin[\ ]\,d[\ ]}{\cos[\ ]} = \frac{1}{k}\,\frac{d[\cos[\ ]]}{\cos[\ ]}$$

für die Wurfhöhe:

$$y(t) = y_0 + \frac{1}{k}\ln\frac{\cos\left[\sqrt{gk}\,(\tau_{St} - t)\right]}{\cos\left(\sqrt{gk}\,\tau_{St}\right)}$$

$$= y_0 + \frac{1}{k}\ln\left[\cos\left(\sqrt{kg}\,t\right) + \frac{v_0}{\sqrt{g/k}}\sin\left(\sqrt{kg}\,t\right)\right] .$$

Für $t = \tau_{St}$ (und $y_0 = 0$) ergibt sich daraus die Steighöhe zu

$$H_{St} = \frac{1}{k}\ln\sqrt{1 + \left(\frac{v_0}{\sqrt{g/k}}\right)^2} .$$

Dasselbe Ergebnis liefert die zeitfreie Gleichung:

$$\dot{y}\,d\dot{y} = \ddot{y}\,dy = -\left(g + k\dot{y}^2\right)dy \quad\Rightarrow\quad \frac{\dot{y}\,d\dot{y}\,2k}{g + k\dot{y}^2} = -dy\,2k = d\left[\ln\frac{\left(g + k\dot{y}^2\right)}{\left(g + kv_0^2\right)}\right]$$

Mit $y_0 = 0$ und $\dot{y} = 0$ wird

$$H_{St}\,2k = -\ln\frac{g}{\left(g + kv_0^2\right)} \quad\Rightarrow\quad H_{St} = \frac{1}{k}\ln\sqrt{1 + \left(\frac{v_0}{\sqrt{g/k}}\right)^2}$$

Mit welcher Geschwindigkeit v_A kommt ein nach oben geworfener Stein in seine Ausgangslage zurück?

$$v_A = \sqrt{\frac{g}{k}}\sqrt{1 - e^{-2kH_{St}}} \quad \text{(siehe oben)}$$

$$v_A = \sqrt{\frac{g}{k}}\sqrt{1 - \frac{1}{1 + \left(v_0/\sqrt{g/k}\right)^2}} = \frac{v_0}{\sqrt{1 + \left(v_0/\sqrt{g/k}\right)^2}}$$

2.4.2 Schiefer Wurf ohne Luftwiderstand

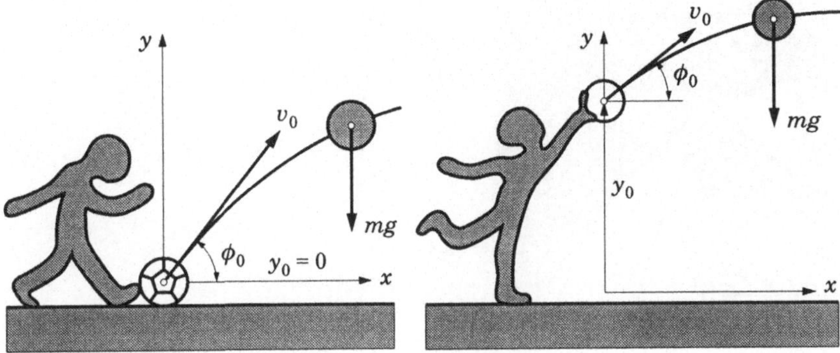

Dynamische Grundgleichung:

$$m\ddot{\mathbf{x}} = \mathbf{F} \;\Rightarrow\; \begin{cases} m\ddot{x} = 0 \\ m\ddot{y} = -mg \end{cases}$$

Anfangsbedingungen:

$$t = 0: \begin{cases} x = x_0 = 0, & \dot{x} = v_0 \cos\phi_0 \\ y = y_0, & \dot{y} = v_0 \sin\phi_0 \end{cases}$$

Integrationen:

$$\dot{\mathbf{x}} = \dot{\mathbf{x}}_0 + \mathbf{g}\,t \;\Rightarrow\; \begin{cases} \dot{x} = v_0 \cos\phi_0 \\ \dot{y} = v_0 \sin\phi_0 - gt \end{cases}$$

$$\mathbf{x} = \mathbf{x}_0 + \dot{\mathbf{x}}_0 t + \mathbf{g}\,\frac{t^2}{2} \;\Rightarrow\; \begin{cases} x = (v_0 \cos\phi_0)t & \dots\dots 1) \\ y = y_0 + (v_0 \sin\phi_0)t - gt^2/2 & \dots\dots 2) \end{cases}$$

Elimination von t aus 1) und 2):

$$\boxed{\; y(x) = y_0 + \tan\phi_0\, x - \frac{g x^2}{2 v_0^2}\left(1 + \tan^2\phi_0\right) \;} \qquad \dots\dots 3)$$

Aufgabe

Gegeben: Zielpunkt (x, y) und die Anfangsgeschwindigkeit v_0.

Gesucht: Abwurfwinkel ϕ_0?

Auflösung von 3) nach $\tan\phi$ ergibt:

$$\tan\phi_{0_{\mathrm{I,II}}} = \frac{v_0^2}{gx} \pm \sqrt{\left(\frac{v_0^2}{gx}\right)^2 - \left[1 + \frac{2 v_0^2}{g}\,\frac{y - y_0}{x^2}\right]} \qquad \dots\dots 4)$$

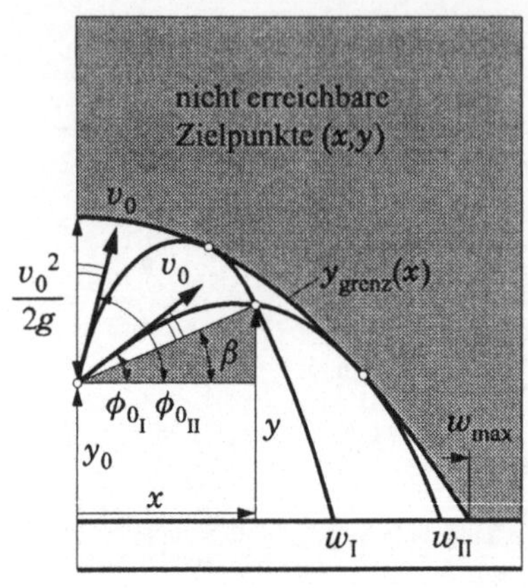

Ein Ziel ist bei gegebenem v_0 nur dann erreichbar, wenn:

$$\left(\frac{v_0^2}{gx}\right)^2 - \left[1 + \frac{2v_0^2}{g}\frac{y-y_0}{x^2}\right] \geq 0 \quad \Rightarrow$$

$$\left(y_0 + \frac{v_0^2}{2g}\right) - \frac{g}{2v_0^2}x^2 = y_{grenz} \geq y \quad \dots\dots\dots 5)$$

Aus 4):

$$\tan\left(\phi_{0_I} + \phi_{0_{II}}\right) = -\frac{x}{y - y_0} = -\cot\beta$$

$$\Rightarrow \qquad \sin\left(\phi_{0_I} + \phi_{0_{II}}\right)\sin\beta + \cos\left(\phi_{0_I} + \phi_{0_{II}}\right)\cos\beta = 0$$

$$\Rightarrow \qquad \left(\frac{\pi}{2} - \phi_{0_I}\right) = \left(\phi_{0_{II}} - \beta\right)$$

Maximale Wurfweite:

Aus 5) folgt mit $y_{grenz} = 0$ für $\mathbf{x} = w_{max}$:

$$\boxed{\; w_{max} = \frac{v_0^2}{g}\sqrt{1 + \frac{2gy_0}{v_0^2}} \;} \quad \dots\dots\dots 6)$$

und aus 4):

$$\boxed{\; \tan\phi_{opt} = \frac{v_0^2}{gw_{max}} = \frac{1}{\sqrt{1 + \dfrac{2gy_0}{v_0^2}}} \;} \quad \dots\dots\dots 7)$$

Für $y_0 = 0 \Rightarrow \phi_{opt} = 45°$ (Fußballspiel)

Für $y_0 > 0 \Rightarrow \phi_{opt} = \arctan\left[\frac{1}{\sqrt{1 + 2gy_0/v_0^2}}\right] < 45°$ (Kugelstoßen)

2.4.3 Schiefer Wurf, geschwindigkeitsproportionaler Luftwiderstand

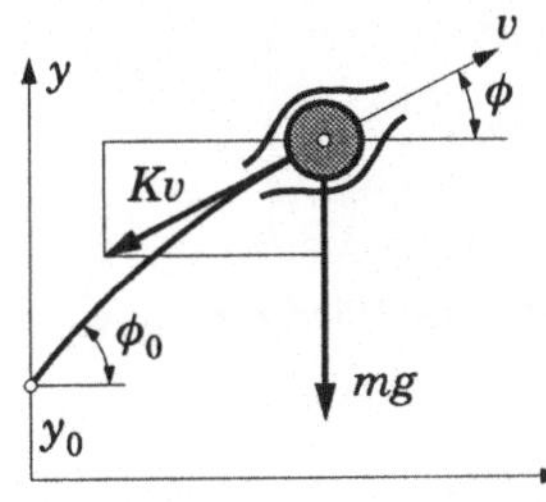

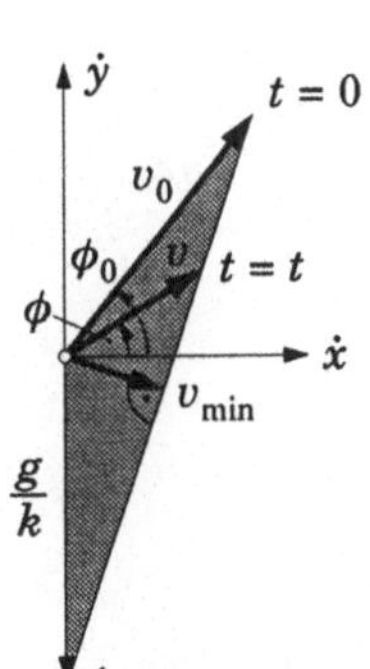

Dynamische Grundgleichung:

$$m\ddot{\mathbf{x}} = \mathbf{F} = m\mathbf{g} - K\dot{\mathbf{x}} \quad \Rightarrow$$

$$\ddot{x} = -(K/m)v\cos\phi = -(K/m)\dot{x} \qquad \dots\dots 8)$$

$$\ddot{y} = -g - (K/m)v\sin\phi = -g - (K/m)\dot{y} \qquad \dots\dots 9)$$

Die erste Integration ergibt unter Berücksichtigung der Anfangsbedingungen $t = 0$, $\dot{x} = v_0\cos\phi_0$; $\dot{y} = v_0\sin\phi$ und $k := K/m$ für die Geschwindigkeitskomponenten:

$$\dot{x}(t) = v_0\cos\phi_0\, e^{-kt} \qquad \dots\dots 10)$$

$$\dot{y}(t) = \frac{1}{k}\Big[-g + (g + kv_0\sin\phi_0)e^{-kt}\Big] \qquad \dots\dots 11)$$

Elimination von t ergibt

$$\dot{y}(\dot{x}) = -\frac{g}{k} + \frac{\dfrac{g}{k} + v_0\sin\phi_0}{v_0\cos\phi_0}\,\dot{x}\ .$$

Die kleinste Geschwindigkeit tritt nicht bei $y = y_{\max}$ auf!

Die zweite Integration über t ergibt mit $t = 0$, $x = 0$; $y = y_0$:

$$x(t) = \frac{v_0\cos\phi_0}{k}\left(1 - e^{-kt}\right) \qquad \dots\dots 12)$$

$$y(t) = y_0 + \frac{1}{k}\left[-gt + \frac{g + kv_0\sin\phi_0}{k}\left(1 - e^{-kt}\right)\right] \qquad \dots\dots 13)$$

Die Elimination von t ergibt

$$y(x) = y_0 + \left(\tan\phi_0 + \frac{g}{kv_0\cos\phi_0}\right)x + \frac{g}{k^2}\ln\left[1 - k\frac{x}{v_0\cos\phi_0}\right] \qquad \dots\dots 14)$$

46

Näherungslösung für kleine (kv_0/g)-Werte

Mit $\ln(1-\varepsilon) = -\varepsilon - \varepsilon^2/2 - \varepsilon^3/3 - \dots$ und $1/\cos\phi_0 = \sqrt{1+\tan^2\phi_0}$ erhält man:

$$y(x) = \left[y_0 + \tan\phi_0\, x - \frac{gx^2}{2v_0^2}\left(1+\tan^2\phi_0\right)\right] - k\left[\frac{gx^3}{3v_0^3}\left(1+\tan^2\phi_0\right)^{\frac{3}{2}}\right] + \dots \qquad \dots\dots\dots 15)$$

Die größtmögliche Wurfweite $x = w_{\max}$, $y = 0$ und den dazugehörigen Winkel $\phi_{0,\text{opt}}$ erhält man aus den Bedingungen $y = 0$ und $dx/d(\tan\phi_0) = 0$ ⇒

$$y = F(x,\tan\phi_0) = 0 = \left[y_0 + \tan\phi_0\, x - \frac{gx^2}{2v_0^2}\left(1+\tan^2\phi_0\right)\right] - k\left[\frac{gx^3}{3v_0^3}\left(1+\tan^2\phi_0\right)\right] + \dots$$

$$\frac{\partial F}{\partial x}\frac{dx}{d(\tan\phi_0)} + \frac{\partial F}{\partial \tan\phi_0} = 0 \;\;\Rightarrow\;\; 0 = \left[1 - \frac{gx}{v_0^2}\tan\phi_0\right] - k\left[\frac{gx^2}{v_0^3}\left(1+\tan^2\phi_0\right)^{\frac{1}{2}}\tan\phi_0\right] + \dots$$

Die Ansätze

$$x = \frac{v_0^2}{g}\sqrt{1+\frac{2gy_0}{v_0^2}} + \Delta x \;\; ; \quad \tan\phi_0 = \frac{1}{\sqrt{1+\dfrac{2gy_0}{v_0^2}}} + \Delta\tan\phi_0$$

liefern mit $k\cdot\Delta x \approx 0$ und $k\cdot\Delta\tan\phi_0 \approx 0$ zwei lineare Gleichungen für Δx und $\Delta\tan\phi_0$:

$$\Delta x\left(-\sqrt{1+\frac{2gy_0}{v_0^2}}\right) + \Delta\tan\phi_0(0) = k\frac{v_0^3}{g^2}\frac{2\sqrt{2}}{3}\left(1+\frac{gy_0}{v_0^2}\right)^{3/2}$$

$$\Delta x\left(\frac{g}{v_0^2}\Big/\sqrt{1+\frac{2gy_0}{v_0^2}}\right) + \Delta\tan\phi_0\sqrt{1+\frac{2gy_0}{v_0^2}} = -k\frac{v_0}{g}\sqrt{2}\left(1+\frac{gy_0}{v_0^2}\right)^{1/2}$$

Nach Auflösung dieser Gleichung erhält man dann für x bzw. $\tan\phi_{0,\text{opt}}$:

$$x = w_{\max} = \frac{v_0^2}{g}\sqrt{1+\frac{2gy_0}{v_0^2}}\cdot\left[1 - \left(\frac{kv_0}{g}\right)\frac{2\sqrt{2}}{3}\left(1+\frac{gy_0}{v_0^2}\right)^{\frac{3}{2}}\Big/\left(1+\frac{2gy_0}{v_0^2}\right) + \dots\right] \qquad \dots\dots\dots 16)$$

$$\tan\phi_{0,\text{opt}} = \frac{1}{\sqrt{1+\dfrac{2gy_0}{v_0^2}}}\left[1 - \left(\frac{kv_0}{g}\right)\frac{\sqrt{2}}{3}\left(1+\frac{gy_0}{v_0^2}\right)^{\frac{1}{2}}\left(1+\frac{4gy_0}{v_0^2}\right)\Big/\left(1+\frac{2gy_0}{v_0^2}\right) + \dots\right] \qquad \dots 17)$$

2.5 Schwingungen

2.5.1 Freie Schwingungen

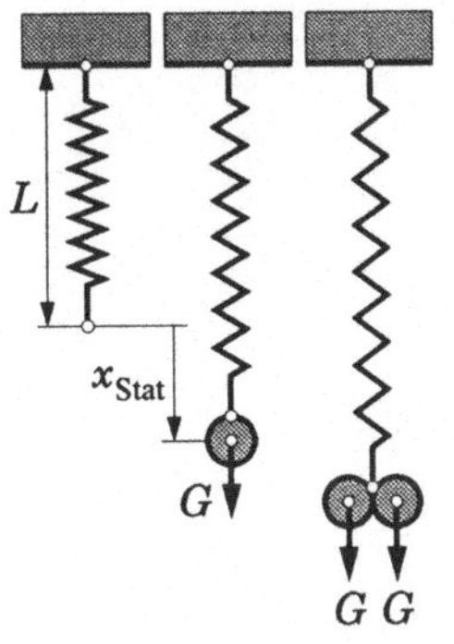

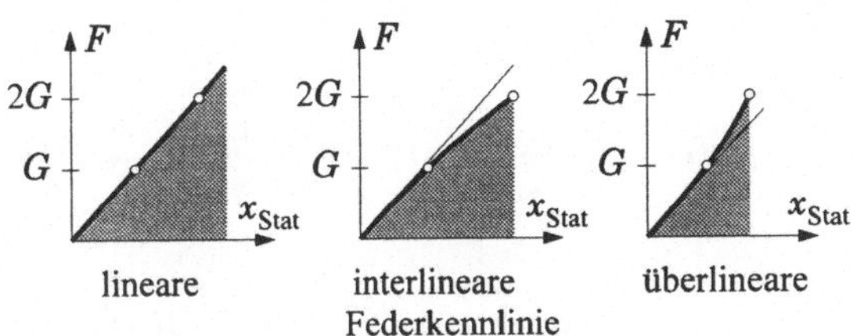

Bei statischer Belastung zeigen Federn unterschiedliches Verhalten. Für **kleine** Verlängerungen x gilt fast immer das <u>Hookesche Gesetz</u>:

$$F = cx$$

Dieses Gesetz wurde zuerst von Hooke 1678 in der Form eines Anagramms (C E I I I N O S S S T T U U) angegeben, dessen Auflösung: UT TENSIO SIC VIS = So wie die Ausdehnung x, so die Kraft F.

2.5.1.1 Schwingbewegung bei vernachlässigbaren Luftwiderstand

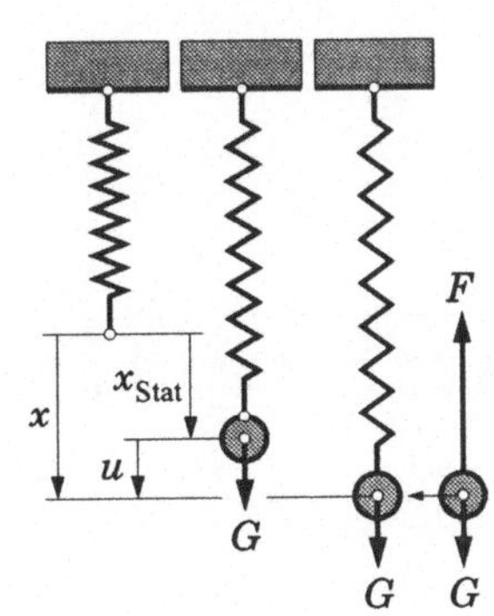

Aus $m\ddot{x} = mg - F(x)$ erhält man mit $F(x) = cx$ und der Abkürzung $\omega^2 = c/m$

$$\ddot{x} = g - \omega^2 x\,.$$

Setzt man $x(t) = x_{\text{Stat}} + u(t)$, so ergibt sich mit der Gleichgewichtsbedingung $x_{\text{Stat}}c = mg$:

$$\ddot{u} + \omega^2 u = 0$$

.

Der Lösungs-(Versuchs-)Ansatz $u = Ce^{\lambda t}$ führt auf $\left(\lambda^2 + \omega^2\right)Ce^{\lambda t} \equiv 0$, woraus $\lambda_{1,2} = \pm i\omega$ folgt. $C_1 e^{i\omega t}$ und $C_2 e^{-i\omega t}$ sind also Lösungen und ebenfalls deren Linearkombination. Somit gilt:

$$u(t) = C_1 e^{i\omega t} + C_2 e^{-i\omega t}\,.$$

48

Die Integrationskonstanten bestimmen die Anfangsbedingungen: $t = 0$: $u = u_0$; $\dot{u} = \dot{u}_0$: zu

$$C_1 = \frac{1}{2}\left(u_0 + \frac{\dot{u}_0}{i\omega}\right), \quad C_2 = \frac{1}{2}\left(u_0 - \frac{\dot{u}_0}{i\omega}\right).$$

Damit wird:

$$u(t) = u_0\,\frac{1}{2}\left(e^{i\omega t} + e^{-i\omega t}\right) + \frac{\dot{u}_0}{\omega i}\,\frac{1}{2}\left(e^{i\omega t} - e^{-i\omega t}\right).$$

Mit

$$e^{i\omega t} = 1 + \frac{(i\omega t)}{1!} + \frac{(i\omega t)^2}{2!} + \frac{(i\omega t)^3}{3!} + \frac{(i\omega t)^4}{4!} + \ldots =$$

$$= \left(1 - \frac{(\omega t)^2}{2!} + \frac{(\omega t)^4}{4!} - \ldots\right) + i\left(\omega t - \frac{(\omega t)^3}{3!} + \frac{(\omega t)^5}{5!} - \ldots\right)$$

$$\Rightarrow \quad e^{i\omega t} = \cos\omega t + i\sin\omega t \qquad \text{(Moiveresche Formel)}$$

und $\quad e^{-i\omega t} = \cos\omega t - i\sin\omega t$

erhält man für

$$\frac{1}{2}\left(e^{i\omega t} + e^{-i\omega t}\right) = \cos\omega t, \quad \frac{1}{2i}\left(e^{i\omega t} - e^{-i\omega t}\right) = \sin\omega t.$$

Damit lautet die Lösung:

$$\boxed{u(t) = u_0\cos\omega t + \frac{\dot{u}_0}{\omega}\sin\omega t}$$

oder $\quad \boxed{u(t) = A\cos(\omega t - \alpha)} \quad$ mit $\quad A = u_{\max} = \sqrt{u_0^2 + (\dot{u}_0/\omega)^2}\;; \quad \alpha = \arctan\frac{\dot{u}_0}{\omega u_0}$

Schwingungsdauer

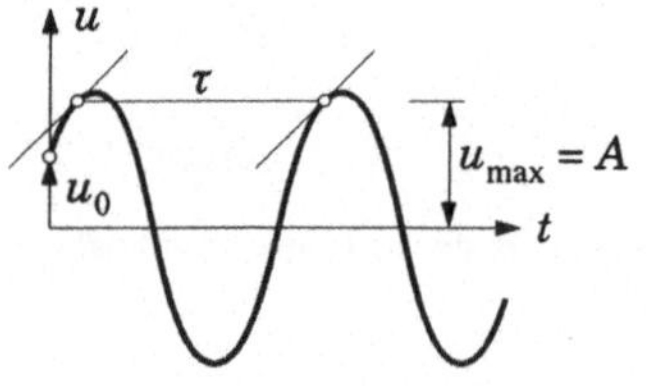

In den Zeitabständen

$$\boxed{\tau = \frac{2\pi}{\omega} = 2\pi\sqrt{\frac{m}{c}}}$$

kehrt ein Systemzustand (u und $\dot{u}$) immer wieder
Denn es gilt

$$u(t + \tau) = A\cos[\omega(t + \tau) - \alpha] = A\cos[\omega t + 2\pi - \alpha] = u(t)$$

und

$$\dot{u}(t+\tau) = -A\omega \sin\left[\omega(t+\tau)-\alpha\right] = -A\omega \sin\left[\omega t - \alpha + 2\pi\right] = \dot{u}(t).$$

ω heißt die <u>Kreisfrequenz</u> = Zahl der Vollschwingungen in 2π Sekunden.

Darstellung in der **Phasenebene** $\left(u, \dot{u}/\omega\right)$:

Bildpunkt P läuft (im Uhrzeigersinn) auf einem Kreis $(r = A)$ mit konstanter Geschwindigkeit. Umlaufzeit:

$$\tau = \frac{2\pi}{\omega}$$

ω = <u>Winkelgeschwindigkeit</u> $\omega = \dfrac{d\psi}{dt}$

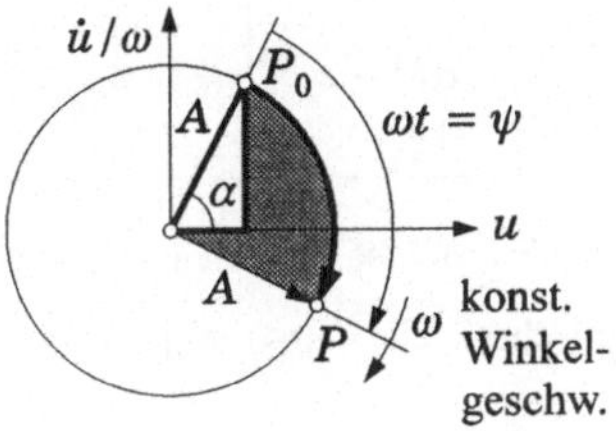

2.5.1.2 Schwingbewegung unter Berücksichtigung eines v-proportionalen Luftwiderstandes (Stokesscher Widerstand)

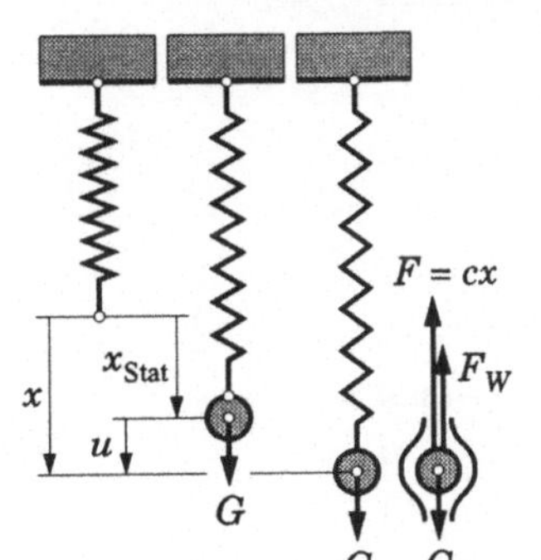

Die dynamische Grundgleichung lautet mit $F = cx$ und $F_W = K\dot{x}$:

$$m\ddot{x} = mg - cx - K\dot{x}.$$

Mit den Abkürzungen $c/m = \omega^2$ und $\delta = K/2m$ sowie der Koordinatenverschiebung $x = x_{\text{Stat}} + u = mg/c + u$ wird daraus

$$\boxed{\ddot{u} + 2\delta\dot{u} + \omega^2 u = 0}.$$

Der Lösungsansatz $u = Ce^{\lambda t}$ liefert über $\left(\lambda^2 + 2\delta\lambda + \omega^2\right)Ce^{\lambda t} \equiv 0$ für λ:

$$\lambda_{1,2} = -\delta \pm \sqrt{\delta^2 - \omega^2}.$$

Somit ist die allgemeine Lösung

$$u(t) = e^{-\delta t}\left[C_1 e^{\sqrt{\delta^2 - \omega^2}\,\cdot t} + C_2 e^{-\sqrt{\delta^2 - \omega^2}\,\cdot t}\right].$$

Die Anfangsbedingungen $t = 0$: $u = u_0$, $\dot{u} = \dot{u}_0$ bestimmen die Integrationskonstanten zu:

$$C_{1,2} = \frac{1}{2}\left(u_0 \pm \frac{\dot{u}_0 + \delta u_0}{\sqrt{\delta^2 - \omega^2}}\right).$$

50

Damit wird:

$$u(t) = e^{-\delta t}\left[u_0 \frac{1}{2}\left(e^{+\sqrt{\delta^2-\omega^2}\,t} + e^{-\sqrt{\delta^2-\omega^2}\,t}\right) + \frac{\dot{u}_0 + \delta u_0}{\sqrt{\delta^2-\omega^2}}\frac{1}{2}\left(e^{+\sqrt{\delta^2-\omega^2}\,t} - e^{-\sqrt{\delta^2-\omega^2}\,t}\right)\right]$$

bzw.

$$\boxed{u(t) = e^{-\delta t}\left[u_0 \cosh\left(\sqrt{\delta^2-\omega^2}\,t\right) + \frac{\dot{u}_0 + \delta u_0}{\sqrt{\delta^2-\omega^2}}\sinh\left(\sqrt{\delta^2-\omega^2}\,t\right)\right]} \qquad \delta > \omega$$

Diese Formel ist für den Fall $\delta > \omega$ (große Dämpfung) direkt anwendbar. Die Bewegung ist aperiodisch (für $\dot{u}_0 < -u_0\left[\delta + \sqrt{\delta^2-\omega^2}\right]$ gibt es **einen** Nulldurchgang). Im Grenzfall $\delta = \omega$ ergibt sich mit $\lim\limits_{\sqrt{\delta^2-\omega^2}\to 0}\sinh\left(\sqrt{\delta^2-\omega^2}\,t\right)\Big/\sqrt{\delta^2-\omega^2} = t$:

$$\boxed{u(t) = e^{-\delta t}\left[u_0 + (\dot{u}_0 + \delta u_0)\cdot t\right]} \qquad \delta = \omega \quad \underline{\text{(aperiodischer Fall)}}.$$

Bei kleiner Dämpfung $\delta < \omega$ folgt mit

$$\cosh i\xi = 1 + \frac{(i\xi)^2}{2!} + \frac{(i\xi)^4}{4!} + \ldots = 1 - \frac{\xi^2}{2!} + \frac{\xi^4}{4!} - \ldots = \cos\xi$$

und

$$\sinh i\xi = i\xi + \frac{(i\xi)^3}{3!} + \frac{(i\xi)^5}{5!} + \ldots = i\left[\xi - \frac{\xi^3}{3!} + \frac{\xi^5}{5!} - \ldots\right] = i\sin\xi$$

aus obiger Formel:

$$\boxed{u(t) = e^{-\delta t}\left[u_0 \cos\left(\sqrt{\omega^2-\delta^2}\,t\right) + \frac{\dot{u}_0 + \delta u_0}{\sqrt{\omega^2-\delta^2}}\sin\left(\sqrt{\omega^2-\delta^2}\,t\right)\right]} \qquad \delta < \omega$$

oder $\quad \boxed{u(t) = A e^{-\delta t}\cos\left(\sqrt{\omega^2-\delta^2}\,t - \alpha\right)}$

mit $\quad A = \sqrt{u_0^2 + \left(\frac{\dot{u}_0 + \delta u_0}{\sqrt{\omega^2-\delta^2}}\right)^2}$ und $\quad \alpha = \arctan\frac{\dot{u}_0 + \delta u_0}{u_0\sqrt{\omega^2-\delta^2}}$.

Die Bewegung ist für $\delta < \omega$ <u>periodisch</u> – mit abnehmender Amplitude.

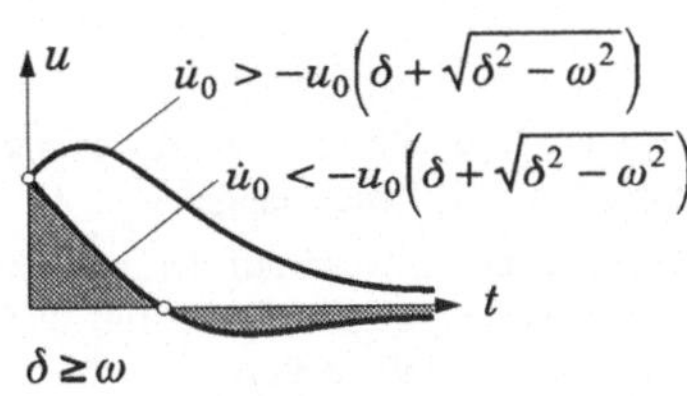
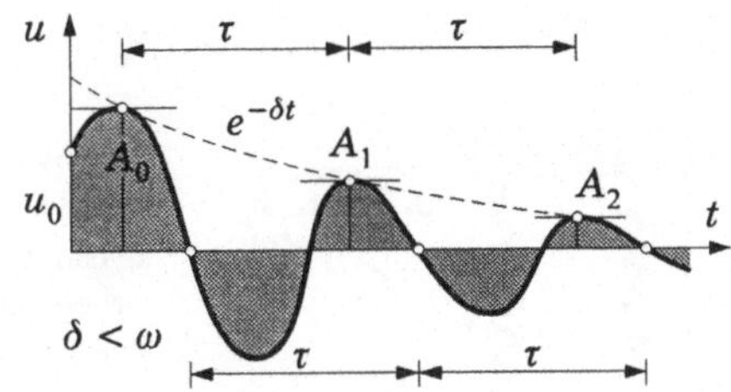

Schwingungsdauer

Für $\delta < \omega$ liegen die Extremwerte $(A_0, A_1, A_2, ...)$ und die Nulldurchgänge in gleichen Zeitabständen:

$$\tau = \frac{2\pi}{\sqrt{\omega^2 - \delta^2}}$$

Dies folgt aus $u(t + \tau) = e^{-\delta\tau} u(t)$; $\dot{u}(t + \tau) = e^{-\delta\tau} \dot{u}(t)$.

Logarithmisches Dekrement

Aus $A_1 = e^{-\delta\tau} A_0$, $A_2 = e^{-2\tau\delta} A_0$, $A_3 = e^{-3\tau\delta} A_0 ... A_n = e^{-n\tau\delta} A_0$ folgt mit $\tau = 2\pi / \sqrt{\omega^2 - \delta^2}$ und $\omega = \sqrt{c/m}$ bzw. $\delta = K/2m$:

$$\delta = \frac{K}{2m} = \sqrt{\frac{c}{m}} \, \frac{1}{2\pi n} \ln\left(\frac{A_0}{A_n}\right) \Bigg/ \sqrt{1 + \left(\frac{1}{2\pi n} \ln\frac{A_0}{A_n}\right)^2}$$

Werden c, m, A_0, A_n, n gemessen, so ist daraus δ bzw. K zu bestimmen.

Verallgemeinerte **Phasenebene**
$(u, (\dot{u} + \delta u)/\sqrt{\omega^2 - \delta^2})$:

Nullpunkt ist <u>Attraktor</u>. Bildpunkt P nähert sich $\rightarrow O$.

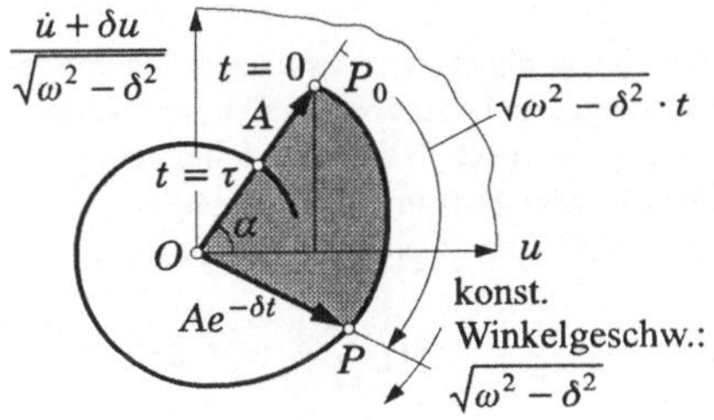

2.5.2 Erzwungene Schwingbewegung

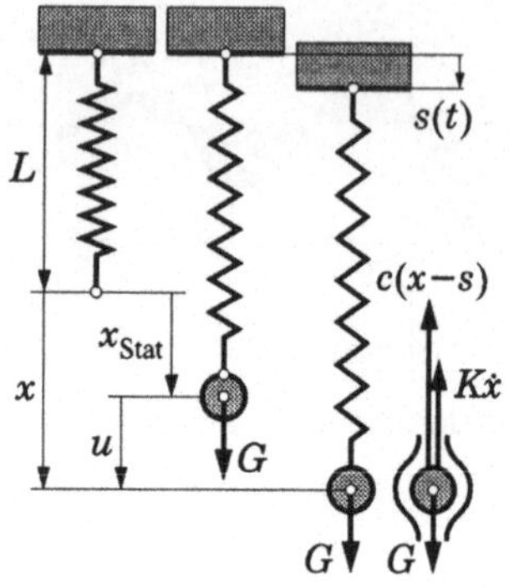

Die Schwingungserregung werde durch eine Bewegung $s(t)$ des Aufhängepunktes der Feder eingeleitet. Die dynamische Grundgleichung lautet, wenn auf den Körper neben der Gewichtskraft eine Hookesche Federkraft und eine Stokessche Luftwiderstandskraft wirken:

$$m\ddot{x} = mg - c(x - s) - K\dot{x}$$

Mit $x = x_{\text{Stat}} + u = mg/c + u$ und den beiden Abkürzungen $c/m = \omega^2$ und $\delta = K/2m$ erhält man folgende inhomogene Differentialgleichung für $u(t)$:

$$\ddot{u} + 2\delta\dot{u} + \omega^2 u = \omega^2 s(t) = f(t) \qquad \dots\dots\dots 1)$$

Ist die *Störfunktion* $f(t)$ gegeben, so kann daraus unter Berücksichtigung der Anfangsbedingungen $u(t)$ bestimmt werden. Auf denselben Differentialgleichungstyp 1) führen auch andere Arten von *Schwingungserregungen* z. B. eine von außen auf den Körper einwirkende Erregerkraft $F(t) = m\,f(t)$.

Die Lösung einer gewöhnlichen, linearen inhomogenen Differentialgleichung (beliebiger Ordnung) mit konstanten Koeffizienten setzt sich zusammen aus der allgemeinen Lösung der homogenen Differentialgleichung ($\ddot{u} + 2\delta\dot{u} + \omega^2 u = 0$) (diese *allgemeine Lösung* muß zwei zur Verfügung stehende Konstanten C_1 und C_2 enthalten) und einer partikulären Lösung der inhomogenen Differentialgleichung:

$$u(t) = u_{\text{hom}}(C_1, C_2, t) + u_{\text{part}}(t) \qquad \dots\dots\dots 2)$$

Daß 2) die allgemeine Lösung der inhomogenen Differentialgleichung 1) ist, ist durch Einsetzen von 2) in 1) zu zeigen. Eine partikuläre Lösung in Integralform liefert das Duhamelsche Integral. In vielen Fällen aber kann eine partikuäre Lösung über einen Versuchansatz (mit offenen Parametern) in einfacherer Weise gefunden werden. Die allgemeine Lösung der homogenen Differentialgleichung kennen wir bereits:

$$u_{\text{hom}} = e^{-\delta t}\left[C_1 e^{\sqrt{\delta^2 - \omega^2}\,t} + C_2 e^{-\sqrt{\delta^2 - \omega^2}\,t}\right].$$

Ist $\boxed{s(t) = e\sin\Omega t}$, so findet man eine partikuläre Lösung von 1) über

$$\boxed{u_{\text{part}} = E\sin(\Omega t - \varepsilon)} \qquad \dots\dots\dots 3)$$

mit den offenen Parametern E und ε. Die Differentialgleichung 1) ergibt mit 3) die Identität:

$$E\left[\left(\Omega^2+\omega^2\right)\sin\left(\Omega t-\varepsilon\right)+2\delta\Omega\cos\left(\Omega t-\varepsilon\right)\right] \equiv \omega^2 e\sin\Omega t = \omega^2 e\sin\left(\Omega t-\varepsilon+\varepsilon\right)$$

$$\equiv \omega^2 e\cos\varepsilon\,\sin\left(\Omega t-\varepsilon\right)+$$
$$+\,\omega^2 e\sin\varepsilon\,\cos\left(\Omega t-\varepsilon\right)$$

Daraus erhält man für E und ε:

$$E\left(-\frac{\Omega^2}{\omega^2}+1\right)=e\cos\varepsilon\ ,\quad E\,\frac{2\delta\Omega}{\omega^2}=e\sin\varepsilon \qquad\ldots\ldots\ldots 4)$$

$$\Rightarrow\quad \boxed{\varepsilon(\Omega/\omega)=\arctan\dfrac{2\dfrac{\delta}{\omega}\dfrac{\Omega}{\omega}}{1-\left(\dfrac{\Omega}{\omega}\right)^2}}\quad,\quad \boxed{E(\Omega/\omega)=\dfrac{e}{\sqrt{\left[1-\left(\dfrac{\Omega}{\omega}\right)^2\right]+\left(2\dfrac{\delta}{\omega}\dfrac{\Omega}{\omega}\right)^2}}}\quad\ldots\ldots\ldots 5)$$

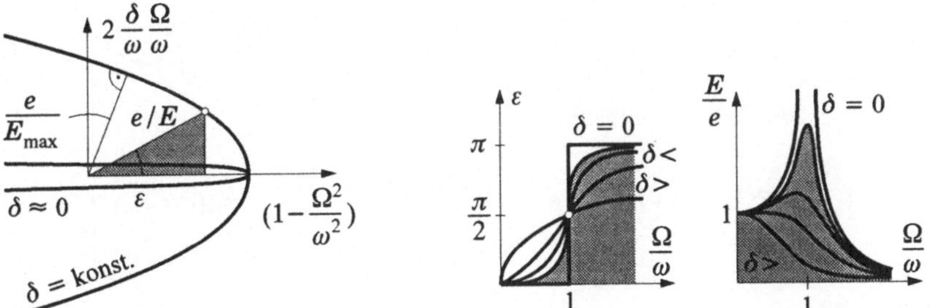

Die Ansatzparameter hängen also stark vom Verhältnis der *Erregerkreisfrequenz* Ω zur *Eigenkreisfrequenz* ω und von der Dämpfung δ ab.

Attraktor: Weil für $t\to\infty$ die homogene Lösung (für $\delta\neq 0$) immer verschwindet, mündet $u(t)$ für beliebige Anfangsbedingung in:

$$u(t)=u_{\text{part}}=E\sin\left(\Omega t-\varepsilon\right).$$

Die partikuläre Lösung wirkt als *Attraktor*.

Die allgemeine Lösung von 1) mit $s(t)=e\sin\Omega t$ lautet nun:

$$u(t)=e^{-\delta t}\left[C_1 e^{\sqrt{\delta^2-\omega^2}\,t}+C_2 e^{-\sqrt{\delta^2-\omega^2}\,t}\right]+E\sin\left(\Omega t-\varepsilon\right)\qquad\ldots\ldots\ldots 6)$$

54

wobei für E und ε gemäß 5) einzusetzen ist. Für die Geschwindigkeit folgt daraus

$$\dot{u}(t) = e^{-\delta t}\left\{ -\delta\left[C_1 e^{\sqrt{\delta^2 - \omega^2}\, t} + C_2 e^{-\sqrt{\delta^2 - \omega^2}\, t}\right] + \right.$$

$$\left. + \sqrt{\delta^2 - \omega^2}\left[C_1 e^{\sqrt{\delta^2 - \omega^2}\, t} - C_2 e^{-\sqrt{\delta^2 - \omega^2}\, t}\right]\right\} +$$

$$+ E\Omega\cos(\Omega t - \varepsilon)$$

C_1 und C_2 bestimmen die Anfangsbedingungen $t = 0$: $u = u_0$, $\dot{u} = \dot{u}_0$.

Aus: $u_0 = (C_1 + C_2) - E\sin\varepsilon$

$$\dot{u}_0 = -\delta(C_1 + C_2) + \sqrt{\delta^2 - \omega^2}\,(C_1 - C_2) + E\Omega\cos\varepsilon$$

erhält man:

$$C_{1,2} = \frac{1}{2}\left[(u_0 + E\sin\varepsilon) \pm \frac{\left(\dot{u}_0 - \Omega E\cos\varepsilon + \delta(u_0 + E\sin\varepsilon)\right)}{\sqrt{\delta^2 - \omega^2}}\right]$$

Damit wird zunächst für $\delta > \omega$:

$$u(t) = e^{-\delta t}\left\{ (u_0 + E\sin\varepsilon)\cosh\sqrt{\delta^2 - \omega^2}\, t + \right.$$

$$\left. + \left[(\dot{u}_0 - E\Omega\cos\varepsilon) + \delta(u_0 + E\sin\varepsilon)\right]\frac{\sinh\sqrt{\delta^2 - \omega^2}\, t}{\sqrt{\delta^2 - \omega^2}}\right\} + E\sin(\Omega t - \varepsilon) \qquad \ldots\ldots 7)$$

und für $\delta = \omega$:

$$u(t) = e^{-\delta t}\left\{ (u_0 + E\sin\varepsilon) + \right.$$

$$\left. + \left[(\dot{u}_0 - E\Omega\cos\varepsilon) + \delta(u_0 + E\sin\varepsilon)\right]t\right\} + E\sin(\Omega t - \varepsilon) \qquad \ldots\ldots 8)$$

sowie für $\delta < \omega$:

$$u(t) = e^{-\delta t}\left\{ (u_0 + E\sin\varepsilon)\cos\sqrt{\omega^2 - \delta^2}\, t + \right.$$

$$\left. + \left[(\dot{u}_0 - E\Omega\cos\varepsilon) + \delta(u_0 + E\sin\varepsilon)\right]\frac{\sin\sqrt{\omega^2 - \delta^2}\, t}{\sqrt{\omega^2 - \delta^2}}\right\} + E\sin(\Omega t - \varepsilon) \qquad \ldots\ldots 9)$$

In allen drei Fällen gilt: für $t \to \infty$ geht $u(t) \to E\sin(\Omega t - \varepsilon)$.

2.5.3 Resonanz und Schwebung

Beschränken wir uns jetzt auf den Fall verschwindender Dämpfung $(\delta = 0)$. Die Lösung ist in 9) natürlich enthalten. Will man die notwendige Fallunterscheidung $\omega > \Omega$ und $\omega < \Omega$ vermeiden, dann startet man am besten noch einmal bei 1) mit $\delta = 0$ (und wieder $s = e \sin \Omega t$):

$$\ddot{u} + \omega^2 u = \omega^2 s = \omega^2 e \sin \Omega t$$

Der Ansatz $u_{\text{part}} = E \sin \Omega t$ liefert für den Ansatzkoeffizienten $E = e / \left[1 - (\Omega/\omega)^2 \right]$ zusammen mit der allgemeinen Lösung der homogenen Differentialgleichung:

$$\ddot{u} = \omega^2 u = 0 \; ; \qquad u_{\text{hom}} = C_1 e^{+i\omega t} + C_2 e^{-i\omega t}$$

lautet nun die allgemeine Lösung der inhomogenen Differentialgleichung:

$$u(t) = C_1 e^{i\omega t} + C_2 e^{-i\omega t} + E \sin \Omega t \qquad \text{mit } E = \frac{e}{1 - (\Omega/\omega)^2}$$

Die Anfangsbedingungen $t = 0$: $u = u_0$, $\dot{u} = u_0$ liefern $u_0 = C_1 + C_2$ und

$$\frac{\dot{u}_0}{\omega i} = C_1 - C_2 + \frac{E\Omega}{\omega i} \quad \Rightarrow$$

$$C_{1,2} = \frac{1}{2} \left[u_0 \pm \frac{\dot{u}_0 - \Omega E}{i \omega} \right]$$

Damit wird

$$u(t) = u_0 \cos \omega t + \frac{\dot{u}_0}{\omega} \sin \omega t + e \frac{\sin \Omega t - (\Omega/\omega) \sin \omega t}{1 - (\Omega/\omega)^2} \qquad \dots\dots\dots 10)$$

2.5.3.1 Resonanzfall

Für $\Omega \to \omega$ wird:

$$u(t) = u_0 \cos \omega t + \frac{\dot{u}_0}{\omega} \sin \omega t + \frac{e}{2} (\sin \omega t - \omega t \cos \omega t) \qquad \dots\dots\dots 11)$$

d. h. es tritt jetzt ein Glied $\left(-(e/2) \omega t \cos \omega t \right)$ auf, das unbegrenzt anwächst, d. h. $u(t) \to \infty$ [Theoretischer Resonanzfall: in Wirklichkeit ist $\delta \neq 0$ und außerdem wären für $u > $ nichtlineare Terme in 1) zu berücksichtigen].

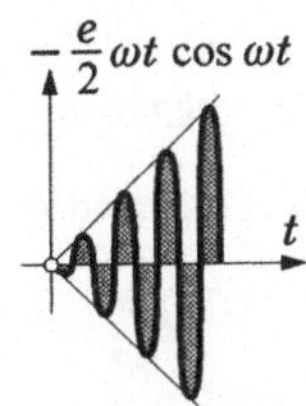

2.5.3.2 Schwebung

Für $\Omega = \omega + \Delta\omega$ mit $\Delta\omega \ll \omega$ erhält man aus 10):

$$u(t) = u_0 \cos\omega t + \left(\frac{\dot u_0}{\omega} + \frac{e}{2}\right)\sin\omega t -$$

$$- \frac{e}{2}\frac{\omega}{\Delta\omega}\big[\sin(\omega t + \Delta\omega t) - \sin\omega t\big].$$

Mit $\omega t + \Delta\omega t = \alpha + \beta$ und $\omega t = \alpha - \beta$, d. h. $\beta = \Delta\omega t/2$ bzw. $\alpha = \omega t + \Delta\omega t/2$ wird

$$u(t) = u_0 \cos\omega t + \left(\frac{\dot u_0}{\omega} + \frac{e}{2}\right)\sin\omega t - \frac{e\omega}{2\Delta\omega}2\cos\alpha\sin\beta \quad \Rightarrow$$

$$\boxed{u(t) = u_0 \cos\omega t + \left(\frac{\dot u_0}{\omega} + \frac{e}{2}\right)\sin\omega t - e\,\frac{\sin(\Delta\omega t/2)}{\Delta\omega/\omega}\cos\left[\left(\omega + \frac{\Delta\omega}{2}\right)t\right]} \quad \dots\dots\dots 12)$$

Das letzte Glied zeigt an- und abschwellende Amplituden. Für $\Delta\omega \to 0$ geht dieses Glied über in $-(e\omega t/2)\cos\omega t$.

$u(t)$ für $u_0 = 0$ und $\dot u_0 = -e\omega/2$

2.6 Geführte Bewegung

Einführung von Reaktions- (= Zwangs-) Kräften

Kräfte, die von der Lage $\mathbf{x}$, der Geschwindigkeit $\dot{\mathbf{x}}$ und der Zeit in gegebener Weise abhängen (Beispiele: Schwerkraft, Federkraft, Luftwiderstandskraft u. a.), heißen <u>Aktionskräfte</u>.

$$\boxed{\mathbf{F} = \mathbf{F}(\mathbf{x}, \dot{\mathbf{x}}, t)} \quad \dots\dots 1)$$

Kräfte, die Bindungen axiomatisch äquivalent ersetzen, heißen <u>Reaktions- (oder Zwangs-) Kräfte</u>. Für diese besteht kein funktionaler Zusammenhang mit $\mathbf{x}, \dot{\mathbf{x}}, t$, sie sind Systemunbekannte.

$$\boxed{\mathbf{F} = \mathbf{F}^{*}} \quad \dots\dots 2)$$

Linienbindung

Im begleitenden Dreibein $\mathbf{t}\,\mathbf{n}\,\mathbf{b}$ ist

$$\mathbf{F}^{*} = F_n^{*}\mathbf{n} + F_b^{*}\mathbf{b}$$

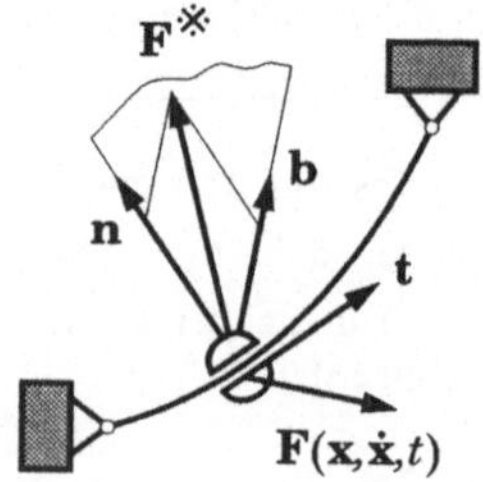

Flächenbindung

Mit **n** als dem Flächen-Normalenvektor gilt

$$\mathbf{F}^* = \mathbf{n}\,F^*$$

Sonderfall

Eine Kraft, die von $\mathbf{x}, \dot{\mathbf{x}}, t$ und $\mathbf{F}^*$ (irgend einer Reaktionskraft) abhängt, heißt „Quasiaktionskraft".

$$\boxed{\mathbf{F} = \mathbf{F}\left(\mathbf{x}, \dot{\mathbf{x}}, t, \mathbf{F}^*\right)} \qquad \ldots\ldots 3)$$

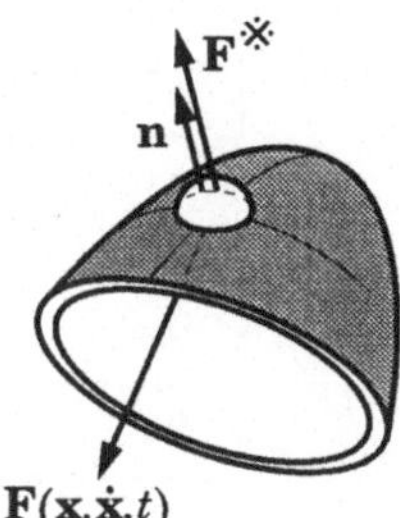

Aktionskräfte und Quasiaktionskräfte zusammen werden als „eingeprägte Kräfte" bezeichnet.

Für eine Bindungen unterworfene Bewegung gilt das dynamische Grundgesetz in der Form:

$$\boxed{m\ddot{\mathbf{x}} = \mathbf{F}\left(\mathbf{x}, \dot{\mathbf{x}}, t, \mathbf{F}^*\right) + \mathbf{F}^*} \qquad \ldots\ldots 4)$$

2.6.1 Geführte Bewegung auf reibungsfreier ebener Bahn im Schwerefeld

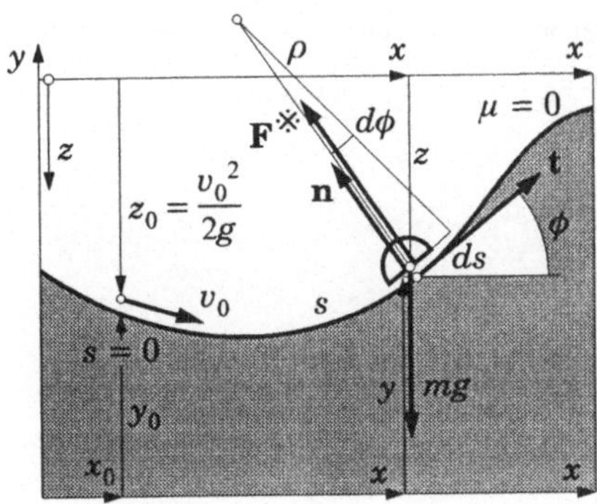

Die dynamische Grundgleichung

$$m\ddot{\mathbf{x}} = m\mathbf{g} + \mathbf{F}^*$$

ausgeschrieben in natürlichen Koordinaten:

$$\boxed{m\ddot{s} = -mg\sin\phi} \qquad \ldots\ldots 5)$$

$$\boxed{\frac{m\dot{s}^2}{\rho} = F^* - mg\cos\phi} \qquad \ldots\ldots 6)$$

Aus 5) folgt mit $\ddot{s} = d\left(\dot{s}^2/2\right)/ds$ und $ds\sin\phi = dy \;\Rightarrow\; d\left(\dot{s}^2/2\right) = -g\,dy \;\Rightarrow\;$ woraus man für die Geschwindigkeit

$$\boxed{v = \sqrt{v_0^2 - 2g\left(y - y_0\right)}} \qquad \text{bzw. mit} \qquad \boxed{z = y_0 + \frac{v_0^2}{2g} - y} :$$

$$\boxed{v = \sqrt{2gz}} \qquad \dots\dots 7)$$

erhält. Für die Zwangskraft erhält man damit aus 6):

$$\boxed{\frac{F^*}{mg} = \cos\phi + \frac{2z}{\rho}} \qquad \dots\dots 8) \qquad\qquad \text{mit } z = \frac{v^2}{2g} > 0$$

oder mit

$$\rho = \pm\frac{\left(1+y'^2\right)^{3/2}}{y''} = \frac{\pm\left(1+z'^2\right)^{3/2}}{(-z'')}$$

und $\qquad \cos\phi = \pm\dfrac{1}{\sqrt{1+y'^2}} = \pm\dfrac{1}{\sqrt{1+z'^2}}$

$$\boxed{\begin{aligned} \frac{F^*}{mg} &= (\pm)\frac{1}{\left(1+y'^2\right)^{3/2}}\left\{\left(1+y'^2\right)+\frac{v^2(y)}{g}y''\right\} = \\[2ex] &= (\pm)\frac{1}{\left(1+z'^2\right)^{3/2}}\left\{\left(1+z'^2\right)-2zz''\right\} \end{aligned}} \qquad \dots\dots 9)$$

(+Vorzeichen für $-\pi/2 < \phi < \pi/2 \Rightarrow$ <u>Regulärbahnen</u>, –Vorzeichen für $\pi/2 < \phi < 3\pi/2$ in den <u>Überkopfbahn-Bereichen der Loopingbahnen</u>)

Laufzeit

Aus $ds/dt = v = \sqrt{2gz}$ findet man mit $ds = \sqrt{1+z'^2}\,dx$ für t:

$$\boxed{t = \int_{s_0}^{s}\frac{ds}{v} = \frac{1}{\sqrt{2g}}\int_{z_0}^{z}\frac{\sqrt{1+z'^2}}{\sqrt{z}}\,dx} \qquad \dots\dots 10)$$

Kontaktverlust

Bei einseitiger Bindung muß, wenn der Kontakt nicht verloren gehen soll, an jeder Stelle

$$F^* > 0$$

sein. Aus 9) folgt, daß

$$F^* = 0$$

nur in Bahnbereichen eintreten kann, in denen

$$\boxed{y'' < 0} \quad \dots\dots 11)$$

d. i. in den Bereichen:

$$1 \div 2,\ 3 \div 4,\ 5 \div 6,\ 7 \div 8 .$$

Der Ort x_i der Ablöse berechnet sich aus

$$\boxed{F^* = 0} \quad \dots\dots 12)$$

Im Bereich $6 \div 7$ ist $y'' > 0$ und $\pi/2 < \phi < 3\pi/2 \Rightarrow F^* < 0$, d. h. diesen Bereich kann ein einseitig gebundener Körper nicht durchfahren.

Kritische Anfangswerte

y_0 bzw. z_0, v_0: Die Bedingung

$$\boxed{\left(F^* = 0\right) \wedge \left(dF^* = 0\right)} \quad \dots\dots 13)$$

ist gleichwertig der Bedingung

$$\boxed{\left(1 + y'^2 + \frac{v^2(y)}{g}\, y'' = 0\right) \wedge \left(y''' = 0\right)} \quad \dots\dots 14)$$

Beweis:

Mit den Abkürzungen $U = 1 + y'^2 + \dfrac{v^2(y)}{g}\, y''$ und $V = 1 \big/ \left(1 + y'^2\right)^{3/2}$ ist nach 9):

$$\frac{F^*}{mg} = \frac{U}{V} .$$

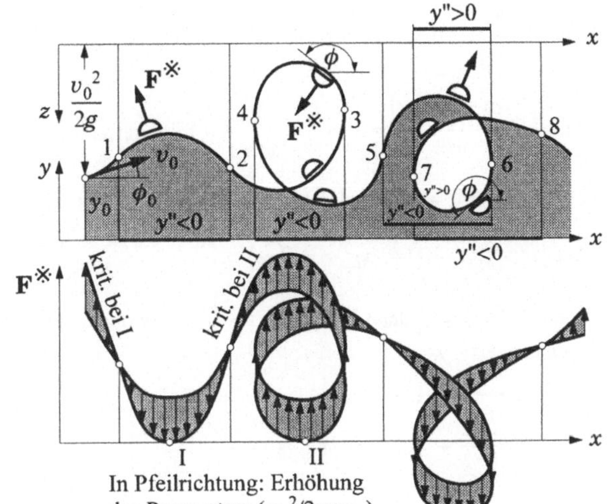

In Pfeilrichtung: Erhöhung des Parameters $(v_0^2/2g + y_0)$

60

Aus $\dfrac{F^*}{mg} = 0 \;\Rightarrow\; U = 0,$

und aus $\dfrac{d\left(F^*/mg\right)}{dx} = 0 = \dfrac{VU' - UV'}{V^2}$ folgt mit $U = 0 \Rightarrow$

$$U' = 0 = 2y'y'' + \left(v^2/g\right)' y'' + \left(v^2/g\right)y''' = 0 + \left(v^2/g\right)y''' = 0 \quad\Rightarrow\quad y''' = 0.$$

Aus $\;y'''(x) = 0 \;\Rightarrow\; x_i \;\Rightarrow\; y''(x_i).$

Wenn $y''(x_i) < 0$, dann ist x_i ein kritischer Bahnpunkt. Aus $U = 0$ folgt für die kritischen Anfangswerte y_0, v_0

$$\boxed{\left(\dfrac{v_0^2}{2g} + y_0\right)_{\text{krit}} = y(x_i) - \dfrac{1 + y'^2(x_i)}{2y''(x_i)}} \qquad \cdots\cdots 15)$$

Kein Kontaktverlust

Kein Kontaktverlust, wenn:

$$\left(\dfrac{v_0^2}{2g} + y_0\right) < \left(\dfrac{v_0^2}{2g} + y_0\right)_{\text{krit}} \qquad \text{für } x_i \text{ in den Bereichen } 1\div 2,\ 5\div 6,\ 7\div 8$$

$$\left(\dfrac{v_0^2}{2g} + y_0\right) > \left(\dfrac{v_0^2}{2g} + y_0\right)_{\text{krit}} \qquad \text{für } x_i \text{ im Bereich } 3\div 4$$

Bei Verwendung von natürlichen Koordinaten tritt anstelle von 14) die Bedingung

$$\boxed{\left[\left(\cos\phi + \dfrac{2z}{\rho}\right) = 0\right] \wedge \left[\tan\phi - \dfrac{1}{3}\dfrac{1}{\rho}\dfrac{d\rho}{d\phi} = 0\right]} \qquad \cdots\cdots 16)$$

Beweis:

$$\dfrac{F^*}{mg} = \cos\phi + \dfrac{2z}{\rho} = 0;$$

$$\dfrac{d\left(F^*/mg\right)}{d\phi} = -\sin\phi + 2\dfrac{dz}{d\phi}\dfrac{1}{\rho} - 2z\dfrac{1}{\rho^2}\dfrac{d\rho}{d\phi} = -3\sin\phi - \dfrac{2z}{\rho}\dfrac{1}{\rho}\dfrac{d\rho}{d\phi} \qquad \Rightarrow$$

mit $\;\dfrac{2z}{\rho} = -\cos\phi \;\Rightarrow\; \tan\phi - \dfrac{1}{3}\dfrac{1}{\rho}\dfrac{d\rho}{d\phi} = 0.$

Diese Gleichung drückt dasselbe aus wie $y''' = 0$. Der kritische Punkt fällt mit dem höchsten Bahnpunkt dann und nur dann zusammen, wenn dieser ein „Scheitel" (d. h. $d\rho/d\phi = 0$) ist.

$$\left(\phi = 0, \pi\right) \wedge \left(\frac{d\rho}{d\phi} = 0\right) \Rightarrow \text{höchster Bahnpunkt ist kritisch} \qquad \dots\dots 17)$$

Looping auf Kreisbahn $\rho = konst. = R$

$$m\dot{v} = -mg \sin\phi \qquad \Rightarrow$$

$$\frac{v^2}{g} = \frac{v_0^2}{g} - 2(y - y_0)$$

$$\frac{mv^2}{\rho} = F^* - mg \cos\phi \qquad \Rightarrow$$

$$\frac{F^*}{mg} = \cos\phi + \frac{v^2}{gR} \qquad \Rightarrow$$

$$\frac{d\left(F^*/mg\right)}{d\phi} = 0 = -\sin\phi + \frac{1}{R}\frac{d\left(v^2/g\right)}{d\phi} = -3\sin\phi \;\Rightarrow\; \phi = 0, \pi, \; F^*_{\min} \text{ bei } \phi = \pi$$

$$F^*_{\min} = 0 = \cos\pi + \left(\frac{v_0^2}{2g} + y_0 - y\right)\frac{2}{R} = 0 \;\Rightarrow\; z_{\min} = \left(\frac{v_0^2}{2g} + y_0\right)_{\text{krit}} - y(\pi) = \frac{R}{2};$$

$$v_0 = 0: \qquad \boxed{z_{\min} = \frac{R}{2}}$$

2.6.2 Das Brachistochronen-Problem (Johann Bernoulli 1696)

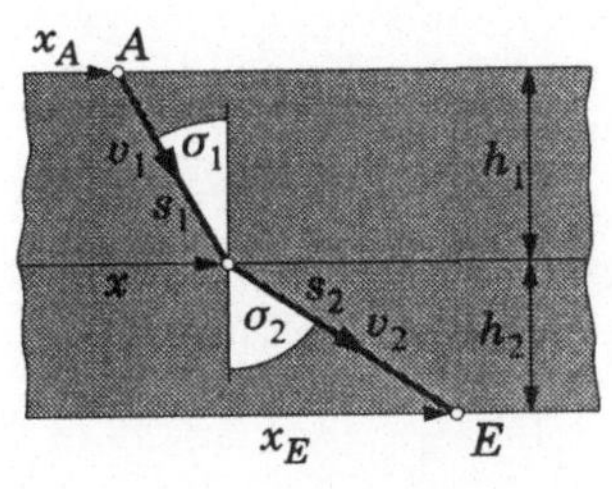

Gegeben:

Gegeben sind zwei Flächenstreifen und die Punkte A und E. In jedem Flächenstreifen (h_1, h_2) sei die größtmögliche Geschwindigkeit der Fortbewegung (v_1 bzw. v_2) bekannt.

Gesucht:

Wie muß der Weg von A nach B gewählt werden, damit die Laufzeit τ am kürzesten wird?

Es ist von vornherein klar, daß dieser Weg sich aus zwei Geradenstücken zusammensetzen muß.

Aus $\quad \tau = \dfrac{s_1}{v_1} + \dfrac{s_2}{v_2}$

erhält man

$$\frac{d\tau}{dx} = 0 = \frac{1}{v_1}\frac{ds_1}{dx} + \frac{1}{v_2}\frac{ds_2}{dx} \, .$$

Mit $\quad s_1 = \sqrt{h_1^2 + (x - x_A)^2}, \qquad s_2 = \sqrt{h_2^2 + (x_E - x)^2}$

wird $\quad \dfrac{ds_1}{dx} = \dfrac{x - x_A}{s_1} = \sin \sigma_1 \quad$ und $\quad \dfrac{ds_2}{dx} = -\dfrac{x_E - x}{s_2} = -\sin \sigma_2 \, .$

Daraus folgt das „Brechungsgesetz":

$$\boxed{\frac{\sin \sigma_1}{v_1} = \frac{\sin \sigma_2}{v_2}} \quad \dots\dots\dots \; 1)$$

Dieses legt den Weg von A nach E fest (d. h. x ist damit zu bestimmen).

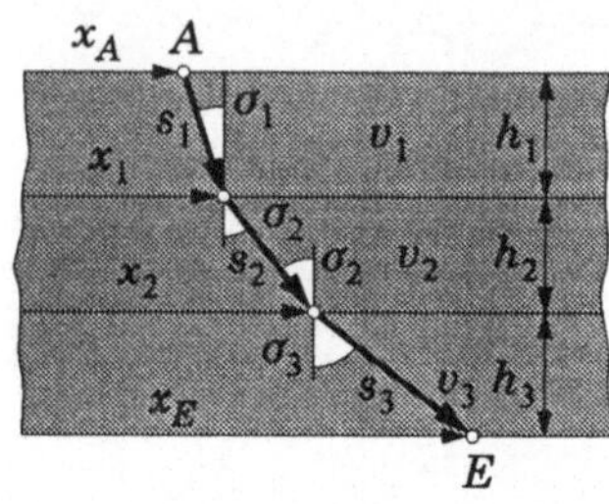

Sind drei Feldstreifen gegeben (zwischen A und E), so gilt

$$\tau(x_1, x_2) = \frac{s_1}{v_1} + \frac{s_2}{v_2} + \frac{s_3}{v_3} \, .$$

τ nimmt extremalen Wert an für jene (x_1, x_2), die sich aus den Gleichungen

$$\frac{\partial \tau}{\partial x_1} = 0 \quad \text{und} \quad \frac{\partial \tau}{\partial x_2} = 0 \quad \text{bestimmen lassen.}$$

Mit $\quad s_1 = \sqrt{h_1^2 + (x_1 - x_A)^2} \, , \; s_2 = \sqrt{h_2^2 + (x_2 - x_1)^2} \;$ und $\; s_3 = \sqrt{h_3^3 + (x_E - x_2)^2}$

folgt $\quad \dfrac{\sin \sigma_1}{v_1} = \dfrac{\sin \sigma_2}{v_2} = \dfrac{\sin \sigma_3}{v_3} \, ,$

wodurch der aus drei Geradenstücken zusammengesetzte Weg festgelegt ist.

Sind n Flächenstreifen zu überqueren, wird die Forderung an den optimalen Weg lauten:

$$\boxed{\frac{\sin \sigma_i}{v_i} = \text{konstant}, \quad i = 1(1)n} \quad \dots\dots\dots \; 2)$$

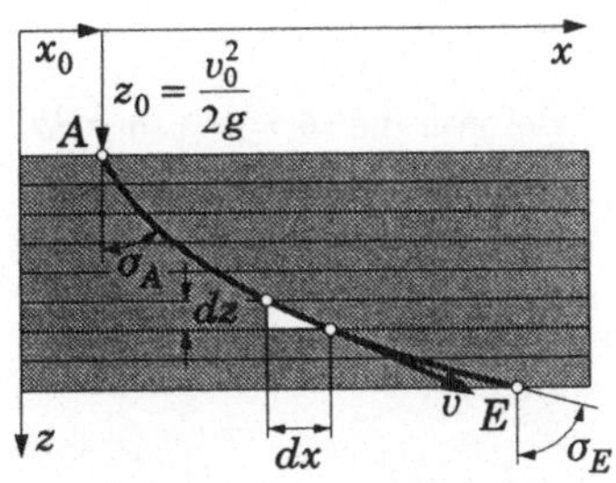

Geben wir nun die Punkte A und E im Schwerefeld der Erde vor und fragen nach der Bahn mit der kürzesten Laufzeit des auf ihr (von A nach E) gleitenden Massenpunktes. Wir haben bereits festgestellt, daß bei reibungsfreier Bahn die Geschwindigkeit v sich berechnet aus:

$$v = \sqrt{2gz} \qquad \ldots\ldots\ldots 3)$$

Man kann sich vorstellen, daß der Massenpunkt (infinitesimal dünne) unendliche viele Felderschichten zu durchlaufen hat, in denen die größtmögliche optimale Richtung festgelegt wird durch

$$\frac{\sin\sigma}{v(z)} = \text{konstant} = \frac{\sin\sigma}{\sqrt{2gz}}$$

Daraus folgt

$$\boxed{z = C_1 \sin^2\sigma = \frac{C_1}{2}(1 - \cos 2\sigma)} \qquad \ldots\ldots\ldots 4)$$

Mit $dx = dz \tan\sigma$ folgt

$$dx = 2C_1 \sin\sigma\cos\sigma\, d\sigma \tan\sigma = 2C_1 \sin^2\sigma\, d\sigma$$

$$dx = \frac{C_1}{2}(1 - \cos 2\sigma)\, d(2\sigma) \quad \Rightarrow$$

$$\boxed{x = \frac{C_1}{2}(2\sigma - \sin 2\sigma) + C_2} \qquad \ldots\ldots\ldots 5)$$

Mit 4) und 5) ist die optimale Bahnkurve in Parameterform bereits festgelegt. Aus den Angaben x_A, z_A, x_E und z_E können C_1, C_2, σ_A und σ_E berechnet werden (wenigstens prinzipiell).

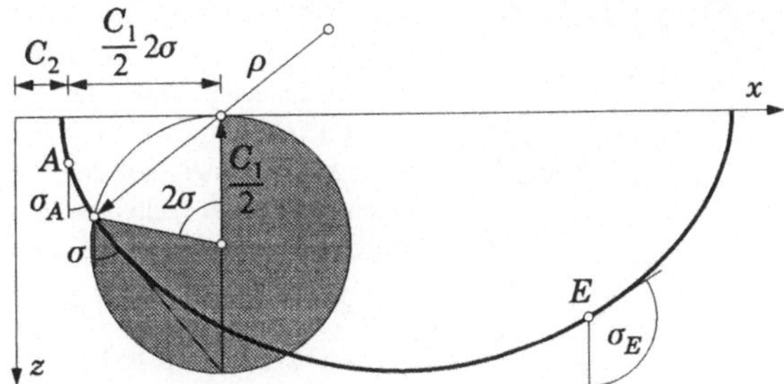

Die gesuchte Kurve ist eine gespitzte Zykloide, die ein Punkt des Rollkreises (mit dem Radius $C_1/2$) beim gleitfreien Abrollen auf der Geraden $z = 0$ beschreibt:

$$x = C_2 + \frac{C_1}{2}2\sigma - \frac{C_1}{2}\sin 2\sigma$$

$$z = \frac{C_1}{2} - \frac{C_1}{2}\cos 2\sigma.$$

Die Weglänge

Mit $dz = ds\cos\sigma$ und $dz = 2C_1\sin\sigma\cos\sigma\,d\sigma$ (aus 4) findet man für $ds = 2C_1\sin\sigma\,d\sigma$, woraus

$$\boxed{\rho = \frac{ds}{d\sigma} = 2C_1\sin\sigma} \qquad \dots\dots 6)$$

und $\qquad \boxed{s = 2C_1(\cos\sigma_0 - \cos\sigma)} \qquad \dots\dots 7)$

folgen. Gleichung 7) stellt die Zykloide in natürlichen Koordinaten (s, σ) dar.

Die Laufzeit

Mit $ds/dt = v = \sqrt{2gz} \;\Rightarrow\; dt = \dfrac{1}{\sqrt{2g}}\dfrac{ds}{\sqrt{z}} = \dfrac{1}{\sqrt{2g}}\dfrac{2C_1\sin\sigma\,d\sigma}{\sqrt{C_1}\,\sin\sigma} = \sqrt{\dfrac{2C_1}{g}}\,d\sigma \;\Rightarrow$

$$\boxed{\tau = \sqrt{\frac{2C_1}{g}}\,(\sigma_E - \sigma_A)} \qquad \dots\dots 8)$$

Weil die Laufzeit auf der gespitzten Zykloide kleiner ist als auf jeder anderen Bahnkurve, die die Punkte A und B verbindet, heißt sie *Brachistochrone* ($\beta\alpha\chi\upsilon\sigma$ = kurz, $\chi\rho o\upsilon o\sigma$ = Zeit).

2.7 Das Pendel

2.7.1 Isochrone Pendelschwingung

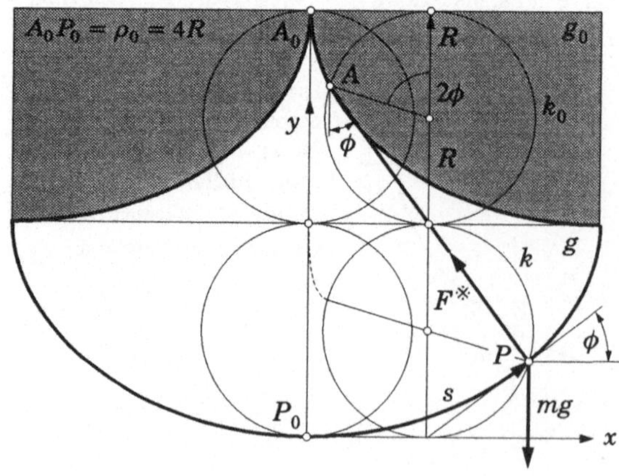

Die gespitzte Zykloide hat noch eine andere bemerkenswerte Eigenschaft. Zunächst ist ihre Evolvente (mit der Fadenlänge ρ_0) wieder eine gespitzte Zykloide (siehe Skizze). Rollt der Kreis k (Radius R) auf der Geraden g, ohne zu gleiten, so beschreibt der Punkt P die Bahn:

$$x = R(2\phi + \sin 2\phi) \;\Rightarrow$$
$$dx = 2R(1 + \cos 2\phi)\,d\phi$$
$$y = R(1 - \cos 2\phi) \;\Rightarrow$$
$$dy = 2R\sin(2\phi)\,d\phi$$

Mit $ds = \sqrt{dx^2 + dy^2} = 2R\sqrt{2(1 + \cos 2\phi)}\, d\phi = 4R\cos\phi\, d\phi$ wird

$$\rho = 4R\cos\phi = \rho_0\cos\phi \qquad \dots\dots\ 9)$$

$$s = 4R\sin\phi = \rho_0\sin\phi \qquad \dots\dots\ 10)$$

Das Huyghensche Fadenpendel *(Fadenlänge $\rho_0 = 4R$)*

In natürlichen Koordinaten lautet die dynamische Grundgleichung für die Tangentenrichtung:

$$m\ddot{s} = -mg\sin\phi \qquad \dots\dots\ 11)$$

Mit 10) wird daraus:

$$\ddot{s} = -\frac{g}{\rho_0}s \quad \Rightarrow \quad s(t) = s_0\cos\sqrt{\frac{g}{\rho_0}}\,t + \frac{s_0}{\sqrt{g/\rho}}\sin\sqrt{\frac{g}{\rho_0}}\,t \qquad \dots\dots\ 12)$$

Das ist eine harmonische Schwingung mit der Schwingungsdauer

$$\boxed{\ \tau = \frac{2\pi}{\sqrt{g/\rho_0}}\ } \qquad \dots\dots\ 13)$$

τ ist unabhängig von $(s_0, \dot{s}_0)$ $\Rightarrow$ <u>Isochronie</u>.

2.7.2 Fadenpendel

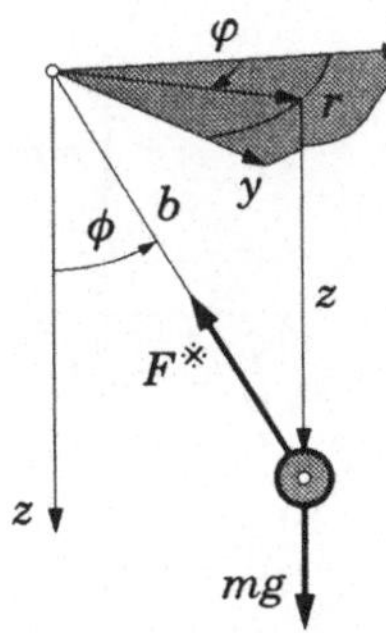

Bei gestrecktem Faden ist die Lage des Massenpunktes durch φ und ϕ festgelegt. Die dynamische Grundgleichungen in Zylinderkoordinaten lauten

$$m\left(\ddot{r} - r\dot{\varphi}^2\right) = m\left[b(\sin\phi)^{\cdot\cdot} - b\sin\phi\,\dot{\varphi}^2\right] = -F^*\sin\phi \qquad \dots\dots\ 1)$$

$$m\left(r\ddot{\varphi} + 2\dot{r}\dot{\varphi}\right) = m\frac{\left(r^2\dot{\varphi}\right)^{\cdot}}{r} = \frac{m\left[(b\sin\phi)^2\dot{\varphi}\right]^{\cdot}}{b\sin\phi} = 0 \qquad \dots\dots\ 2)$$

$$m\ddot{z} = m\,b(\cos\phi)^{\cdot\cdot} = mg - F^*\cos\phi \qquad \dots\dots\ 3)$$

Aus 2) folgt $\sin^2\phi\,\dot{\varphi} = C_1 = \sin^2\phi_0\,\dot{\varphi}_0$ und aus 3) $F^* = \dfrac{mg - m\,b(\cos\phi)^{\cdot\cdot}}{\cos\phi}$, damit erhält

man aus 1) für $\phi(t)$:

$$\ddot{\phi} + \frac{g}{b}\sin\phi - \frac{C_1^2\cos\phi}{\sin^3\phi} = 0 \qquad \dots\dots\ 4)$$

Multiplikation von 4) mit $d\phi$ und Integration über ϕ (mit der zeitfreien Gleichung $\ddot\phi\,d\phi = d\dot\phi^2/2$) ergibt:

$$\frac{\dot\phi^2}{2} - \frac{g}{b}\cos\phi + \frac{C_1^2}{2\sin^2\phi} = C_2 \qquad \dots\dots 5)$$

woraus

$$t(\phi) = \int\limits_{\phi_0}^{\phi} \frac{d\phi}{\sqrt{2C_2 + 2(g/b)\cos\phi - C_1^2/\sin^2\phi}} \qquad \dots\dots 6)$$

Mit 6) ist auch $\phi(t)$ festgelegt. Die Integrationskonstanten C_1, C_2 bestimmen die Anfangsbedingungen [$t = 0$: $\phi = \phi_0$, $\dot\phi = \dot\phi_0$, $\varphi = \varphi_0$, $\dot\varphi = \dot\varphi_0$]. Mit $\phi(t)$ sind über $\sin^2\phi\,\dot\varphi = C_1$ und $F^* = \left[mg - mb(\cos\phi)^{\cdot\cdot}\right]/\cos\phi$ auch $\varphi(t)$ und $F^*(t)$ zu berechnen. Wir wollen uns zwei Sonderfälle ($\phi = \phi_0 = $ konst. bzw. $\varphi = $ konst. $= 0$) näher ansehen.

2.7.2.1 Konuspendel ($\phi = \phi_0$)

Unter bestimmten Anfangsbedingungen ist es möglich, daß der Massenpunkt eine Kreisbahn beschreibt.

$$\phi = \phi_0 = \text{konst.} \qquad \Rightarrow \qquad z = b\cos\phi_0 = \text{konst.}$$

$$r = b\sin\phi_0 = \text{konst.}$$

Damit wird:

$$m\left(\ddot r - r\dot\varphi^2\right) = -mb\sin\phi_0\,\dot\varphi^2 = -F^*\sin\phi_0$$

$$m\left(r^2\dot\varphi\right)^{\cdot}/r = 0 \quad \Rightarrow \quad \dot\varphi = \dot\varphi_0 = \text{konst.} \quad \Rightarrow \quad \ddot\varphi = 0$$

$$m\ddot z = 0 = mg - F^*\cos\phi_0$$

$$\Rightarrow \quad mb\dot\varphi^2 = \boxed{F^* = mg/\cos\phi_0} \quad \Rightarrow \quad \boxed{\dot\varphi_0 = \sqrt{\frac{g}{b}\Big/\cos\phi_0}} \quad \Rightarrow \quad \varphi = \sqrt{\frac{g}{b}\Big/\cos\phi_0}\;t$$

Mit $\varphi = 2\pi$ ergibt sich für die Umlaufdauer:

$$\boxed{\tau = 2\pi\sqrt{b\cos\phi_0/g}} \quad .$$

2.7.2.2 Das „mathematische" Pendel ($\varphi \equiv 0$)

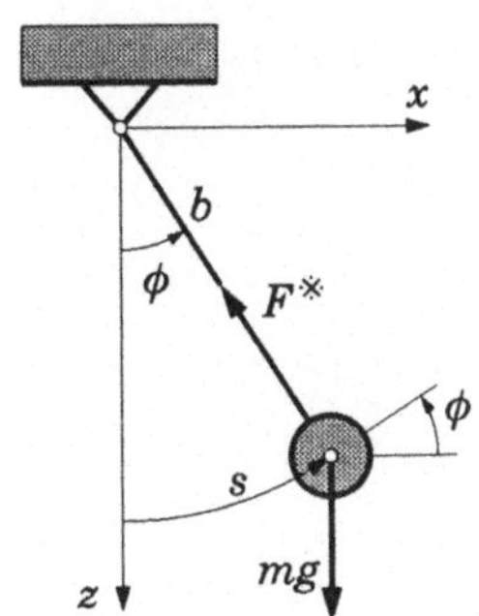

Mit $\varphi \equiv 0$ wird $C_1 = 0$ und aus 4) folgt

$$\ddot{\phi} + (g/b)\sin\phi = 0,$$

womit für

$$F^* = \Big[mg - bm(\cos\phi)^{\cdot\cdot}\Big]\Big/\cos\phi =$$
$$= m\Big[g - b(\sin\phi\,\dot\phi)^{\cdot}\Big]\Big/\cos\phi$$
$$= m\Big\{g - b\sin\phi\,\ddot\phi - b\cos\phi\,\dot\phi^2\Big\}\Big/\cos\phi =$$
$$= mg\Big[\cos\phi + (b/g)\dot\phi^2\Big]$$

erhalten wird. Wir wollen diese beiden Gleichungen aber gleich noch einmal etwas einfacher ableiten unter Zugrundelegung der natürlichen Koordinaten s und ϕ:

$$m\ddot{s} = mb\ddot{\phi} = -mg\sin\phi$$

$$m\dot{s}^2/\rho = mb^2\dot{\phi}^2/b = F^* - mg\cos\phi$$

Daraus folgen:

$$\boxed{\ddot{\phi} + \omega_0^2 \sin\phi = 0} \qquad \dots\dots\ 7)$$

mit $\qquad \boxed{\omega_0^2 = \dfrac{g}{b}} \qquad$ und $\qquad \boxed{\dfrac{F^*}{mg} = \cos\phi + \left(\dfrac{\dot\phi}{\omega_0}\right)^2} \qquad \dots\dots\ 8)$

Kleine Winkel ϕ

Für kleine Winkel ϕ gilt näherungsweise $\sin\phi = \phi - \dfrac{\phi^3}{3!} + \dfrac{\phi^5}{5!} - \dots \approx \phi$. Damit wird

$$\boxed{\ddot{\phi} + \omega_0^2\phi \doteq 0} \qquad \dots\dots\ 9)$$

Die Lösung dieser vereinfachten Differentialgleichung lautet

$$\boxed{\phi(t) = \phi_0 \cos(\omega_0 t) + (\dot{\phi}_0/\omega_0)\sin(\omega_0 t)} \qquad \dots\dots\ 10)$$

68

Aus der Forderung $\phi(t+\tau) \equiv \phi(t)$ $\Rightarrow$

$$\phi_0 \cos(\omega_0 t + \omega_0 \tau) + (\dot{\phi}_0/\omega_0)\sin(\omega_0 t + \omega_0 \tau) \equiv \phi_0 \cos(\omega_0 t) + (\dot{\phi}_0/\omega_0)\sin(\omega_0 t)$$

erhält man ($\sin\omega_0\tau = 0 \;\wedge\; \cos\omega_0\tau = 1$) $\Rightarrow$ für die Schwingungsdauer τ:

$$\boxed{\tau = \frac{2\pi}{\omega_0} = 2\pi\sqrt{\frac{b}{g}}} \qquad \dots\dots\dots 11)$$

Länge des „<u>Sekundenpendels</u>":

$$\frac{\tau}{2} = 1\,\mathrm{sec} = \pi\sqrt{\frac{b}{9{,}81}} \quad\Rightarrow\quad b = 0{,}994 \approx 1\,\mathrm{m}\,.$$

Eine Halbschwingung eines Pendels mit der Fadenlänge von einem Meter dauert ≈ 1 Sekunde.

Für kleine Winkel ϕ erweist sich die Schwingungsdauer τ als unabhängig von den Anfangsbedingungen (Isochronie). Die Fadenspannkraft $F^{*} \doteq mg \approx$ konstant (8).

Für große Winkel ϕ

Für große Winkel ϕ kann man zunächst mit der zeitfreien Gleichung

$$\dot{\phi}\,d\dot{\phi} = d(\dot{\phi}^2/2) = \ddot{\phi}\,d\phi$$

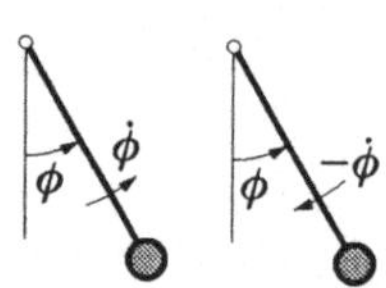

$\dot{\phi}(\phi)$ bestimmen:

$$d\dot{\phi}^2/2 = -\omega_0^2 \sin\phi\,d\phi = +\omega_0^2 d(\cos\phi) \qquad \Rightarrow$$

$$\boxed{\dot{\phi} = \pm\sqrt{\dot{\phi}_0^2 + 2\omega_0^2 (\cos\phi - \cos\phi_0)}} \qquad \dots\dots\dots 12)$$

Das „ + "-Vorzeichen gilt für die **Auslenkbewegung** ($\dot{\phi} > 0$),
das „ − "-Vorzeichen gilt für die **Rücklenkbewegung** ($\dot{\phi} < 0$).

Mit 12) ergibt sich dann für die Faden-Spannkraft $F^{*}/mg = \cos\phi + (\dot{\phi}/\omega_0)^2$

$$\boxed{\frac{F^{*}}{mg} = 3\cos\phi + \frac{\dot{\phi}_0^2}{\omega_0^2} - 2\cos\phi_0} \qquad \dots\dots\dots 13)$$

Ein Faden kann nur ($F^* > 0$)-Zugkräfte aufnehmen. Alle Formeln aber bleiben gültig, wenn man den Faden durch einen masselosen Stab ersetzt, der auch Druckkräfte aufnehmen kann. In diesem Fall kann eine Bedingung angegeben werden, ob eine Umlaufbewegung oder eine Schwingbewegung aufgrund der gewählten Anfangsbedingungen $\phi_0 \, \dot{\phi}_0$ einsetzt:

$$k =: \sqrt{\left(\dot{\phi}/2\omega_0\right)^2 + \sin^2\left(\phi_0/2\right)} \quad \begin{array}{c} \leq \\ > \end{array} \ 1 \quad \begin{array}{l} \text{Schwingung} \\ \text{Umlauf} \end{array} \qquad \ldots\ldots 14)$$

$$\dot{\phi}_{\min} = \dot{\phi}(\phi = \pi) \quad \Rightarrow$$

$$\dot{\phi}^2_{(\pi)} = \dot{\phi}_0^2 - 2\omega_0^2(1 + \cos\phi_0) = \dot{\phi}_0^2 - 4\omega_0^2 \cos^2\frac{\phi_0}{2} = \dot{\phi}_0^2 - 4\omega_0^2\left(1 - \sin^2\frac{\phi_0}{2}\right) \quad \Rightarrow$$

$$\left(\dot{\phi}/2\omega_0\right)^2_{(\pi)} = \left(\dot{\phi}_0/2\omega_0\right)^2 + \sin^2\left(\phi_0/2\right) - 1 > 0 \quad \Rightarrow \ 14)$$

Die Umkehrfunktion $t(\phi)$ (anstelle von $\phi(t)$) kann aus 12) berechnet werden. Mit $\dot{\phi} = d\phi/dt$ und Trennung der Variablen erhält man

$$t = \int\limits_{\phi_0}^{\phi} \frac{d\phi}{\pm \sqrt{\dot{\phi}_0^2 + 2\omega_0^2(\cos\phi - \cos\phi_0)}} \qquad \ldots\ldots 15)$$

Das hier auftretende Integral kann in eine der Normalformen der **elliptischen Integrale** übergeführt werden.

Einschaltung: **Normalformen der elliptischen Integrale**

$$F(\psi, k) = \int\limits_0^{\psi} \frac{d\psi}{\sqrt{1 - k^2 \sin \psi}} \quad , \qquad E(\psi, k) = \int\limits_0^{\psi} \sqrt{1 - k^2 \sin^2 \psi} \ d\psi \quad ,$$

$$\Pi(\psi, k, n) = \int\limits_0^{\psi} \frac{d\psi}{\left(1 - n^2 \sin^2 \psi\right)\sqrt{1 - k^2 \sin^2 \psi}} \quad ,$$

$$0 < k < 1 \quad k - \text{Modul} \quad .$$

Auf diese drei Normalformen lassen sich eine Reihe von, in der wissenschaftlichen Technik vielfach auftretenden Integrale, zurückführen. Der Name „elliptische Integrale" leitet sich her von der Integralformel, die bei der Rektifikation der Ellipse auftritt:

$$x = a\sin\psi\,,\quad y = (a\cos\psi)b/a \quad \Rightarrow$$

$$ds = \sqrt{a^2\cos^2\psi + b^2\sin^2\psi}\,d\psi \quad \Rightarrow$$

mit $\quad k = \sqrt{a^2 - b^2}\big/a$

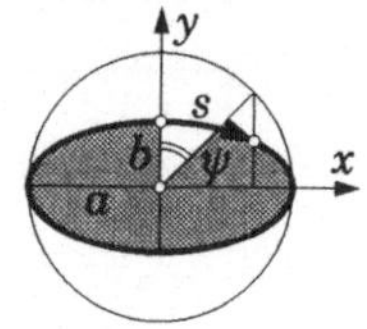

erhält man für die Bogenlänge:

$$\frac{s}{a} = \int\limits_0^\psi \sqrt{1 - k^2\sin^2\psi}\,d\psi = E(\psi, k)$$

d. i. die zweite Normalform.

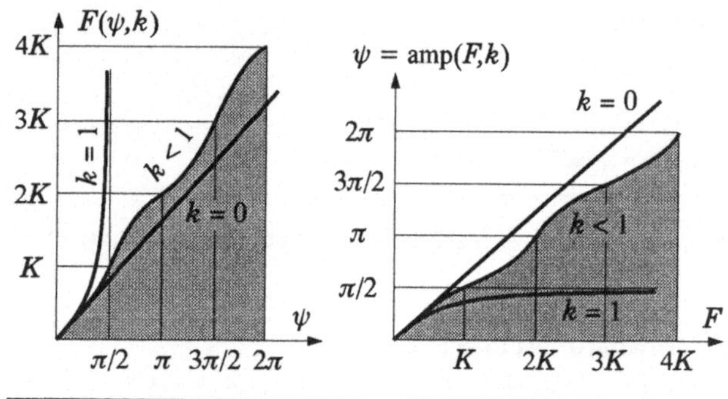

$$F(\psi, k) = \int\limits_0^\psi \frac{d\psi}{\sqrt{1 - k^2\sin^2\psi}}$$

$$\psi(F, k) = \mathrm{amp}\,(F, k)$$

Das bei der Schwingung des mathematischen Pendels anfallende Integral kann in die erste Normalform durch eine geeignete Substitution übergeführt werden. Deshalb soll darauf etwas näher eingegangen werden. Das vollständige Integral von $0 \div \pi/2$ über $1\big/\sqrt{1 - k^2\sin^2\psi}$ wird mit K bezeichnet:

$$K(k) = \int\limits_0^{\pi/2} \frac{d\psi}{\sqrt{1 - k^2\sin^2\psi}}$$

Die obere Grenze (ψ) von $F(\psi, k) = \int_0^\psi d\psi\big/\sqrt{1 - k^2\sin^2\psi}$, d. h. die *Umkehrfunktion* von $F(\psi, k)$, heißt die „Amplitude" von F und wird $\psi = \mathrm{amp}(F, b)$ geschrieben. Der Sinus bzw. der Cosinus dieser Amplitude (der sinus amplitudinis, der cosinus amplitudinis) wird kurz mit

$$\mathrm{sn}\,(F, k)\quad \mathrm{bzw.}\quad \mathrm{cn}\,(F, k)$$

bezeichnet. Das sind periodische Funktionen mit der Periode $4K$. Für $k = 0$ gehen die Funktionen sn ( ) bzw. cn ( ) in den gewöhnlichen sin ( ) bzw. cos ( ) über.

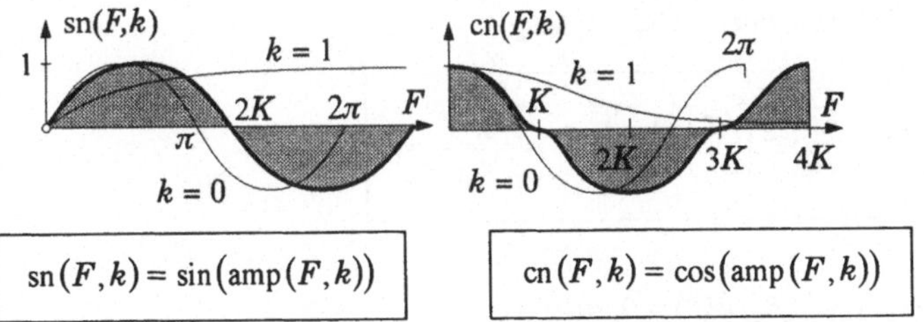

$$sn(F,k) = \sin\big(\operatorname{amp}(F,k)\big) \qquad\qquad cn(F,k) = \cos\big(\operatorname{amp}(F,k)\big)$$

Zurück zum Integralausdruck für $t(\phi)$.

Mit $\cos\phi = 1 - 2\sin^2(\phi/2)$ und $k = \sqrt{\sin^2(\phi_0/2) + (\dot{\phi}_0/2\omega_0)^2}$ erhält man für 15):

$$t = \pm\frac{1}{\omega_0}\int\limits_{\phi_0}^{\phi}\frac{d(\phi/2)}{\sqrt{k^2 - \sin^2(\phi/2)}}\,.$$

Die Substitution

$$\boxed{\sin(\phi/2) = k\sin\psi}\,, \qquad \psi = \arcsin\left[\frac{1}{k}\sin\left(\frac{\phi}{2}\right)\right] \qquad \dots\dots 16)$$

führt auf

$$\pm\,\omega_0 t = \int\limits_{\psi_0}^{\psi}\frac{d\psi}{\sqrt{1 - k^2\sin^2\psi}} \quad\Rightarrow\quad F(\psi,k) = F(\psi_0,k)\pm\omega_0 t \quad\Rightarrow$$

$$\psi = \operatorname{amp}\big\{[F(\psi_0,k)\pm\omega_0 t],k\big\} \quad\Rightarrow$$

$$\sin\psi = sn\big\{[F(\psi_0,k)\pm\omega_0 t],k\big\} = \frac{1}{k}\sin\left(\frac{\phi}{2}\right) \quad\Rightarrow$$

$$\boxed{\phi(t) = 2\arcsin\big\langle k\,sn\big\{[F(\psi_0,k)\pm\omega_0 t],k\big\}\big\rangle} \qquad \dots\dots 17)$$

Das „ + “-Vorzeichen gilt für $\phi > \phi_0$ d. h. $\dot{\phi} > 0$,

das „ – “-Vorzeichen gilt für $\phi < \phi_0$ d. h. $\dot{\phi} < 0$.

mit $\quad\boxed{k = \sqrt{\sin^2(\phi_0/2) + (\dot{\phi}_0/2\omega_0)^2}} \quad\wedge\quad \boxed{\psi_0 = \arcsin\left(\frac{1}{k}\sin\frac{\phi_0}{2}\right)}\,.$

Aus $\quad sn\big\langle[F(\psi_0,k)\pm\omega_0 t + 4K],k\big\rangle \equiv sn\big\langle[F(\psi_0,k)\pm\omega_0 t],k\big\rangle$

72

folgt für die Dauer einer Vollschwingung

$$\tau = \frac{4K}{\omega_0} = \left(\frac{2\pi}{\omega_0}\right)\frac{1}{\pi/2}\int_0^{\pi/2}\frac{d\psi}{\sqrt{1-k^2\sin^2\psi}} \qquad > \tau_0 = \frac{2\pi}{\omega_0} \qquad \dots\dots 18)$$

<u>*Näherungsformeln für*</u> $\dot\phi(0) = 0,\ \phi(0) = \phi_0$

Für $\ (\phi_0 \neq 0) \wedge (\dot\phi_0 = 0)\ $ wird $\ k = \sin(\phi_0/2)\ $ und $\ \psi_0 = \arcsin\left(\frac{1}{k}\sin\frac{\phi_0}{2}\right) = \frac{\pi}{2}\ \Rightarrow$

$F(\psi_0, k) = K(k)$ und die exakte Lösung lautet für $f(\phi) = \omega_0^2\sin\phi$:

$$\phi(t) = 2\arcsin\big\langle k\,\mathrm{sn}\big[(K - \omega_0 t), k\big]\big\rangle$$

<u>*Reihenentwicklungen*</u> *(nach k bzw. ϕ_0)*

$$k = \sin\frac{\phi_0}{2} \doteq \frac{\phi_0}{2} - \frac{1}{3!}\left(\frac{\phi_0}{2}\right)^3 \doteq \frac{\phi_0}{2}\left(1 - \frac{\phi_0^2}{24}\right),$$

$$F(\phi, k) = \int_0^\phi \frac{d\phi}{\sqrt{1 - k^2\sin^2\phi}} \approx \int_0^\phi\left(1 + \frac{k^2}{2}\sin^2\phi\right)d\phi =$$

$$= \int_0^\phi\left[1 + \frac{k^2}{4}(1 - \cos 2\phi)\right]d\phi = \left(1 + \frac{k^2}{4}\right)\phi - \frac{k^2}{8}\sin 2\phi \qquad \Rightarrow$$

$$\mathrm{amp}(F, k) = \phi = \frac{F}{1 + k^2/4} + \frac{k^2}{8}\sin\frac{2F}{1 + k^2/4} \qquad \Rightarrow$$

$$\mathrm{sn}(F, k) = \sin\phi = \sin\frac{F}{1 + k^2/4} + \cos\frac{F}{1 + k^2/4}\cdot\frac{k^2}{8}\sin\frac{2F}{1 + k^2/4} =$$

$$= \sin\frac{F}{1 + k^2/4} + \frac{k^2}{4}\cos^2(\ )\sin(\ ) = \sin\frac{F}{1 + k^2/4} + \frac{k^2}{4}\big[\sin(\ ) - \sin^3(\ )\big] =$$

$$= \sin\frac{F}{1 + k^2/4} + \frac{k^2}{16}\left[\sin\frac{F}{1 + k^2/4} + \sin\frac{3F}{1 + k^2/4}\right].$$

$$K(k) = F(\pi/2, k) = \int_0^{\pi/2} \frac{d\phi}{\sqrt{1 - k^2 \sin^2 \phi}} = \int_0^{\pi/2} \left(1 + k^2 \sin^2 \phi\right) d\phi =$$

$$= \frac{\pi}{2}\left(1 + \frac{k^2}{4}\right) = \frac{\pi}{2}\left(1 + \frac{\phi_0^2}{16}\right).$$

$$\arcsin\langle\cdots\rangle = \langle\ldots\rangle + \frac{\langle\ldots\rangle^3}{3!} = \langle k\,\mathrm{sn}\{\ldots\}\rangle + \frac{k^3}{3!}\,\mathrm{sn}^3\{\ldots\} =$$

$$= \left\langle k \sin\frac{F}{1 + k^2/4} + \frac{k^3}{16}\left[\sin\frac{F}{1 + k^2/4} + \sin\frac{3F}{1 + k^2/4}\right]\right\rangle + \frac{k^3}{3!}\sin^3\frac{F}{1 + k^2/4} =$$

$$= k\left\{\sin\frac{F}{1 + k^2/4} + \frac{k^2}{16}\left[\sin(\ ) + \sin 3(\ )\right] + \frac{k^2}{6}\left[\frac{3}{4}\sin(\ ) - \frac{1}{4}\sin 3(\ )\right]\right\} =$$

$$= k\left\{\sin\frac{F}{1 + k^2/4} + \frac{k^2}{16}\left[3\sin\frac{F}{1 + k^2/4} + \frac{1}{3}\sin 3\frac{F}{1 + k^2/4}\right]\right\},$$

und mit $F = K - \omega_0 t = \dfrac{\pi}{2}\left(1 + \dfrac{k^2}{4}\right) - \omega_0 t \;\Rightarrow\; \dfrac{F}{1 + k^2/4} = \dfrac{\pi}{2} - \left(\dfrac{\omega_0}{1 + k^2/4}\right)t$ ergibt sich für

$$\phi = 2\arcsin\langle k\,\mathrm{sn}\left[(K - \omega_0 t), k\right]\rangle =$$

$$= 2k\left\{\cos\left(\frac{\omega_0}{1 + k^2/4}t\right) + \frac{k^2}{16}\left[3\cos\left(\frac{\omega_0}{1 + k^2/4}t\right) - \frac{1}{3}\cos\left(\frac{3\omega_0}{1 + k^2/4}t\right)\right]\right\} + \ldots$$

Mit der Abkürzung

$$\omega(\phi_0) = \frac{\omega_0}{1 + k^2/4} = \omega_0\left(1 - \phi_0^2/16\right)$$

wird einfacher:

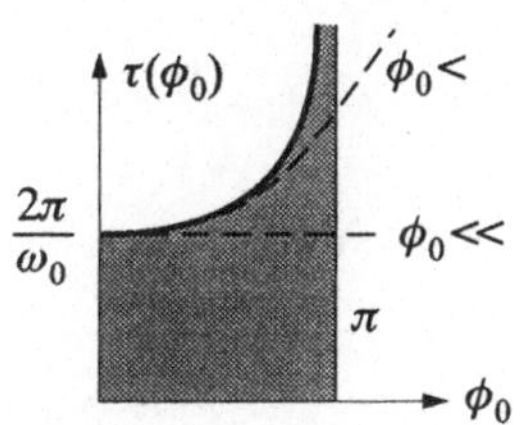

$$\phi(t) = 2k\left\{\cos\omega t + \frac{k^2}{16}\left[3\cos(\omega t) - \frac{1}{3}\cos(3\omega t)\right]\right\}$$

und mit $k = (\phi_0/2)\left(1 - \phi_0^2/24\right) \Rightarrow$

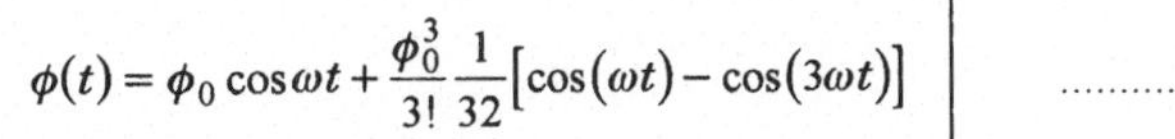

$$\boxed{\phi(t) = \phi_0 \cos\omega t + \frac{\phi_0^3}{3!}\frac{1}{32}\left[\cos(\omega t) - \cos(3\omega t)\right]} \qquad \ldots\ldots 19)$$

74

wobei

$$\omega = \omega_0\left(1 - \frac{\phi_0^2}{16}\right) \qquad \Rightarrow \qquad \tau = \frac{2\pi}{\omega} = \frac{2\pi}{\omega_0}\left(1 + \frac{\phi_0^2}{16}\right) \qquad \dots\dots 20)$$

Ersetzt man in $\ddot\phi = -\omega_0^2 \sin\phi$ ϕ durch $i\phi$, so erhält man $\ddot\phi = -\omega_0^2 \sinh\phi$. Für diesen Fall gilt dann $\phi(t) = \phi_0 \cos\omega t - \left(\phi_0^3/3!\,32\right)\left(\cos\omega t - \cos 3\omega t\right)$ mit $\omega = \omega_0\left(1 + \phi_0^2/16\right)$ und $\tau = \left(2\pi/\omega_0\right)\left(1 - \phi_0^2/16\right)$.

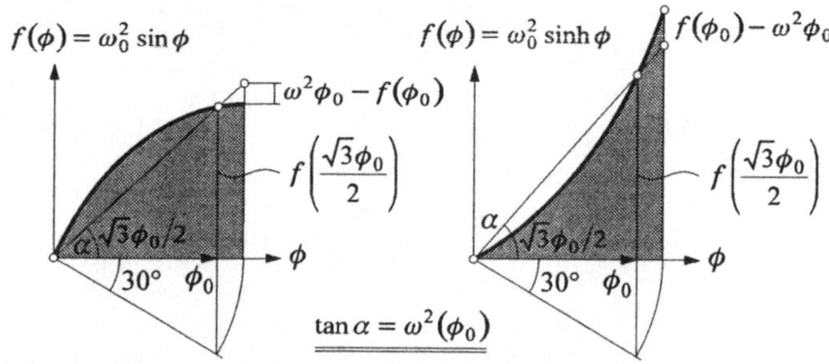

Aus $\omega = \omega_0\left(1 - \phi_0^2/16\right)$ folgt $\omega^2 = \omega_0^2\left(1 - \phi_0^2/8\right)$ und

$$\omega^2 = \omega_0^2 \frac{\left(\sqrt{3}\phi_0/2\right) - \left(\phi_0^2/8\right)\left(\sqrt{3}\phi_0/2\right)}{\sqrt{3}\phi_0/2} = \omega_0^2 \frac{\sin\left(\sqrt{3}\phi_0/2\right)}{\left(\sqrt{3}\phi_0/2\right)} = \frac{f\left(\sqrt{3}\phi_0/2\right)}{\left(\sqrt{3}\phi_0/2\right)}.$$

Mit $\phi_0 \to i\phi_0$ ergibt sich ebenfalls

$$\omega^2 = \omega_0^2 \frac{\sinh\left(\sqrt{3}\phi_0/2\right)}{\sqrt{3}\phi_0/2} = \frac{f\left(\sqrt{3}\phi_0/2\right)}{\left(\sqrt{3}\phi_0/2\right)}.$$

Mit $\omega_0^2 = \omega^2\left(1 + \phi_0^2/8\right)$ ergibt sich für

$$f(\phi_0) = \omega_0^2\left(\phi_0 - \phi_0^2/6\right) = \omega^2\left(1 + \phi_0^2/8\right)\left(1 - \phi_0^2/6\right)\phi_0 \qquad \Rightarrow$$

$$-\left[f(\phi_0) - \omega^2\phi_0\right]/\left(\omega^2 8\right) = +\frac{\phi_0^3}{3!}\frac{1}{32}.$$

Jede über- bzw. unterlineare Rückstellfunktionen $f(\phi)$ kann näherungsweise durch $\omega_0^2 \sin\phi$ bzw. $\omega_0^2 \sinh\phi$ ersetzt werden. Daher gilt für beliebige schiefsymmetrische Rückstellfunktionen näherungsweise:

$$\phi(t) = \phi_0 \cos\omega t - \frac{f(\phi_0) - \omega^2 \phi_0}{8\omega^2}\left(\cos\omega t - \cos 3\omega t\right) \qquad \dots\dots 21)$$

mit
$$\omega(\phi_0) = \sqrt{\frac{f\left(\sqrt{3}\phi_0/2\right)}{\left(\sqrt{3}\phi_0/2\right)}} \quad \Rightarrow \quad \tau = \frac{2\pi}{\omega(\phi_0)} \qquad \dots\dots 22)$$

2.8 Arbeit, Leistung, Energie

2.8.1 Die Arbeit einer Kraft

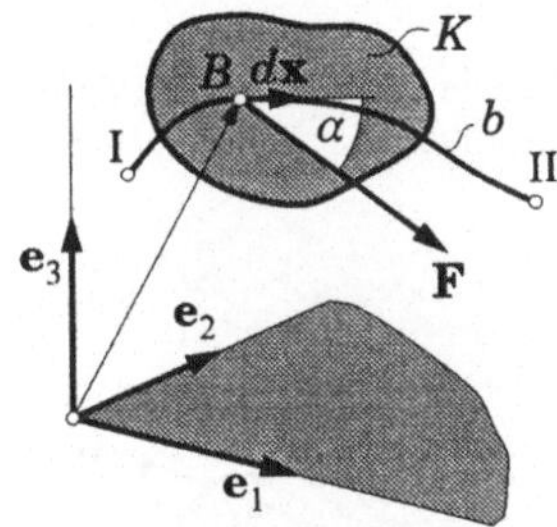

Eine Kraft $\mathbf{F}$ greife im Punkt B eines Körpers K an. Bei der Bewegung des Körpers bewege sich der (materielle) Angriffspunkt B der Kraft auf einer bestimmten Bahn b, die von einem Anfangspunkt $\mathbf{x}_I$ bis zum Endpunkt $\mathbf{x}_{II}$ reicht. Wir definieren:

Bei der infinitesimalen Verschiebung des Angrifspunktes um $d\mathbf{x}$ wird ein infinitesimaler Arbeitsbetrag dW verrichtet, der sich berechnet aus:

$$dW = |\mathbf{F}| \cdot |d\mathbf{x}| \cdot \cos\alpha = \mathbf{F} \circ d\mathbf{x}$$

Die Gesamtarbeit der Kraft $\mathbf{F}$ auf dem Weg des Angriffspunktes von $\mathbf{x}_I$ nach $\mathbf{x}_{II}$ berechnet sch demgemäß aus

$$W\Big|_{I}^{II} = \int_{\mathbf{x}_I}^{\mathbf{x}_{II}} \mathbf{F} \circ d\mathbf{x}\;.$$

Die Arbeit (work, Werk, werg, œrgon) ist also eine skalare Größe, ihre Einheit ist das Joule (dschul aber auch dschaul gesprochen) das ist die Arbeit der Krafteinheit (1 Newton) längs dem Weg von 1 Meter:

$$\underline{1J = 1N \cdot 1\,m}\,.$$

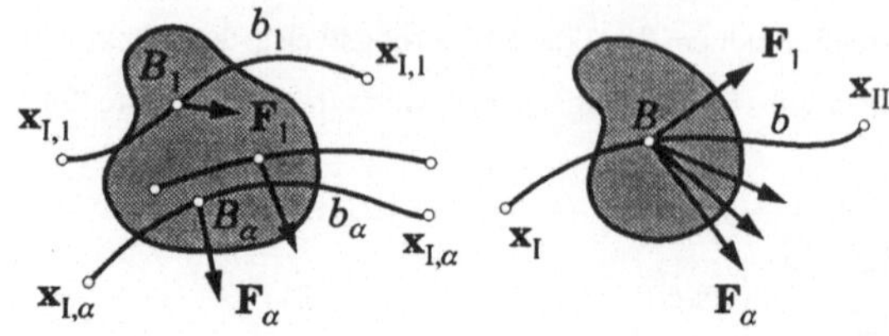

Greifen mehrere Kräfte am selben Körperpunkt P an, dann ist die Gesamtarbeit:

$$W = \sum \int_{\mathbf{x}_I}^{\mathbf{x}_{II}} \mathbf{F}_\alpha \circ d\mathbf{x} = \sum W_\alpha \, .$$

Greifen die Kräfte an verschiedenen Körperpunkten P_α an, dann wird

$$W = \sum_\alpha \int_{\mathbf{x}_{I,\alpha}}^{\mathbf{x}_{II,\alpha}} \mathbf{F}_\alpha \circ d\mathbf{x} = \sum W_\alpha$$

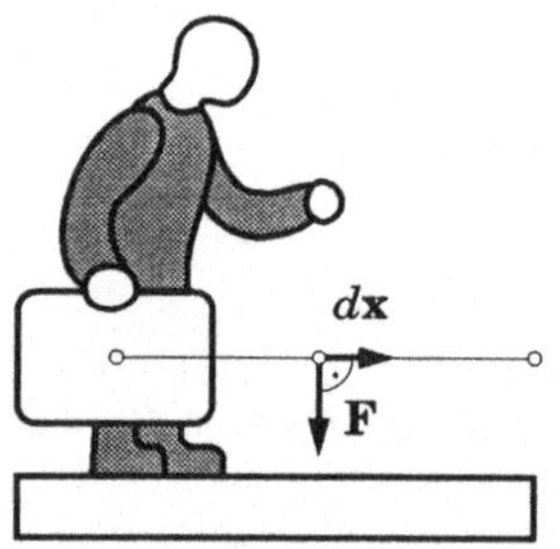

Transport eines Gepäckstückes auf horizontalem Weg: Keine Arbeit? W = 0?

Die Gewichtskraft verrichtet im Sinne der obigen Definition der Arbeit tatsächlich keine Arbeit, weil

$$d\mathbf{x} \perp \mathbf{F} \;\Rightarrow\; W = \int \mathbf{F} \circ d\mathbf{x} = 0 \, .$$

Der Gepäcksträger aber verrichtet sehr wohl Arbeit (im Sinne der Gewerkschaften) und wird dafür bezahlt.

2.8.2 Die Leistung einer Kraft

Ist $(\mathbf{v})$ die Geschwindigkeit des materiellen Angriffspunktes der Kraft gegeben, dann kann die momentane Leistung (power, puisance) definiert werden durch

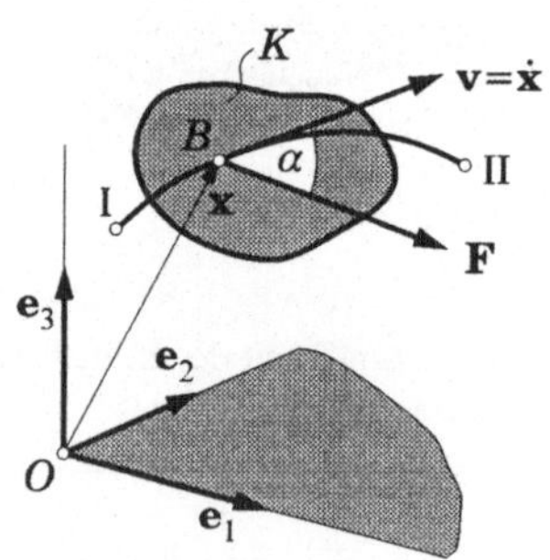

$$P = \frac{dW}{dt} = \mathbf{F} \circ \frac{d\mathbf{x}}{dt} = \mathbf{F} \circ \mathbf{v}$$

Die Einheit der Leistung ist das Watt (1 W), das ist die Leistung der Einheit der Kraft (1 Newton), wenn sich der Angriffspunkt dieser Kraft (in der Richtung der Kraft mit der Geschwindigkeit von 1 m/sec bewegt:

$$1\,\mathrm{W} = 1\,\mathrm{N} \cdot 1\,\mathrm{m/sec} = 1\,\mathrm{J}/1\,\mathrm{sec} \, .$$

Damit läßt sich die Arbeit als Zeitintegral schreiben

$$W\Big|_{\mathrm{I}}^{\mathrm{II}} = \int_{\mathbf{x}_I}^{\mathbf{x}_{II}} \mathbf{F} \circ d\mathbf{x} = \int_{t_I}^{t_{II}} \mathbf{F} \circ \mathbf{v}\, dt = \int_{t_I}^{t_{II}} P\, dt$$

2.8.2.1 Leistung von Reaktionskräften

Auf einer reibungsbehafteten starren Bahn bewege sich ein Rad oder eine Scheibe. Im Falle reinen Rollens ist die Geschwindigkeit des Berührungspunktes B gleich Null $\Rightarrow$ daraus folgt für die Leistung der Reaktionskraft $\mathbf{F}^{*}$ bei reiner Rollbewegung gleich Null ist:

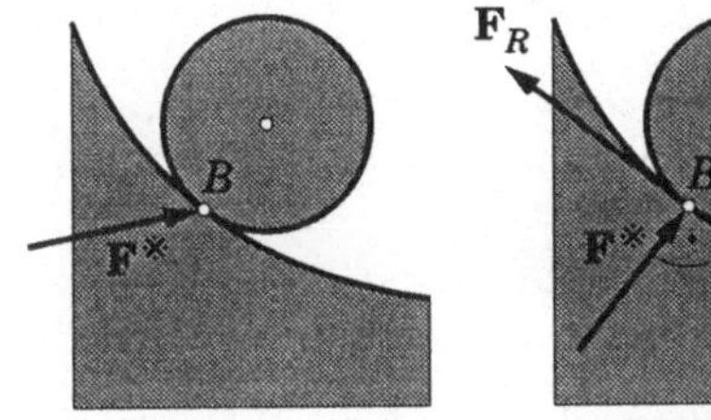

$$P^{*} = \mathbf{F}^{*} \circ \mathbf{v}_B = 0 \,.$$

Bei Gleitbewegung: $\quad P = \mathbf{F}_B \cdot \mathbf{v}_B = \left(\mathbf{F}^{*} + \mathbf{F}_R\right)\cdot \mathbf{v}_B = \mathbf{F}_R \cdot \mathbf{v}_B \neq 0\,.$

Ideale Bindungen

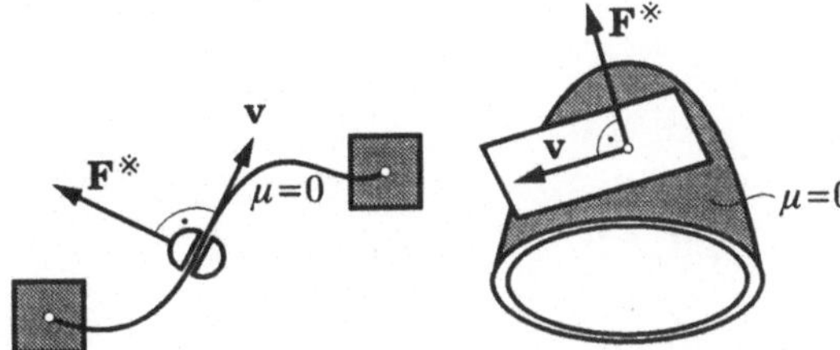

Bei **raumfesten (skleronomen) idealen Bindungen** ist die Reaktionskraft $\mathbf{F}^{*}$ normalgerichtet zu allen möglichen Geschwindigkeitsrichtungen des Angriffspunktes. Es gilt daher:

$$P^{*} = \mathbf{F}^{*} \circ \mathbf{v} = 0 \,.$$

Bei **zeitlich veränderlichen (rheonomen) Bindungen** dagegen wird (von Sonderfälle abgesehen) die Leistung der Reaktionskräfte (auch bei idealen Bindungen) ungleich Null sein.

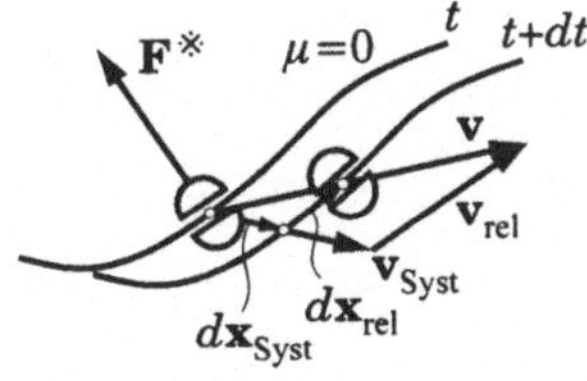

Die tatsächliche infinitesimale Verschiebung $d\mathbf{x}$ kann zerlegt werden in die infinitesimale Verschiebung $d\mathbf{x}_{\text{Syst}}$ des Punktes der Bindung, den der Massenpunkt berührt und die relative infinitesimale Verschiebung $d\mathbf{x}_{\text{rel}}$ auf der Bindung. Die infinitesimale Arbeit ist mit $\mathbf{F}^{*} \circ d\mathbf{x}_{\text{rel}} = 0$

$$dW^{*} = \mathbf{F}^{*} \circ d\mathbf{x} = \mathbf{F}^{*} \circ \left(d\mathbf{x}_{\text{Syst}} + d\mathbf{x}_{\text{rel}}\right) = \mathbf{F}^{*} \circ d\mathbf{x}_{\text{Syst}}$$

und die Leistung der Reaktionskraft $\quad P^{*} = \mathbf{F}^{*} \circ \mathbf{v}_{\text{Syst}}\,.$

2.8.3 Potentialkräfte und Kraftpotential

Kräfte besonderer Art sind die Potentialkräfte. Das sind Kräfte, von $\mathbf{x}$ abhängig, deren Komponenten in den Koordinatenrichtungen sich durch partielle Differentiation einer skalaren Feldfunktion, dem Kräftepotential $\Pi\left(x_1, x_2, x_3\right)$ gewinnen lassen.

78

$$F_1 = -\frac{\partial \Pi(x_1, x_2, x_3)}{\partial x_1}$$

$$F_2 = -\frac{\partial \Pi(x_1, x_2, x_3)}{\partial x_2}$$

$$F_3 = -\frac{\partial \Pi(x_1, x_2, x_3)}{\partial x_3}$$

Mit dem Differentialoperator (dem „Nablavektor")

$$\nabla(\ ) = \mathbf{e}_1 \frac{\partial(\ )}{\partial x_1} + \mathbf{e}_2 \frac{\partial(\ )}{\partial x_2} + \mathbf{e}_3 \frac{\partial(\ )}{\partial x_3}$$

kann man für Potentialkräfte symbolisch

$$\mathbf{F} = -\nabla \Pi$$

schreiben.

In der Indizesschreibweise wird

$$F_i = -\frac{\partial \Pi(x_\alpha)}{\partial x_i} \qquad i, \alpha = 1,\, 2,\, 3$$

oder schließlich mit den Matrizen:

$$\underset{\sim}{F} = \begin{vmatrix} F_1 \\ F_2 \\ F_2 \end{vmatrix} \quad \text{und} \quad \underset{\sim}{\nabla}(\ ) = \begin{vmatrix} \frac{\partial(\ )}{\partial x_1} \\ \frac{\partial(\ )}{\partial x_2} \\ \frac{\partial(\ )}{\partial x_3} \end{vmatrix} \quad \Rightarrow \quad \boxed{\underset{\sim}{F} = -\underset{\sim}{\nabla}\Pi}$$

Der innere <u>Zusammenhang</u> der Komponenten einer Kraft, für die ein Potential existiert.

Existiert ein Potential Π für $\mathbf{F}$, dann können die 3 Komponenten F_1, F_2 und F_3 nicht voneinander unabhängig sein. Denn aus

$$\frac{\partial F_2}{\partial x_3} = -\frac{\partial^2 \Pi}{\partial x_3 \partial x_2} = -\frac{\partial^2 \Pi}{\partial x_2 \partial x_3} = \frac{\partial}{\partial x_2}\left(-\frac{\partial \Pi}{\partial x_3}\right) = \frac{\partial F_3}{\partial x_2} \qquad \text{folgt:}$$

$$\frac{\partial F_3}{\partial x_2} - \frac{\partial F_2}{\partial x_3} = 0$$

Zyklische Vertauschung ergibt weiter

$$\frac{\partial F_1}{\partial x_3} - \frac{\partial F_3}{\partial x_1} = 0$$

$$\frac{\partial F_2}{\partial x_1} - \frac{\partial F_1}{\partial x_2} = 0$$

Diese drei Gleichungen können mit dem Differentialoperator $\nabla(\;)$ in der folgenden Kurzform geschrieben werden:

$$\boxed{\nabla \times \mathbf{F} = 0}$$

Erfüllen die drei Kraftkomponenten diese drei skalaren Bedingungsgleichungen, dann existiert sicher ein Potential Π, aus dem sie durch partielles Differenzieren erhalten werden.

2.8.4 Potential und Arbeit, potentielle Energie

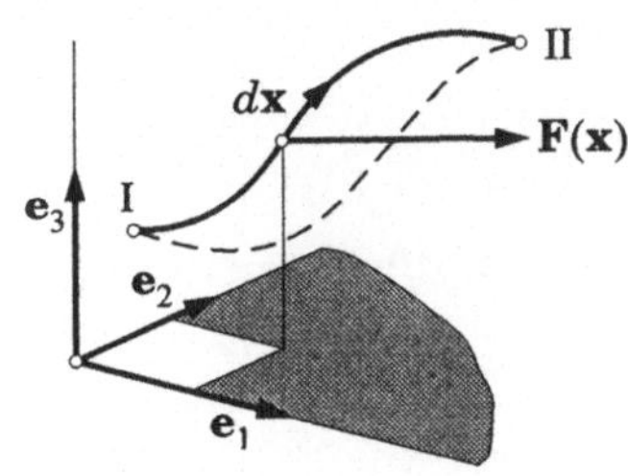

Für Potentialkräfte gilt weiters, daß die Arbeit der Feldkraft $\mathbf{F}$ bei einer Verschiebung des Angriffspunktes $\mathbf{x}$ auf beliebigem Weg zwischen einem Anfangsort I zu einem Endpunkt II hin immer gleich groß ist.

$$W\Big|_{I}^{II} = \int_{\mathbf{x}_I}^{\mathbf{x}_{II}} \mathbf{F} \circ d\mathbf{x} = -\int_{\mathbf{x}_I}^{\mathbf{x}_{II}} \nabla\Pi \circ d\mathbf{x} =$$

$$= -\int_{\mathbf{x}_I}^{\mathbf{x}_{II}} \left(\frac{\partial \Pi}{\partial x_1} dx_1 + \frac{\partial \Pi}{\partial x_2} dx_2 + \frac{\partial \Pi}{\partial x_3} dx_3 \right) =$$

$$= -\int_{\mathbf{x}_I}^{\mathbf{x}_{II}} d\Pi \quad \Rightarrow$$

$$\boxed{W\Big|_{I}^{II} = \int_{\mathbf{x}_I}^{\mathbf{x}_{II}} \mathbf{F} \circ d\mathbf{x} = \Pi(\mathbf{x}_I) - \Pi(\mathbf{x}_{II})}$$

Die Arbeit einer Potentialkraft $\mathbf{F} = -\nabla\Pi$ ist also nur von der Differenz der Potentiale in den Endpunkten $\mathbf{x}_I$ und $\mathbf{x}_{II}$ des Weges abhängig, nicht aber von dem Weg, der diese beiden Punkte verbindet. Führt der Weg, von $\mathbf{x}_I$ ausgehend auf beliebigen Umweg zurück zum Ausgangspunkt $\mathbf{x}_{II} = \mathbf{x}_I$, dann gilt offenbar:

$$W\Big|_{I}^{II} = \Pi(\mathbf{x}_I) - \Pi(\mathbf{x}_{II}) = 0 \quad \Rightarrow \quad \boxed{\oint \mathbf{F} \circ d\mathbf{x} = 0}$$

80

aus $\quad dW = \mathbf{F} \circ d\mathbf{x} = F_1 dx_1 + F_2 dx_2 + F_3 dx_3 = -\left(\dfrac{\partial \Pi}{\partial x_1} dx_1 + \dfrac{\partial \Pi}{\partial x_2} dx_2 + \dfrac{\partial \Pi}{\partial x_3} dx_3\right) = -d\Pi$

folgt für das Potential Π:

$$\boxed{\Pi = -\int \mathbf{F} \circ d\mathbf{x} + \text{konst.}}$$

Π heißt auch die „Potentielle Energie" $E_{\text{pot}} = \Pi$. Die Integration ist dabei auf beliebigem Weg durchzuführen.

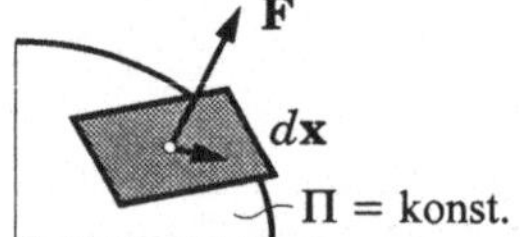

Die Flächen, auf denen das Potential konstant ist, heißen Potentialflächen.

$$\boxed{\Pi(x_i) = \text{konst.}}$$

Daraus folgt $\dfrac{\partial \Pi}{\partial x_i} dx_i = 0 = \nabla\Pi \circ d\mathbf{x} = -\mathbf{F} \circ d\mathbf{x}$, d. h. $\mathbf{F}$ steht senkrecht auf der Tangentialebene der Potentialfläche $\Pi = \text{konst.}$

2.8.4.1 Beispiel: Schwerkraft

$\mathbf{F} = \text{konst.}$

$$\underset{\sim}{F} = \begin{pmatrix} 0 \\ 0 \\ -mg \end{pmatrix} \qquad \underset{\sim}{dx} = \begin{pmatrix} dx \\ dy \\ dz \end{pmatrix}$$

$\Pi = -\int \mathbf{F} \circ d\mathbf{x} + \text{konst.} \;\Rightarrow$

$\Pi = -\int -mg\, dz + K \quad \Rightarrow$

$\Pi = mgz + K$

Mit der Festsetzung $\Pi(z = 0) = 0$ wird $K = 0 \;\Rightarrow\qquad \boxed{\Pi = mgz}$

Die Potentialflächen sind die Ebenen $z = \text{konst.}$

2.8.4.2 Beispiel: Federkraft

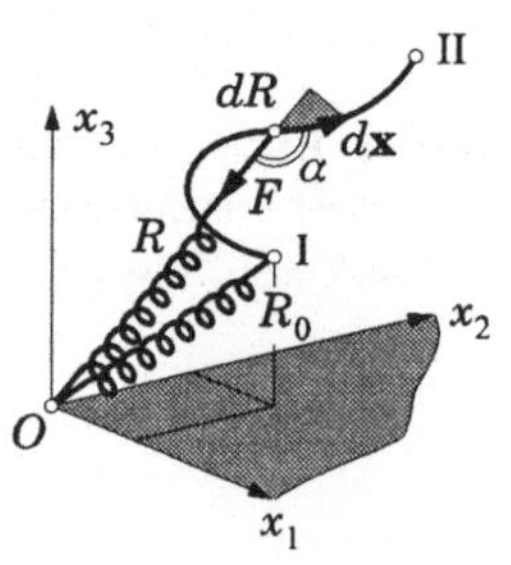

Eine Feder mit linearer Kennlinie sei im Ursprung des Koordinatensystems O mit einem Ende befestigt. Die entspannte Federlänge ist R_0. Bei der Verlängerung der Feder auf die Länge R wird eine Feder (Rückstell-)Kraft $F = c(R - R_0)$ geweckt. Aus

$$\Pi = -\int \mathbf{F} \circ d\mathbf{x} + K = -\int |\mathbf{F}|\,|d\mathbf{x}| \cos\alpha + K =$$

$$= -\int F(-dR) + K = +\int c(R - R_0)\,dR + K =$$

$$= c\left(\frac{R^2}{2} - RR_0\right) + K.$$

Setzt man $\Pi(R = R_0) = 0$, dann wird $K = cR_0^2/2$ und man erhält:

$$\Pi = c(R - R_0)^2/2$$

Die Potentialflächen Π = konst. sind Kugeloberflächen.

2.9 Folgesätze

2.9.1 Der Energiesatz für den Massenpunkt

(Folgesatz aus $m\ddot{\mathbf{x}} = \mathbf{F}$)

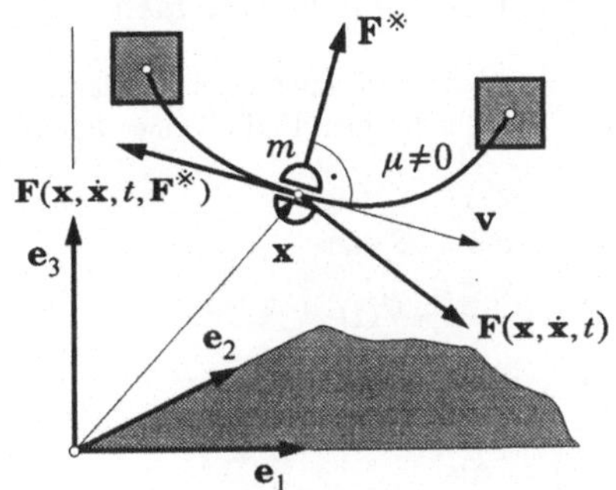

Aus der dynamischen Grundgleichung

$$m\ddot{\mathbf{x}} = \mathbf{F} = \mathbf{F}^* + \mathbf{F}(\mathbf{x},\dot{\mathbf{x}},t,\mathbf{F}^*) + \mathbf{F}(\mathbf{x},\dot{\mathbf{x}},t)$$

$$\mathbf{F} = \text{Reaktionskraft} +$$
$$\text{Quasiaktionskraft} +$$
$$\text{Aktionskraft}$$

folgt nach beidseitiger Multiplikation mit $d\mathbf{x}$ (innerer Multiplikation)

$$m\ddot{\mathbf{x}} \circ d\mathbf{x} = \mathbf{F} \circ d\mathbf{x} = dW$$
$$m(\ddot{x}_1 dx_1 + \ddot{x}_2 dx_2 + \ddot{x}_3 dx_3) = dW$$

Mit der *zeitfreien Gleichung* $(\;)\ddot{}\,d(\;) = (\;)\dot{}\,d(\;)\dot{}$ erhält man daraus:

$$m(\dot{x}_1 d\dot{x}_1 + \dot{x}_2 d\dot{x}_2 + \dot{x}_3 d\dot{x}_3) = d\left[m(\dot{x}_1^2 + \dot{x}_2^2 + \dot{x}_3^2)/2\right] = d\left(\frac{mv^2}{2}\right)$$

$$d\left(\frac{mv^2}{2}\right) = dW$$

Den hier auftretenden Ausdruck $(mv^2/2)$ nennen wird die **kinetische Energie** und bezeichnen diese mit

$$T = mv^2/2$$ oder zuweilen auch mit E_{kin}.

82

Damit erhält man $dT = dW$ und nach Division durch dt

$$\boxed{\dot{T} = P = \frac{dW}{dt}}$$. Das ist die differentielle Form des Energiesatzes.

Die integrale Form des Energiesatzes ergibt sich daraus zu:

$$\boxed{T_{\mathrm{II}} - T_{\mathrm{I}} = W\big|_{\mathrm{I}}^{\mathrm{II}}} \quad \Rightarrow \quad \boxed{\frac{mv_{\mathrm{II}}^2}{2} - \frac{mv_{\mathrm{I}}^2}{2} = W\big|_{\mathrm{I}}^{\mathrm{II}}}$$

In Worten: Die Differenz der kinetischen Energien ist gleich der verrichteten Arbeit. Dieser Satz wird auch als **Arbeitssatz** bezeichnet.

2.9.1.1 Energiesatz für den Massenpunkt bei konservativen Systemen

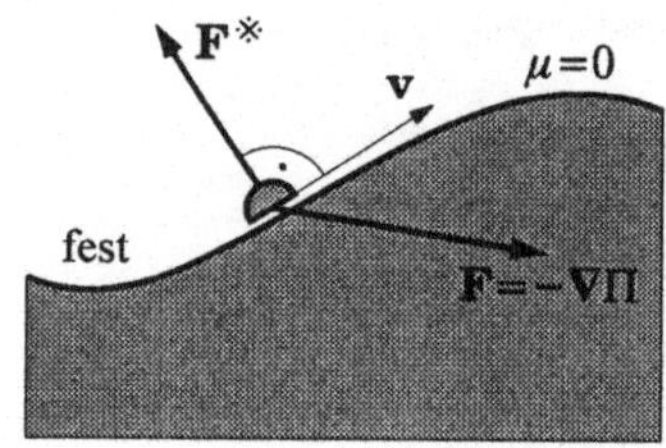

Ein Massenpunkt stehe, auf raumfester idealer (reibungsfreier) Führung, unter dem Einfluß einer Potentialkraft.

Aus $\qquad dT = dW = \mathbf{F} \circ d\mathbf{x}$

folgt mit $\quad \mathbf{F} = \mathbf{F}^* + (-\nabla\Pi)$

und $\qquad \mathbf{F}^* \cdot d\mathbf{x} = 0 \qquad$ für dT:

$$dT = -\nabla\Pi \cdot d\mathbf{x} = -\left(\frac{\partial\Pi}{\partial x_1} dx_1 + \frac{\partial\Pi}{\partial x_2} dx_2 + \frac{\partial\Pi}{\partial x_3} dx_3 \right) = -d\Pi \qquad \text{bzw.} \quad \Rightarrow$$

$$d(T + \Pi) = 0 .$$

Mit $\quad \boxed{T + \Pi = E}$, der <u>Gesamtenergie</u>, erhält man daraus: $\boxed{\dot{E} = 0}$.

Das ist die differentielle Form des Energiesatzes für konservative Systeme.

Durch Integration erhält man die integrale Form:

$$\boxed{E = T(\dot{\mathbf{x}}) + \Pi(\mathbf{x}) = \frac{mv^2}{2} + \Pi(\mathbf{x}) = \text{konst.} = E_0}$$

Gesamtenergie: Energie wird „<u>konserviert</u>".

$$\Rightarrow \quad \boxed{T_{\mathrm{II}} + \Pi_{\mathrm{II}} = T_{\mathrm{I}} + \Pi_{\mathrm{II}}}$$

In Worten: die Summe der kinetischen und der potentiellen Energie ist konstant.

Beispiel

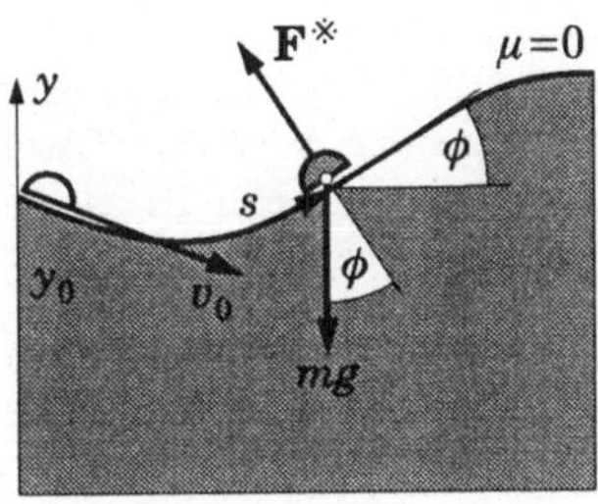

Der Massenpunkt auf glatter raumfester (skleronomer) Bahn unter dem Einfluß der Schwerkraft stellt ein *konservatives System* dar. Der Energiesatz liefert für die Geschwindigkeit als Funktion des Ortes sofort:

$$T + \Pi = \text{konst.}:$$

$$\frac{mv^2}{2} + mgy = \frac{mv_0^2}{2} + mgy_0 \qquad \Rightarrow$$

$$v = \sqrt{v_0^2 + 2g\left(y_0 - y\right)}$$

Dieselbe Formel haben wir bereits früher mit Hilfe der *zeitfreien Gleichung* aus der Bewegungsgleichung abgeleitet. Aber der Energiesatz wird ja auch über die *zeitfreie Gleichung* abgeleitet.

Der Energiesatz ist in der klassischen Mechanik ein Folgesatz und nicht ein selbständiges Axiom! Erst die Mitberücksichtigung von außermechanischen Energiearten erfordert die Formulierung des allgemeinen Energiesatzes:

$$d(T + U) = dW + dQ$$

U ist die innere Energie, dQ bezeichnet die Zufuhr an nichtmechanischer Energie „von außen".

2.9.2 Der Satz vom Antrieb

(Folgesatz aus $m\ddot{\mathbf{x}} = \mathbf{F}$)

Die dynamische Grundgleichung $m\ddot{\mathbf{x}} = \mathbf{F}$ kann mit dem Impuls $\mathbf{p}$

$$\boxed{\mathbf{p} = m\dot{\mathbf{x}}} \qquad \text{in der Form} \qquad \boxed{\dot{\mathbf{p}} = \mathbf{F}} \qquad \text{(Impulssatz)}$$

geschrieben werden. Wir sprechen dann vom **Impulssatz,** der in Worten lautet: Die zeitliche Änderung des Impulses $\mathbf{p} = m\dot{\mathbf{x}}$ ist gleich der resultierenden Kraft.

Die beidseitige Multiplikation des Impulssatzes mit dt liefert

$$\dot{\mathbf{p}} = \mathbf{F} \qquad \Rightarrow \qquad \dot{\mathbf{p}}\,dt = \mathbf{F}\,dt$$

und die Integration über t ergibt $\mathbf{p}(t) - \mathbf{p}(0) = \int_{t_0}^{t} \mathbf{F}\,dt$

Mit dem „**Antrieb**" $\boxed{\mathbf{S} = \int_{t_0}^{t} \mathbf{F}\,dt}$ erhält man daraus den Satz vom Antrieb:

$$\boxed{\mathbf{p} - \mathbf{p}(0) = \mathbf{S} = m\mathbf{v} - m\mathbf{v}_0}$$ Die Impulsdifferenz ist gleich dem Antrieb.

2.9.3 Anwendung bei Stoßproblemen

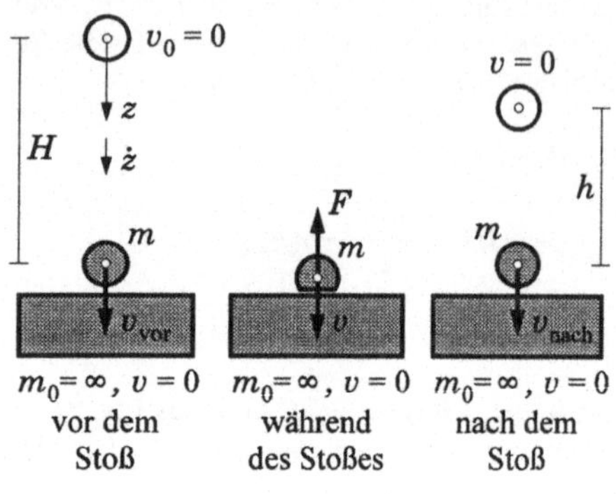

Ein kleiner Körper mit der Masse m wird auf eine Unterlage (mit ∞ großer Masse) aus der Höhe H fallengelassen. Es soll die „Rücksprunghöhe" h bestimmt werden.

Die Geschwindigkeit des kleinen Körpers unmittelbar vor dem „Stoß" erhält man am einfachsten aus dem Energiesatz:

$$T - T_0 = W \quad \Rightarrow$$

$$\frac{m}{2}\left(v_{\text{vor}}^2 - v_0^2\right) = mgH \quad \Rightarrow$$

$$\boxed{v_{\text{vor}} = \sqrt{2gH}}$$

Berührt der kleine Körper den Boden, dann gilt für ihn die dynamische Grundgleichung in der Form

$$m\dot{v} = -F + mg$$

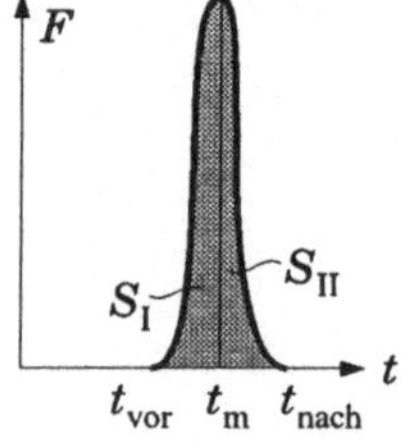

Die „Stoßkraft" $F(t)$ kann als sehr groß in einem sehr kurzen Zeitintervall wirkend, der Stoßperiode

$$\Delta t = t_{\text{nach}} - t_{\text{vor}} \qquad \ll$$

angenommen werden. D. h. während der Stoßperiode kann in der dynamischen Grundgleichung $G = mg$ neben F vernachlässigt werden.

$$m\dot{v} = m\frac{dv}{dt} = -F \qquad (F \gg G)$$

Beim Stoßvorgang sind zwei Perioden zu unterscheiden:

Die **Kompressionsperiode** (I):

$$dF/dt > 0 \; ; \quad t_{\text{vor}} < t < t_{\text{m}} \qquad \text{mit dem Antrieb} \quad \int_{t_{\text{vor}}}^{t_{\text{m}}} F \, dt = S_{\text{I}}$$

und die **Restitutionsperiode** (II):

$$dF/dt < 0 \; ; \quad t_{\text{m}} < t < t_{\text{nach}} \qquad \text{mit dem Antrieb} \quad \int_{t_{\text{m}}}^{t_{\text{nach}}} F \, dt = S_{\text{II}}$$

Der Satz vom Antrieb liefert für die beiden Stoßperioden folgende Gleichungen:

Aus
$$m\, dv = -F\, dt$$

erhält man
$$m\,c - m\,v = -\int_{t_{\text{vor}}}^{t_{\text{m}}} F\, dt = -S_{\text{I}} \qquad \Rightarrow \qquad c - v = -S_{\text{I}}/m$$

bzw.
$$m\,v - m\,c = -\int_{t_{\text{m}}}^{t_{\text{nach}}} F\, dt = -S_{\text{II}} \qquad \Rightarrow \qquad v - c = -S_{\text{II}}/m$$

Es kann angenommen werden, daß im Augenblick t_{m}, in dem der größte Wert der Stoßkraft auftritt, die Geschwindigkeit des stoßenden Körpers gleich ist der Geschwindigkeit der Unterlage – also im vorliegenden Fall gleich Null ist:

$$v(t_{\text{m}}) = c \qquad \boxed{c = 0} \qquad (\underline{\text{Ausgleichsgeschwindigkeit}} = \text{Null})$$

Damit erhält man

$$\boxed{v_{\text{vor}} = \frac{S_{\text{I}}}{m}} \qquad \text{und} \qquad \boxed{v_{\text{nach}} = -\frac{S_{\text{II}}}{m}}$$

Die Hauptunbekannte ist die Geschwindigkeit des stoßenden Körpers nach dem Stoß (v_{nach}). Der Satz vom Antrieb liefert aber nur diese zwei Gleichungen mit den drei Unbekannten v_{nach}, S_{I} und S_{II}. Es ist daher notwendig, da eine dynamisch unbestimmte Aufgabe vorliegt, eine Hypothese zu Hilfe zu nehmen.

Wir machen die Annahme, daß das Verhältnis $S_{\text{II}}/S_{\text{I}}$ nur von den Materialeigenschaften der aufeinanderstoßenden Körper ist.

Stoßhypothese: $\qquad \boxed{\varepsilon = S_{\text{II}}/S_{\text{I}}} \qquad$ mit $0 \leq \varepsilon \leq 1$

$\varepsilon = 1 \quad \Rightarrow \quad$ vollkommen elastischer Stoß,
$\varepsilon = 0 \quad \Rightarrow \quad$ vollkommen plastischer Stoß.

Setzt man ε als bekannt voraus, dann erhält man

$$\boxed{v_{\text{nach}} = -\varepsilon\, v_{\text{vor}}} = -\varepsilon\sqrt{2gH}$$

Die Rücksprunghöhe h erhält man aus

$$T - T_0 = -mgh = 0 - m v_{\text{nach}}^2/2 \qquad \Rightarrow \qquad h = \frac{v_{\text{nach}}^2}{2g} = \frac{\varepsilon^2 v_{\text{vor}}^2}{2g} = \varepsilon^2 H$$

Damit ergibt sich auch eine experimentelle Bestimmungsmöglichkeit des Stoßkoeffizienten ε:

$$\boxed{\varepsilon = \sqrt{h/H}}$$

2.9.3.1 Schiefer Stoß auf glatte Wand, Stoßfolge

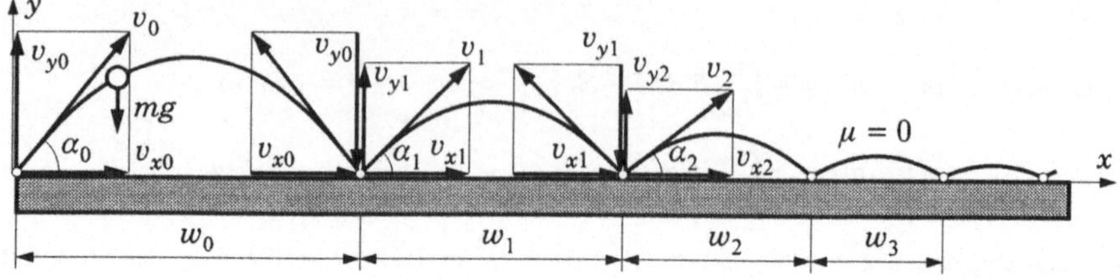

Aus $m\ddot{x} = 0$ und $\ddot{y}m = -mg$ folgen $x(t) = v_0 \cos\alpha_0\, t$; $y(t) = v_0 \sin\alpha_0\, t - gt^2/2$. Die Bedingung $y = 0$ liefert für die Wurfzeit $\tau_0 = 2v_0 \sin\alpha_0/g$ und damit ergibt sich für die Wurfweite:

$$w_0 = v_0 \cos\alpha_0\, \tau_0 = v_0^2\, 2 \sin\alpha_0 \cos\alpha_0/g \,.$$

Beim Aufprall auf den glatten Boden ändern sich die Horizontalgeschwindigkeiten nicht:

$$v_{x0} = v_{x1} = v_{x2} = \ldots$$

$$v_0 \cos\alpha_0 = v_1 \cos\alpha_1 = v_2 \cos\alpha_2 = \ldots$$

Die vertikalen Geschwindigkeiten aber werden bei jedem Stoß betragsmäßig um den Faktor ε verkleinert:

$$v_{y1} = \varepsilon v_{y0}, \quad v_{y2} = \varepsilon v_{y1}, \quad v_{y3} = \varepsilon v_{y2}, \ldots$$

$$v_1 \sin\alpha_1 = \varepsilon\left(v_0 \sin\alpha_0\right), \quad v_2 \sin\alpha_2 = \varepsilon\left(v_1 \sin\alpha_1\right), \quad v_3 \sin\alpha_3 = \varepsilon\left(v_2 \sin\alpha_2\right), \ldots$$

Gesamtzeit

$$\tau = \sum \tau_i = \tau_0 + \tau_1 + \tau_2 + \ldots = \tau_0\left(1 + \varepsilon + \varepsilon^2 + \ldots\right) = \frac{2v_0 \sin\alpha_0/g}{1 - \varepsilon}\,.$$

Gesamtweg

$$w = \sum w_i = w_0 + w_1 + w_2 + \ldots = w_0\left(1 + \varepsilon + \varepsilon^2 + \ldots\right) = \frac{v_0^2\, 2 \sin\alpha_0 \cos\alpha_0/g}{1 - \varepsilon}\,.$$

Nach Ablauf der Zeit τ geht die Bewegung über in reines Gleiten auf dem Boden.

2.9.4 Der Drallsatz für den Massenpunkt

(Folgesatz aus $m\ddot{\mathbf{x}} = \mathbf{F}$)

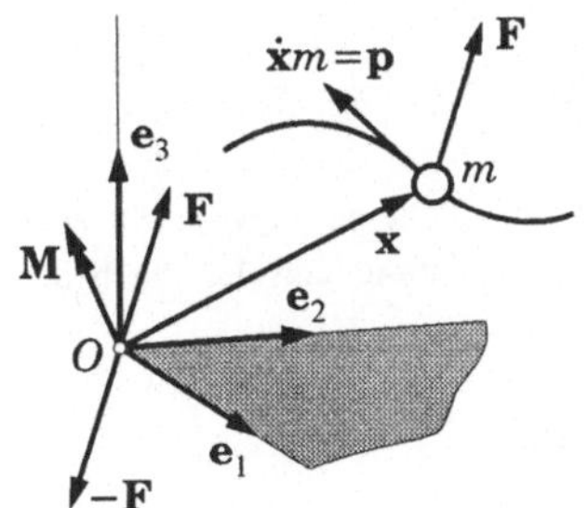

Multipliziert man die dynamische Grundgleichung von links her mit $\mathbf{x} \times$, dann erhält man auf der rechten Seite das Moment $\mathbf{M}$:

$$m\ddot{\mathbf{x}} = \mathbf{F}$$

$$\mathbf{x} \times m\ddot{\mathbf{x}} = \mathbf{x} \times \mathbf{F} = \mathbf{M} \qquad \text{(Momentensatz)}$$

Da $\dot{\mathbf{x}} \times m\dot{\mathbf{x}} = 0$ können wir dafür auch schreiben:

$$(\mathbf{x} \times m\dot{\mathbf{x}})^{\cdot} = \mathbf{M} \qquad \text{oder} \qquad (\mathbf{x} \times \mathbf{p})^{\cdot} = \mathbf{M}$$

Mit dem **Drall** (oder Drehimpuls oder Impulsmoment)

$$\boxed{\mathbf{L} := \mathbf{x} \times \mathbf{p} = \mathbf{x} \times m\dot{\mathbf{x}}}$$

erhält man den sogenannten **Drallsatz** in der Form

$$\boxed{\dot{\mathbf{L}} = \mathbf{M}}$$

In Worten: Die zeitliche Ableitung des Dralls ist gleich dem Moment der Kraft.

Das Impulsmoment (der Drall) und das Kraftmoment sind dabei auf den gleichen Punkt, den ruhenden Koordinatenursprung O bezogen. In kartesischen Koordinaten lautet der Drallsatz ausgeschrieben:

$$\dot{L}_1 = M_1 \qquad \text{mit} \qquad L_1 = m\left(x_2\dot{x}_3 - x_3\dot{x}_2\right) \qquad \text{und} \qquad M_1 = x_2 F_3 - x_3 F_2$$

$$\dot{L}_2 = M_2 \qquad\qquad L_2 = m\left(x_3\dot{x}_1 - x_1\dot{x}_3\right) \qquad\qquad M_2 = x_3 F_1 - x_1 F_3$$

$$\dot{L}_3 = M_3 \qquad\qquad L_3 = m\left(x_1\dot{x}_2 - x_2\dot{x}_1\right) \qquad\qquad M_3 = x_1 F_2 - x_2 F_1$$

Der Drall $\mathbf{L}$ des Massenpunktes ist direkt proportional zur Flächengeschwindigkeit $\dot{\mathbf{A}}$.

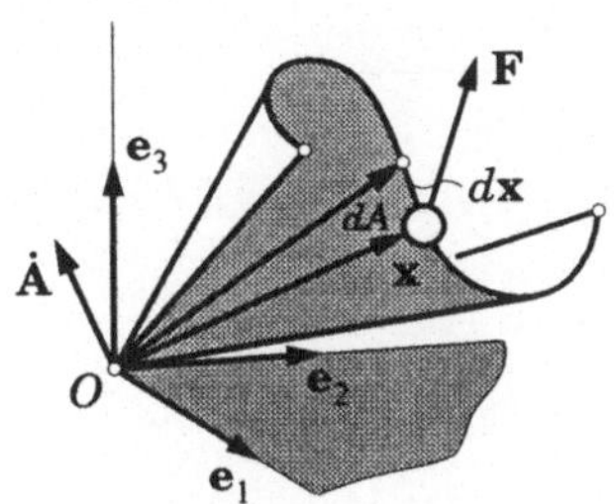

Auf Seite 22 haben wir die Flächengeschwindigkeit $\dot{\mathbf{A}}$ und das Moment der Geschwindigkeit $\mathbf{c}$ eingeführt:

$$dA = \frac{1}{2}\mathbf{x} \times d\mathbf{x} \qquad \Rightarrow \qquad \dot{\mathbf{A}} = \frac{1}{2}\mathbf{x} \times \dot{\mathbf{x}}$$

$$\text{und} \qquad \mathbf{c} = \mathbf{x} \times \mathbf{v} \qquad \Rightarrow \qquad \dot{\mathbf{A}} = \frac{\mathbf{c}}{2}.$$

$$\text{Aus} \qquad \dot{\mathbf{A}} = \frac{1}{2}\mathbf{x} \times \dot{\mathbf{x}} \quad \text{folgt sofort} \quad 2m\dot{\mathbf{A}} = \mathbf{L} = m\mathbf{c}.$$

2.9.4.1 Der Drallsatz bezogen auf einen bewegten Punkt P

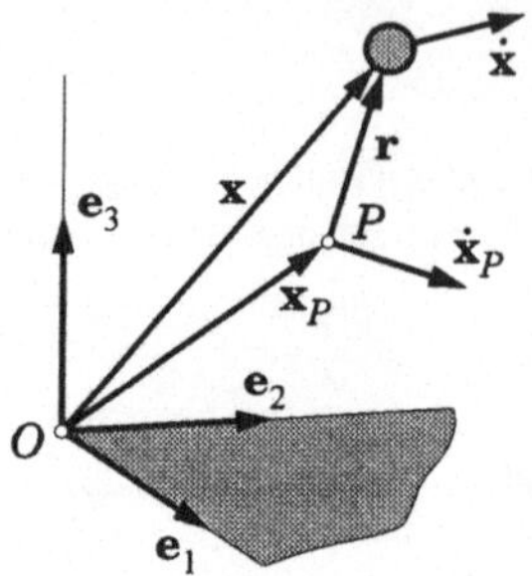

Wir definieren den auf den bewegten Punkt P ($\dot{\mathbf{x}}_P \neq 0$) bezogenen Drall durch:

$$\boxed{\mathbf{L}_P = \mathbf{r} \times m\dot{\mathbf{x}}} \quad \text{wobei} \quad \mathbf{r} = \mathbf{x} - \mathbf{x}_P \text{ ist.}$$

Auch $\mathbf{L}_P = \mathbf{r} \times m\dot{\mathbf{r}}$ wäre eine mögliche Festlegung, wir aber ziehen $\mathbf{L}_P = \mathbf{r} \times m\dot{\mathbf{x}}$ vor. Die Ableitung von $\mathbf{L}_P$ nach der Zeit t ergibt

$$\dot{\mathbf{L}}_P = \dot{\mathbf{r}} \times m\dot{\mathbf{x}} + \mathbf{r} + m\ddot{\mathbf{x}}$$

Ersetzt man hierin $\dot{\mathbf{r}}$ durch $\dot{\mathbf{x}} - \dot{\mathbf{x}}_P$, dann wird $\dot{\mathbf{L}}_P = \mathbf{r} \times m\ddot{\mathbf{x}} - \dot{\mathbf{x}}_P \times m\dot{\mathbf{x}}$ und mit $m\ddot{\mathbf{x}} = \mathbf{F}$ sowie $\boxed{\mathbf{r} \times \mathbf{F} = \mathbf{M}_P}$ erhält man dann für den auf P bezogenen Drallsatz:

$$\boxed{\dot{\mathbf{L}}_P + \dot{\mathbf{x}}_P \times m\dot{\mathbf{x}} = \mathbf{M}_P}$$

Ist $\dot{\mathbf{x}}_P = 0$, dann erhält man daraus

$$\boxed{\dot{\mathbf{L}}_P = \mathbf{M}_P} .$$

2.10 Zentralkraft, Zentralbewegung

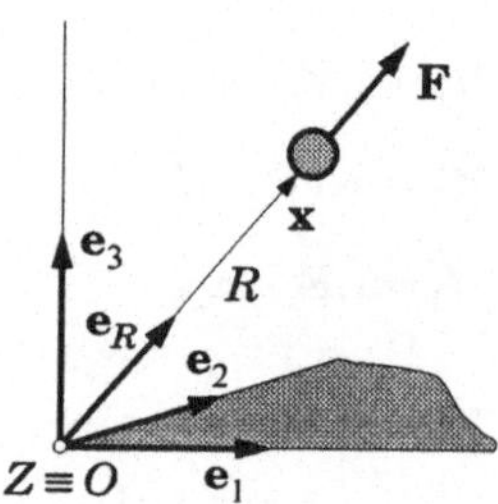

Wir sprechen von einer **Zentralkraft**, wenn die Wirkungslinie dieser Kraft in jeder Lage des kleinen Körpers, auf den die Kraft einwirkt, durch einen raumfesten Punkt Z hindurchläuft. Läßt man den Ursprung O des Koordinatensystems mit diesem Zentrum Z zusammenfallen, dann gilt für eine (allgemeine) Zentralkraft

$$\boxed{\mathbf{F} = \mathbf{e}_R F(\mathbf{x}, \dot{\mathbf{x}}, t) = \frac{\mathbf{x}}{|\mathbf{x}|} F(\mathbf{x}, \dot{\mathbf{x}}, t)}$$

Das Moment einer Zentralkraft (bezüglich Z) ist gleich Null:

$$\mathbf{M} = \mathbf{x} \times \mathbf{F} = \mathbf{x} \times \mathbf{x} F(\mathbf{x}, \dot{\mathbf{x}}, t)/|\mathbf{x}| = 0.$$

Aus dem Drallsatz folgt daraus:

$$\dot{\mathbf{L}} = \mathbf{M} = 0 \quad \Rightarrow \quad \boxed{\mathbf{L} = \text{konst.} = \mathbf{L}_0} .$$

Der Drall, das Moment des Impulses $p = m\dot{\mathbf{x}}$ bezüglich Z ist in diesem Fall konstant. Damit läßt sich zeigen, daß die Bahn des kleinen Körpers unter dem Einfluß einer Zentralkraft eine Ebene (windungsfreie $\tau \equiv 0$) Bahn ist, d. h. in eine Ebene ($\sigma = \sigma_0$) eingebettet ist, die durch die Anfangslage $\mathbf{x}_0$ und die Anfangsgeschwindigkeit $\mathbf{v}_0$ festgelegt ist.

Der Binormalenvektor (und damit die Schmiegebene) ist bei einer Zentralbewegung ($\mathbf{F} = \mathbf{x}\,F(\mathbf{x},\dot{\mathbf{x}},t)/|\mathbf{x}|$) festgelegt durch

$$\mathbf{b} = \frac{\mathbf{v}\times\mathbf{a}}{|\mathbf{v}\times\mathbf{a}|} = \frac{\mathbf{v}\times\mathbf{F}/m}{|\mathbf{v}\times\mathbf{F}/m|} = \frac{\mathbf{v}\times\mathbf{x}}{|\mathbf{v}\times\mathbf{x}|} = -\frac{\mathbf{x}\times\mathbf{v}m}{|\mathbf{x}\times\mathbf{v}m|} = -\frac{\mathbf{L}}{|\mathbf{L}|} = -\frac{\mathbf{L}_0}{|\mathbf{L}_0|} = \text{konst.} = \mathbf{b}_0$$

d. h. aus $\mathbf{L}$ = konst. folgt $\mathbf{b}$ = konst. und aus der dritten Frenetschen Formel folgt

$$\frac{d\mathbf{b}}{ds} = -\tau\,\mathbf{n} \equiv 0 \qquad \Rightarrow$$

d. h. die „Windung" der Bahn ist bei Zentralbewegung identisch 0:

$$\boxed{\tau \equiv 0}$$

Mit dem Drall $\mathbf{L}$ ist auch die Flächengeschwindigkeit $\dot{\mathbf{A}}$ bzw. das Moment der Geschwindigkeit konstant:

$$\mathbf{L} = \mathbf{x}\times\dot{\mathbf{x}}m = \mathbf{c}m = 2\dot{\mathbf{A}}m = \text{konst.} \qquad \Rightarrow \qquad \mathbf{c} = \mathbf{c}_0 \,, \quad \dot{\mathbf{A}} = \dot{\mathbf{A}}_0$$

Unabhängig vom Kraftgesetz überstreicht der Ortsvektor in gleichen Zeiten gleiche Flächen.

2.10.1 Eine spezielle Zentralkraft

Ist der Betrag F der Zentralkraft nur von der Entfernung R des Kraftzentrums z abhängig, dann gilt:

$$\boxed{\mathbf{F} = \mathbf{e}_R F(R) = \mathbf{x}\,\frac{F(R)}{R}}$$

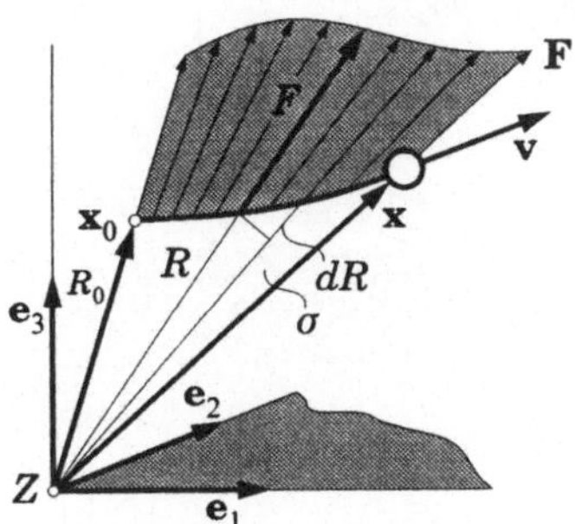

In diesem Fall existiert immer ein Potential Π:

$$\Pi = -\int \mathbf{F}\circ d\mathbf{x} + \text{konst.} =$$

$$= -\int \mathbf{x}\circ d\mathbf{x}\,\frac{F(R)}{R} + \text{konst.} =$$

$$= -\int \frac{d\mathbf{x}^2}{2R}\,F(R) + \text{konst.}$$

$$\Pi = -\int \frac{dR^2}{2R}\,F(R) + \text{konst.}$$

$$\Pi = -\int_R F(R)\,dR = \text{konst.}$$

Der Energiesatz

$$T - T_0 = W = \int_{R_0}^{R} F(R)\,dR = m\,v^2/2 - m\,v_0^2/2$$

liefert für die Geschwindigkeit als Funktion von der Entfernung R:

$$v(R) = \sqrt{v_0^2 + 2\int_{R_0}^{R} F(R)\,dR/m}\;\;.$$

2.10.2 Die dynamischen Grundgleichungen für Zentralbewegungen

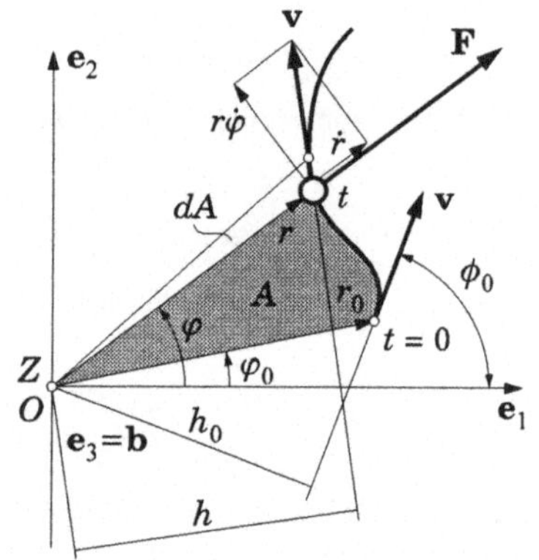

Die Bahn eines Massenpunktes unter dem Einfluß einer Zentralkraft F verläuft in der durch $\mathbf{x}_0$ und $\mathbf{v}_0$ festgelegten (Schmieg-)Ebene σ_0. Es ist naheliegend das Koordinatensystem ($O \equiv Z$, $\mathbf{e}_1\ \mathbf{e}_2\ \mathbf{e}_3$) so zu wählen, daß $\mathbf{e}_1$ und $\mathbf{e}_2$ in der Ebene σ_0 liegen bzw. daß $\mathbf{e}_3$ mit dem Binormalenvektor $\mathbf{b}$ zusammenfällt ($\mathbf{b}$ = konst.!). Zur Beschreibung der Bahn genügen dann die Koordinaten der Ebene x_1, x_2 oder r, φ oder auch s, ϕ.

Vom Problem her gesehen wird man von den drei zur Auswahl stehenden ebenen Koordinatenpaaren den Polarkoordinaten r und φ den Vorzug geben.

Denn $F_\varphi = 0$ macht sofort eine erste Integration möglich. In Polarkoordinaten angeschrieben lauten die Bewegungsgleichungen für eine allgemeine Zentralbewegung

$$m\ddot{\mathbf{x}} = \mathbf{F} \quad\Rightarrow\quad
\begin{aligned}
m\left(\ddot{r} - r\dot{\varphi}^2\right) &= F_r = F(r,\varphi,\dot{r},\dot{\varphi},t) \quad\ldots\ldots\ldots1)\\
m\left(r\ddot{\varphi} + 2\dot{r}\dot{\varphi}\right) &= F_\varphi = 0 \quad\ldots\ldots\ldots2)
\end{aligned}$$

Aus der zweiten Gleichung $r\ddot{\varphi} + 2\dot{r}\dot{\varphi} = 0$ folgt sofort

$$r\,d\dot{\varphi} = -2\,dr\,\dot{\varphi} \quad\Rightarrow\quad \frac{d\dot{\varphi}}{\dot{\varphi}} = -2\frac{dr}{r} \quad\Rightarrow\quad d\left(\ln\left(r^2\dot{\varphi}\right)\right) = 0 \quad\Rightarrow$$

$$\boxed{r^2\dot{\varphi} = c = vh} \quad = (r\dot{\varphi})r + \dot{r}\cdot 0 \qquad \text{(Satz von Varignon!)}$$

Die vom Fahrstrahl r in der Zeit dt überstrichene Fläche dA ist

$$dA = (r + dr)\, r\, d\varphi/2 = r^2 d\varphi/2\,.$$

Daraus folgt für die Flächengeschwindigkeit

$$\boxed{\dot{A} = r^2 \dot{\varphi}/2 = c/2}\,.$$

Aus $F_\varphi = 0$ ergibt sich also (noch einmal), daß die Flächengeschwindigkeit konstant ist (wir haben das schon aus dem Drallsatz $\dot{\mathbf{L}} = \mathbf{M} = 0$ mit $2m\dot{\mathbf{A}} = \mathbf{L}$ gefolgert).

$$\boxed{A(t) = \dot{A} \cdot t}\,.$$

2.10.2.1 Die Binetschen Gleichungen

Mit $\dot{\varphi} = c/r^2$ können die Zeitableitungen $(\ )^{\cdot}$ ersetzt werden durch Ableitungen nach φ: $[\ ]'$

Für $\quad \dot{r} \quad$ kann $\quad \dfrac{dr}{d\varphi}\dfrac{d\varphi}{dt} = r'\dot{\varphi} = r'\dfrac{c}{r^2} = -\left(\dfrac{c}{r}\right)'$

und für $\quad \ddot{r} \quad$ kann $\quad \dfrac{d\dot{r}}{d\varphi}\dfrac{d\varphi}{dt} = (\dot{r})'\dot{\varphi} = -\left(\dfrac{c}{r}\right)''\dfrac{c}{r^2}$

gesetzt werden. Damit erhält man für die <u>Geschwindigkeit</u> die **erste Binetsche Gleichung**:

$$v = \sqrt{\dot{r}^2 + (r\dot{\varphi})^2} = \boxed{c \cdot \sqrt{\left(\frac{1}{r}\right)'^2 + \left(\frac{1}{r}\right)^2} = v}$$

und für die gesuchte Bahn $r(\varphi)$ die **zweite Binetsche Gleichung** aus der dynamischen Grundgleichung (angeschrieben für die Richtung von r):

$$m\left(\ddot{r} - r\dot{\varphi}^2\right) = \boxed{-\frac{mc^2}{r^2}\left[\left(\frac{1}{r}\right)'' + \left(\frac{1}{r}\right)\right] = F}$$

Die Konstante c ist durch die Anfangsbedingung bestimmt:

$$c = r_0^2\dot{\varphi}_0 = v_0 h_0 = v_0 r_0 \cos\alpha_0\,.$$

3 Gravitation und Satelliten-dynamik

3.1 Die Keplerschen Gesetze

Johannes Kepler (1571 bis 1630), Lehrer an der evangelischen Stiftsschule in Graz, ließ 1596 sein erstes Buch über das „Weltgeheimnis" erscheinen. Darin deckt er die „eigentliche Ursache für die Zahl und die Größe der Himmelssphären mit Hilfe der regulären geometrischen Körper" auf. Warum gibt es sechs Planeten? Weil man mit den fünf regulären Polyedern nur 6 Planetensphären in vorbestimmte Abstände bringen kann. In die Bahnsphäre des Saturn denkt sich Kepler einen Würfel eingeschrieben, der mit den Ecken diese Sphäre berührt. In den Würfel hinein kommt (die Würfelflächen berührend) die Sphäre des Jupiters; in diese ein Tetraeder mit der Sphäre des Mars im Inneren. In die Sphäre des Mars denkt sich Kepler ein Oktaeder eingeschrieben, das die Erdsphäre einschließt. In die Erdsphäre wird ein Ikosaeder eingelagert und in diese die Sphäre der Venus. Schließlich wird in diese das Oktaeder eingeschrieben gedacht und in dieses die Sphäre des Merkur.

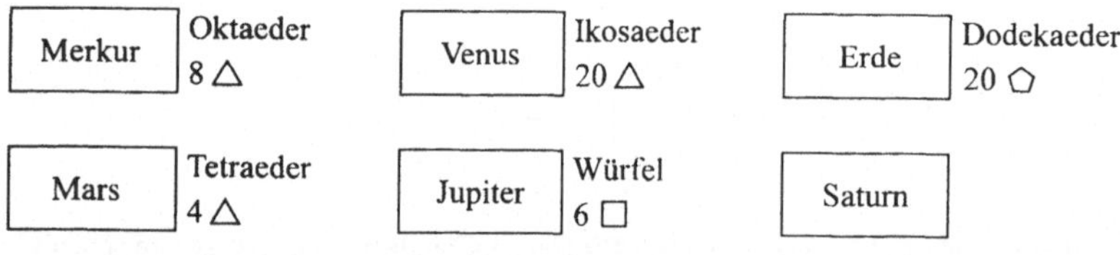

Die äußeren Planeten Uranus, Neptun und Pluto waren zur Zeit Keplers nicht bekannt, die Bahndurchmesser der Planetensphären nur recht ungenau. So stimmte das Keplermodell recht und schlecht. Im Zuge der einsetzenden Gegenreformation wurde Kepler als Protestant von Graz vertrieben und kam nach Prag zu Tycho de Brahe, dessen Nachfolger er wurde. Er kam damit in den Besitz der damals genauesten Bahndaten. Sein zweites Buch, die Neue Astronomie 1609 enthält bereits die ersten beiden Keplerschen Gesetze:

1. Keplersche Gesetz

Die Bahnen der Planeten sind Ellipsen, in deren einem Brennpunkt die Sonne steht.	$r = \dfrac{P}{1 + \varepsilon \cos\varphi}$

2. Keplersche Gesetz

<table>
<tr><td>Der Fahrstrahl Sonne – Planet überstreicht in gleichen Zeiten gleiche Flächen.</td><td>$\dot{A} = \dfrac{r^2 \dot{\varphi}}{2} = \text{konst.}$</td></tr>
</table>

3. Keplersche Gesetz

Das dritte Keplersche Gesetz ist in seinem dritten großen Werk „Harmonie der Welt" (1619) enthalten und lautet:

<table>
<tr><td>Die Quadrate der Umlaufzeiten zweier Planeten verhalten sich wie die Kuben der großen Halbachsen ihrer Bahnen.</td><td>$\dfrac{\tau^2}{a^3} = \text{konst.}$</td></tr>
</table>

3.2 Das Newtonsche Gravitationsgesetz

Newton (1642 bis 1727) kam bereits 1665 der Gedanke, *daß die Schwerkraft bis zur Umlaufbahn des Mondes reichen könnte.* Erst 1687 aber publiziert er sein Hauptwerk „Die mathematischen Prinzipe der Naturphilosophie", in dem er die Grundaxiome der Dynamik formuliert und auf ihrer Grundlage aus den Keplerschen Gesetzen das Gravitationsgesetz ableitet und auf beliebige Massen verallgemeinert.

Einschaltung: Die Gleichung einer Ellipse in Polarkoordinaten

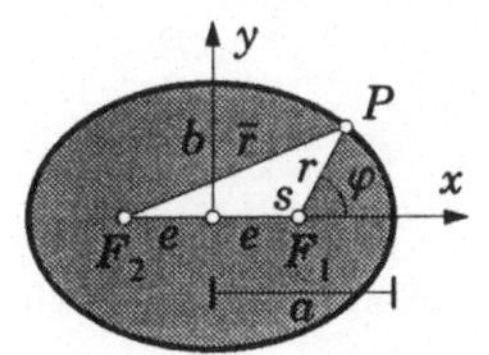

Eine Ellipse ist der Ort aller Punkte P, für die

$$\overline{F_1 P} + \overline{F_2 P} = r + \bar{r} = \text{konst.} = 2a$$

gilt. Daraus folgt

$$(2e)^2 + r^2 + 2(2e)r\cos\varphi = (2a - r)^2 = 4a^2 - 4ar + r^2$$

$$\Rightarrow \quad ra\left[1 + \frac{e}{a}\cos\varphi\right] = a^2 - e^2 \,.$$

Mit $\quad \boxed{\varepsilon = \dfrac{e}{a}} \quad \boxed{p = \dfrac{a^2 - e^2}{a} = \dfrac{b^2}{a}}$

wird $\quad \boxed{r = \dfrac{p}{1 + \varepsilon\cos\varphi}} \,.$

3.2.1 Ableitung des Gravitationsgesetzes

Aus dem zweiten Keplerschen Gesetz konnte Newton sofort schließen, daß die Kraft auf die Planeten eine (Sonnen-)Zentralkraft sein muß. Denn aus $\overline{A} = r^2\dot{\varphi}/2 = \text{konst.}$ folgt

$$m\left(r\ddot{\varphi} + 2\dot{r}\dot{\varphi}\right) = m\,\frac{1}{r}\left(r^2\dot{\varphi}\right)^{\cdot} = F_{\varphi} = 0.$$

Die Binetsche Gleichung (die Newton allerdings nicht zur Verfügung stand) liefert mit

$$r^2\dot{\varphi} = c = h_0 v_0 \qquad \text{und} \qquad r = \frac{p}{1 + \varepsilon\cos\varphi} \qquad \Rightarrow \qquad \text{bzw.} \qquad \frac{1}{r} = \frac{1}{p} + \frac{\varepsilon}{p}\cos\varphi$$

$$-\frac{mc^2}{r^2}\left[\left(\frac{1}{r}\right)'' + \left(\frac{1}{r}\right)\right] = F = -\frac{mc^2}{r^2}\left[-\frac{\varepsilon}{p}\cos\varphi + \frac{1}{p} + \frac{\varepsilon}{p}\cos\varphi\right] = -\frac{mc^2}{pr^2}$$

für die Kraft

$$F_r = -\frac{mc^2/p}{r^2} = F$$

Die Kraft ist also eine **Attraktionskraft** und sie nimmt verkehrt proportional mit dem Quadrat der Entfernung von der Sonne ab.

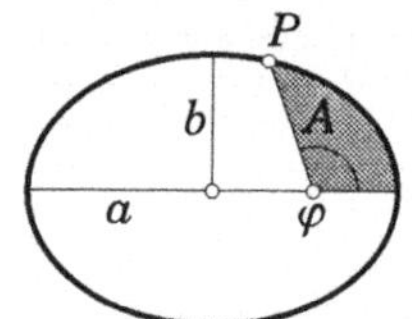

Aus $\dot{A} = \text{konst.} = dA/dt$ folgt $A(t) = \dot{A}\cdot t$. In der Umlaufdauer τ überstreicht der Fahrstrahl Sonne – Planet die ganze Ellipsenfläche $A(\tau) = ab\pi$. Demnach gilt: $\dot{A} = ab\pi/\tau(= c/2)$. Damit und mit $p = b^2/a$ erhält man für die Kraft F:

$$F = -\frac{mc^2/p}{r^2} = -m\,\frac{\left(2\dot{A}\right)^2}{p}\,\frac{1}{r^2} = -m\,\frac{1}{r^2}\,\frac{4a^2 b^2 \pi^2}{\tau^2\,b^2/a} = -m\,\frac{4\pi^2\,a^3/\tau^2}{r^2}.$$

Nach dem dritten Keplerschen Gesetz ist τ^2/a^3 für alle Planeten des Sonnensystems gleich groß, so daß man mit der Sonnenkonstanten $K = 4\pi^2\,a^3/\tau^2$ (der Zentralkörperkonstanten) für alle Planeten gültig

$$F = -\frac{Km}{r^2}$$

schreiben kann. Die Konstante K kann nur von den Daten der Sonne abhängen. Da die Sonne als Massenpunkt aufgefaßt ist, kann K nur von dem einzigen Datum der Sonne, nämlich der Sonnenmasse abhängig sein. Newton postuliert nun noch die Gültigkeit des actio = reactio Prinzipes für Fernkräfte. Es soll gelten:

$$F_{G(P,S)} = F_{G(S,P)}$$

$$F_{G(P/S)} = \frac{m_S\,K(m_P)}{r^2} \quad \text{ist gleich} \quad F_{G(S/P)} = \frac{m_P\,K(m_S)}{r^2}.$$

Daraus folgt:

$$\frac{K(m_S)}{m_S} = \frac{K(m_1)}{m_1} = \frac{K(m_2)}{m_2} = \frac{K(m_3)}{m_3} = \frac{K(m_4)}{m_4} = \frac{K(m_5)}{m_5} = \frac{K(m_6)}{m_6}$$

d. h. $K(m)/m$ kann nur eine universelle Konstante Γ (also eine vom Sonnensystem unabhängige Konstante) sein. Damit erhält man

$$K(m_S) = \Gamma\, m_S \qquad \text{und dann:} \qquad F_G = \Gamma\frac{m_S\, m}{r^2}.$$

Newton verallgemeinerte dieses Ergebnis sofort auf zwei beliebige Punktmassen m_1 und m_2 und postulierte das „Allgemeine Gravitationsgesetz": Zwei beliebige Massenpunkte (m_1 und m_2) ziehen sich wechselseitig an mit einer Kraft $F_G = \Gamma\, m_1 m_2 / r^2$, wobei r ihre Entfernung bezeichnet.

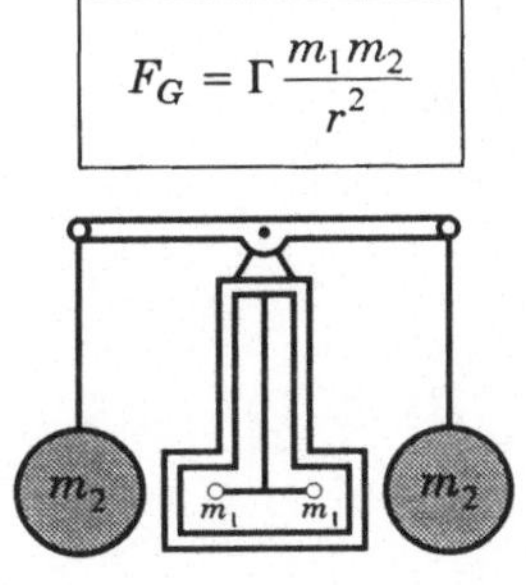

$$F_G = \Gamma\frac{m_1 m_2}{r^2}$$

Erst 75 Jahre nach dem Tode von Newton hat Cavendish das erste Mal die Gravitationskonstante Γ mit der Cavendishen Waage gemessen. Eine Hantel $\overset{\circ\!\!-\!\!-\!\!-\!\!\circ}{m_1 \quad m_1}$ ist an einer Torsionsfeder – einem dünnen Draht aufgehängt. Die Vergrößerung der Eigenschwingfrequenz des Hantels bei Anwesenheit der äußeren Massen m_2 gibt eine Möglichkeit auf Γ zu schließen.

Nach neuestem Stand (1986) ist

$$\Gamma = 0{,}667259 \cdot 10^{-10}\ \frac{\text{m}^3}{\text{kg sec}^2}.$$

3.2.1.1 Gravitationskraft einer Kugel

Um seine Vermutung, *daß es dieselbe Kraft ist, die den Apfel zu Boden fallen macht und die den Mond in seiner Bahn hält* bestätigen zu können, mußte Newton die resultierende Gravitationskraft einer großen Kugel, der Erde (also einer nicht punktförmigen Masse) auf einen Massenpunkt (einen Apfel) bestimmen. Jedes Partikel der Kugel zieht den Massenpunkt außen gemäß dem allgemeinen Gravitationsgesetz (für Massenpunkte!) an. Um die Summenwirkung bestimmen zu können, ist eine Integration über alle Massenteilchen der Kugel gefordert.

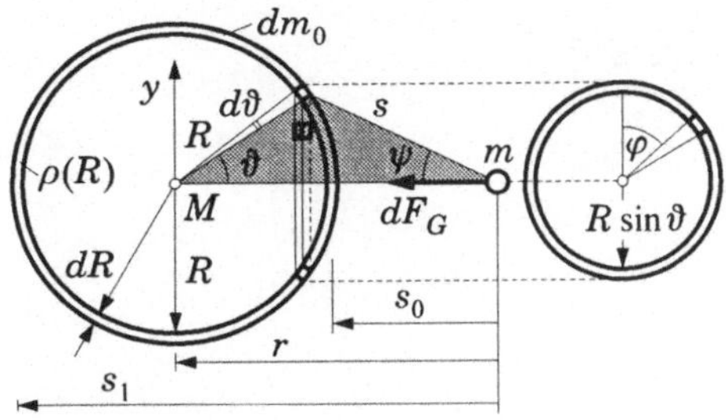

Wir berechnen zuerst die Gravitationskraft, die eine infinitesimale dünne (dR) Kugelschale mit konstanter Dichte ρ auf einen Massenpunkt mit der Masse m ausübt.

Aus Symmetriegründen folgt sofort, daß die resultierende Gravitationskraft so gerichtet sein muß, daß ihre Wirkungslinie durch den Kugelschalen-Mittelpunkt hindurchläuft. Wir grenzen ein Element der Kugelschale heraus, dessen Lage durch ϑ und φ festliegt. Seine Masse ist

$$R\,d\vartheta\,dR\,(R\sin\vartheta)\,d\varphi\,\rho\,.$$

Die Kraft, die zwischen diesem Massenelement und dem Massenpunkt mit der Masse m wirkt, ist gegeben durch:

$$\Gamma\frac{\left[R\,d\vartheta\,dR\,(R\sin\vartheta)\,d\varphi\,\rho\right]m}{s^2}$$

Die Wirkungslinie dieser Kraft schließt mit der x-Achse den Winkel ψ ein. Daher ist die resultierende Gravitationskraft gegeben durch:

$$dF_G = \int\limits_{\varphi=0}^{2\pi}\int\limits_{\vartheta=0}^{\pi}\Gamma\frac{\left[R\,d\vartheta\,dR\,R\sin\vartheta\,d\varphi\,\rho\right]m}{s^2}\cos\psi = 2\pi\,\Gamma\,R^2 dR\,\rho\,m\int\limits_{\vartheta=0}^{\pi}\frac{\sin\vartheta\,d\vartheta}{s^2}\cos\psi$$

Die Winkel ϑ und ψ sind beide Funktionen der Entfernung s (Skizze). Aus

$$s^2 = r^2 + R^2 - 2Rr\cos\vartheta \quad\text{und}\quad s\cos\psi = r - R\cos\vartheta$$

erhält man

$$\cos\vartheta = \frac{r^2 + R^2 - s^2}{2Rr} \;\Rightarrow\; \sin\vartheta\,d\vartheta = \frac{s\,ds}{Rr} \quad\text{und}\quad \cos\psi = \frac{r^2 - R^2 + s^2}{2rs}$$

Damit ergibt sich für

$$\int\limits_{\vartheta=0}^{\pi}\frac{\sin\vartheta\,d\vartheta}{s^2}\cos\psi = \int\limits_{s_0}^{s_1}\frac{s\,ds}{Rr}\cdot\frac{1}{s^2}\cdot\frac{r^2 - R^2 + s^2}{2rs} = \frac{1}{2Rr^2}\int\limits_{s_0}^{s_1}\left(1+\frac{r^2 - R^2}{s^2}\right)ds =$$

$$= \frac{1}{2Rr^2}\left[(s_1 - s_0) - \left(r^2 - R^2\right)\left(\frac{1}{s_1} - \frac{1}{s_0}\right)\right] =$$

$$= \frac{1}{2Rr^2}(s_1 - s_0)\left[1 + \frac{r^2 - R^2}{s_0\,s_1}\right] \;\Rightarrow$$

Also gilt:

$$dF_G = \frac{2\pi\,\Gamma\,R^2 dR\,\rho\,m}{2Rr^2}(s_1 - s_0)\left[1 + \frac{r^2 - R^2}{s_0\,s_1}\right]$$

Nun sind zwei Fälle zu unterscheiden:

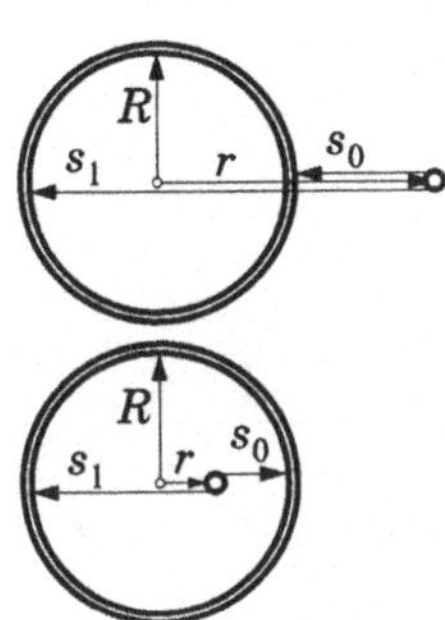

Im Falle der sich außerhalb der Schale befindlichen Punktmasse gilt: $\left(r - R = s_0\right) \wedge \left(r + R = s_1\right) \Rightarrow s_1 - s_0 = 2R$ und $\left(s_0 \cdot s_1\right) = r^2 - R^2$. Damit wird

$$dF_G = \Gamma\,\frac{4\pi R^2 dR\,\rho\,m}{r^2} = \Gamma\,\frac{dm_0\,m}{r^2}$$

Im Falle des sich innerhalb der Schale befindlichen Massenpunktes m gelten $R - r = s_0$ und $R + r = s_1$, woraus $(s_1 - s_0) = 2r$ und $s_1 s_0 = R^2 - r^2$ folgen. Die resultierende Gravitationskraft ist

$$dF_G = 0$$

Für die Vollkugel mit kugelsymmetrischer Massen-Verteilung ($\rho = \rho(R)$) erhält man damit:

$$F_G = \Gamma\,\frac{m_0\,m}{r^2} \qquad \text{mit} \qquad m_0 = \int\limits_0^{R_0} 4\pi R^2 dR\,\rho(R)$$

Die Masse der Kugel kann demnach in ihrem Mittelpunkt vereinigt gedacht werden.

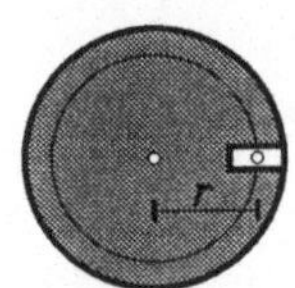

Im Inneren der Kugel geben nur diejenigen Kugelschalen einen Beitrag, für die $R < r$ gilt. Daher wird für $r < R_0$

$$F_G = \Gamma\,\frac{m_{0,\text{in}}\,m}{r^2} \qquad \text{mit} \qquad m_{0,\text{in.}} = \int\limits_0^r 4\pi R^2 dR\,\rho(R)$$

Ist $\rho = \text{konst.}$, dann it $m_{0,\text{in.}} = \left(4r^3\pi/3\right)\rho$ und man erhält für die Gravitationskraft im Inneren der Kugel:

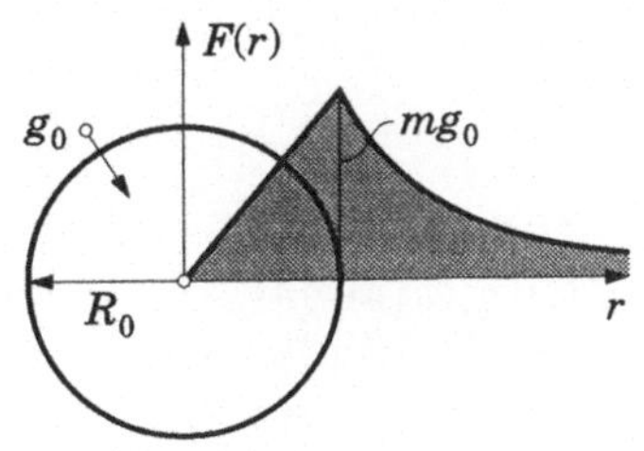

$$F_G = kr \qquad \text{mit} \qquad k = \frac{4\pi\Gamma m\rho}{3}$$

An der Oberfläche des Zentralkörpers ist die Gravitationskraft gleich dem Gewicht $F_G = mg_0$ (mit g_0, der Fallbeschleunigung an der Oberfläche des Zentralkörpers).

$$\text{Aus } F_G = mg_0 = \Gamma\,\frac{m\,m_0}{R_0^2} \text{ folgt } \Gamma m_0 = g_0 R_0^2 = K$$

und damit gilt für die Gravitationskraft außen:
$$F_G = m g_0 \left(\frac{R_0}{r}\right)^2$$

und die Gravitationskraft im Inneren:
$$F_G = m g_0 \left(\frac{r}{R_0}\right)$$

Für die Konstante in $F_G = \dfrac{Km}{r^2}$, die Zentralkörperkonstante K, haben wir nun drei verschiedene Darstellungen:

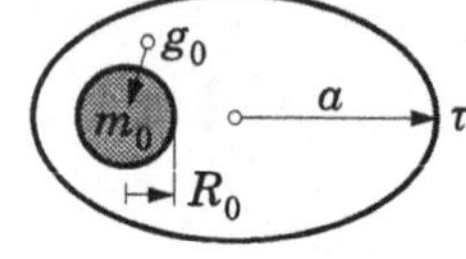

$$K = \Gamma m_0 = 4\pi^2 a^3 / \tau^2 = g_0 R_0^2$$

3.2.1.2 Bestimmung der Masse der Erde

Mit der universellen Gravitationskonstanten

$$\Gamma = 0{,}667259 \cdot 10^{-10} \left[\frac{\text{kg m}}{\text{sec}^2}\, \frac{\text{m}^2}{\text{kg}^2}\right],$$

der Fallbeschleunigung $\qquad g_0 = g_E = 9{,}80665 \left[\text{m}/\text{sec}^2\right]$

und dem Kugelradius der Erde $\qquad R_E = 20\,000\,000/\pi \, [\text{m}]$

läßt sich die Masse der Erde berechnen, einmal aus:

$$K_E = \Gamma m_E = g_E R_E^2 \qquad \Rightarrow$$

$$m_E = \frac{g_E R_E^2}{\Gamma} = \frac{9{,}80665}{0{,}667259 \cdot 10^{-10}} \left(\frac{20\,000\,000}{\pi}\right)^2 = 0{,}5956 \cdot 10^{25}\,\text{kg}$$

Andererseits aber kann die Masse der Erde auch aus den Bahndaten des natürlichen Satelliten der Erde, nämlich des Mondes berechnet werden: die Bahn des Mondes um die Erde ist beinahe ein Kreis

$$a \doteq b = 60{,}267 \, R_E$$

und die Umlaufdauer des Mondes um die Erde ist

$$\tau = 27{,}322 \, \text{Tage} = 27{,}322 \cdot 24 \cdot 60 \cdot 60 \, \text{sec}.$$

Damit erhält man aus

$$K_E = \Gamma m_E = \frac{4\pi^2 a^3}{\tau^2} \quad \Rightarrow$$

$$m_E = \frac{4\pi^2 a^3}{\Gamma \tau^2} = \frac{4\pi^2}{0{,}667259 \cdot 10^{-10}} \left(60{,}267 \cdot \frac{20\,000\,000}{\pi}\right)^3 \frac{1}{(27{,}322 \cdot 24 \cdot 60 \cdot 60)^2}$$

$$\underline{m_E = 0{,}5996 \cdot 10^{25}\,\text{kg}}$$

Das Verhältnis der auf verschiedene Weise bestimmten Massen konnte Newton ohne Kenntnis von Γ, der Gravitationskonstanten, angeben:

$$\frac{m_{E(2)}}{m_{E(1)}} = 1{,}0067\,.$$

Die mittlere Dichte der Erde $\rho_E = m_E/\!\left(4\pi R_E^3/3\right) = 5{,}51\,\text{kg}/\text{dm}^3$ ist größer als erwartet: An der Erdoberfläche ist $\rho_E \approx 2{,}7\,\text{kg}/\text{dm}^3$, d. h. der Erdkern muß dichter sein (Fe, Ni).

3.2.2 Beispiele

3.2.2.1 Der Mondschuß nach Jules Verne

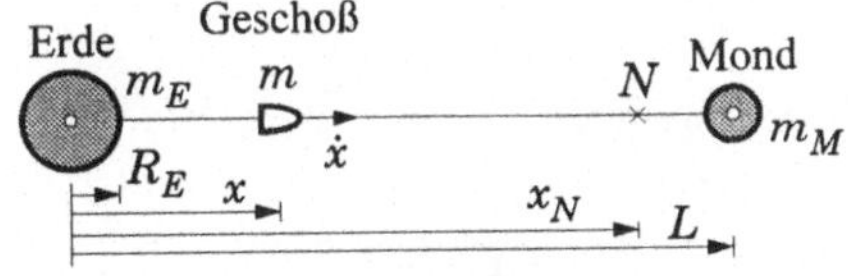

Vor hundert Jahren schrieb Jules Verne einen Roman „Reise um den Mond", in dem er eine Formel angibt für die Mindestgeschwindigkeit $v_{0,\text{min}}$, die notwendig ist, wenn der Mond erreicht werden soll.

$$m_M/m_E \doteq 1/81\,; \quad L/R_E \doteq 60$$

Zwischen Erde und Mond gibt es einen neutralen Punkt:

$$F_E = F_M \quad \Rightarrow \quad \Gamma m_E m/x_N^2 = \Gamma m_M m/(L - x_N)^2 \quad \Rightarrow$$

$$x_N/L = 1/\!\left(1 + \sqrt{m_M/m_E}\right) \doteq 9/10$$

Aus $m\ddot{x} = -\Gamma m_E m/x^2 + \Gamma m_M m/(L - x)^2$ folgt mit $\Gamma m_E = g_E R_E^2$:

$$\ddot{x} = g_E R_E^2 \left[-\frac{1}{x^2} + \frac{1}{(L - x)^2}\left(\frac{m_M}{m_E}\right)\right].$$

100

Die zeitfreie Gleichung $\ddot{x}\,dx = \dot{x}\,d\dot{x}$ liefert

$$\frac{\dot{x}^2 - \dot{x}_0^2}{2} = g_E R_E^2 \left[\left(\frac{1}{x} + \frac{1}{L-x} \cdot \frac{m_M}{m_E} \right) - \left(\frac{1}{R_E} + \frac{1}{L-R_E} \cdot \frac{m_M}{m_E} \right) \right].$$

Aus der Bedingung $\dot{x}\,(x = x_N) \geq 0$ folgt

$$\dot{x}_0^2 = 2 g_E R_E^2 \left[\left(\frac{1}{R_E} + \frac{1}{L-R_E} \cdot \frac{m_M}{m_E} \right) - \left(\frac{1}{x_N} + \frac{1}{L-x_N} \cdot \frac{m_M}{m_E} \right) \right].$$

Mit $x_N/L \doteq 9/10$, $m_M/m_E \doteq 1/81$ und $L/R_E = 60$ erhält man den von Jules Verne angegebenen Wert

$$v_{0,\mathrm{min}} = 11{,}06\,\mathrm{km/sec}\,.$$

3.2.2.2 Ein phantastisches Projekt: Der Erdkugeltunnel

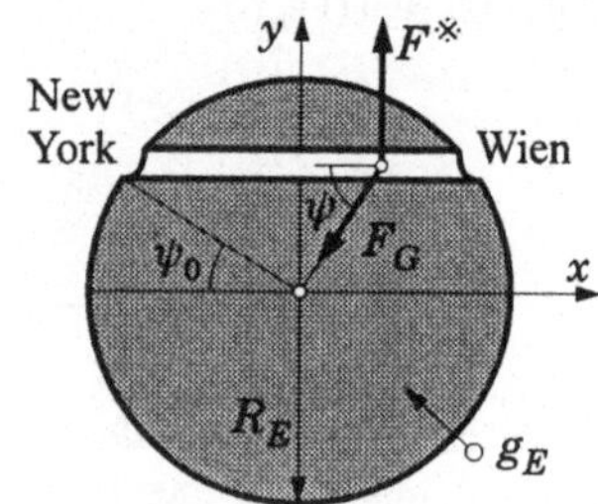

Bewegungsgleichung für den reibungslos geführten, antriebslosen Zug:

$$m\ddot{x} = -F_G \cos\psi = -m g_E \frac{r}{R_E} \cos\psi =$$

$$= -m g_E\, x/R_E \quad \Rightarrow$$

$$\ddot{x} + \omega^2 x = 0 \quad \text{mit} \quad \omega = \sqrt{g_E/R_E}\,.$$

Mit $t = 0$: $x = R_E \cos\psi_0$ und $\dot{x}_0 = 0 \quad \Rightarrow$

$$x(t) = (R_E \cos\psi_0) \cos\left(\sqrt{\frac{g_E}{R_E}}\, t \right).$$

Reisezeit $\tau_R = \dfrac{1}{2} \cdot \dfrac{2\pi}{\omega} = \pi \sqrt{\dfrac{R_E}{g_E}} = 42{,}18\,[\mathrm{min}]$, unabhängig von ψ_0!

Maximale Reisegeschwindigkeit:

$$v_{\mathrm{max}} = \omega R_E \cos\psi_0 = \sqrt{g_E R_E}\, \cos\psi_0\,.$$

Für $\psi_0 = 0 \quad \Rightarrow$

$$v_{\mathrm{max}} = \sqrt{g_E R_E} = 7{,}9\,\mathrm{km/sec}\,.$$

3.3 Satellitenbahnen

3.3.1 Kreisbahn eines Satelliten

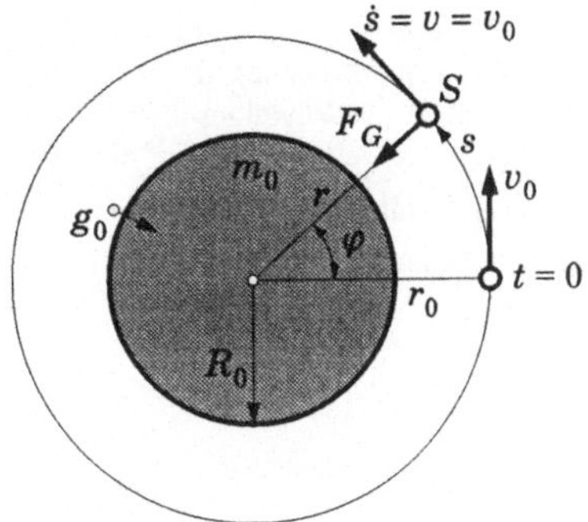

Der Satellit S eines Zentralkörpers $(m_0,\ R_0,\ g_0)$ soll sich auf einer Kreisbahn $r = $ konst. $= r_0$ bewegen. In welcher Beziehung müssen die Geschwindigkeit v und der Bahnradius r zueinander stehen?

Natürliche Koordinaten:

$$m\ddot{s} = 0 \qquad\qquad \dots\dots 1)$$

$$m\frac{\dot{s}^2}{\rho} = F_G = mg_0\frac{R_0^2}{r^2} \qquad \dots\dots 2)$$

Aus 1) folgt $\dot{s} = v = $ konst. und aus 2) mit $\rho = r$ ergibt sich

$$v = \sqrt{g_0 R_0^2 / r}$$

Die Umlaufzeit findet man aus $\tau = 2\pi r / v$:

$$\tau = 2\pi\sqrt{\frac{r^3}{g_0 R_0^2}}$$

Die kleinstmögliche Kreisbahn $r = R_0 \;\Rightarrow\; v = \sqrt{g_0 R_0}\,,\; \tau = 2\pi\sqrt{\frac{R_0}{g_0}}$

Für die **Erde als Zentralkörper** $R_0 = R_E = (20\,000\,000/\pi)\,\mathrm{m}$, $g_0 = g_E = 9{,}80665\,\mathrm{m/sec}^2$ folgt

$$v_\mathrm{I} = \sqrt{g_E R_E} = 7{,}9\,\mathrm{km/sec}\quad.$$

Das ist die **erste kosmische Geschwindigkeit** und

$$\tau_\mathrm{I} = 2\pi\sqrt{R_E / g_E} = 84{,}36\,[\mathrm{min}]$$

ist die **Umlaufzeit dieses „Nullsatelliten"**.

3.3.1.1 Geostationäre Kreisbahnsatelliten

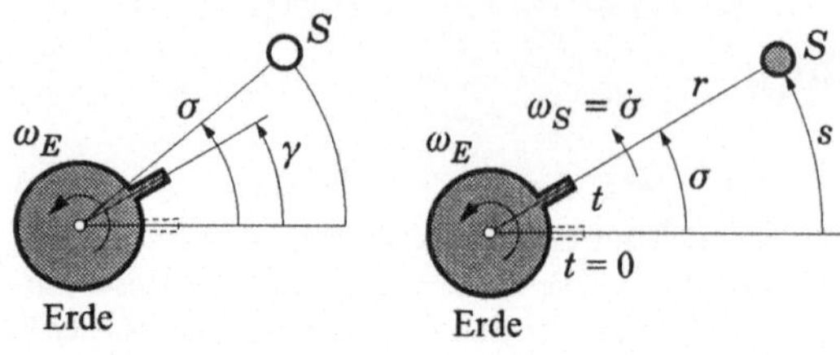

Die Kreisbahnebene eines Satelliten falle zusammen mit der Äquatorebene der Erde. Die Erde dreht sich (um die Nord-Süd-Achse, $\perp$ zur Äquatorebene) mit der konstanten Winkelgeschwindigkeit $\omega_E = d\gamma/dt = \text{konst.} \Rightarrow \gamma = \omega_E t$ mit $\omega_E = 2\pi/(24 \cdot 60 \cdot 60)$.

Der Kreisbahnsatellit bewegt sich auf der Kreisbahn (mit dem Radius r) mit der Geschwindigkeit

$$v = \sqrt{g_E R_E^2 / r}\ .$$

Aus $r\dot\sigma = v$ folgt

$$\omega_S = \dot\sigma = \frac{v}{r} = \sqrt{\frac{g_E R_E^2}{r^3}}$$

Die Gleichsetzung $\omega_S = \omega_E$ (Stationaritätsbedingung) liefert für

$$r = \sqrt[3]{\frac{g_E R_E^2}{\omega_E^2}} \qquad \text{bzw.}$$

$$\frac{r}{R_E} = \sqrt[3]{\frac{g_E}{\omega_E^2 R_E}} = \sqrt[3]{\frac{9{,}80665}{[2\pi/(24 \cdot 60 \cdot 60)]^2} \cdot \frac{\pi}{20\,000\,000}} = 6{,}629$$

$$r = R_E \cdot 6{,}629 = 42\,000\,\text{km} \quad (\approx \text{der Erdumfang } (40.000\,\text{km})).$$

3.3.1.2 Weltumspannendes Nachrichtensystem

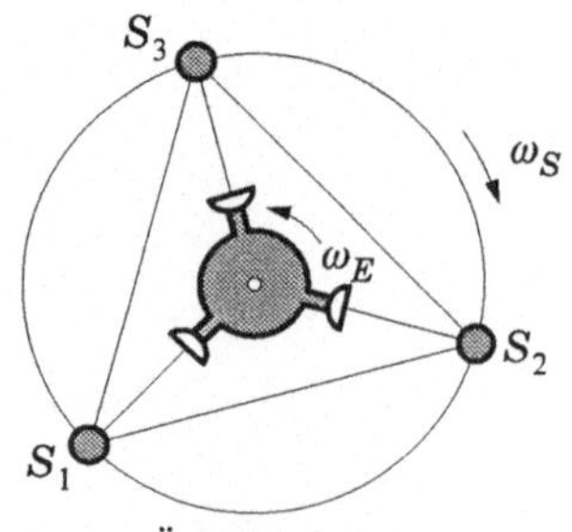

Die symmetrische Positionierung von drei Kreisbahnsatelliten S_1, S_2 und S_3 auf der geostationären Umlaufbahn ($r = 42.200$ km) in der Äquatorebene der Erde ermöglicht die Direktübertragung von (fast) jedem Punkt der Erde (Sender) zu (fast) jedem Punkt der Erde (Empfänger). Nur die beiden Polkappen sind so nicht erreichbar.

3.3.1.3 Die Relativbahn des Kreisbahnsatelliten (Ephemeriden)

Der Projektionspunkt P des Kreisbahnsatelliten S auf
die sich drehende Erde wird eine bestimmte Bewegung
(auf der Erdoberfläche) ausführen, die durch den Zusammenhang zwischen der geographischen Länge $\varphi(t)$
und der geographischen Breite $\psi(t)$ angegeben werden
kann.

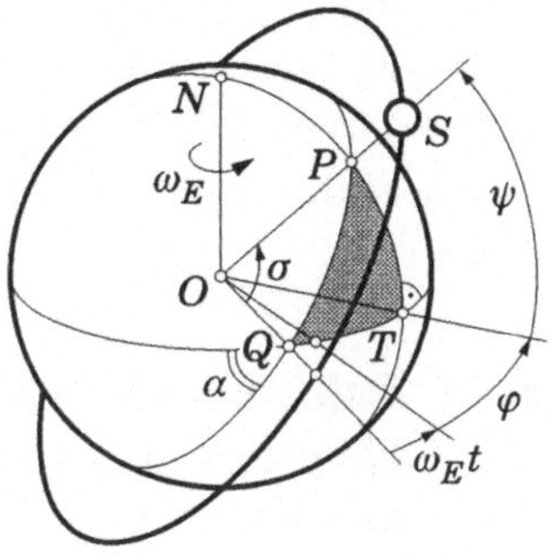

Aus dem orthogonalen sphärischen Dreieck QTP kann
man ablesen:

$$R \sin \psi = R \sin \sigma \sin \alpha$$

$$R \tan(\omega_E t + \varphi) = R \tan \sigma \cdot \cos \alpha$$

(α ist der Neigungswinkel der Bahnebene gegen die
Äquatorebene.) Mit $\dot\sigma = \omega_S \Rightarrow \sigma = \omega_S t$ erhält
man daraus:

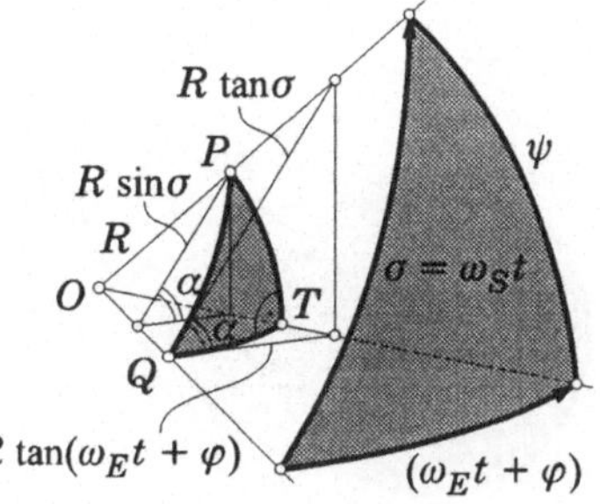

$$\boxed{\psi(t) = \arcsin(\sin \alpha \sin \omega_S t)}$$

$$\boxed{\varphi(t) = \arctan[\cos \alpha \cdot \tan(\omega_S t)] - \omega_E t}$$

Für kleine Neigungswinkel α gilt:

$$\psi \doteq \alpha \sin(\omega_S t), \quad \varphi \doteq (\omega_S - \omega_E)t \quad \Rightarrow \quad \psi \doteq \alpha \sin\left[\frac{\varphi}{1 - \omega_E/\omega_S}\right].$$

Geostationarität ist nur für $\alpha = 0$ und $\omega_S = \omega_E$ möglich.

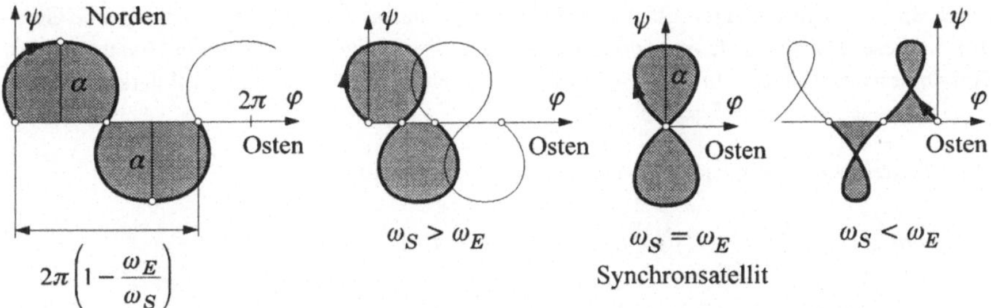

Maximum der ψ-Werte: $|\psi|_{\max} = \alpha$ wird erreicht bei $\omega_S t = \dfrac{\pi}{2}, \dfrac{3\pi}{2}, \dfrac{5\pi}{2}, \ldots$ Die Nulldurchgänge

($\psi = 0$) erfolgen bei $\omega_S t = \pi, 2\pi, 3\pi, \ldots$ Daraus ergeben sich die entsprechenden φ-Werte zu

$$0,\ \pi\left(1-\frac{\omega_E}{\omega_S}\right),\ 2\pi\left(1-\frac{\omega_E}{\omega_S}\right),\ \dots$$ Für $\omega_S > \omega_E$ (erdnahe Satelliten) erfolgen die Nulldurchgänge

schrittweise nach Osten, für $\omega_S = \omega_E$ (Synchronsatelliten) geschehen alle Nulldurchgänge bei $\varphi = 0$ und für $\omega_S < \omega_E$ (Satelliten, deren Bahnradien größer sind als der Bahnradius der geostationären Kreisbahn $r > \sqrt[3]{g_E R_E^2 / \omega_E^2}$) verlagern sich die Nulldurchgänge schrittweise nach Westen.

3.3.2 Bahn eines Satelliten im Gravitationsfeld eines Zentralkörpers (Satellitendynamik) bei beliebigen Anfangsbedingungen

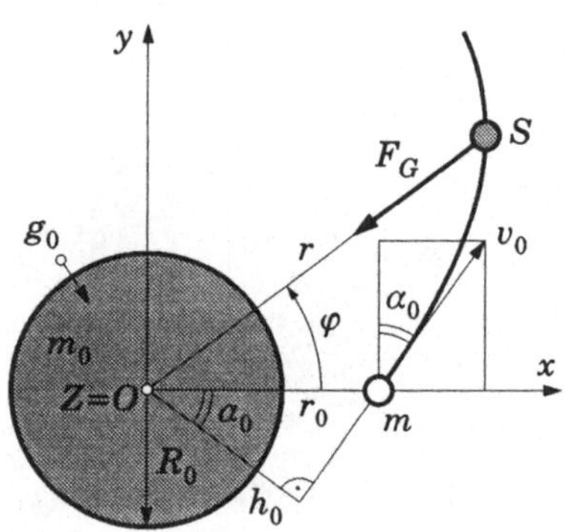

Newton hat das Gravitationsgesetz auf beliebige zwei Massen verallgemeinert und außerdem gezeigt, daß bei kugelsymmetrischer Massenverteilung ($\rho = \rho(R)$) die Gravitationskraft einer Kugel gleich groß ist der Gravitationskraft der im Kugelmittelpunkt vereinigt gedachten Kugelmasse.

Im Gravitationsfeld eines ruhenden Zentralkörpers (Masse m_0, Kugelradius R_0, Fallbeschleunigung an der Oberfläche g_0) werde ein Satellit S gestartet. Wir gehen davon aus, daß die eigentliche Startphase bereits vorbei sei, d. h. wir nehmen an, daß zum Zeitpunkt $t = 0$ die Entfernung r_0, die Geschwindigkeit v_0 und die Richtung α_0 der Geschwindigkeit des Satelliten bekannt seien. Wenn der Zentralkörper irgendeine „Atmosphäre" besitzen sollte, dann sei angenommen, daß die Bewegung des Satelliten dort beginnt und verläuft, wo ihr Einfluß auf den Bewegungsablauf vernachlässigbar klein ist.

Die Gravitationskraft ist eine Zentralkraft; daher verläuft die Bewegung des Satelliten in der durch $\mathbf{x}_0$ und $\mathbf{v}_0$ festgelegten Ebene. (Ist $\mathbf{x}_0 \parallel$ zu $\mathbf{v}_0$, dann ist die Bahn des Satelliten eine Gerade). In dieser Ebene werde ein Koordinatensystem (O, x, y) errichtet mit dem Ursprung O im Gravitationszentrum Z. Zur Beschreibung der Bewegung werden am besten Polarkoordinaten (r, φ) verwendet.

Die dynamischen Grundgleichungen in Polarkoordinaten lauten:

$$m\left(\ddot r - r\dot\varphi^2\right) = -m\, g_0 R_0^2 / r^2 \qquad \dots\dots\, 1)$$

$$m\frac{1}{r}\left(r^2\dot\varphi\right)^{\cdot} = m\left(r\ddot\varphi + 2\dot r\dot\varphi\right) = 0 \qquad \dots\dots\, 2)$$

Aus 2) folgt $r^2\dot\varphi = c = 2\dot A = $ konst. Mit $\dot\varphi = c/r^2$ können in 1) die Ableitungen nach der Zeit $(\ )^{\cdot}$ durch Ableitungen nach dem Winkel φ: $(\ )'$ ersetzt werden.

Mit

$$\dot{r} = \frac{dr}{dt} = \frac{dr}{d\varphi}\,\dot{\varphi} = r'\,\frac{c}{r^2} = -\left(\frac{c}{r}\right)' \qquad \text{und} \qquad \ddot{r} = \frac{d\dot{r}}{dt} = \frac{d\dot{r}}{d\varphi}\,\dot{\varphi} = -\left(\frac{c}{r}\right)''\,\frac{c}{r^2}$$

erhält man aus 1) die (zweite) Binetsche Gleichung (siehe Seite 91):

$$-\frac{mc^2}{r^2}\left[\left(\frac{1}{r}\right)'' + \left(\frac{1}{r}\right)\right] = -mg_0\,\frac{R_0^2}{r^2} \quad \Rightarrow \quad \left(\frac{1}{r}\right)'' + \left(\frac{1}{r}\right) = \frac{1}{p} \qquad \text{mit}$$

$$\boxed{\, p = \frac{c^2}{g_0 R_0^2} = \frac{v_0^2 h_0^2}{g_0 R_0^2} = \frac{v_0^2 \cos^2 \alpha_0\, r_0^2}{g_0 R_0^2} \,}$$

Die Integration dieser „Schwingungsgleichung"

$$\left(\frac{1}{r} - \frac{1}{p}\right)'' + \left(\frac{1}{r} - \frac{1}{p}\right) = 0$$

ergibt: $\quad \left(\dfrac{1}{r} - \dfrac{1}{p}\right) = C_1 \cos\varphi + C_2 \sin\varphi = K \cos(\varphi + \kappa) = \dfrac{\varepsilon}{p}\cos(\varphi + \kappa)$

Die Integrationskonstanten C_1 und C_2 bzw. K und κ bzw. ε und κ ergeben sich aus den Anfangsbedingungen

$$\text{für } \varphi = 0 \text{ muß } r = r_0 \text{ sein und } \frac{dr}{r\,d\varphi} = \tan\alpha_0 \text{ bzw. } \left(\frac{1}{r}\right)' = -\frac{1}{r^2}\frac{dr}{d\varphi} = -\frac{\tan\alpha_0}{r_0}$$

Damit erhält man die folgenden Bestimmungsgleichungen für $\varepsilon,\ \kappa$:

$$\left(\frac{p}{r_0} - 1\right) = \varepsilon\cos\kappa \ , \quad \frac{p}{r_0}\tan\alpha_0 = \varepsilon\sin\kappa$$

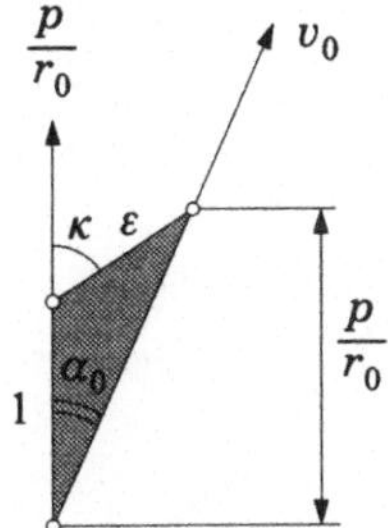

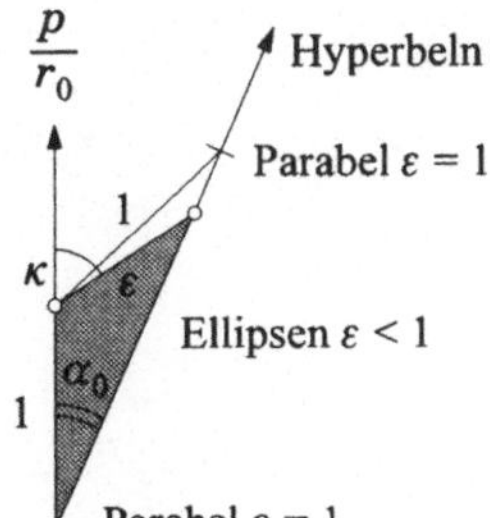

Die Auflösung dieser Gleichungen ergibt für ε:

$$\varepsilon = \sqrt{\left(\frac{p}{r_0} - 1\right)^2 + \left(\frac{p}{r_0}\tan\alpha_0\right)^2}$$

$$\boxed{\, \varepsilon = \sqrt{1 + \frac{p}{r_0}\left(\frac{p}{r_0 \cos^2\alpha_0} - 2\right)} \,}$$

und für κ: $\qquad \boxed{\, \kappa = \arctan\dfrac{\tan\alpha_0}{1 - r_0/p} \,}$.

106

Mit den von $r_0\,\alpha_0\,v_0$ abhängigen Parametern p, ε und κ lautet die Lösung

$$r(\varphi) = \frac{p}{1 + \varepsilon \cos(\varphi + \kappa)} \; .$$

Die Bahnkurve des Satelliten ist demnach eine Kegelschnittlinie und zwar je nach der Größe der „Exzentrizität" ε ist die Bahnkurve

    eine Ellipse, wenn $\varepsilon < 1$,

    ein Kreis, wenn $\varepsilon = 0$ (nur für $\alpha_0 = 0$ möglich),

    eine Parabel, wenn $\varepsilon = 1$ und

    eine Hyperbel, wenn $\varepsilon > 1$ ist.

Einschaltung: Kegelschnittlinien

Ellipse

Ort aller Punkte, für die $\bar{r} + r = \text{konst.} = 2a$ gilt.

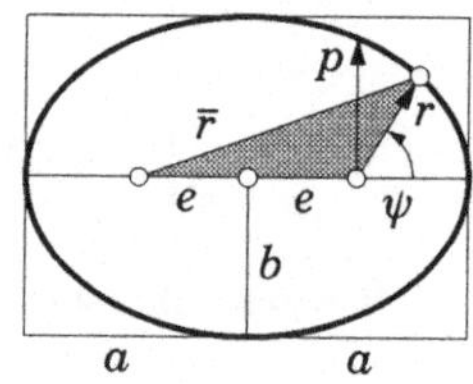

$$\bar{r}^2 = r^2 + (2e)^2 + 2(2e)\,r\cos\psi = (2a - r)^2$$

mit $\quad \varepsilon = \dfrac{e}{a} < 1 \quad$ und $\quad p = \dfrac{a^2 - e^2}{a} = \dfrac{b^2}{a} \quad$ folgt

$$r = \frac{p}{1 + \varepsilon \cos\psi}$$

Hyperbel

Ort aller Punkte, für die $\bar{r} - r = \text{konst.} = 2a$ gilt.

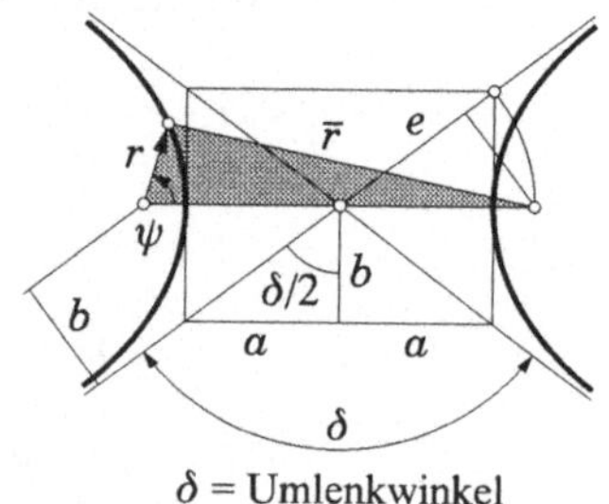

$$\bar{r}^2 = r^2 + (2e)^2 - 2(2e)\,r\cos\psi$$

$$(2a + r)^2 = r^2 + (2e)^2 - 2(2e)\,r\cos\psi$$

mit $\quad \varepsilon = \dfrac{e}{a} > 1 \quad$ und $\quad p = \dfrac{e^2 - a^2}{a} = \dfrac{b^2}{a} \quad$ folgt

$$r = \frac{p}{1 + \varepsilon \cos\psi}$$

$\delta = $ Umlenkwinkel

Parabel

Ort aller Punkte, für die $\bar{r} = r$ gilt. Aus $r\cos\varphi + \bar{r} = p$ folgt

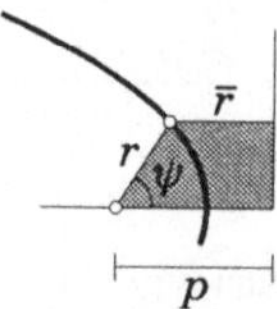

$$r = \frac{p}{1 + \cos\psi}$$

3.3.2.1 Folgerungen aus $r = p/(1 + \varepsilon \cos (\varphi + \kappa))$

Darüber, ob die Bahnkurve eine Ellipse, ein Kreis, eine Parabel oder eine Hyperbel ist, bestimmt die Größe der Exzentrizität ε, und diese hängt von den Anfangsparametern $r_0 \; v_0 \; \alpha_0$ ab.

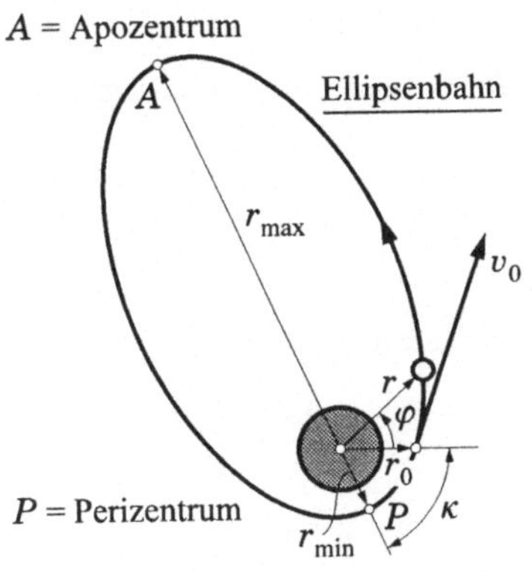

Für ε haben wir auf der Seite 105 folgende Formel abgeleitet

$$\varepsilon = \sqrt{\left(\frac{p}{r_0} - 1\right)^2 + \left(\frac{p}{r_0} \tan \alpha_0\right)^2} =$$

$$= \sqrt{1 + \frac{p}{r_0} \left(\frac{p}{r_0 \cos^2 \alpha_0} - 2\right)}$$

wobei für $p = \dfrac{r_0^2 \, v_0^2 \cos^2 \alpha_0}{g_0 \, R_0^2}$ zu setzen ist.

A = Apozentrum

Ellipsenbahn

P = Perizentrum

Kreisbahn $(\varepsilon = 0)$

Die Forderung $\varepsilon = 0$ liefert $\tan \alpha_0 = 0 \;\Rightarrow\; \alpha_0 = 0, \pi$ und $(p/r_0 - 1) = 0 \;\Rightarrow$

$$r_0 = p = \frac{r_0^2 \, v_0^2 \cos^2 \alpha_0}{g_0 \, R_0^2} = \frac{r_0^2 \, v_0^2}{g_0 \, R_0^2} \;\Rightarrow\; v_0 = \boxed{\; v_{0,I} = \sqrt{\frac{g_0 \, R_0^2}{r_0}} \;}$$

Diese Geschwindigkeit soll die **Kreisbahngeschwindigkeit für r_0** heißen.

Ellipse $(\varepsilon < 1)$

Soll $\varepsilon < 1$ sein, dann muß $\dfrac{p}{r_0 \cos^2 \alpha_0} < 2$ sein, d. h.:

$$\frac{r_0^2 \, v_0^2 \cos^2 \alpha_0}{g_0 \, R_0^2} \frac{1}{r_0} \frac{1}{\cos^2 \alpha_0} < 2 \;\Rightarrow\; v_0 < \sqrt{2 \frac{g_0 R_0^2}{r_0}} \;\Rightarrow\; v_0 < \sqrt{2} \, v_{0,I}$$

Abmessungen:

$$r_{\max} = \frac{p}{1 - \varepsilon} \;, \quad r_{\min} = \frac{p}{1 + \varepsilon} \;\Rightarrow\; a = \frac{r_{\min} + r_{\max}}{2} = \frac{p}{1 - \varepsilon^2}$$

Mit $\quad \varepsilon^2 = 1 + \dfrac{p}{r_0}\left(\dfrac{p}{r_0 \cos^2 \alpha_0} - 2\right) \;\Rightarrow\; 1 - \varepsilon^2 = \left(2 - \dfrac{p}{r_0 \cos^2 \alpha_0}\right)\dfrac{p}{r_0}$

$$\text{wird} \quad a = r_0 \bigg/ \left(2 - \frac{p}{r_0 \cos^2 \alpha_0} \right) \quad \Rightarrow \quad a = \frac{r_0}{2 - \left(v_0 / v_{0,\mathrm{I}} \right)^2} \, .$$

Die Halbachse a ist unabhängig von α_0!

$$\text{Mit} \quad v_{0,\mathrm{I}} = \sqrt{\frac{g_0 R_0^2}{r_0}} \quad \Rightarrow \quad b = \sqrt{a^2 - e^2} = a\sqrt{1 - \varepsilon^2} = \frac{r_0 v_0 \cos \alpha_0}{v_{0,\mathrm{I}} \sqrt{2 - \left(v_0 / v_{0,\mathrm{I}} \right)^2}}$$

Umlaufdauer τ:

$$\dot{A} = \frac{ab\pi}{\tau} = \frac{c}{2} \quad \Rightarrow \quad \tau = \frac{2\pi ab}{c} \, .$$

$$\text{Mit} \quad p = \frac{c^2}{g_0 R_0^2} \quad \text{und} \quad p = \frac{b^2}{a} \quad \text{folgt daraus}$$

$$\tau = \frac{2\pi a^{3/2}}{\sqrt{g_0 R_0^2}} = \frac{2\pi}{\sqrt{g_0 R_0^2}} \left[\frac{r_0}{2 - \left(v_0 / v_{0,\mathrm{I}} \right)^2} \right]^{3/2} \qquad \text{unabhängig von } \alpha_0!$$

<u>*Parabel*</u> ($\varepsilon = 1$)

Aus der Forderung $\varepsilon = 1$ folgt

$$\frac{p}{r_0 \cos^2 \alpha_0} = 2 \quad \Rightarrow \quad v_0 = \sqrt{2}\, v_{0,\mathrm{I}} = v_{0,\mathrm{II}} \, .$$

Das ist die **Fluchtgeschwindigkeit**, die den Satelliten aus dem Gravitationsfeld des Zentralkörpers hinausführt. Für $r_0 = R_E$ heißt $v_{0,\mathrm{II}}$ die **zweite kosmische Geschwindigkeit**:

$$\boxed{\; v_{\mathrm{II}} = \sqrt{2 g_E R_E} = \sqrt{2}\, v_{\mathrm{I}} = \sqrt{2} \cdot 7{,}9 = 11{,}2 \;\; \text{km/sec} \;}$$

Die Fluchtgeschwindigkeit erhält man einfacher aus dem Energiesatz:

$$T_\infty - T_0 = W \Big|_0^\infty = \frac{m v_\infty^2}{2} - \frac{m v_0^2}{2} = \int\limits_{R_E}^\infty - F_G \, dr = m g_E R_E^2 \int\limits_{R_E}^\infty - \frac{1}{r^2} \, dr \quad \Rightarrow$$

$$v_\infty^2 = v_0^2 + 2 g_E R_E^2 \left(\frac{1}{\infty} - \frac{1}{R_E} \right) .$$

Mit $v_\infty = 0$ wird

$$v_0 = \sqrt{2 g_E R_E} = v_{\mathrm{II}} \, .$$

Hyperbel $(\varepsilon > 1)$

Aus der Forderung $\varepsilon > 1$ folgt

$$\frac{p}{r_0 \cos^2 \alpha_0} > 2 \quad \Rightarrow \quad v_0 > v_{0,\text{II}} = \sqrt{2}\, v_{0,\text{I}} = \sqrt{\frac{2 g_0 R_0^2}{r}}$$

Abmessungen (Extremalwerte von r):

$$r_{\min} = \frac{p}{1+\varepsilon} \qquad \text{für } 1 + \varepsilon \cos(\varphi + \kappa) = 0 \ \text{ wird } r \Rightarrow \infty$$

$$r_{\max} = -\frac{p}{\varepsilon - 1} \qquad \text{ist negativ und kann nicht erreicht werden.}$$

$$a = \frac{|r_{\max}| - r_{\min}}{2} = \frac{1}{2}\left(\frac{p}{\varepsilon - 1} - \frac{p}{1+\varepsilon}\right) = \frac{p}{\varepsilon^2 - 1} = \frac{r_0}{\dfrac{p}{r_0 \cos^2 \alpha_0} - 2} = \frac{r_0}{\left(\dfrac{v_0}{v_{0,\text{I}}}\right)^2 - 2}\,,$$

$$b = \sqrt{ap} = \frac{r_0 v_0 \cos \alpha_0}{v_{0,\text{I}} \sqrt{\left(\dfrac{v_0}{v_{0,\text{I}}}\right)^2 - 2}}\ .$$

3.3.2.2 Vorbeiflug, Umlenkproblem

Ein kleiner kosmischer Körper
besitze in großer Entfernung vom
Zentralkörper die Geschwindigkeit v_∞, und diese ziele am Zentrum Z um das Maß b vorbei.
Wie groß muß b mindestens sein,
wenn er den Zentralkörper nicht
streifen soll?

Aus $\quad r = \dfrac{p}{1 + \varepsilon \cos(\varphi + \kappa)}$

folgt $\quad r_{\min} = \dfrac{p}{1 + \varepsilon}$.

Mit

$$\varepsilon = \sqrt{1 + \frac{p}{r_0}\left(\frac{p}{r_0 \cos^2 \alpha_0} - 2\right)}\,,$$

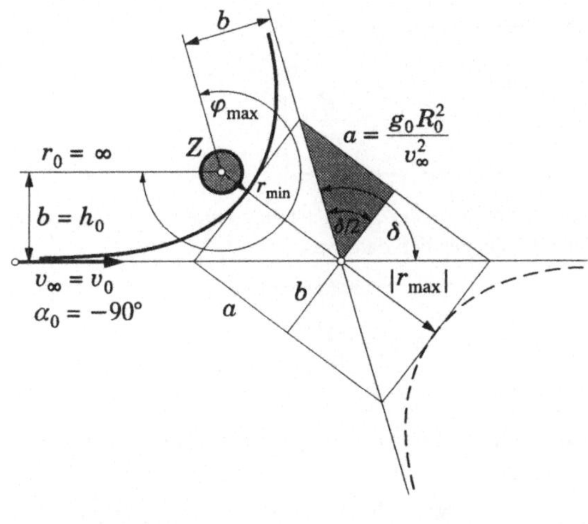

$r_0 \cos \alpha_0 = h_0 = b$ („kleine" Halbachse der Hyperbel)

110

ergibt sich nach dem Grenzübergang $r_0 \to \infty$

für
$$r_{\min} = \cfrac{p}{1 + \sqrt{1 + \left(\dfrac{p}{b}\right)^2}} = \frac{b^2}{p}\left[\sqrt{1 + \left(\frac{p}{b}\right)^2} - 1\right]$$
und mit
$$p = \frac{c^2}{g_0 R_0^2} = \frac{b^2 v_\infty^2}{g_0 R_0^2}$$

wird
$$\boxed{\; r_{\min} = \frac{g_0 R_0^2}{v_\infty^2}\left[\sqrt{1 + \frac{b v_\infty^2}{g_0 R_0^2}} - 1\right] \;}\;.$$

Die Bedingung $r_{\min} = R_0$ liefert

$$\left(\frac{v_\infty^2}{g_0 R_0} + 1\right)^2 = 1 + \left(\frac{b v_\infty^2}{g_0 R_0^2}\right)^2 = 1 + 2\,\frac{v_\infty^2}{g_0 R_0^2} + \left(\frac{v_\infty^2}{g_0 R_0}\right)^2 ,$$

woraus

$$\underline{\underline{b_{\min} = R_0 \sqrt{1 + \frac{2 g_0 R_0}{v_\infty^2}}}}$$

folgt. Die „große" Halbachse der Hyperbel läßt sich aus $p = \dfrac{b^2}{a}$ mit $p = \dfrac{c^2}{g_0 R_0^2} = \dfrac{b^2 v_\infty^2}{g_0 R_0^2}$

ermitteln. Das Ergebnis ist:

$$\boxed{\; a = \frac{g_0 R_0^2}{v_\infty^2} = \frac{K}{v_\infty^2} \;}\;.$$

Der Ablenkwinkel δ, die Richtungsänderung des aus großer Entfernung heranfliegenden Körpers berechnet sich dann aus

$$\boxed{\; \tan\frac{\delta}{2} = \frac{a}{b} = \frac{g_0 R_0^2}{b v_\infty^2} \;}\;.$$

Die größtmögliche Umlenkung ergibt sich mit $b = b_{\min}$ aus

$$\tan\frac{\delta_{\max}}{2} = \frac{g_0 R_0^2}{b_{\min} v_\infty^2} = \frac{g_0 R_0}{v_\infty^2} \left/ \sqrt{1 + \frac{2 g_0 R_0}{v_\infty^2}} \right. .$$

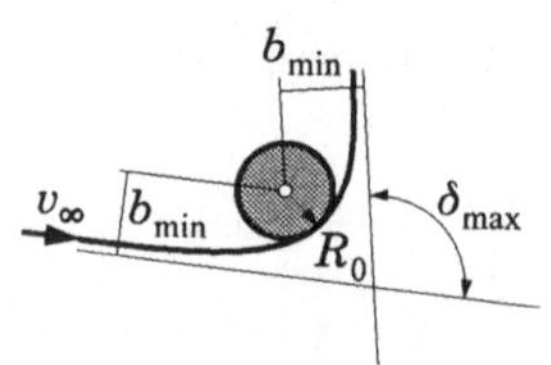

3.3.2.3 Fly-by-Technik (Swing-by-Technik, Vorbeiflugtechnik)

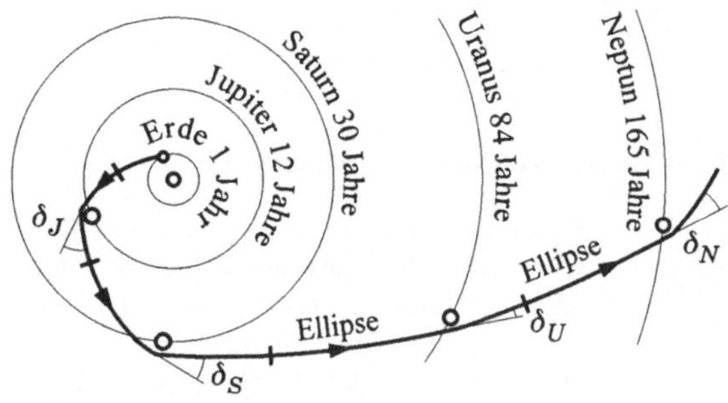

Bei der Erkundung der Planeten des Sonnensystems wird mit großem Vorteil die Technik des nahen Vorbeifluges an einer Reihe von Planeten angewendet. Auf diese Weise ist es möglich, den Neptun in viel kürzerer Zeit zu erreichen als beim direkten Anflug des Neptun. Der Planet, an dem eine Sonde nahe vorbeifliegt, beschleunigt diese bei der Annäherung mehr als er sie beim Entfernen wieder abbremst. Die Sonde wird schneller durch den Mitschleppeffekt. Wir haben bisher angenommen, daß der Zentralkörper ruhe ($m_0 \gg m$). Bewegt sich der Zentralkörper mit der Geschwindigkeit $\mathbf{v}_z$ und die der heranfliegenden Sonde mit $\mathbf{v}_\infty$, dann ist die relative Anfluggeschwindigkeit ($\mathbf{v}_\infty - \mathbf{v}_z$). Der Betrag dieser Geschwindigkeit ist in obiger Formel für den Winkel δ zu verwenden.

3.3.2.4 Eine Konstruktionsmöglichkeit des zweiten Brennpunktes und damit der Bahnabmessungen

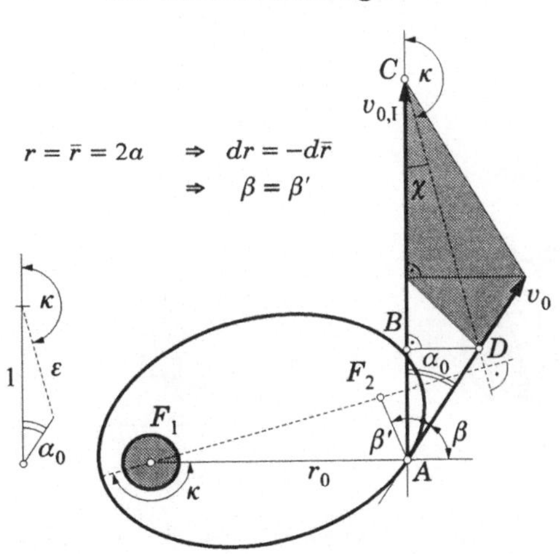

$$r = \bar{r} = 2a \quad \Rightarrow \quad dr = -d\bar{r}$$
$$\Rightarrow \quad \beta = \beta'$$

Gegeben sind r_0, v_0, α_0 und die Zentralkörperkonstante

$$K = g_0 R_0^2 = \Gamma m_0.$$

Die Kreisbahngeschwindigkeit $v_{0,\mathrm{I}}$ (auf einer Kreisbahn mit dem Radius r_0) kann aus $v_{0,\mathrm{I}} = \sqrt{g_0 R_0^2 / r_0}$ berechnet werden. Damit läßt sich die in nebenstehender Skizze gezeigte Konstruktion von F_2 durchführen. Mit F_1 und F_2 sind alle Bahnabmessungen festgelegt. Der Strahlensatz ergibt für

$$\overline{AB} = \frac{v_0^2 \cos^2 \alpha}{v_{0,\mathrm{I}}} \quad .$$

und damit wird

$$\tan \kappa = -\tan \beta = -\frac{BD}{BC} = -\frac{AB \tan \alpha_0}{AC - AB} =$$

$$= \frac{\tan \alpha_0}{1 - \overline{AC}/\overline{AB}} = \tan \alpha_0 \bigg/ \left(1 - \frac{v_{0,\mathrm{I}}^2}{v_0^2 \cos^2 \alpha_0}\right) = \frac{\tan \alpha_0}{1 - r_0/p}$$

Mit $\quad p = \dfrac{v_0^2\, r_0^2 \cos^2 \alpha_0}{g_0 R_0^2} \quad \Rightarrow \quad \dfrac{r_0}{p} = \dfrac{g_0 R_0^2 / r_0}{v_0^2 \cos^2 \alpha_0} = \dfrac{v_{0,\mathrm{I}}^2}{v_0^2 \cos^2 \alpha_0}$

Damit ist die Konstruktion bewiesen.

3.3.2.5 Die polare Ortskurve des Geschwindigkeitsvektors

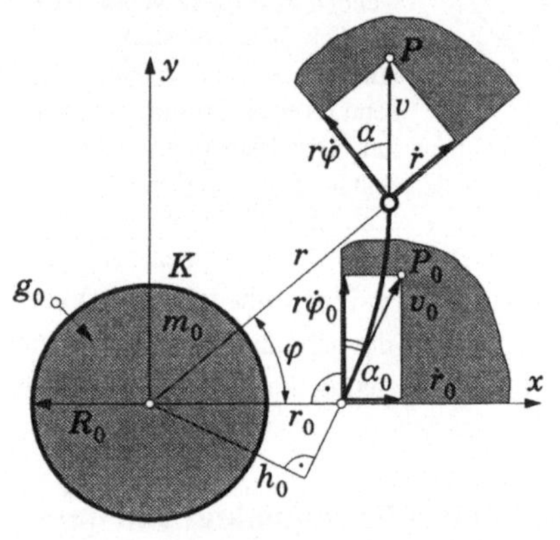

Es sollen der Zusammenhang zwischen den Geschwindigkeitskomponenten $\dot{r}$ und $r\dot{\varphi}$ beim Ablauf der Bewegung hergestellt werden.

Mit $\quad r^2 \dot{\varphi} = c = 2\dot{A} = v_0 \cos \alpha_0\, r_0 = v_0 h_0$

und $\quad \dfrac{1}{r} = \dfrac{1}{p} + \dfrac{\varepsilon}{p} \cos(\varphi + \kappa)$

erhält man für die Komponenten der Geschwindigkeit in Polarkoordinaten

$$\dot{r} = \frac{dr}{dt} = \frac{dr}{d\varphi}\frac{d\varphi}{dt} = r'\dot{\varphi} = r'\frac{c}{r^2} =$$

$$= -c\left(\frac{1}{r}\right)' = \frac{c\varepsilon}{p}\sin(\varphi + \kappa),$$

$$r\dot{\varphi} = r\frac{c}{r^2} = \frac{c}{r} = \frac{c}{p} + \frac{c\varepsilon}{p}\cos(\varphi + \kappa)$$

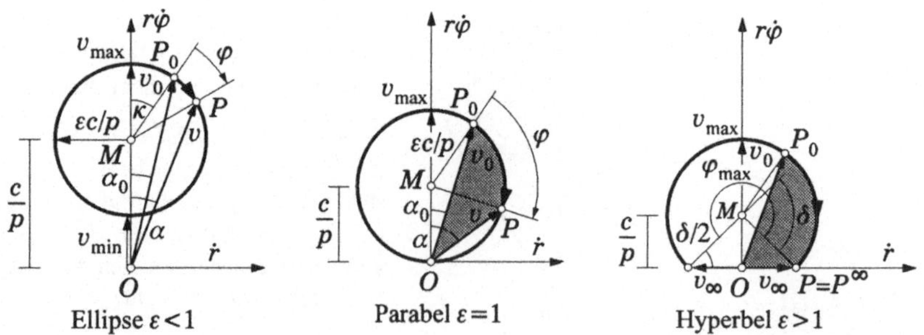

Trägt man $\dot{r}$ und $r\dot{\varphi}$ in einem rechtwinkeligen Koordinatensystem auf und variiert den Winkel φ, dann erhält man einen Kreis mit dem Radius $c\varepsilon/p$, dessen Mittelpunktskoordinaten O und c/p sind. Mit $c = v_0 \cos \alpha_0\, r_0$ und $p = c^2 / g_0 R_0^2$ erhält man für

$$\frac{c}{p} = \frac{g_0 R_0^2}{c} = \frac{g_0 R_0^2}{v_0 r_0 \cos \alpha_0} \quad \Rightarrow \quad \boxed{\frac{c}{p} = \frac{v_{0,\mathrm{I}}^2}{v_0 \cos \alpha_0} = \overline{OM}}$$

und mit $\varepsilon = \sqrt{1 + \dfrac{p}{r_0}\left(\dfrac{p}{r_0\cos^2\alpha_0} - 2\right)}$ ergibt sich für den Radius $c\,\varepsilon/p$:

$$\frac{v_{0,\mathrm{I}}^2}{v_0\cos\alpha_0}\sqrt{1 + \left(\frac{v_0\cos\alpha_0}{v_{0,\mathrm{I}}}\right)^2\left[\left(\frac{v_0}{v_{0,\mathrm{I}}}\right)^2 - 2\right]} = \overline{MP} \quad .$$

Für δ: $\quad \tan\dfrac{\delta}{2} = \dfrac{c}{pv_\infty} = \dfrac{g_0 R_0^2}{c\,v_\infty} = \dfrac{g_0 R_0^2}{b\,v_\infty^2} \quad .$

3.3.2.6 Die Zeitabhängigkeiten $r(t)$ und $\varphi(t)$ bei Ellipsenbahn

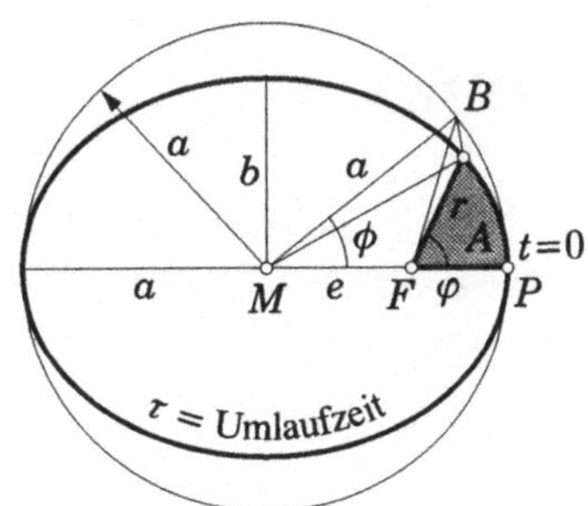

Die vom Fahrstrahl in der Zeit t überstrichene Fläche A ($t = 0$ und $\varphi = 0$, φ vom Perizentrum aus gemessen) läßt sich als Funktion des Winkels ϕ (siehe Skizze) unschwer angeben. Offenbar gilt:

$$A = \left[\frac{a^2\phi}{2} - \frac{a\sin\phi \cdot e}{2}\right]\cdot\frac{b}{a}$$

$$A(\phi) = \frac{ab}{2}[\phi - \varepsilon\sin\phi] .$$

Mit $\dot{A}$ = konst. = $A/t = ab\pi/t$ und der mittleren Winkelgeschwindigkeit des Bildpunktes B:

$$\Omega = 2\pi/t$$

erhält man daraus für $t(\phi)$:
$\boxed{\Omega t = \phi - \varepsilon\sin\phi}$
(Kepler-Gleichung)

Die Umkehrung $\phi(t)$ ist leider nur in der Form einer Reihenentwicklung (nach $\varepsilon < 1$) möglich: In erster Näherung folgt aus

$$\phi = \Omega t + \varepsilon\sin\phi: \qquad \phi = \Omega t ,$$

damit wird in zweiter Näherung

$$\phi = \Omega t + \varepsilon\sin\Omega t$$

und hiermit in dritter Näherung

$$\phi = \Omega t + \varepsilon\sin[\Omega t + \varepsilon\sin\Omega t] = \Omega t + \varepsilon[\sin\Omega t \cdot 1 + \cos\Omega t\sin(\varepsilon\sin\Omega t)]$$

$$\phi = \Omega t + \varepsilon\sin\Omega t + \varepsilon^2\sin\Omega t\cos\Omega t \qquad \text{usw.}$$

114

$$\phi(t) = \Omega t + \varepsilon \sin \Omega t + \frac{\varepsilon^2}{2} \sin(2\Omega t) + \dots \quad .$$

Mit $\phi(t)$ können $r(t)$ und $\varphi(t)$ nun einfach bestimmt werden. Dazu sind nur die folgenden beiden Gleichungen

$$r \sin \varphi = (a \sin \phi) b/a = b \sin \phi \qquad \text{und} \qquad r \cos \varphi = a \cos \phi - e$$

nach r bzw. φ aufzulösen. Das ergibt:

$$r(t) = a\left[1 - \varepsilon \cos \phi(t)\right] \qquad \text{und} \qquad \varphi(t) = \arctan \frac{\sqrt{1 - \varepsilon^2} \, \sin \phi(t)}{\cos \phi(t) - \varepsilon} \quad .$$

3.3.2.7 Die dritte kosmische Geschwindigkeit (Flucht aus dem Sonnensystem)

Die Erde umkreist die Sonne in einem Jahr ($= 365{,}25 \cdot 24 \cdot 60 \cdot 60$ sec), angenähert auf einer Kreisbahn mit dem Radius von 149.600.000 km $\approx$ 150 Mill. km. Ihre Geschwindigkeit ist

$$v_{S,\mathrm{I}} = \frac{2\pi \left(149\,600\,000\right)}{365{,}25 \cdot 24 \cdot 60 \cdot 60} = 29{,}86 \approx 30 \,\text{km/sec} \,.$$

Damit ist die Fluchtgeschwindigkeit (für die Sonne als Zentrum):

Mit $\quad \underline{v_{S,\mathrm{I}} = 30\,\text{km/sec}} \quad \Rightarrow$

$$v_{S,\mathrm{II}} = \sqrt{2}\, v_{S,\mathrm{I}} = \sqrt{2} \cdot 30\,\text{km/sec} = \underline{\underline{42{,}42\,\text{km/sec} = v_{S,\mathrm{II}}}} \quad .$$

Ein Satellit werde von der Erde aus in Richtung der Erdbewegung mit der relativen Anfangsgeschwindigkeit $v_{\text{rel},0} = \dot{r}_0$ gestartet.

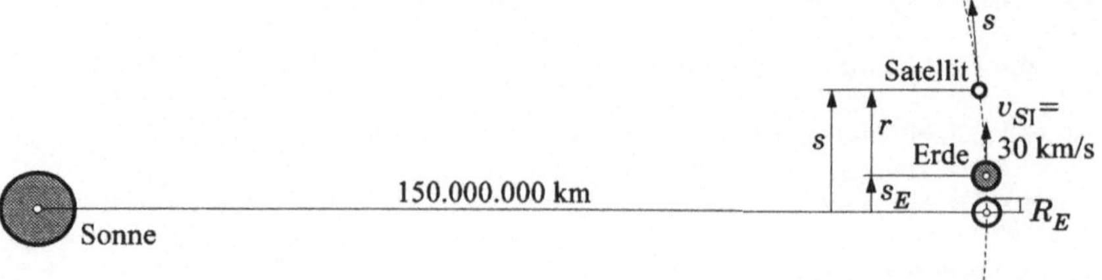

In der Erdnähe bestimmt $m\ddot{s} = -m g_E R_E^2 / r^2$ die Satellitenbewegung.

Mit $\quad s = s_E + r \quad \Rightarrow \quad \ddot{s} = \ddot{r}$

wird $\quad \ddot{r} = -g_E R_E^2 / r^2 \,.$

Mit der zeitfreien Gleichung erhält man daraus mit $\left(r_0 = R_E\right)$:

$$\left(\dot{r}^2 - \dot{r}_0^2\right)\big/2 = g_E R_E^2(1/r - 1/R_E).$$

Ist $1/r$ hinreichend klein gegenüber $1/R_E$ (Ablösung vom Gravitationsfeld der Erde), dann kann $1/r \approx 0$ gesetzt werden, und man erhält:

$$\dot{r} = \left(\dot{r}_0^2 - 2g_E R_E\right)^{1/2} = (\dot{s} - \dot{s}_E).$$

Soll $\dot{s} = v_{S,\mathrm{II}} = \sqrt{2} \cdot v_{S,\mathrm{I}} = 42{,}42\ \mathrm{km/sec}$ sein, dann muß

$$\dot{r}_0^2 = \left(\dot{s} - \dot{s}_E\right)^2 + 2g_E R_E = \left(\sqrt{2} - 1\right)^2 v_{S,\mathrm{I}}^2 + 2g_E R_E$$

sein. Setzt man noch für $2g_E R_E = v_{\mathrm{II}}^2 = (11{,}2)^2\ \mathrm{km}^2\big/\mathrm{sec}^2$, dann folgt für

$$\dot{r}_{0,\mathrm{min}} = \left[\left(\sqrt{2} - 1\right)^2 \cdot 30^2 + (11{,}2)^2\right]^{1/2} = 16{,}6\ \mathrm{km/sec}.$$

Diese mindesterforderliche Relativgeschwindigkeit ist die **3. kosmische Geschwindigkeit**:

$$\underline{\underline{v_{\mathrm{III}} = 16{,}6\ \mathrm{km/sec}}}.$$

3.3.3 Störungen von Satellitenbahnen

Die Auswirkungen eines Zusatztermes im Gravitationsgesetz:

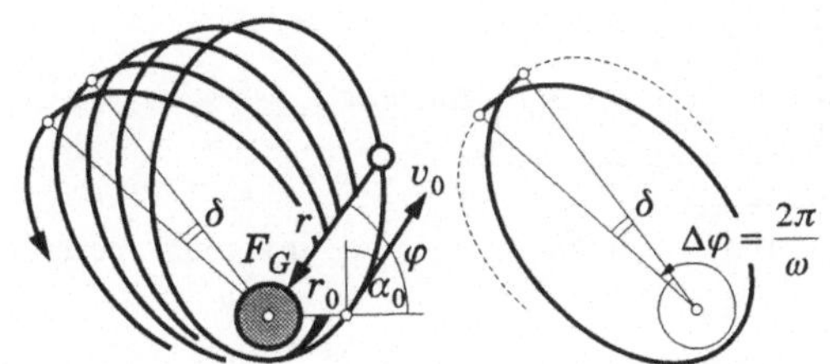

Angenommen es wirke auf den Satelliten eines ruhenden Zentralkörpers eine Gravitationskraft, die gegeben ist durch die Formel:

$$F_G = \frac{\Gamma m_0 m}{r^2} + \frac{k}{r^3}.$$

Da es sich um eine Zentralkraft handelt, gilt wieder:

$$r^2\dot{\varphi} = c = v_0 r_0 \cos\alpha_0$$

und die zweite Binetsche Gleichung liefert damit:

$$-\frac{mc^2}{r^2}\left[\left(\frac{1}{r}\right)'' + \left(\frac{1}{r}\right)\right] = -\left(\frac{\Gamma m_0 m}{r^2} + \frac{k}{r^3}\right) \quad \Rightarrow \quad \left(\frac{1}{r}\right)'' + \omega^2\left(\frac{1}{r}\right) = \omega^2\frac{1}{p}$$

$$\text{mit} \quad \omega^2 = 1 - \frac{k}{mv_0^2 r_0^2 \cos^2\alpha_0} \quad \text{und} \quad p = \omega^2\frac{v_0^2 r_0^2 \cos^2\alpha_0}{\Gamma m_0}$$

Die Integration von $\left(\dfrac{1}{r} - \dfrac{1}{p}\right)'' + \omega^2\left(\dfrac{1}{r} - \dfrac{1}{p}\right) = 0$

ergibt $r(\varphi) = \dfrac{p}{1 + \varepsilon \cos(\omega\varphi + \kappa)}$

mit den Integrationskonstanten ε und κ, die aus den Anfangsbedingungen zu bestimmen sind.

Der Term k/r^3 im Gravitationsgesetz bewirkt also, daß die Scheitelwerte der Bahn im Umlaufsinne sich nach vorne verlagern (Periheldrehung des Merkur!).

$$\delta = \frac{2\pi}{\omega} - 2\pi = 2\pi\left[\frac{1}{\sqrt{1 - k/\left(mv_0^2 r_0^2 \cos^2\alpha_0\right)}} - 1\right]$$

3.3.4 Abschätzung des Einflusses des Luftwiderstandes

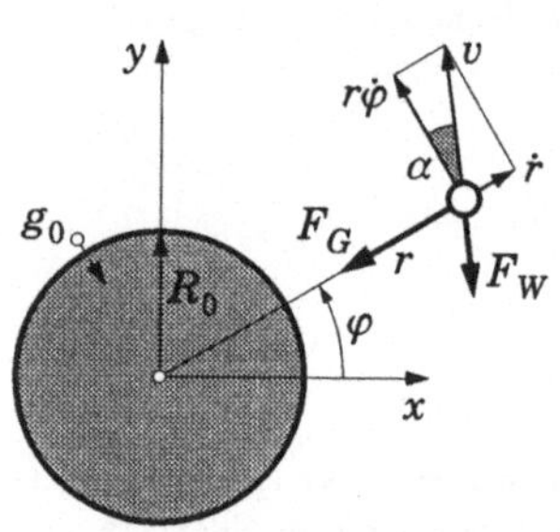

Bei Berücksichtigung einer der Geschwindigkeit entgegengesetzt gerichteten Luftwiderstandskraft lauten die Bewegungsgleichungen angeschrieben in Polarkoordinaten:

$$m\left(\ddot r - r\dot\varphi^2\right) = -\frac{mg_0 R_0^2}{r^2} - F_W \sin\alpha$$

$$\frac{m\left(r^2\dot\varphi\right)^{\textstyle\cdot}}{r} = -F_W \cos\alpha$$

Mit $\sin\alpha = \dot r/v$, $\cos\alpha = r\dot\varphi/v$, $v = \sqrt{\dot r^2 + (r\dot\varphi)^2}$ und $F_W = \rho\dfrac{v^2}{2}Ac_W$ sowie den Annahmen:

$$\rho(r) = \rho_0\frac{R_0}{r} \qquad \text{und} \qquad c_W = \text{konst.}$$

erhält man mit $k = \rho_0 R_0 Ac_W/2m$ daraus

$$\ddot r - r\dot\varphi^2 = -\frac{g_0 R_0^2}{r^2} - k\frac{\dot r}{r}\sqrt{\dot r^2 + (r\dot\varphi)^2}$$

$$\frac{1}{r}\left(r^2\dot\varphi\right)^{\textstyle\cdot} = -k\frac{r\dot\varphi}{r}\sqrt{\dot r^2 + (r\dot\varphi)^2}\,.$$

Es besteht gar keine Aussicht, dieses Gleichungssystem geschlossen zu lösen. Bei Beschränkung auf kreisähnliche Umlaufbahnen aber gelingt die Integration.

Mit $\quad \dot{r}^2 < (r\dot{\varphi})^2 \quad$ erhält man vereinfacht: $\quad \ddot{r} - r\dot{\varphi}^2 = -\dfrac{g_0 R_0^2}{r^2} - k\dot{r}\dot{\varphi}$

und $\quad \left(r^2\dot{\varphi}\right)^{\cdot} = -k\left(r^2\dot{\varphi}^2\right) \quad \Rightarrow \quad \left(r^2\dot{\varphi}\right)' = \dfrac{d\left(r^2\dot{\varphi}\right)}{d\varphi} = -k\left(r^2\dot{\varphi}\right)$.

Die zweite Gleichung kann sofort über φ integriert werden:

$$\left(r^2\dot{\varphi}\right) = \left(r_0^2\dot{\varphi}_0\right)e^{-k\varphi} = c(\varphi) = 2\dot{A}(\varphi).$$

Die Flächengeschwindigkeit nimmt also ab mit zunehmendem φ.

Mit $\quad \dot{\varphi} = \dfrac{c(\varphi)}{r^2}$

wird $\quad \dot{r} = r'\dot{\varphi} = r'\dfrac{c(\varphi)}{r^2} = c(\varphi)\left(-\dfrac{1}{r}\right)'$

und $\quad \ddot{r} = \dot{r}'\dot{\varphi} = \left[c'(\varphi)\left(\dfrac{1}{r}\right)' + c(\varphi)\left(-\dfrac{1}{r}\right)''\right]\dfrac{c(\varphi)}{r^2}$

Damit erhält man aus der ersten Gleichung:

$$-\dfrac{c^2(\varphi)}{r^2}\left[\left(\dfrac{1}{r}\right)'' + \dfrac{c'(\varphi)}{c(\varphi)}\left(\dfrac{1}{r}\right)'\right] - r\dfrac{c^2(\varphi)}{r^4} = -\dfrac{g_0 R_0^2}{r^2} - kc(\varphi)\left(-\dfrac{1}{r}\right)'\dfrac{c(\varphi)}{r^2}.$$

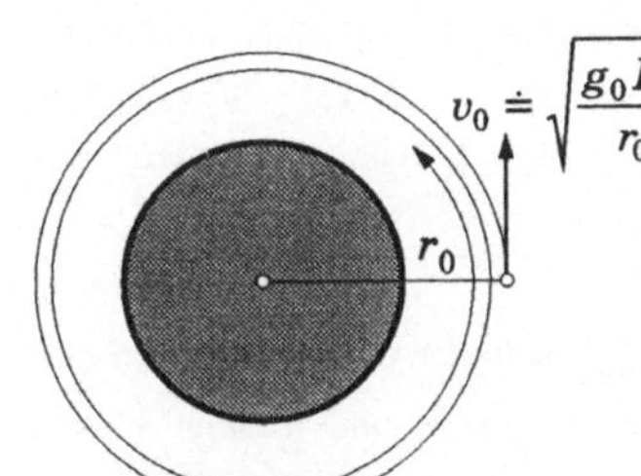

Unter Beachtung von $c'(\varphi) = -kc(\varphi)$ folgt daraus

$$\left(\dfrac{1}{r}\right)'' + \left(\dfrac{1}{r}\right) = \dfrac{g_0 R_0^2}{\left(c(\varphi)\right)^2} =$$

$$= \dfrac{g_0 R_0^2}{v_0^2 r_0^2 \cos^2\alpha_0} \cdot e^{2k\varphi} = \dfrac{1}{p_0}e^{2k\varphi} .$$

Diese Gleichung könnte exakt gelöst werden.

Näherungsweise kann $\left(1/r\right)'' \approx 0$ und damit $p_0 = r_0$ gesetzt werden, womit man für $r(\varphi)$ erhält:

$$\boxed{r(\varphi) \doteq r_0 e^{-2k\varphi}}$$

und über $r^2\dot{\varphi} = r_0^2\dot{\varphi}_0 e^{-k\varphi}$ für $v = r_0 v_0 e^{-k\varphi}/r(\varphi) \Rightarrow$

$$\boxed{v(\varphi) \doteq v_0 e^{k\varphi}} .$$

Der Abstand r nimmt also ab und die Geschwindigkeit v nimmt zu!

4 Dynamik des Massenpunktesystems

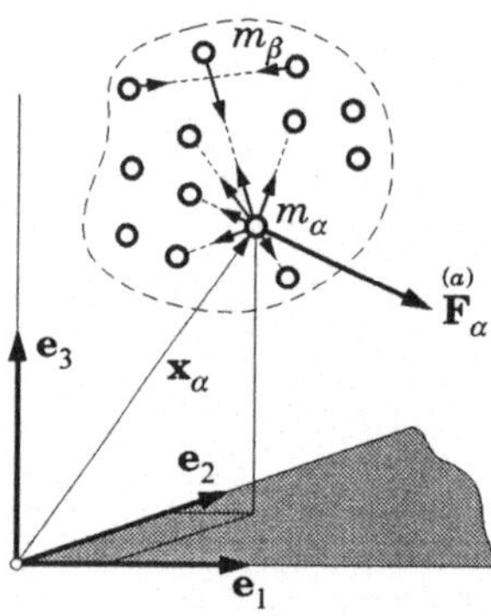

Wir haben uns bisher ausschließlich mit der Bewegung eines „kleinen Körpers" (Massenpunktes) beschäftigt. Unter einem *Massenpunkt* haben wir einen Körper verstanden, dessen Orientierung im Raum für die Aufgabenstellung belanglos ist, dessen Lage also durch die Ortskoordinaten von $\mathbf{x}_\alpha$ hinreichend genau festgelegt ist, dessen Masse m_α sehr viel größer ist als die Masse eines Elementarteilchens der Materie. Ferner haben wir angenommen (und werden es weiterhin tun), daß die Geschwindigkeit $|\dot{\mathbf{x}}_\alpha|$ dem Betrage nach viel kleiner ist als die Geschwindigkeit des Lichtes. Kurz, wir haben es mit *Körpern* zu tun, für die die Newtonschen Grundaxiome Geltung haben.

Nun sollen Systeme von solchen Massenpunkten betrachtet werden. Es sei eine Anzahl (N) von Massenpunkten mit den Massen m_α und den Ortsvektoren $\mathbf{x}_\alpha$ ($\alpha = 1, 2, \dots N$) gegeben. Auf den einzelnen Massenpunkt wirken Kräfte, die ihren Ursprung teils im „Innern" des Systems ($\mathbf{F}_{\alpha,\beta}^{(i)}$), teils außerhalb haben ($\mathbf{F}_\alpha^a$).

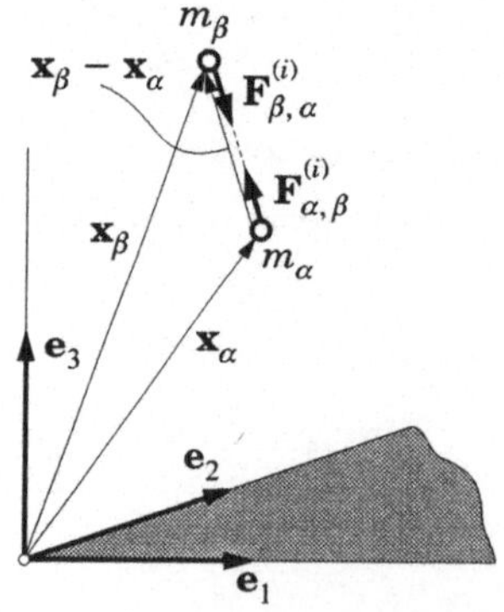

Für die inneren Kräfte $\mathbf{F}_{\alpha,\beta}^{(i)}$ nehmen wir das Newtonsche Wechselwirkungsgesetz als gültig an und darüber hinaus nehmen wir an, daß die wechselwirkenden Kärfte ($\mathbf{F}_{\alpha,\beta}^{(i)}$ und $\mathbf{F}_{\beta,\alpha}^{(i)}$) sich auf gleicher Wirkungslinie befinden (Euler).

Wirkt der Massenpunkt m_β auf m_α mit der Kraft $\mathbf{F}_{\alpha,\beta}^{(i)}$ ein, und umgekehrt der Massenpunkt m_α auf m_β mit der Kraft $\mathbf{F}_{\beta,\alpha}^{(i)}$ „zurück", dann soll gelten:

$$\boxed{\mathbf{F}_{\alpha,\beta}^{(i)} + \mathbf{F}_{\beta,\alpha}^{(i)} = 0} \qquad \text{(Newton)}$$

und $\qquad \boxed{\mathbf{x}_\alpha \times \mathbf{F}^{(i)}_{\alpha,\beta} + \mathbf{x}_\beta \times \mathbf{F}^{(i)}_{\beta,\alpha} = 0}$ $\qquad$ (Euler)

Bezeichnet $\mathbf{F}^{(a)}_\alpha$ die resultierende äußere Kraft auf den Massenpunkt mit der Masse m_α, dann können wir die vektoriellen Bewegungsgleichungen für die N Massenpunkte wie folgt anschreiben:

$$
\begin{aligned}
m_1\ddot{\mathbf{x}}_1 &= \mathbf{F}^{(a)}_1 && + \mathbf{F}^{(i)}_{1,2} + \mathbf{F}^{(i)}_{1,3} + \mathbf{F}^{(i)}_{1,4} + \ldots \mathbf{F}^{(i)}_{1,N} \\
m_2\ddot{\mathbf{x}}_2 &= \mathbf{F}^{(a)}_2 + \mathbf{F}^{(i)}_{2,1} && + \mathbf{F}^{(i)}_{2,3} + \mathbf{F}^{(i)}_{2,4} + \ldots \mathbf{F}^{(i)}_{2,N} \\
m_3\ddot{\mathbf{x}}_3 &= \mathbf{F}^{(a)}_3 + \mathbf{F}^{(i)}_{3,1} + \mathbf{F}^{(i)}_{3,2} && + \mathbf{F}^{(i)}_{3,4} + \ldots \mathbf{F}^{(i)}_{3,N} \\
&\;\;\vdots \\
m_N\ddot{\mathbf{x}}_N &= \mathbf{F}^{(a)}_N + \mathbf{F}^{(i)}_{N,1} + \mathbf{F}^{(i)}_{N,2} + \mathbf{F}^{(i)}_{N,3} + \mathbf{F}^{(i)}_{N,4} + \ldots \mathbf{F}^{(i)}_{N,N-1}
\end{aligned}
$$

Definieren wir

$$\mathbf{F}^{(i)}_{\alpha,\alpha} = 0, \quad \text{also} \quad \mathbf{F}^{(i)}_{1,1} = 0, \;\; \mathbf{F}^{(i)}_{2,2} = 0, \ldots,$$

dann können wir dafür auch einfacher schreiben:

$$m_\alpha\ddot{\mathbf{x}}_\alpha = \mathbf{F}^{(a)}_\alpha + \sum_{\beta=1}^{N} \mathbf{F}^{(i)}_{\alpha,\beta} \qquad \alpha,\beta = 1,2,\ldots,N$$

(keine automatische Summation über gleiche griechische Indizes!)

Aus diesen N Vektorgleichungen sollen nun wichtige **Summensätze**, der **Impulssatz** bzw. der **Massenzentrumssatz** und der **Drallsatz** (der Impulsmomentensatz) für das Massenpunktesystem abgeleitet werden. Etwas später werden wir dann auch noch den Energiesatz daraus folgern.

4.1 Der Impulssatz

Addiert man die N vektoriellen Bewegungsgleichungen für die N Massenpunkte, dann erhält man:

$$m_1\ddot{\mathbf{x}}_1 + m_2\ddot{\mathbf{x}}_2 + \ldots + m_N\ddot{\mathbf{x}}_N =$$

$$= \mathbf{F}^{(a)}_1 + \mathbf{F}^{(a)}_2 + \ldots + \mathbf{F}^{(a)}_N + \left(\mathbf{F}^{(i)}_{1,2} + \mathbf{F}^{(i)}_{2,1}\right) + \left(\mathbf{F}^{(i)}_{1,3} + \mathbf{F}^{(i)}_{3,1}\right) + \left(\mathbf{F}^{(i)}_{1,4} + \mathbf{F}^{(i)}_{4,1}\right) \ldots \left(\mathbf{F}^{(i)}_{1,N} + \mathbf{F}^{(i)}_{N,1}\right)$$

$$+ \left(\mathbf{F}^{(i)}_{2,3} + \mathbf{F}^{(i)}_{3,2}\right) + \left(\mathbf{F}^{(i)}_{2,4} + \mathbf{F}^{(i)}_{4,2}\right) \ldots \left(\mathbf{F}^{(i)}_{2,N} + \mathbf{F}^{(i)}_{N,2}\right)$$

$$+ \left(\mathbf{F}^{(i)}_{3,4} + \mathbf{F}^{(i)}_{4,3}\right) \ldots \left(\mathbf{F}^{(i)}_{3,N} + \mathbf{F}^{(i)}_{N,3}\right)$$

$$\vdots$$

$$\left(\mathbf{F}^{(i)}_{N,N-1} + \mathbf{F}^{(i)}_{N-1,N}\right)$$

120

Unter Berücksichtigung von

$$\mathbf{F}_{\alpha,\beta}^{(i)} + \mathbf{F}_{\beta,\alpha}^{(i)} = 0 \qquad \alpha,\beta = 1,2,\dots N \qquad \text{(Newton)}$$

und Einführung des Gesamtimpulses durch

$$\boxed{\mathbf{p} := \sum m_\alpha \dot{\mathbf{x}}_\alpha} = \mathbf{p}_1 + \mathbf{p}_2 + \mathbf{p}_3 + \dots + \mathbf{p}_N = m_1 \dot{\mathbf{x}}_1 + m_2 \dot{\mathbf{x}}_2 + \dots + m_N \dot{\mathbf{x}}_N$$

sowie der Resultierenden der äußeren Kräfte

$$\boxed{\mathbf{F}^{(a)} = \sum \mathbf{F}_\alpha^{(a)}}$$

erhalten wir daraus den **Impulssatz**:

$$\boxed{\dot{\mathbf{p}} = \mathbf{F}^{(a)}}$$

In Worten: Die zeitliche Änderung des Gesamtimpulses ist gleich der Resulierenden der **äußeren** Kräfte.

4.2 Der Massenzentrumssatz

Führt man das Massenzentrum ein durch

$$\boxed{\mathbf{x}_C = \sum m_\alpha \mathbf{x}_\alpha \Big/ \sum m_\alpha} \;,\quad \boxed{m = \sum m_\alpha}$$

(Das Massenzentrum ist kein materieller Punkt!)

so kann man für den Gesamtimpuls

$$\mathbf{p} = \sum m_\alpha \dot{\mathbf{x}}_\alpha = m \dot{\mathbf{x}}_C$$

schreiben. Darin bezeichnen m die Gesamtmasse und $\dot{\mathbf{x}}_C$ die Geschwindigkeit des Massenzentrums des Systems. Der Impulssatz nimmt dann folgende Form an:

$$\dot{\mathbf{p}} = \boxed{m \ddot{\mathbf{x}}_C = \mathbf{F}^{(a)}}$$

In Worten: Das Massenzentrum C eines Massenpunktsystems bewegt sich so, als ob die ganze Masse $m = \sum m_\alpha$ in ihm vereinigt wäre und alle äußeren Kräfte $\sum \mathbf{F}_\alpha^{(a)} = \mathbf{F}^{(a)}$ in ihm angreifen würden. Innere Kräfte können die Bewegung des Massenzentrums nicht beeinflussen!

Beispiel

Explodiert zu einem gewissen Zeitpunkt ein Feu-
erwerkskörper, so wird (bei vernachlässigbarem
Luftwiderstand) das Massenzentrum der Splitter
sich unbeirrt auf einer Parabel fortbewegen (bis
der erste Splitter den Boden trifft).

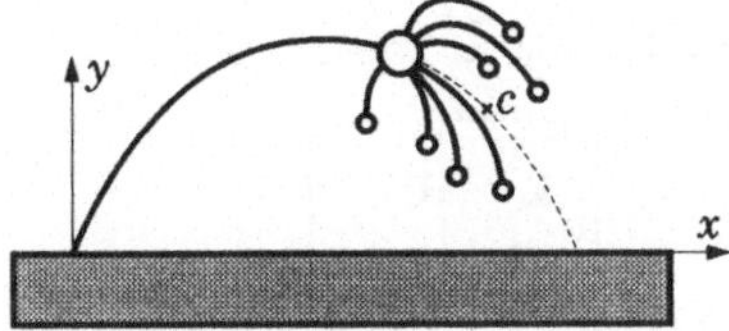

4.3 Drallsatz

Addieren wir jetzt die N Gleichungen von Seite 119, nachdem wir sie einzeln mit $\mathbf{x}_1$, $\mathbf{x}_2$, ...,
$\mathbf{x}_N$ vektoriell (äußerlich vektoriell) vormultipliziert haben, dann erhalten wir:

$$\mathbf{x}_1 \times m_1\ddot{\mathbf{x}}_1 + \mathbf{x}_2 \times m_2\ddot{\mathbf{x}}_2 + ... + \mathbf{x}_N \times m_N\ddot{\mathbf{x}}_N = \mathbf{x}_1 \times \mathbf{F}_1^{(a)} + \mathbf{x}_2 \times \mathbf{F}_2^{(a)} + ... + \mathbf{x}_N \times \mathbf{F}_N^{(a)} +$$

$$+ \left(\mathbf{x}_1 \times \mathbf{F}_{1,2}^{(i)} + \mathbf{x}_2 \times \mathbf{F}_{2,1}^{(i)}\right) + \left(\mathbf{x}_1 \times \mathbf{F}_{1,3}^{(i)} + \mathbf{x}_3 \times \mathbf{F}_{3,1}^{(i)}\right) + ... + \left(\mathbf{x}_1 \times \mathbf{F}_{1,N}^{(i)} + \mathbf{x}_N \mathbf{F}_{N,1}^{(i)}\right) +$$

$$+ \left(\mathbf{x}_2 \times \mathbf{F}_{2,3}^{(i)} + \mathbf{x}_3 \times \mathbf{F}_{3,2}^{(i)}\right) + ... + \left(\mathbf{x}_2 \times \mathbf{F}_{2,N}^{(i)} + \mathbf{x}_N \times \mathbf{F}_{N,2}^{(i)}\right) +$$

$$\vdots$$

$$+ \left(\mathbf{x}_{N-1} \times \mathbf{F}_{N-1,N}^{(i)} + \mathbf{x}_N \times \mathbf{F}_{N,N-1}^{(i)}\right)$$

Unter Berücksichtigung von

$$\mathbf{x}_\alpha \times \mathbf{F}_{\alpha,\beta}^{(i)} + \mathbf{x}_\beta \times \mathbf{F}_{\beta,\alpha}^{(i)} = 0 \qquad \alpha,\beta = 1,2,...N \qquad \text{(Euler)}$$

erhält man daraus mit dem resultierenden Moment der äußeren Kräfte:

$$\boxed{\mathbf{M}^{(a)} = \sum \mathbf{x}_\alpha \times \mathbf{F}_\alpha^{(a)}}$$

zunächst

$$\underline{\sum \mathbf{x}_\alpha \times m_\alpha\ddot{\mathbf{x}}_\alpha = \mathbf{M}^{(a)}} \qquad \text{(Momentensatz)}$$

Dieses Ergebnis wird der **Momentensatz** genannt, der so formuliert werden kann: Das resultierende Moment der *Massenbeschleunigungen* ist gleich dem resultierenden Moment der äußeren Kräfte.

Führt man den Begriff des Gesamtdralls des Systems ein durch

$$\boxed{\mathbf{L} = \sum \mathbf{x}_\alpha \times m_\alpha\dot{\mathbf{x}}_\alpha} \qquad = \sum \mathbf{x}_\alpha \times \mathbf{p}_\alpha = \mathbf{x}_1 \times m_1\dot{\mathbf{x}}_1 + \mathbf{x}_2 \times m_2\dot{\mathbf{x}}_2 + ... ,$$

so erhält man unter Berücksichtigung von $\dot{\mathbf{x}}_\alpha \times m_\alpha \dot{\mathbf{x}}_\alpha = 0$ aus dem Momentensatz den **Drallsatz** in der Form:

$$\boxed{\dot{\mathbf{L}} = \mathbf{M}^{(a)}}\ .$$

In Worten: Die zeitliche Änderung des Gesamtdralls des Massensystems ist gleich dem resultierenden Moment der äußeren Kräfte. Innere Kräfte können den Drall nicht ändern!

4.3.1 Der Drallsatz bezogen auf einen bewegten Punkt

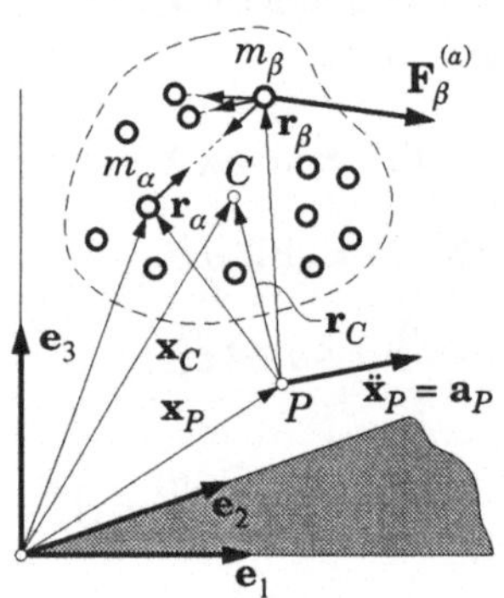

Auf Seite 88 haben wir den Drall <u>eines</u> Massenpunktes bezogen auf einen beliebig bewegten Punkt P definiert durch

$$\mathbf{L}_P := \mathbf{r} \times m\dot{\mathbf{x}}$$

Dementsprechend werden wir den Gesamtdrall das Massenpunktesystem bezogen auf einen beliebig bewegten Punkt P definieren durch

$$\boxed{\mathbf{L}_P = \sum \mathbf{r}_\alpha \times m_\alpha \dot{\mathbf{x}}_\alpha}$$

Die Ableitung des so definierten Dralles nach der Zeit ergibt

$$\dot{\mathbf{L}}_P = \sum \left(\dot{\mathbf{r}}_\alpha \times m_\alpha \dot{\mathbf{x}}_\alpha + \mathbf{r}_\alpha \times \ddot{\mathbf{x}}_\alpha m_\alpha \right)$$

Mit $\quad \mathbf{r}_\alpha = \mathbf{x}_\alpha - \mathbf{x}_P \ \Rightarrow \ \dot{\mathbf{r}}_\alpha = \dot{\mathbf{x}}_\alpha - \dot{\mathbf{x}}_P = \dot{\mathbf{x}}_\alpha - \mathbf{v}_P$

erhält man daraus

$$\dot{\mathbf{L}}_P = -\dot{\mathbf{x}}_P \times \sum m_\alpha \dot{\mathbf{x}}_\alpha + \sum \mathbf{r}_\alpha \times m_\alpha \ddot{\mathbf{x}}_\alpha\ .$$

Setzt man hierin für

$$m_\alpha \ddot{\mathbf{x}}_\alpha = \mathbf{F}_\alpha^{(a)} + \sum_\beta \mathbf{F}_{\alpha,\beta}^{(i)}$$

ein und berücksichtigt, daß

$$\mathbf{r}_\alpha \times \mathbf{F}_{\alpha,\beta}^{(i)} + \mathbf{r}_\beta \times \mathbf{F}_{\beta,\alpha}^{(i)} = \mathbf{x}_\alpha \times \mathbf{F}_{\alpha,\beta}^{(i)} + \mathbf{x}_\beta \times \mathbf{F}_{\beta,\alpha}^{(i)} - \mathbf{x}_P \times \left(\mathbf{F}_{\alpha,\beta}^{(i)} + \mathbf{F}_{\beta,\alpha}^{(i)} \right) = 0$$

ist, so findet man mit

$$\mathbf{x}_C = \frac{\sum m_\alpha \mathbf{x}_\alpha}{\sum m_\alpha}\ , \qquad m = \sum m_\alpha$$

und
$$\mathbf{M}_P^{(a)} = \sum \mathbf{r}_\alpha \times \mathbf{F}_\alpha^{(a)}$$

für den gesuchten Drallsatz:

$$\dot{\mathbf{L}}_P + \dot{\mathbf{x}}_P \times m\dot{\mathbf{x}}_C = \mathbf{M}_P^{(a)} \quad .$$

Bemerkenswerte Sonderfälle

Ist $\mathbf{x}_P = $ konst., dann gilt $\dot{\mathbf{L}}_P = \mathbf{M}_P^{(a)}$. Läßt man den Bezugspunkt P mit dem Massenzentrum zusammenfallen, dann ist $\dot{\mathbf{x}}_P = \dot{\mathbf{x}}_C$ und man erhält:

$$\dot{\mathbf{L}}_C = \mathbf{M}_C^{(a)} \quad .$$

Auf das (bewegte) Massenzentrum C bezogen nimmt der Drallsatz also die Grundform $\dot{\mathbf{L}} = \mathbf{M}$ an, die sonst nur für festen Bezugspunkt Gültigkeit hat.

4.3.2 Anschauliches zum Drallsatz

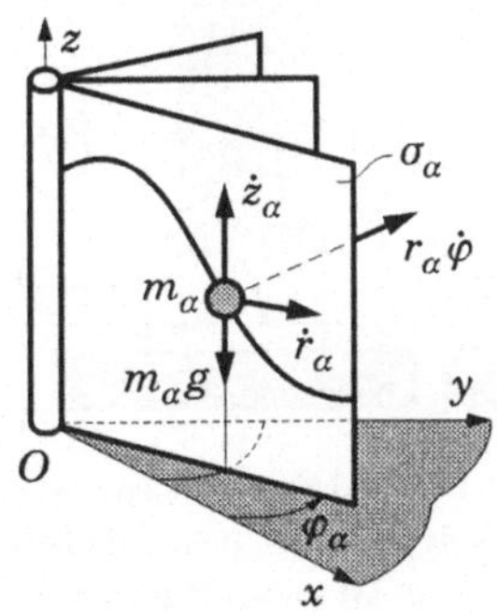

N masselose starre Scheiben seien um die lotrechte z-Achse reibungsfrei drehbar gelagert. Ihre Lage relativ zueinander sei unveränderlich, d. h. es soll gelten:

$$\dot{\varphi}_\alpha = \dot{\varphi} \qquad \alpha = 1, 2, \ldots, N \; .$$

In den Scheibenebenen sollen sich Massenpunkte beliebig bewegen können. Auf diese Massenpunkte wirke von außen nur ihr Eigengewicht $m_\alpha g$. Die Anfangslagen der Massenpunkte und die Anfangswinkelgeschwindigkeit des „Scheibenfächers" seien bekannt. Wie ändert sich $\dot{\varphi}$, wenn die Massenpunkte ihre Lagen in den Scheiben verändern?

Aus dem Drallsatz $\dot{\mathbf{L}} = \mathbf{M}^{(a)}$ folgt für die z-Komponente mit $M_z = 0$:

$$\dot{L}_z = M_z = 0 \qquad \Rightarrow \qquad L_z = L_{z_0} = \text{konst.}$$

d. h. $\quad \sum \left(r_\alpha \, r_\alpha \dot{\varphi} \, m_\alpha \right) = \sum r_{\alpha 0} r_{\alpha 0} \dot{\varphi}_0 \, m_\alpha = \text{konst.}$

Mit der Abkürzung

$$J = \sum r_\alpha^2 m_\alpha \qquad \text{bzw.} \qquad J_0 = \sum r_{\alpha 0}^2 m_\alpha \; ,$$

dem **Trägheitsmoment** des mit Massenpunkten besetzten Scheibenfächers, erhält man daraus für die Winkelgeschwindigkeit $\dot{\varphi}$:

$$L_z = \boxed{\ \dot{\varphi}J = \dot{\varphi}_0 J_0 = \text{konst.}\ }$$

Daraus folgt, daß für $J \lessgtr J_0 \ \Rightarrow\ \dot{\varphi} \gtrless \dot{\varphi}_0$ folgt.

Sind die zeitlichen Abstandsänderungen $r_{\alpha(t)}$ gegeben, dann ist $J(t) = \sum r_{\alpha(t)}^2 m_\alpha$ bekannt und es kann $\varphi(t) = \varphi_0 + \dot{\varphi}_0 J_0 \int\limits_0^t \dfrac{dt}{J(t)}$ berechnet werden.

Mit $L_z = \dot{\varphi}J = \dot{\varphi}_0 J_0$ lassen sich einige Erscheinungen der <u>Biomechanik</u> mühelos erklären.

Erfahrungen auf dem <u>Drehsessel</u> (Klaviersessel, Bürosessel)

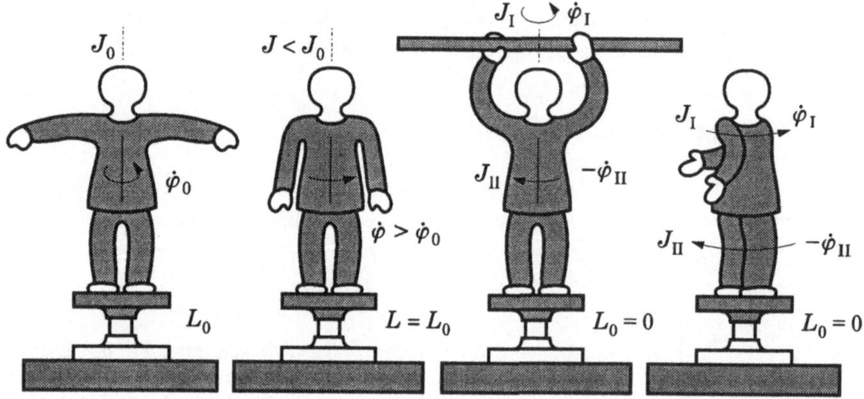

Wird der Mann auf dem Drehsessel, der die Arme ausgebreitet hat (J_0) in Drehung ($\dot{\varphi}_0$) versetzt, dann wird, wenn er die Arme sinken läßt, sich seine Winkelgeschwindigkeit erhöhen (Eislaufen, Pirouette!): Beim Hereinholen der Außenmassen wird deren Geschwindigkeit verzögert, wodurch die anderen Massen an Geschwindigkeit zunehmen. Mit einer Stange, bei der man immer wieder nachfassen kann, gelingt die „Wende" aus der Ruhe heraus:

$$\dot{\varphi}_{II} = -\dot{\varphi}_I J_I / J_{II} \ .$$

Mit J_I = konst. und J_{II} = konst. $\Rightarrow$

$$\varphi_{II} = -\varphi_I J_I / J_{II} \ .$$

Dreht der Mann auf dem Drehsessel (ohne Stange) den Oberkörper in einem bestimmten Sinne, so verdreht sich der Unterkörper im entgegengesetzten Sinne.

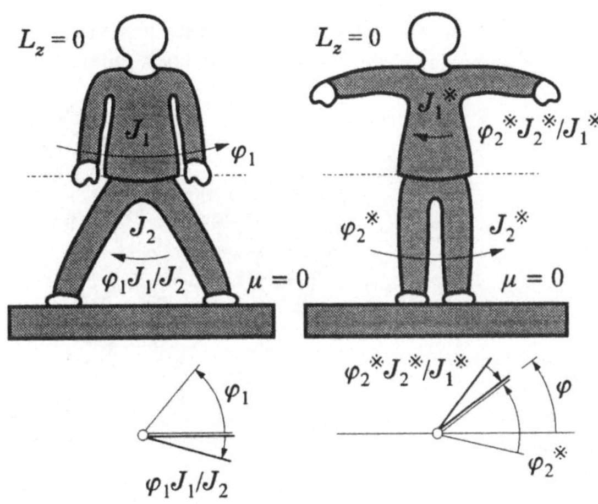

Kann sich ein Mensch auf einer vollkommen glatten Ebene ohne Anstoß von außen aus der Ruhe heraus umdrehen?

Man ist geneigt daran zu zweifeln. Das Massenzentrum kann nach dem Massenzentrumssatz $m\ddot{\mathbf{x}}_C = \mathbf{F}$, wenn keine äußeren horizontalen Kräfte vorhanden sind, niemals aus der Ruhe heraus in horizontaler Richtung in Bewegung gesetzt werden. Drehung aber ist durch zweckentsprechende Massenverlagerungen durchaus möglich:

Denken wir uns den zunächst in Ruhe befindlichen Mann ($L_z = 0$) geteilt in Oberkörper (J_1, φ_1, J_1^{*}, φ_1^{*}) und Unterkörper (φ_2, J_2, φ_2^{*}, J_2^{*}) mit begrenzter relativer Verdrehbarkeit. Der Mann spreize die Beine, sodaß $J_2 > J_1$ ist und verdrehe nun den Oberkörper um den Winkel φ_1. Aus $J_1\dot{\varphi}_1 + J_2\dot{\varphi}_2 = L_z = 0$ folgt, daß der Unterkörper sich in Gegenrichtung um $J_1\varphi_1/J_2$ drehen wird (Aus J_1, $J_2 = $ konst. folgt aus $L_z = 0$: $\varphi_2 = -\varphi_1 J_1/J_2$). In der so erreichten Lage schließe der Mann die Beine und strecke die Arme aus, sodaß $J_1^{*} > J_2^{*}$ wird. Nun drehe er den Unterkörper um φ_2^{*}, wodurch sich der Oberkörper im Gegensinn um $\varphi_2^{*} J_2^{*}/J_1^{*}$ drehen wird. Es sei φ_2^{*} gerade so groß gewählt, daß $\varphi_1 + \varphi_1 J_1/J_2 = \varphi_2^{*} + \varphi_2^{*} J_2^{*}/J_1^{*}$ wird. Unter dieser Bedingung wird jetzt der Mann in *Normalstellung* um den Winkel φ verdreht auf dem glatten Boden stehen:

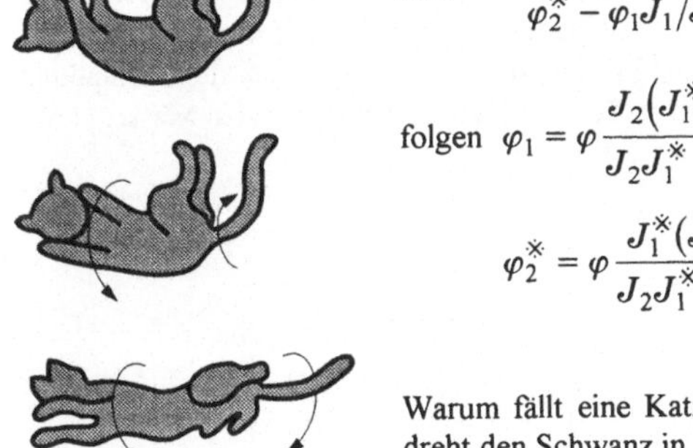

$$\text{Aus} \quad \begin{aligned} \varphi_1 - \varphi_2^{*} J_2^{*}/J_1^{*} &= \varphi \\ \varphi_2^{*} - \varphi_1 J_1/J_2 &= \varphi \end{aligned}$$

$$\text{folgen} \quad \varphi_1 = \varphi \frac{J_2\left(J_1^{*} + J_2^{*}\right)}{J_2 J_1^{*} - J_1 J_2^{*}} \,,$$

$$\varphi_2^{*} = \varphi \frac{J_1^{*}\left(J_1 + J_2\right)}{J_2 J_1^{*} - J_1 J_2^{*}} \,.$$

Warum fällt eine Katze immer auf ihre vier Pfoten? Die Katze dreht den Schwanz in einem Richtungsinn, wodurch sich der Katzenkörper selbst im Gegensinne dreht.

Die Gegenbewegung der beiden Arme gegenüber der Beinbewegung verhindert die Kopfdrehbewegung.

Die normale ruhige Gangart des Pferdes: gegensinnige Drehbewegung der Vorder- und der Hinterbeine ⇒ keine Drehung des Pferderumpfes.

4.4 Zwei Massenpunkte

4.4.1 Zwei gekoppelte Massenpunkte

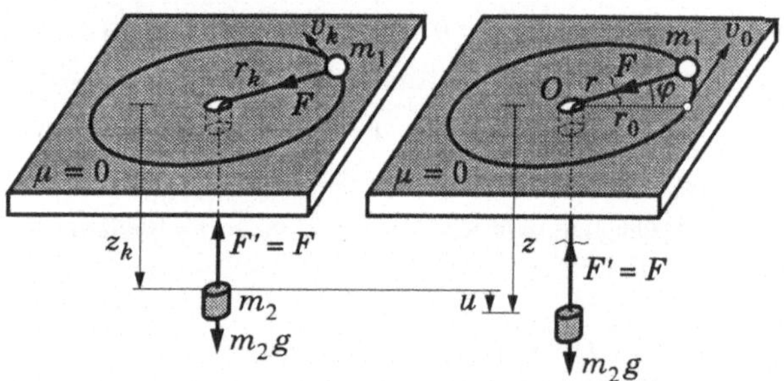

Zwei Massenpunkte mit den Massen m_1 und m_2 seien über ein (masseloses) Seil miteinander verbunden. Der Massenpunkt mit der Masse m_1 soll sich auf einer vollkommen glatten horizontalen Ebene frei bewegen können. Das die Massenpunkte verbindende Seil läuft durch ein (reibungsfreies) Loch O in der Platte, der Massenpunkt mit der Masse m_2 hängt frei herab. Schneidet man die Massenpunkte frei, d. h. durchtrennt man die Verbindung mit dem Seil und bringt entsprechende Schnittkräfte $F' = F$ an, so kann für jeden Massenpunkt das dynamische Grundgesetz angeschrieben werden:

$$m_1\left(\ddot{r} - r\dot{\varphi}^2\right) = -F \qquad \ldots\ldots 1)$$

$$m\left(r^2\dot{\varphi}\right)^{\cdot}\big/r = m_1\left(r\ddot{\varphi} + 2\dot{r}\dot{\varphi}\right) = 0 \qquad \ldots\ldots 2)$$

$$m_2\ddot{z} = m_2 g - F \qquad \ldots\ldots 3)$$

Für m_2 werde nur eine Vertikalbewegung in Betracht gezogen.

Daß die beiden Schnittkräfte gleich groß sind, folgt aus der angenommenen Reibungsfreiheit des Loches und der Massenfreiheit des Seiles. Bezüglich des Seiles kann z. B. die Gültigkeit des Hookeschen Gesetzes angenommen werden:

Linear elastisches Seil: $\quad F = c(b - b_0) \quad$ .... 4) $\qquad b$...(Band-)Seillänge.

Die geometrische Bedingung: $\quad r + z = b \quad$ .... 5)

vervollständigt den Gleichungssatz für r, φ, z, F, b auf fünf.

Grenzfall: Dehnstarres Seil

Für $c \to \infty$ und $(b - b_0) \to 0$ wird F eine Zwangskraft. Anstelle von 4) und 5) treten jetzt die Gleichungen

$$F = 0 \cdot \infty = F^* \qquad .... \; 4)'$$

und $\quad b = b_0 = r + z \qquad .... \; 5)'$

In den Gleichungen 1), 2), 3), 4)' und 5)' hat man wieder 5 Gleichungen für r, φ, z, F, F^*.

Wir setzen für die weitere Rechnung den Grenzfall: *dehnstarres Seil* voraus und stellen zunächst fest, daß eine stationäre Kreisbahnbewegung des Massenpunktes mit der Masse m_1 auf der horizontalen Ebene möglich ist.

$$r = r_k \; \Rightarrow \; 2) \; \Rightarrow \; \dot\varphi = \dot\varphi_k,$$
$$\dot r = 0 \; \Rightarrow \; 5)' \; \Rightarrow \; \dot z_k = 0, \; \ddot z_k = 0.$$

Damit in 3):

$$F = m_2 g \; \Rightarrow \; 1) \; \Rightarrow \; -m_1 r_k \dot\varphi_k^2 = -m_2 g \; \Rightarrow$$

$$v_k^2 / r_k = m_2 g / m_1 \quad \text{(Zusammenhang zwischen } r_k \text{ und } v_k).$$

Nun werde die *Gleichgewichtslage* von m_2 gestört durch eine Anfangsauslenkung u_0 und eine Anfangsgeschwindigkeit $\dot u_0$ (siehe Skizze). $u(t) = ?$, $r(t) = ?$, $\varphi(t) = ?$

Aus 2) folgt

$$r^2 \dot\varphi = r_0^2 \dot\varphi_0 = r_k^2 \dot\varphi_k = r_k v_k \; \Rightarrow \; \dot\varphi = \frac{v_k r_k}{r^2}$$

Die Elimination von F aus 1) und 3) ergibt:

$$m_1\left(\ddot r - r\dot\varphi^2\right) = m_2(\ddot z - g).$$

128

Mit $\quad z = z_k + u \quad$ und 5)':

$$r = b_0 - z = b - (z_k + u) = r_k - u$$

sowie $\quad \dot{\varphi} = v_k r_k / r^2 = v_k r_k / (r_k - u)^2$

wird daraus

$$m_1 \left[-\ddot{u} - (r_k - u) \frac{v_k^2 r_k^2}{(r_k - u)^4} \right] = m_2 (\ddot{u} - g)$$

$$(m_1 + m_2) \ddot{u} + m_1 \frac{v_k^2}{r_k} \left(1 - \frac{u}{r_k} \right)^{-3} = m_2 g \ .$$

Bei Beschränkung auf <u>kleine Werte</u> von u bzw. $\dot{u}$ erhält man daraus unter Berücksichtigung von $m_1 v_k^2 / r_k = m_2 g$

$$(m_1 + m_2) \ddot{u} + m_2 v_k^2 3 u / r_k^2 = 0 \quad \Rightarrow \quad \ddot{u} + \left[3 (g/r_k) \cdot m_2 / (m_1 + m_2) \right] u = 0 \ .$$

Mit $\quad \omega^2 = 3 \dfrac{g}{r_k} \cdot \dfrac{m_2}{m_1 + m_2}$

folgen daraus

$$\boxed{u(t) = u_0 \cos \omega t + \frac{\dot{u}_0}{\omega} \sin \omega t} \quad , \quad \boxed{r(t) = r_k - \left(u_0 \cos \omega t + \frac{\dot{u}_0}{\omega} \sin \omega t \right)} \quad ,$$

und aus $\quad \dot{\varphi} = \dfrac{v_k r_k}{r^2} = \dfrac{v_k}{r_k} \left(1 - \dfrac{u}{r_k} \right)^{-2} \doteq \dfrac{v_k}{r_k} \left(1 + \dfrac{2u}{r_k} \right) \quad \Rightarrow$

$$\boxed{\varphi(t) = \frac{v_k}{r_k} \left\{ t + \frac{2}{\omega} \left[\frac{u_0}{r_k} \sin \omega t + \frac{\dot{u}_0}{r_k \omega} (1 - \cos \omega t) \right] \right\}} \ .$$

4.4.2 Gerader Stoß zweier Massenpunkte

Auf Seite 84 haben wir den Stoß eines kleinen Körpers auf eine ruhende Unterlage (mit unendlich großer Masse) behandelt. Das Ergebnis war: die Geschwindigkeit des kleinen Körpers nach dem Stoß ist

$$v_{\text{nach}} = -\varepsilon \, v_{\text{vor}} \ .$$

Nun sei die Masse des gestoßenen Körpers als endlich vorausgesetzt. Wir nehmen wieder an, daß

die Stoßzeit $\Delta t = t_{\text{nach}} - t_{\text{vor}}$ sehr kurz (≈ 0) sei, und

die Stoßkraft (Kontaktkraft) F sehr groß ist im Vergleich zu allen anderen auf die Massen wirkenden Kräfte.

Wegen der Kürze der Stoßzeit kann auch angenommen werden, daß durch den Stoß keine nennenswerte Lageänderung der beiden Massenpunkte eintritt, während die Geschwindigkeiten sich unstetig (plötzlich) in der Stoßzeit ändern.

Beim Stoßvorgang können wieder zwei Perioden unterschieden werden. Die erste Stoßperiode (I), in der die aneinander stoßenden Körper sich an der Kontaktstelle bei zunehmender Stoßkraft verformen (Kompressionsperiode) und in die zweite Stoßperiode (II), in der die teilweise Rückbildung der ursprünglichen Form der Körper bei abnehmender Stoßkraft stattfindet (Restitutionsperiode).

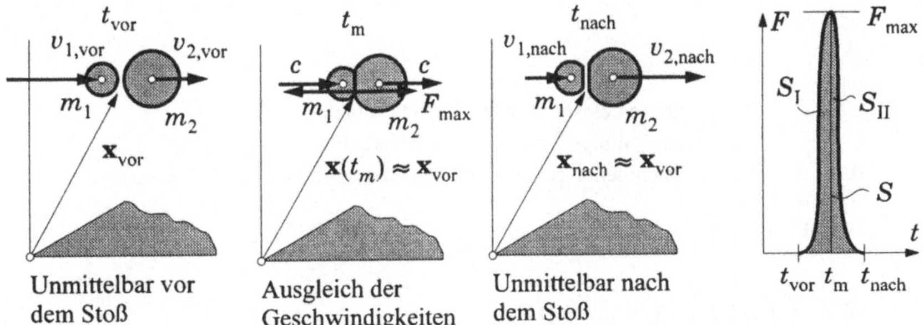

Im Augenblick t_{m} des Auftretens der größten Stoßkraft $F(t_{\text{m}}) = F_{\text{max}}$ wird die Geschwindigkeit des stoßenden Körpers gleich sein der Geschwindigkeit des gestoßenen Körpers. Wir bezeichnen diese Geschwindigkeit als die Ausgleichsgeschwindigkeit:

$$c = v_1(t_{\text{m}}) = v_2(t_{\text{m}}) \quad.$$

Der Satz vom Antrieb liefert für den stoßenden bzw. den gestoßenen Körper in der ersten (I) bzw. der zweiten (II) Stoßperiode:

$$\int_{v_{1,\text{vor}}}^{c} m_1 dv_1 = \boxed{m_1\left(c - v_{1,\text{vor}}\right) = -S_{\text{I}}} = -\int_{t_{\text{vor}}}^{t_{\text{m}}} F\, dt \qquad \dots\dots 1)\,;$$

$$\int_{v_{2,\text{vor}}}^{c} m_2 dv_2 = \boxed{m_2\left(c - v_{2,\text{vor}}\right) = S_{\text{I}}} = \int_{t_{\text{vor}}}^{t_{\text{m}}} F\, dt \qquad \dots\dots 2)\,;$$

$$\int_{c}^{v_{1,\text{nach}}} m_1 dv_1 = \boxed{m_1\left(v_{1,\text{nach}} - c\right) = -S_{\text{II}}} = -\int_{t_{\text{m}}}^{t_{\text{nach}}} F\, dt \qquad \dots\dots 3)\,;$$

$$\int_{c}^{v_{2,\text{nach}}} m_2 dv_2 = \boxed{m_2\left(v_{2,\text{nach}} - c\right) = S_{\text{II}}} = \int_{t_{\text{m}}}^{t_{\text{nach}}} F\, dt \qquad \dots\dots 4)\,.$$

130

Das sind vier Gleichungen für $v_{1,\text{nach}}$, $v_{2,\text{nach}}$, S_I, S_II und c. Die Aufgabe ist also dynamisch unbestimmt. Es ist folglich notwendig, eine Hypothese zu Hilfe zu nehmen:

Stoßhypothese: $\boxed{S_\text{II}/S_\text{I} = \varepsilon}$ mit aus Experimenten bekanntem Stoßkoeffizienten ε.

Es wird dabei angenommen, daß das Verhältnis der Antriebe in der Restitutionsperiode (S_II) und in der Kompressionsperiode (S_I) allein von den Materialien der beiden aufeinanderstoßenden Körper abhängig ist.

Grenzfälle

$\varepsilon = 1$ vollkommen elastischer Stoß (totale Formrückbildung)

$\varepsilon = 0$ vollkommen plastischer Stoß (fehlende Formrückbildung)

$0 < \varepsilon < 1$ unvollkommener elastischer Stoß (teilweise Formrückbildung)

Mit der Stoßhypothese gilt für den Gesamtantrieb:

$$S = \int_{t_\text{vor}}^{t_\text{nach}} F(t)\,dt = S_\text{I} + S_\text{II} = (1 + \varepsilon)\,S_\text{I}\,.$$

Die Elimination der Ausgleichsgeschwindigkeit c aus den Gleichungen 1) und 2) [Addition der durch $(-m_1)$ dividierten Gleichung 1) und der durch m_2 dividierten Gleichung 2)] ergibt für den Antrieb in der ersten Stoßperiode:

$$v_{1,\text{vor}} - v_{2,\text{vor}} = S_\text{I}\left(\frac{1}{m_1} + \frac{1}{m_2}\right) \;\Rightarrow\; S_\text{I} = \frac{m_1 m_2}{m_1 + m_2}\left(v_{1,\text{vor}} - v_{2,\text{vor}}\right).$$

Damit erhält man für den Gesamtantrieb (**Stoßantrieb**):

$$\boxed{S = (1 + \varepsilon)\frac{m_1 m_2}{m_1 + m_2}\left(v_{1,\text{vor}} - v_{2,\text{vor}}\right)}\;.$$

Mit dem Stoßantrieb S lassen sich die Hauptunbekannten $v_{1,\text{nach}}$ und $v_{2,\text{nach}}$ unmittelbar bestimmen:

Die Addition von 1) und 3) bzw. die Addition von 2) und 4) liefert mit $S_\text{II} = \varepsilon\,S_\text{I}$ für die Geschwindigkeiten nach dem Stoß:

$$\boxed{v_{1,\text{nach}} = v_{1,\text{vor}} - \frac{S}{m_1}} \quad \text{und} \quad \boxed{v_{2,\text{nach}} = v_{2,\text{vor}} + \frac{S}{m_2}}\;.$$

Für die Ausgleichsgeschwindigkeit c erhält man aus Gleichung 1) + Gleichung 2):

$$c = \frac{m_1 v_{1,\text{vor}} + m_2 v_{2,\text{vor}}}{m_1 + m_2},$$

d. h. die Ausgleichsgeschwindigkeit ist gleich der Geschwindigkeit des Massenzentrums der beiden Massenpunkte. Die Stoßkraft F ist eine innere Kraft des „Massenpunktesystem", das die beiden Massenpunkte darstellen. Daher folgt aus dem Impulssatz $\dot{\mathbf{p}} = \mathbf{F}^{(a)} = 0 \Rightarrow p = $ konst.:

$$p_{\text{vor}} = \left(m_1 v_{1,\text{vor}} + m_2 v_{2,\text{vor}}\right) = \left(m_1 + m_2\right)c = \left(m_1 v_{1,\text{nach}} + m_2 v_{2,\text{nach}}\right) = p_{\text{nach}} \cdot$$

und somit:

$$c = \frac{\left(m_1 v_{1,\text{nach}} + m_2 v_{2,\text{nach}}\right)}{m_1 + m_2} = \frac{m_1 v_{1,\text{vor}} + m_2 v_{2,\text{vor}}}{m_1 + m_2}.$$

Der Energieverlust

Während der Gesamtimpuls p beim Stoß erhalten bleibt ($p_{\text{nach}} = p_{\text{vor}}$), trifft dies auf die Gesamtenergie im allgemeinen nicht zu. Nur beim vollkommen elastischen Stoß ($\varepsilon = 1$) wird $T_{\text{nach}} = T_{\text{vor}}$. Der Verlust ΔT berechnet sich aus:

$$\Delta T = \frac{1}{2}\left(m_1 v_{1,\text{vor}}^2 + m_2 v_{2,\text{vor}}^2\right) - \frac{1}{2}\left(m_1 v_{1,\text{nach}}^2 + m_2 v_{2,\text{nach}}^2\right) =$$

$$= \frac{1}{2}\left[m_1\left(v_{1,\text{vor}}^2 - v_{1,\text{nach}}^2\right) + m_2\left(v_{2,\text{vor}}^2 - v_{2,\text{nach}}^2\right)\right] =$$

$$= \frac{1}{2}\left\{m_1\left[v_{1,\text{vor}}^2 - \left(v_{1,\text{vor}}^2 - 2\frac{S}{m_1}v_{1,\text{vor}} + \frac{S^2}{m_1^2}\right)\right] + \right.$$

$$\left. + m_2\left[v_{2,\text{vor}}^2 - \left(v_{2,\text{vor}}^2 + 2\frac{S}{m_2}v_{2,\text{vor}} + \frac{S^2}{m_2^2}\right)\right]\right\}$$

$$= \frac{1}{2}\left\{2\left(v_{1,\text{vor}} - v_{2,\text{vor}}\right)S - S^2\left(\frac{1}{m_1} + \frac{1}{m_2}\right)\right\} = \frac{1}{2}S\left\{2\left(v_{1,\text{vor}} - v_{2,\text{vor}}\right) - S\frac{m_1 + m_2}{m_1 m_2}\right\} =$$

$$= \frac{1}{2}S\left(v_{1,\text{vor}} - v_{2,\text{vor}}\right)(1 - \varepsilon)$$

zu $\qquad T_{\text{vor}} - T_{\text{nach}} = \frac{1}{2} \cdot \frac{m_1 m_2}{m_1 + m_2}\left(1 - \varepsilon^2\right)\left(v_{1,\text{vor}} - v_{2,\text{vor}}\right)^2 \cdot$

Übersichtsdiagramm der Geschwindigkeiten

4.4.3 Schräger Stoß zweier Kugeln

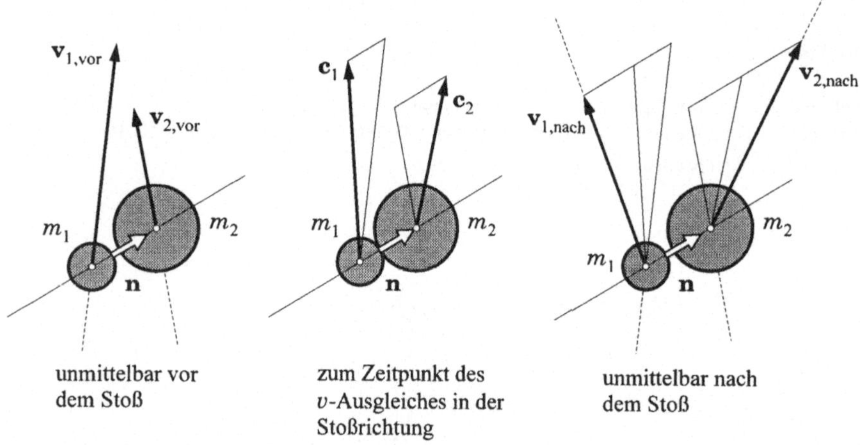

unmittelbar vor dem Stoß	zum Zeitpunkt des v-Ausgleiches in der Stoßrichtung	unmittelbar nach dem Stoß

Zwei Kugeln mit vollkommen glatten Oberflächen gleiten schräg (mit den Geschwindigkeiten $\mathbf{v}_{1,\text{vor}}$ bzw. $\mathbf{v}_{2,\text{vor}}$) aufeinander zu. Sobald sie sich berühren wirkt die Stoßkraft F in den beiden Richungen $+\mathbf{n}$ und $-\mathbf{n}$. ($\mathbf{n}$ ist der Einheitsvektor in der Richtung der Verbindungslinie der Kugelmittelpunkte: Stoßrichtung). Wir können die eben abgeleiteten Formeln für den geraden Stoß auch beim schrägen Stoß verwenden, wenn wir nur in diesen Formeln die Geschwindigkeiten ($v_{1,\text{vor}}$, $v_{2,\text{vor}}$, $v_{1,\text{nach}}$ und $v_{2,\text{nach}}$) durch die Geschwindigkeitskomponenten ($\mathbf{v}_{1,\text{vor}} \circ \mathbf{n}$, $\mathbf{v}_{2,\text{vor}} \circ \mathbf{n}$, $\mathbf{v}_{1,\text{nach}} \circ \mathbf{n}$ und $\mathbf{v}_{2,\text{nach}} \circ \mathbf{n}$) in der Stoßrichtung ersetzen.

Die vektorielle Behandlung der gestellten Aufgabe soll trotzdem hier folgen: Die Antriebsgleichungen für die beiden Kugeln in der Kompressions- bzw. in der Restitutionsperiode lauten:

$$m_1\left(\mathbf{c}_1 - \mathbf{v}_{1,\text{vor}}\right) = -\mathbf{n}\,S_\mathrm{I} \qquad \ldots\ldots 1)$$

$$m_2\left(\mathbf{c}_2 - \mathbf{v}_{2,\text{vor}}\right) = \mathbf{n}\,S_\mathrm{I} \qquad \ldots\ldots 2)$$

$$m_1\big(\mathbf{v}_{1,\text{nach}} - \mathbf{c}_1\big) = -\mathbf{n}\,S_{\text{II}} \quad \dots\dots\ 3)$$

$$m_2\big(\mathbf{v}_{2,\text{nach}} - \mathbf{c}_2\big) = \mathbf{n}\,S_{\text{II}} \quad \dots\dots\ 4)$$

Die Stoßhypothese lautet

$$S_{\text{II}} = \varepsilon\,S_{\text{I}} \quad \dots\dots\ 5)$$

und die Ausgleichsbedingung

$$\big(\mathbf{c}_1 - \mathbf{c}_2\big)\circ\mathbf{n} = 0 \quad \dots\dots\ 6)$$

Aus 1) und 2) kann unter Berücksichtigung von 6) $\Rightarrow S_{\text{I}}$ berechnet werden. Damit ergibt sich dann für den Stoßantrieb:

$$\mathbf{S} = \mathbf{n}\,S = \mathbf{n}(1+\varepsilon)\frac{m_1 m_2}{m_1 + m_2}\big(\mathbf{v}_{1,\text{vor}} - \mathbf{v}_{2,\text{vor}}\big)\circ\mathbf{n}$$

Aus 1) und 3) bzw. aus 2) und 4) erhält man für $\mathbf{v}_{1,\text{nach}}$ und $\mathbf{v}_{2,\text{nach}}$:

$$\mathbf{v}_{1,\text{nach}} = \mathbf{v}_{1,\text{vor}} - \frac{\mathbf{S}}{m_1}\ , \qquad \mathbf{v}_{2,\text{nach}} = \mathbf{v}_{2,\text{vor}} + \frac{\mathbf{S}}{m_2}\ .$$

Reihenstoßbeispiel

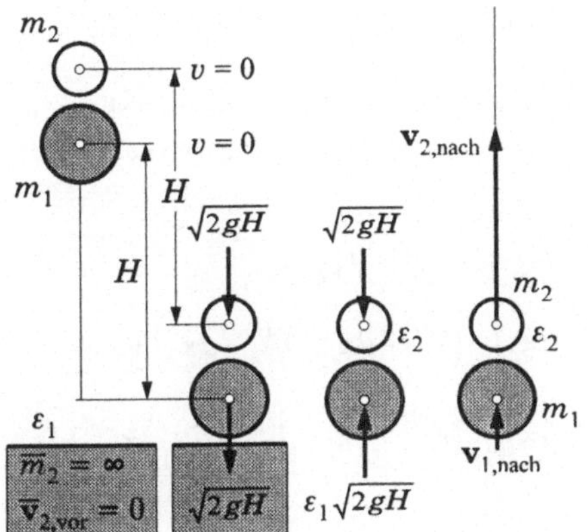

Zwei mit geringen Abstand übereinander gelagerte Bälle fallen aus der Höhe H (Anfangsgeschwindigkeit 0) auf den Boden. Es erfolgen hintereinander zwei Stöße:

Erster Stoß

$$\overline{m}_2 = \infty\ , \quad \overline{v}_{2,\text{vor}} = 0$$

$$v_{1,\text{vor}} = \sqrt{2gH} \quad \Rightarrow$$

$$S = (1+\varepsilon_1)\frac{m_1\overline{m}_2}{m_1 + \overline{m}_2}\big(v_{1,\text{vor}} - \overline{v}_{2,\text{vor}}\big) =$$

$$= (1+\varepsilon_1)\,m_1\sqrt{2gH} \quad \Rightarrow$$

$$v_{2,\text{nach}} = v_{1,\text{vor}} - \frac{S}{m_1} = \sqrt{2gH}\big[1 - (1-\varepsilon_1)\big] = -\varepsilon_1\sqrt{2gH} \qquad \text{(vgl. S. 85)}.$$

Zweiter Stoß

$$v_{1,\text{vor}} = \varepsilon_1\sqrt{2gH}\ , \quad v_{2,\text{vor}} = -\sqrt{2gH} \qquad \Rightarrow$$

$$S = \left(1+\varepsilon_2\right)\frac{m_1 m_2}{m_1+m_2}\left(v_{1,\text{vor}} - v_{2,\text{vor}}\right) = \left(1+\varepsilon_2\right)\frac{m_1 m_2}{m_1+m_2}\sqrt{2gH}\left(\varepsilon_1 - (-1)\right) \quad \Rightarrow$$

$$v_{2,\text{nach}} = v_{2,\text{vor}} + \frac{S}{m_2} = \sqrt{2gH}\left[-1 + \left(1+\varepsilon_2\right)\left(1+\varepsilon_1\right)\frac{m_1}{m_1+m_2}\right]$$

für $\varepsilon_1 \approx \varepsilon_2 \approx 1$ und $m_2 \ll m_1 \Rightarrow$

$$v_{2,\text{nach,max}} = 3\sqrt{2gH} \ . \qquad \Rightarrow \text{Rücksprunghöhe } h_{\max} = 9\cdot H \ !$$

$$v_{1,\text{nach}} = v_{1,\text{vor}} - \frac{S}{m_1} = \sqrt{2gH}\left[\varepsilon_1 - \left(1+\varepsilon_2\right)\left(1+\varepsilon_1\right)\frac{m_2}{m_1+m_2}\right] \ .$$

4.5 Der Energiesatz für das Massenpunktesystem

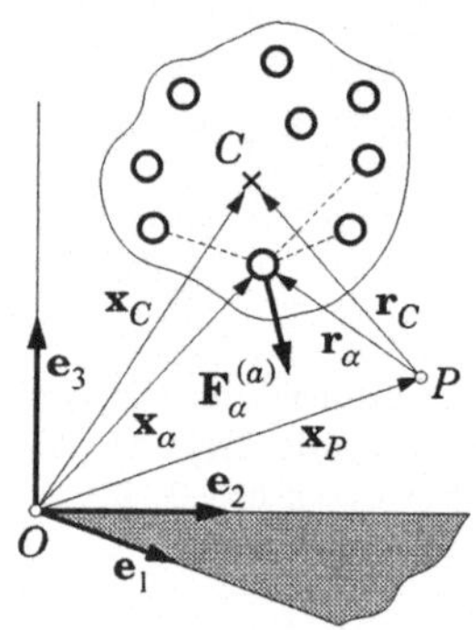

Gehen wir noch einmal aus von dem System von Bewegungsgleichungen für das Massenpunktesystem

$$\begin{aligned}
m_1\ddot{\mathbf{x}}_1 &= \mathbf{F}_1^{(a)} & & & +\mathbf{F}_{1,2}^{(i)} & +\mathbf{F}_{1,3}^{(i)} & +\ldots\mathbf{F}_{1,N}^{(i)}\\
m_2\ddot{\mathbf{x}}_2 &= \mathbf{F}_2^{(a)} & +\mathbf{F}_{2,1}^{(i)} & & & +\mathbf{F}_{2,3}^{(i)} & +\ldots\mathbf{F}_{2,N}^{(i)}\\
&\ \ \vdots & &\vdots & \vdots & \vdots & \vdots\\
m_N\ddot{\mathbf{x}}_N &= \mathbf{F}_N^{(a)} & +\mathbf{F}_{N,1}^{(i)} & +\mathbf{F}_{N,2}^{(i)} & +\mathbf{F}_{N,3}^{(i)} & +\ldots\mathbf{F}_{N,N-1}^{(i)}
\end{aligned}$$

Multiplizieren wir diese Gleichungen der Reihe nach skalar mit $d\mathbf{x}_1, d\mathbf{x}_2 \ldots d\mathbf{x}_N$ und addieren die so erhaltenen Gleichungen, dann erhalten wir:

$$\left(m_1\ddot{\mathbf{x}}_1 \circ d\mathbf{x}_1 + \ldots\right) = \mathbf{F}_1^{(a)} \circ d\mathbf{x}_1 + \mathbf{F}_2^{(a)} \circ d\mathbf{x}_2 + \ldots \mathbf{F}_N^{(a)} \circ d\mathbf{x}_N +$$

$$+\left(\mathbf{F}_{1,2}^{(i)} \circ d\mathbf{x}_1 + \mathbf{F}_{2,1}^{(i)} \circ d\mathbf{x}_2\right) + \left(\mathbf{F}_{1,3}^{(i)} \circ d\mathbf{x}_1 + \mathbf{F}_{3,1}^{(i)} \circ d\mathbf{x}_3\right) + \ldots +$$

$$+\left(\mathbf{F}_{2,3}^{(i)} \circ d\mathbf{x}_2 + \mathbf{F}_{3,2}^{(i)} \circ d\mathbf{x}_3\right) + \left(\mathbf{F}_{2,4}^{(i)} \circ d\mathbf{x}_2 + \mathbf{F}_{4,2}^{(i)} \circ d\mathbf{x}_4\right) + \ldots +$$

$$+\ldots$$

Mit $\ddot{\mathbf{x}} \circ d\mathbf{x} = \ddot{x}_1 dx_1 + \ddot{x}_2 dx_2 + \ddot{x}_3 dx_3 = \dot{x}_1 d\dot{x}_1 + \dot{x}_1 d\dot{x}_2 + \dot{x}_3 d\dot{x}_3 = d\,\frac{\dot{x}_1^2 + \dot{x}_2^2 + \dot{x}_3^2}{2} = d\left(\frac{v^2}{2}\right)$

und der kinetischen Energie des Gesamtsystems:

$$\boxed{T = \sum_1^N \frac{m_\alpha v_\alpha^2}{2}} = m_1\frac{v_1^2}{2} + m_2\frac{v_2^2}{2} + \ldots + m_N\frac{v_N^2}{2} \ ,$$

der infinitesimalen Arbeit der äußeren Kräfte:

$$\boxed{dW^{(a)} = \sum_1^N \mathbf{F}_\alpha^{(a)} \circ d\mathbf{x}} = \mathbf{F}_1^{(a)} \circ d\mathbf{x}_1 + \mathbf{F}_2^{(a)} \circ d\mathbf{x}_2 + \ldots + \mathbf{F}_N^{(a)} \cdot d\mathbf{x}_N$$

und schließlich der infinitesimalen Arbeit der inneren Kräfte

$$\boxed{dW^{(i)} = \sum_{\alpha,\beta} \mathbf{F}_{\alpha,\beta}^{(i)} \circ d\mathbf{x}_\alpha + \mathbf{F}_{\beta,\alpha}^{(i)} \circ d\mathbf{x}_\beta}$$

$$= \left(\mathbf{F}_{1,2}^{(i)} \cdot d\mathbf{x}_1 + \mathbf{F}_{2,1}^{(i)} \circ d\mathbf{x}_2 \right) + \left(\mathbf{F}_{1,3}^{(i)} \circ d\mathbf{x}_1 + \mathbf{F}_{3,1}^{(i)} \circ d\mathbf{x}_3 \right) + \ldots$$

$$+ \left(\mathbf{F}_{2,3}^{(i)} \circ d\mathbf{x}_2 + \mathbf{F}_{3,2}^{(i)} \circ d\mathbf{x}_3 \right) + \ldots$$

$$+ \ldots$$

kann man dafür schreiben

$$dT = dW = dW^{(a)} + dW^{(i)}.$$

Mit der Gesamtleistung

$$\boxed{P = \frac{dW}{dt} = \frac{dW^{(a)}}{dt} + \frac{dW^{(i)}}{dt} = P^{(a)} + P^{(i)}}$$

erhält man daraus die differentielle Form des Energiesatzes des Massenpunktesystems:

$$\boxed{\dot{T} = P = P^{(a)} + P^{(i)}}$$

In Worten: Die zeitliche Änderung der kinetischen Gesamtenergie des Massenpunktesystems ist gleich der Leistung der äußeren und der inneren Kräfte.

Nur für den <u>starren</u> Körper ist $P^{(i)} = 0 \Rightarrow \dot{T} = P^{(a)}$.

136

4.5.1 Die kinetische Energie und die Bewegung des Massenzentrums

Aus $\quad T = \sum m_\alpha \frac{v_\alpha^2}{2} = \sum m_\alpha \frac{\dot{\mathbf{x}}_\alpha^2}{2}$

erhält man mit $\mathbf{x}_\alpha = \mathbf{x}_P + \mathbf{r}_\alpha \;\Rightarrow\; \dot{\mathbf{x}}_\alpha = \dot{\mathbf{x}}_P + \dot{\mathbf{r}}_\alpha$

$$T = \left(\sum m_\alpha\right)\frac{v_P^2}{2} + \sum m_\alpha \dot{\mathbf{r}}_\alpha \circ \mathbf{v}_P + \frac{1}{2}\sum m_\alpha \dot{\mathbf{r}}_\alpha^2 = m\frac{v_P^2}{2} + m\dot{\mathbf{r}}_C \circ \mathbf{v}_P + \sum \frac{1}{2} m_\alpha \dot{\mathbf{r}}_\alpha^2$$

Identifiziert man den Bezugspunkt P mit dem Massenzentrum C, dann folgt daraus (mit $C \equiv P, \mathbf{r}_C \equiv 0$):

$$\boxed{\; T = \frac{mv_C^2}{2} + \sum \frac{1}{2} m_\alpha (\dot{\mathbf{x}}_\alpha - \dot{\mathbf{x}}_C)^2 \;}$$

Die kinetische Energie setzt sich also zusammen aus der kinetischen Energie der in C vereinigt gedachten Gesamtmasse m und der relativen kinetischen Energie $\sum m_\alpha \dot{\mathbf{r}}_\alpha^2 / 2$ in bezug auf das Massenzentrum C.

5 Kontinuumsmechanik

5.1 Impulssatz, Drallsatz und Energiesatz

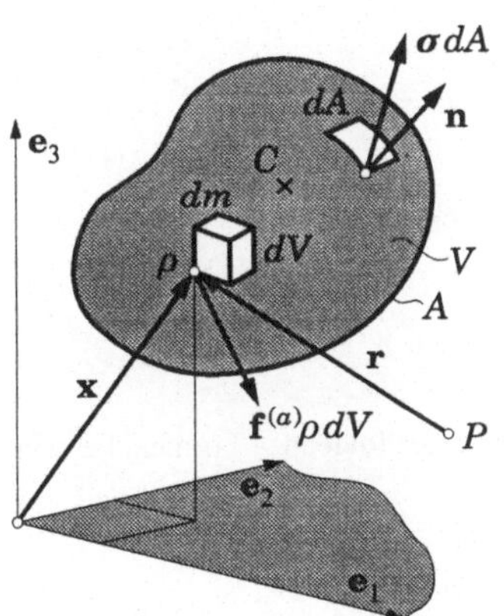

Einen Körper, wie er uns vorliegt, können wir uns als aus sehr sehr vielen Partikeln zusammengesetzt vorstellen (Massenpunktemodell). Wir können aber auch annehmen, daß die vorhandene Masse m lückenlos über das Volumen V in bestimmter Weise verteilt sei (Kontinuumsmodell). Mit diesem zweiten Modell, das wir uns von der „Wirklichkeit" machen können, werden wir uns jetzt näher beschäftigen und die unter Zugrundelegung des Massenpunktemodells abgeleiteten Sätze postulatorisch auf das Kontinuumsmodell übertragen. Es soll auch für dieses gelten:

$$\boxed{\dot{\mathbf{p}} = \mathbf{F}^{(a)} = m\ddot{\mathbf{x}}_C} \quad, \quad \boxed{\dot{\mathbf{L}} = \mathbf{M}^{(a)}} \quad,$$

$$\dot{\mathbf{L}}_P + \dot{\mathbf{x}}_P \times m\dot{\mathbf{x}}_C = \mathbf{M}_P^{(a)} \quad \text{bzw.} \quad \dot{\mathbf{L}}_C = \mathbf{M}_C^{(a)}$$

und $\quad \boxed{\dot{T} = P = P^{(a)} + P^{(i)}} \quad$ bzw. für starre Körper: $\dot{T} = P^{(a)}$.

Die Masse m sei über V verteilt. Die Art der Verteilung gibt die **Dichte** ρ, die eine Funktion des Ortes ist:

$$\boxed{\rho = \frac{dm}{dV}} \quad \Rightarrow \quad \boxed{m = \iiint \rho\, dV} \quad.$$

Das Massenzentrum C kann definiert werden (analog zu $\mathbf{x}_C = \sum m_a \mathbf{x}_a \big/ \sum m_a$) durch:

$$\boxed{\mathbf{x}_C = \iiint \frac{\mathbf{x}\rho\, dV}{m}} \quad.$$

138

Die äußeren Kräfte, die auf das abgegrenzte Massenkontinuum (mit dem Volumen V und der Oberfläche A) einwirken, sind:

Im Inneren die Volumenkraft $\mathbf{f}^{(a)}\rho\,dV$ ($\mathbf{f}^{(a)}$ ist die Volumenkraft pro Masseneinheit) und auf der Oberfläche $\boldsymbol{\sigma}\,dA$ ($\boldsymbol{\sigma}$ ist die Kraft pro Flächeneinheit, die wir *Spannung* nennen).

Die resultierende Kraft $\mathbf{F}^{(a)}$ und das resultierende Moment $\mathbf{M}^{(a)}$ berechnen sich dementsprechend aus:

$$\mathbf{F}^{(a)} = \iiint_V \mathbf{f}^{(a)}\rho\,dV + \iint_A \boldsymbol{\sigma}\,dA$$

und
$$\mathbf{M}^{(a)} = \iiint_V \mathbf{x}\times\mathbf{f}^{(a)}\rho\,dV + \iint_A \mathbf{x}\times\boldsymbol{\sigma}\,dA$$

Die Leistung der äußeren Kräfte ist gegeben durch den Ausdruck:

$$P^{(a)} = \iiint_V \mathbf{f}^{(a)}\rho\,dV \circ \dot{\mathbf{x}} + \iint_A \boldsymbol{\sigma}\,dA \circ \dot{\mathbf{x}}$$

Der Impuls $\mathbf{p}$, der Drall $\mathbf{L}$ und die kinetische Energie T können aus folgenden Formeln berechnet werden:

$$\mathbf{p} = \iiint \dot{\mathbf{x}}\rho\,dV = m\dot{\mathbf{x}}_C \quad, \qquad \mathbf{L} = \iiint \mathbf{x}\times\dot{\mathbf{x}}\rho\,dV \quad,$$

$$\mathbf{L}_P = \iiint \mathbf{r}\times\dot{\mathbf{x}}\rho\,dV\,, \qquad T = \iiint \frac{\dot{\mathbf{x}}^2 dm}{2}\,.$$

Da wir uns im folgenden ausschließlich mit dem **starren Körper** beschäftigen werden, brauchen wir uns um die Leistung der inneren Kräfte $P^{(i)}$ nicht kümmern: Wenn der Körper starr ist $\left(\mathbf{x}_\alpha - \mathbf{x}_\beta\right)^2 = $ konst., dann ist die Leistung der inneren Kräfte gleich Null,

$$P^{(i)} = 0\,.$$

Der <u>starre</u> Körper ist nicht in der Lage, Energie durch Formänderung aufzunehmen bzw. zu speichern. Einen absolut starren Körper gibt es nicht. Es handelt sich dabei um eine Fiktion, nützlich in allen Fällen, wenn die Verformungsleistung im Verhältnis zu der Leistung der äußeren Kräfte vernachlässigbar klein ist.

Die Annahme der Gültigkeit des Drallsatzes $\dot{\mathbf{L}} = \mathbf{M}$ hat zur Konsequenz, daß die Komponenten σ_{ij} bzw. σ_{ji} der Spannungsvektoren $\boldsymbol{\sigma}_\mathrm{I}$ bzw. $\boldsymbol{\sigma}_\mathrm{II}$, die zwei zueinander normalgerichteten Flächenelementen I bzw. II zugeordnet sind (siehe Skizze), gleich groß sind.

Geht man von der Kontinuumsvorstellung aus, so muß $\sigma_{ij} = \sigma_{ji}$ axiomatisch angenommen werden, um zum Drallsatz zu kommen (Boltzmann-Axiom).

5.2 Die Differentialgleichungen der Kontinuumsmechanik

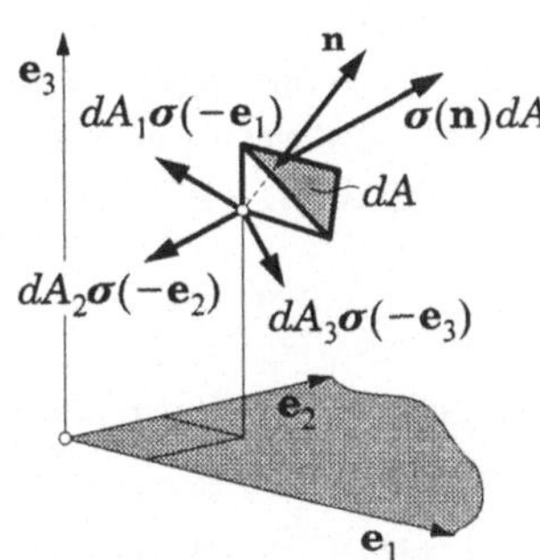

In einem Kontinuum wird durch ein infinitesimales Flächenelement (hinreichend gekennzeichnet durch den Normalvektor $\mathbf{n}$ ($\mathbf{n}^2 = 1$) und dem Flächeninhalt dA) eine Kraft $d\mathbf{F}$ hindurchgeleitet, für die man mit dem Spannungsvektor $\boldsymbol{\sigma}$ (der Kraft pro Flächeneinheit) $d\mathbf{F} = \boldsymbol{\sigma}(\mathbf{n})\,dA$ schreiben kann. Für die den Basisrichtungen $\mathbf{e}_i$ zugeordneten Spannungsvektoren schreiben wir vereinfacht: $\boldsymbol{\sigma}(\mathbf{e}_i) = \boldsymbol{\sigma}_i$. Wir schneiden jetzt ein infinitesimales Tetraeder aus dem Kontinuum (gemäß der nebenstehenden Skizze) heraus. Das Tetraeder besitze eine Deckfläche dA und die Seitenflächen sind $dA_i = dA\cos\alpha_i = dA\,n_i$ mit n_i den Komponenten des Richtungs-(Normalen-)Vektors $\mathbf{n}$ der Deckfläche (dA). Für jeden Teil des Kontinuums, also auch für das infinitesimale Tetraeder soll der Impulssatz gelten: $\dot{\mathbf{p}} = \mathbf{F}^{(a)}$. Daraus folgt:

$$\rho\,dV\ddot{\mathbf{x}} = \mathbf{f}^{(a)}\rho\,dV + \boldsymbol{\sigma}(\mathbf{n})\,dA + \boldsymbol{\sigma}(-\mathbf{e}_1)\,dA_1 + \boldsymbol{\sigma}(-\mathbf{e}_2)\,dA_2 + \boldsymbol{\sigma}(-\mathbf{e}_3)\,dA_3 + 0(\mathrm{III}).$$

$0(\mathrm{III})$ faßt Terme zusammen, die von „3. Kleinheitsordnung" sind und von der ungleichmäßigen Spannungsverteilungen über die Tetraederflächen und der ungleichförmigen Massenverteilung über das Tetraedervolumen herrühren.

Mit $\quad dA_i / dA = \cos\alpha_i = n_i$

ergibt der Grenzübergang $dA \to 0$, $dV \to 0$:

$$\boldsymbol{\sigma}(\mathbf{n}) = -\left[\boldsymbol{\sigma}(-\mathbf{e}_1)n_1 + \boldsymbol{\sigma}(-\mathbf{e}_2)n_2 + \boldsymbol{\sigma}(-\mathbf{e}_3)n_3\right].$$

Für $\mathbf{n} = \mathbf{e}_i$ folgt $\boldsymbol{\sigma}(\mathbf{e}_i) = -\boldsymbol{\sigma}(-\mathbf{e}_i)$, d. h. es muß mit $\boldsymbol{\sigma}(\mathbf{e}_i) = \boldsymbol{\sigma}_i$ gelten:

$$\boldsymbol{\sigma}(\mathbf{n}) = \boldsymbol{\sigma}_1 n_1 + \boldsymbol{\sigma}_2 n_2 + \boldsymbol{\sigma}_3 n_3 =: \boldsymbol{\sigma}_i n_i = \boldsymbol{\sigma}_i \mathbf{e}_i \circ \mathbf{n}.$$

140

Mit den Zerlegungen $\boldsymbol{\sigma}_i = \sigma_{ij}\,\mathbf{e}_j$ und $\boldsymbol{\sigma} = \sigma_j\,\mathbf{e}_j$ erhält man daraus für die Koordinaten von $\boldsymbol{\sigma}$:

$$\boxed{\sigma_j = n_i\,\sigma_{ij}}$$

Mit dem Spannungstensor $\boxed{\mathbf{T} = \sigma_{ij}\,\mathbf{e}_i\,\mathbf{e}_j}$ kann man für $\boldsymbol{\sigma}$: $\boxed{\boldsymbol{\sigma} = \mathbf{n}\circ\mathbf{T}}$ schreiben.

$\mathbf{e}_i\,\mathbf{e}_j$ ist das dyadische Produkt der Basisvektoren. Es gilt:

$$\boldsymbol{\sigma} = \mathbf{n}\circ\big(\mathbf{e}_i\,\mathbf{e}_j\,\sigma_{ij}\big) = \big(\mathbf{n}\circ\mathbf{e}_i\big)\mathbf{e}_j\,\sigma_{ij} = n_i\,\sigma_{ij}\,\mathbf{e}_j = \sigma_j\,\mathbf{e}_j\,.$$

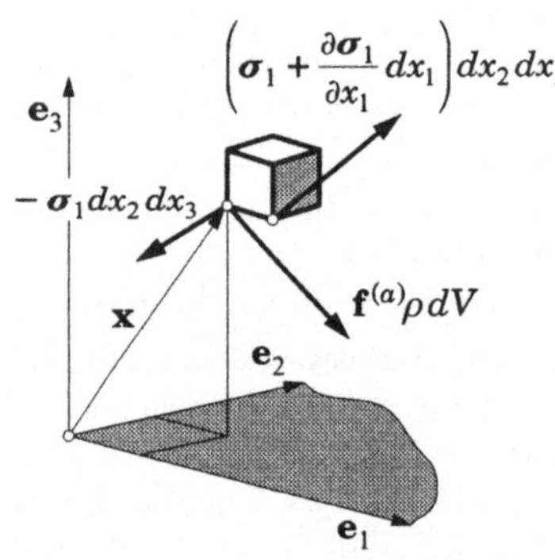

Schneiden wir jetzt ein infinitesimales Epiped mit den Seitenlängen dx_1, dx_2, dx_3 und dem Volumen $dV = dx_1 dx_2 dx_3$ aus dem Kontinuum heraus und wenden auf dieses den Impulssatz $\dot{\mathbf{p}} = \mathbf{F}^{(a)}$ an:

$$\rho\,dV\,\dot{\mathbf{v}} = \mathbf{f}^{(a)}\rho\,dV +$$

$$+\big(-\boldsymbol{\sigma}_1 dx_2 dx_3\big) + \left(\boldsymbol{\sigma}_1 + \frac{\partial\boldsymbol{\sigma}_1}{\partial x_1}dx_1\right)dx_2 dx_3$$

$$+\big(-\boldsymbol{\sigma}_2 dx_3 dx_1\big) + \left(\boldsymbol{\sigma}_2 + \frac{\partial\boldsymbol{\sigma}_2}{\partial x_2}dx_2\right)dx_3 dx_1$$

$$+\big(-\boldsymbol{\sigma}_3 dx_1 dx_2\big) + \left(\boldsymbol{\sigma}_3 - \frac{\partial\boldsymbol{\sigma}_3}{\partial x_3}dx_3\right)dx_1 dx_2$$

$$+\,0(\mathrm{IV})$$

Darin bezeichnet $0(\mathrm{IV})$ diejenigen Terme vierter Kleinheitsordnung, die durch die ungleichmäßige Spannungsverteilungen über die Seitenflächen bzw. die ungleichmäßige Verteilung der Volumenkraft und der Dichte über das Volumen dV bedingt sind. Der Grenzübergang liefert:

$$\rho\,\dot{\mathbf{v}} = \rho\,\mathbf{f}^{(a)} + \frac{\partial\boldsymbol{\sigma}_i}{\partial x_i} \quad\Rightarrow\quad \boxed{\dot{v}_i\,\rho = f_i^{(a)}\rho + \frac{\partial\sigma_{ji}}{\partial x_j}}\,.$$

Mit dem *Nablavektor* $\nabla(\;) = \mathbf{e}_i\,\partial(\;)/\partial x_i$ und dem Spannungstensor $\mathbf{T} = \sigma_{ij}\,\mathbf{e}_i\,\mathbf{e}_j$ kann man diese Bewegungsgleichung in symbolischer Form anschreiben:

$$\boxed{\dot{\mathbf{v}}\rho = \mathbf{f}^{(a)}\rho + \nabla\circ\mathbf{T}}\,.$$

Für das infinitesimale Epiped gilt neben dem Impulssatz auch der Drallsatz: $\dot{\mathbf{L}} = \mathbf{M} \Rightarrow$

$$\mathbf{x} \times \dot{\mathbf{v}} \rho dV = \mathbf{x} \times \mathbf{f}^{(a)} \rho dV + \mathbf{x} \times (-\boldsymbol{\sigma}_1 dx_2 dx_3) + (\mathbf{x} + \mathbf{e}_1 dx_1) \times \left[\boldsymbol{\sigma}_1 + \frac{\partial \boldsymbol{\sigma}_1}{\partial x_1} dx_1 \right] dx_2 dx_3$$

$$+ \mathbf{x} \times (-\boldsymbol{\sigma}_2 dx_3 dx_1) + (\mathbf{x} + \mathbf{e}_2 dx_2) \times \left[\boldsymbol{\sigma}_2 + \frac{\partial \boldsymbol{\sigma}_2}{\partial x_2} dx_2 \right] dx_3 dx_1$$

$$+ \mathbf{x} \times (-\boldsymbol{\sigma}_3 dx_1 dx_2) + (\mathbf{x} + \mathbf{e}_3 dx_3) \times \left[\boldsymbol{\sigma}_3 + \frac{\partial \boldsymbol{\sigma}_3}{\partial x_3} dx_3 \right] dx_1 dx_2$$

$$+ 0(\mathrm{IV})$$

Der Grenzübergang liefert

$$\mathbf{x} \times \left(\rho \dot{\mathbf{v}} - \rho \mathbf{f}^{(a)} - \frac{\partial \boldsymbol{\sigma}_i}{\partial x_i} \right) = \mathbf{e}_1 \times \boldsymbol{\sigma}_1 + \mathbf{e}_2 \times \boldsymbol{\sigma}_2 + \mathbf{e}_3 \times \boldsymbol{\sigma}_3 \; .$$

Unter Berücksichtigung des Impulssatzes $\rho \dot{\mathbf{v}} = \rho \mathbf{f}^{(a)} + \partial \boldsymbol{\sigma}_i / \partial x_i$ folgt daraus

$$\mathbf{e}_1 \times \boldsymbol{\sigma}_1 + \mathbf{e}_2 \times \boldsymbol{\sigma}_2 + \mathbf{e}_3 \times \boldsymbol{\sigma}_3 = 0 .$$

Mit den Darstellungen $\boldsymbol{\sigma}_i = \sigma_{ij} \mathbf{e}_j$ und $\mathbf{e}_1 \times \mathbf{e}_2 = \mathbf{e}_3$, $\mathbf{e}_2 \times \mathbf{e}_3 = \mathbf{e}_1$, $\mathbf{e}_3 \times \mathbf{e}_1 = \mathbf{e}_2$ erhält man dann:

$$(\sigma_{12} - \sigma_{21}) \mathbf{e}_3 + (\sigma_{23} - \sigma_{32}) \mathbf{e}_1 + (\sigma_{31} - \sigma_{13}) \mathbf{e}_2 = 0,$$

d. h. es gilt für die Komponenten σ_{ij} des Spannungstensors $\mathbf{T}$: $\boxed{\sigma_{ij} = \sigma_{ji}}$

oder symbolisch mit $\mathbf{T}^\mathsf{T} = \sigma_{ji} \mathbf{e}_i \mathbf{e}_j$: $\boxed{\mathbf{T} = \mathbf{T}^\mathsf{T}}$.

5.2.1 Die Verformungsleistung, Leistung der inneren Kräfte des Kontinuums

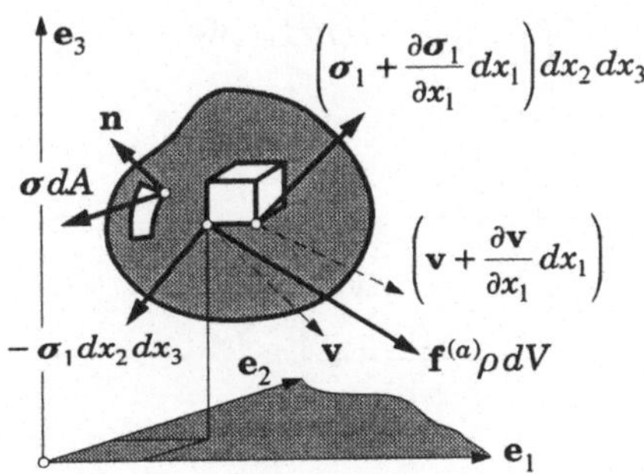

Multipliziert man die Impulsgleichung

$$\rho \dot{\mathbf{v}} = \rho \mathbf{f}^{(a)} + \frac{\partial \boldsymbol{\sigma}_i}{\partial x_i}$$

links und rechts skalar mit $\mathbf{v}$ und integriert dann beiderseits über das Volumen V, dann erhält man:

$$\iiint \dot{\mathbf{v}} \circ \mathbf{v} \rho dV =$$

$$= \iiint \mathbf{f}^{(a)} \rho dV \circ \mathbf{v} + \iiint \frac{\partial \boldsymbol{\sigma}_i}{\partial x_i} \circ \mathbf{v} dV .$$

Da $\rho\,dV$ von t unabhängig (konstant) ist, kann man mit $T = \iiint \mathbf{v}^2 dV\,\rho/2$ dafür schreiben:

$$\dot{T} = \iiint\limits_{V} \mathbf{f}^{(a)}\rho\,dV \circ \mathbf{v} + \iiint\limits_{V} \frac{\partial \boldsymbol{\sigma}_i}{\partial x_i} \circ \mathbf{v}\,dV$$

und mit

$$\frac{\partial(\boldsymbol{\sigma}_i \circ \mathbf{v})}{\partial x_i} = \frac{\partial \boldsymbol{\sigma}_i}{\partial x_i} \circ \mathbf{v} + \boldsymbol{\sigma}_i \circ \frac{\partial \mathbf{v}}{\partial x_i}$$

auch $\quad \dot{T} = \iiint \mathbf{f}^{(a)}\rho\,dV \circ \mathbf{v} + \iiint \frac{\partial(\boldsymbol{\sigma}_i \circ \mathbf{v})}{\partial x_i} - \iiint \boldsymbol{\sigma}_i \circ \frac{\partial \mathbf{v}}{\partial x_i}\,dV$.

Einschaltung: Der Gaußsche Integralsatz

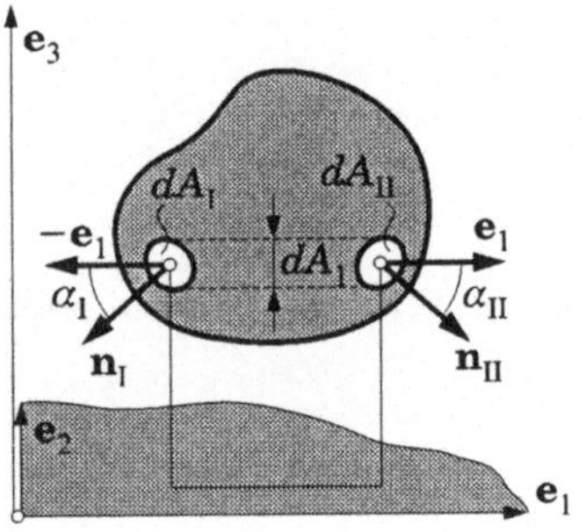

$$\iiint \frac{\partial(\ )}{\partial x_1}\,dV = \iiint \frac{\partial(\ )}{\partial x_1}\,dx_1\,dA_1 =$$

$$= \iint \left[(\ )_{\mathrm{II}} - (\ )_{\mathrm{I}}\right]dA_1 =$$

$$= \iint \left[dA_{\mathrm{II}}\cos\alpha_{\mathrm{II}}(\ )_{\mathrm{II}} - dA_{\mathrm{I}}\cos\alpha_{\mathrm{I}}(\ )_{\mathrm{I}}\right] =$$

$$= \iint \left[dA_{\mathrm{II}}\,\mathbf{n}_{\mathrm{II}} \circ \mathbf{e}_1(\ )_{\mathrm{II}} + dA_{\mathrm{I}}\,\mathbf{n}_{\mathrm{I}} \circ \mathbf{e}_1(\ )_{\mathrm{I}}\right] =$$

$$= \iint \left[dA_{\mathrm{I}}\,n_{1,\mathrm{I}}(\ )_{\mathrm{I}} + dA_{\mathrm{II}}\,n_{1,\mathrm{II}}(\ )_{\mathrm{II}}\right] = \iint (\ )\,n_1\,dA$$

Allgemein:

$$\boxed{\iiint\limits_{V} \frac{\partial(\ )}{\partial x_i}\,dV = \iint (\ )\,n_i\,dA}$$

Damit und mit $\boldsymbol{\sigma} = \boldsymbol{\sigma}_i\,n_i$ erhält man:

$$\dot{T} = \left(\iiint\limits_{V} \mathbf{f}^{(a)}\rho\,dV \circ \mathbf{v} + \iint\limits_{A} \boldsymbol{\sigma}\,dA \circ \mathbf{v}\right) + \left(\iiint\limits_{V} -\boldsymbol{\sigma}_i \circ \frac{\partial \mathbf{v}}{\partial x_i}\,dV\right) = P^{(a)} + P^{(i)}$$

Die Leistung der inneren Kräfte ist:

$$P^{(i)} = \iiint\limits_{V} -\boldsymbol{\sigma}_i \circ \frac{\partial \mathbf{v}}{\partial x_i}\,dV \quad \Rightarrow \quad \boxed{P^{(i)} = -\iiint \sigma_{ij}\frac{\partial v_j}{\partial x_i}\,dV}$$

Wegen $\sigma_{ij} = \sigma_{ji}$ kann man dafür auch schreiben:

$$-\iiint \sigma_{ij} \frac{1}{2}\left(\frac{\partial v_j}{\partial x_i} + \frac{\partial v_i}{\partial x_j}\right) dV \,.$$

Der Ausdruck $\iiint \frac{\partial(\boldsymbol{\sigma}_i \circ \mathbf{v})}{\partial x_i} dV$ kann als die Gesamtleistung aller Oberflächenkräfte auf

das in Elementarpartikel zerlegt gedachtem Kontinuums gedeutet werden, und da diese sich im „Inneren" aufheben, bleibt $\iint \boldsymbol{\sigma} dA \circ \mathbf{v}$ übrig:

$$\iiint \left\{- \boldsymbol{\sigma}_1 dx_2 dx_3 \circ \mathbf{v} + \left[\boldsymbol{\sigma}_1 + \frac{\partial \boldsymbol{\sigma}_1}{\partial x_1} dx_1\right] dx_2 dx_3 \circ \left(\mathbf{v} + \frac{\partial \mathbf{v}}{\partial x_1} dx_1\right) + \text{zykl} \dots\right\} dV =$$

$$= \iiint \frac{\partial(\boldsymbol{\sigma}_i \circ \mathbf{v})}{\partial x_i} dV = \iint \boldsymbol{\sigma} dA \circ \mathbf{v} \,.$$

5.3 Bewegung bei veränderlicher Masse

Eine der Grundannahmen der klassischen Mechanik, meist gar nicht als erwähnenswert erachtet, ist die Konstanz der Masse eines abgeschlossenen Materiebereiches. Wenn wir hier von veränderlicher Masse reden, dann ist ein nicht abgeschlossener Materiebereich gemeint, zu dem Materie mit einer bestimmte Masse hinzutritt bzw. ausscheidet.

Beispiele veränderlicher Massen

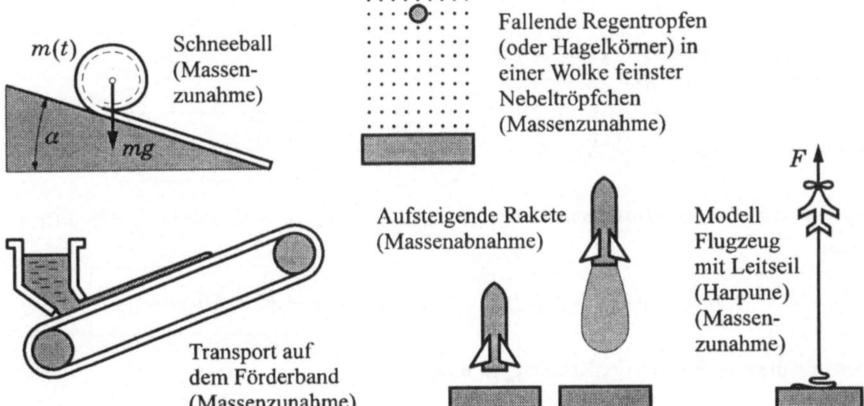

Wir werden uns auf den translatorisch bewegten Körper mit veränderlicher Masse beschränken und beginnen mit dem wohl wichtigsten Fall, mit der Bewegung der Rakete.

5.3.1 Raketenbewegung

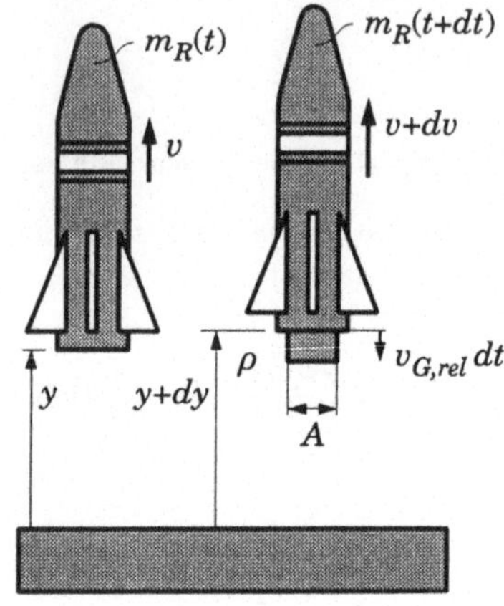

In der Zeitspanne dt tritt eine bestimmte Gasmenge aus der Rakete aus. Ist die (mittlere) Gasgeschwindigkeit relativ zum Raketenkörper $v_{G,rel}$, dann ist die Masse dieser Gasmenge gleich

$$A\left(v_{G,rel}\,dt\right)\rho$$

A ist der Austrittsquerschnitt der Düse und ρ bezeichnet die Dichte des Gases im Austrittsquerschnitt.

Ist die Gesamtmasse des Raketenkörpers (samt Inhalt) zum Zeitpunkt t gleich $m_R(t)$, dann verlangt der Massenerhaltungssatz:

$$m_R(t+dt)+A\left(v_{G,rel}\,dt\right)\rho = m_R(t).$$

Daraus folgt: $\boxed{\dot{m}_R = -A\,v_{G,rel}\,\rho}$.

Der Impulssatz liefert uns die Bewegungsgleichung der Rakete $\dot{\mathbf{p}} = \mathbf{F}^{(a)} \Rightarrow \dot{p} = F^{(a)}$. Zum Zeitpunkt t ist der Impuls der Rakete mit der Masse m_R:

$$p(t) = m_R v$$

und zum Zeitpunkt $t+dt$ ist der Impuls derselben Materiemenge:

$$p(t+dt) = \left(m_R - A v_{G,rel}\,dt\rho\right)(v+dv) + \left(A v_{G,rel}\,dt\rho\right)\left[v+dv-v_{G,rel}\right].$$

Aus $\quad F^{(a)} = \dfrac{p(t+dt)-p(t)}{dt}$

folgt: $\quad F^{(a)} = m_R \dfrac{dv}{dt} - A v_{G,rel}^2\,\rho \qquad \Rightarrow \qquad \boxed{m_R \dot{v} = F^{(a)} - \dot{m}_R v_{G,rel}}$

oder mit der *absoluten Gasgeschwindigkeit* $v_{G,abs} = v - v_{G,rel}$ (positiv nach oben in y-Richtung):

$$F^{(a)} = m_G \dot{v} + \dot{m}_R\left(v - v_{G,abs}\right) \qquad \Rightarrow \qquad \boxed{\left(m_R v\right)^{\cdot} = F^{(a)} + \dot{m}_R v_{G,abs}}$$.

Das sind die zwei Formen der **Raketengleichung**.

Ist das Abbrenngesetz $m_R(t)$ gegeben, dann kann aus der Raketengleichung (wenn $F^{(a)} = F^{(a)}(y,\dot{y},t)$ und die Anfangsbedingungen $t=0$: $y=y_0$; $\dot{y}_0 = v_0$ bekannt sind) das Aufstiegsgesetz $y(t)$ berechnet werden. Ist umgekehrt $y(t)$ gegeben bzw. gefordert, so bestimmt die Raketengleichung das erforderliche Abbrenngesetz $m_R(t)$.

5.3.1.1 Die Tsiolkowskische Formel

Weit weg von allen gravitierenden Massen, im Weltraum also, gilt $F^{(a)} \approx 0$. Ist die Austrittsgeschwindigkeit $v_{G,rel} =$ konst., dann folgt aus der Raketengleichung

$$m_R \dot{v} = 0 - \dot{m}_R v_{G,rel} \quad \Rightarrow \quad dv = -v_{G,rel} \cdot \frac{dm_R}{m_R} \quad \Rightarrow$$

$$\boxed{v = v_0 + v_{G,rel} \ln \frac{m_{R(0)}}{m_R}} \qquad \text{(Tsiolkowski 1903)}$$

Stand der Raketentechnik 1945: für die V2 gelten:

$$v_{R,rel} = 2136 \,\text{m/sec}$$

$$m_{R(0)} = 12\,800 \,\text{kg}$$

$$m_R = 4050 \,\text{kg} \qquad \text{(Raketenmasse nach dem Abrennen des Brennstoffes)}$$

Mit $\quad v_0 = 0$

wird $\quad v = 2136 \ln \dfrac{12800}{4050} = 2458 \,\text{m/sec}$

(Weltraumfahrt mit dieser einstufigen Rakete nicht möglich!)

5.3.1.2 Aufstieg einer Rakete im Schwerefeld eines Zentralkörpers ohne Atmosphäre bei vorgegebener Aufstiegsbewegung

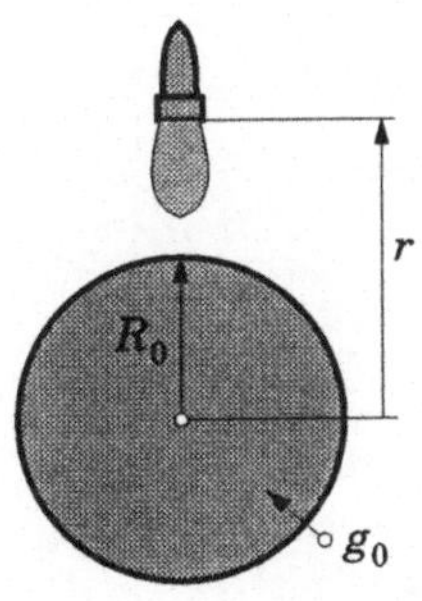

Es sei gefordert, daß der Aufstieg der Rakete mit konstanter Beschleunigung erfolge: $\ddot{r} = a =$ konst. In welcher Weise muß dann der Abbrand des Raketenbrennstoffes $m_{R(t)}$ erfolgen?

Aus $\quad \ddot{r} = a =$ konst.

folgen mit

$$v_0 = 0 \text{ und } r(0) = R_0 \text{ für die Geschwindigkeit } \dot{r} = at$$

und für den Abstand r:

$$\boxed{r(t) = R_0 + at^2 / 2} \, .$$

Mit $\quad F^{(a)} = -m_R g_0 \, R_0^2 / r^2 \quad$ (kein Luftwiderstand, Druck im Gasstrahl im Austrittsquerschnitt ≈ 0)

liefert die Raketengleichung:

$$m_R \dot{v} = -m_R g_0 \frac{R_0^2}{r(t)^2} - \dot{m}_R v_{G,rel} \quad \Rightarrow \quad \frac{\dot{m}_R}{m_R} = -\left(\frac{a}{v_{G,rel}} + \frac{g_0 R_0^2}{r(t)^2 \, v_{G,rel}} \right) .$$

146

Trennung der Variablen m_R und t:

$$\frac{dm_R}{m_R} = -\left(\frac{a}{v_{G,rel}} + \frac{g_0}{v_{G,rel}}\frac{1}{\left(1 + at^2/2R_0\right)^2}\right)dt .$$

Mit der Integralformel

$$\int \frac{du}{\left(1+u^2\right)^2} = \frac{1}{2}\cdot\frac{u}{1+u^2} + \frac{1}{2}\arctan u + \text{konst.} \qquad \text{(siehe unten)}$$

erhält man daraus für das Abbrandgesetz:

$$m_{R(t)} = m_{R_0}e - \left[\frac{a}{v_{G,rel}}t + \frac{g}{2v_{G,rel}}\left(\frac{t}{1+at^2/2R_0} + \sqrt{\frac{2R_0}{a}}\arctan\left(t\sqrt{\frac{g}{2R_0}}\right)\right)\right] .$$

Anmerkung

Die Integralformel ergibt sich aus

$$\int \frac{du}{1+u^2} = \arctan u$$

durch partielle Integration:

$$\int 1\cdot\frac{1}{1+u^2}\ du = \frac{u}{1+u^2} - \left[-2\int\frac{u^2}{\left(1+u^2\right)^2}\right] = \frac{u}{1+u^2} + 2\int\frac{u^2+1-1}{\left(1+u^2\right)^2}du =$$

$$u - \frac{2u}{\left(1+u^2\right)^2}$$

$$= \frac{u}{1+u^2} + 2\int\frac{du}{1+u^2} - 2\int\frac{du}{\left(1+u^2\right)^2}$$

$$\Rightarrow \int\frac{du}{\left(1+u^2\right)^2} = \frac{1}{2}\cdot\frac{u}{1+u^2} + \frac{1}{2}\int\frac{du}{\left(1+u^2\right)} = \frac{1}{2}\cdot\frac{u}{1+u^2} + \frac{1}{2}\arctan u .$$

5.3.1.3 Aufstieg einer Rakete im konstanten Schwerefeld (Galileifeld) ohne Atmosphäre bei vorgegebenem Abbrandgesetz $m_{R(t)}$

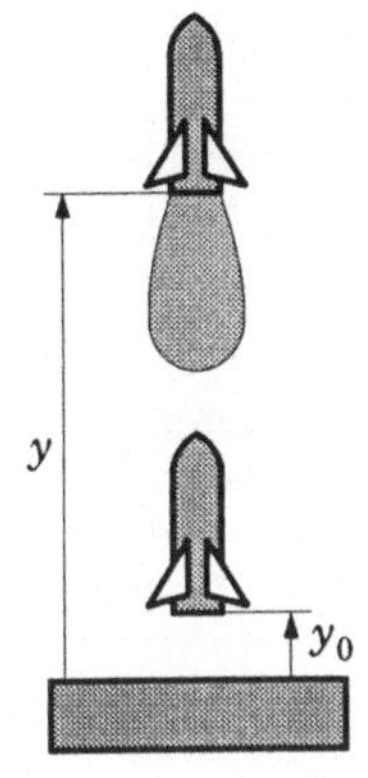

Nehmen wir jetzt an, daß die Masse der Rakete durch das Abbrennen des Kraftstoffes gleichmäßig abnimmt, d. h. daß

$$\dot{m}_R = -A\rho v_{G,rel} = \text{konst.}$$

sei. Daraus folgt für das Abbrandgesetz:

$$\boxed{m_{R(t)} = m_{R(0)} - \left(A\rho v_{G,rel}\right)\cdot t}\ .$$

Die Raketengleichung liefert mit $F^{(a)} \doteq -m_{R(t)}g$ für die Aufstiegsbewegung $y(t)$ folgende Differentialgleichung:

$$m_{R(t)}\ddot{y} = -m_{R(t)}g - \dot{m}_{R(t)}v_{G,rel} \ \Rightarrow\ \ddot{y} = -g - v_{G,rel}\frac{\dot{m}_R(t)}{m_R(t)}$$

Ist auch $v_{G,rel} = \text{konst}$, dann ergibt sich daraus:

$$\boxed{\dot{y}(t) = v_0 - gt - v_{G,rel}\ln\left[m_{R(t)}/m_{R(0)}\right]}\ .$$

Die Trennung der Variablen y und t liefert

$$dy = (v_0 - gt)\,dt - v_{G,rel}\ln\left(\frac{m_{R(t)}}{m_{R(0)}}\right)dt\ .$$

Mit $\quad dm_R = -A\rho v_{G,rel}\,dt \quad\Rightarrow\quad dt = -dm_R/\left(A\rho v_{G,rel}\right)$

erhält man daraus:

$$dy = (v_0 - gt)\,dt + v_{G,rel}\ln\left(\frac{m_{R(t)}}{m_{R(0)}}\right)\cdot\frac{dm_R}{A\rho v_{G,rel}} =$$

$$= (v_0 - gt)\,dt + \frac{m_{R(0)}}{A\rho}\ln\left(\frac{m_R}{m_{R(0)}}\right)d\left(\frac{m_R}{m_{R(0)}}\right)\ .$$

Unter Verwendung von $\int \ln u\,du = \int 1\cdot \ln u\,du = u\ln u - u$ ergibt sich daraus für $y(t)$:

$$y = \left(y_0 + v_0 t - gt^2/2\right) + \frac{m_{R(0)}}{A\rho}\left\{\frac{m_{R(t)}}{m_{R(0)}}\left(\ln\frac{m_{R(t)}}{m_{R(0)}} - 1\right) - 1(\ln 1 - 1)\right\} \ \Rightarrow$$

$$y(t) = \left(y_0 + v_0 t - gt^2/2\right) + \frac{m_{R(0)} - m_{R(t)}}{A\rho} + \frac{m_{R(t)}}{A\rho}\ln\frac{m_{R(t)}}{m_{R(0)}}$$

148

bzw. mit $m_{R(t)}$ $\Rightarrow$

$$y(t) = y_0 + v_0 t - g t^2/2 + v_{G,rel}\, t + \left(\frac{m_{R(0)}}{A\rho} - v_{G,rel}\, t\right) \ln\left[1 - \frac{A\rho}{m_{R(0)}} v_{G,rel}\, t\right].$$

5.3.2 Fallende Regentropfen

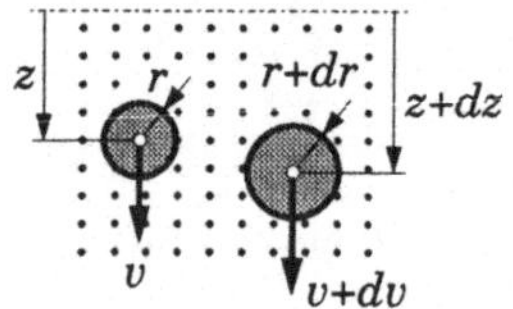

Der Radius eines kugelförmigen Regentropfens wachse (durch kondensierenden Wasserdampf) gleichmäßig an. Aus

$$r(t) = r_0 + kt$$

folgt für
$$m(t) = \frac{4}{3} r(t)^3 \pi \rho = \frac{4}{3}\pi\rho\left(r_0 + kt\right)^3.$$

Der Impulssatz $\dot{p} = F^{(a)}$ liefert mit $F^{(a)} = mg$ ($\approx$ kein Luftwiderstand)

$$\frac{1}{dt}\left[(m + dm)(v + dv) - mv\right] = F^{(a)} \quad\Rightarrow\quad (mv)^{\cdot} = mg = g\frac{4\pi}{3}\rho\left(r_0 + kt\right)^3$$

für
$$\dot{z}(t) = v_0 \frac{m_0}{m(t)} + \frac{4\pi\rho g}{3k\, m(t)}\cdot\frac{r(t)^4 - r_0^4}{4} = v_0\frac{r_0^3}{r(t)^3} + \frac{g}{4k}\left(\frac{r(t)^4 - r_0^4}{r(t)^3}\right)$$

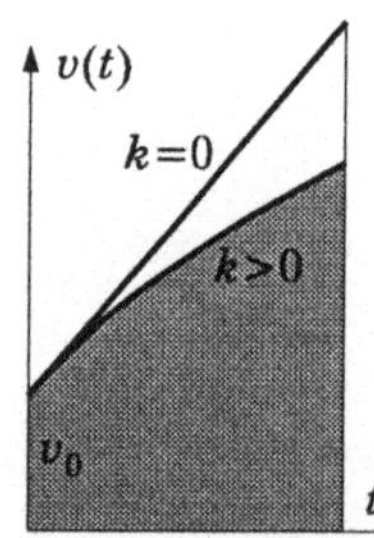

$$\dot{z}(t) = \left(v_0 - \frac{g r_0}{4k}\right)\frac{1}{\left[1 + kt/r_0\right]^3} + \frac{g r_0}{4k}\left(1 + \frac{kt}{r_0}\right)$$

$(mv)^{\cdot} = mg$ liefert mit $v_{G,abs} = 0$ dieselbe Gleichung.

Das Wachstum der Regentropfen verzögert das Anwachsen der Geschwindigkeit. Aus $(mv)^{\cdot} = mg$ folgt $\dot{v} = g - \dot{m}v/m$ und da $\dot{m} > 0$ ist gilt $\dot{v} < g$.

Die zweite Integration über die Zeit ergibt für den Fallweg z:

$$z(t) = z_0 + \frac{g r_0}{4k}\left(t + \frac{kt^2}{2r_0}\right) + \left(v_0 - \frac{g r_0}{4k}\right)\frac{r_0}{2k}\left[1 - 1\Big/\left(1 + \frac{kt}{r_0}\right)^2\right].$$

Für $k = 0$ muß daraus, dem Fallgesetz entsprechend, $z = z_0 + v_0 t + g t^2/2$ folgen.

5.4 Der translatorisch bewegte starre Körper

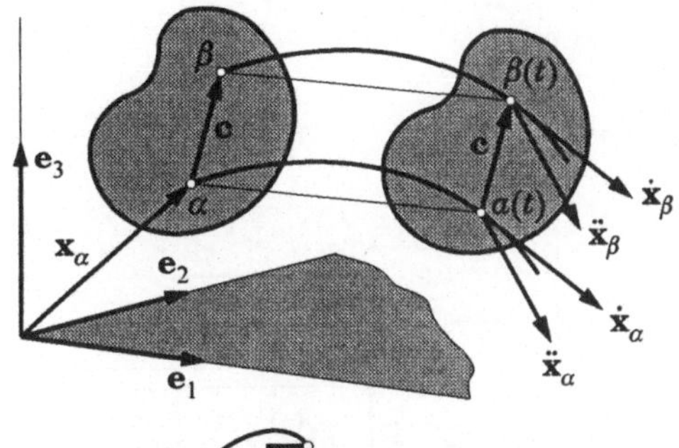

Eine translatorische Bewegung eines starren Körpers ist dadurch gekennzeichnet, daß ein körperfester Vektor (**c**) nicht nur längentreu sondern auch noch richtungstreu ist. Sind α und β zwei körperfeste Punkte, dann gilt:

einerseits

$$\left(\mathbf{x}_{\beta(t)} - \mathbf{x}_{\alpha(t)}\right)^2 = \text{konst.}$$

und weiter:

$$\boxed{\mathbf{x}_{\beta(t)} - \mathbf{x}_{\alpha(t)} = \mathbf{c} = \text{konst.}}$$

worin natürlich

$$\left(\mathbf{x}_{\beta(t)} - \mathbf{x}_{\alpha(t)}\right)^2 = \text{konst.}$$

bereits eingeschlossen ist.

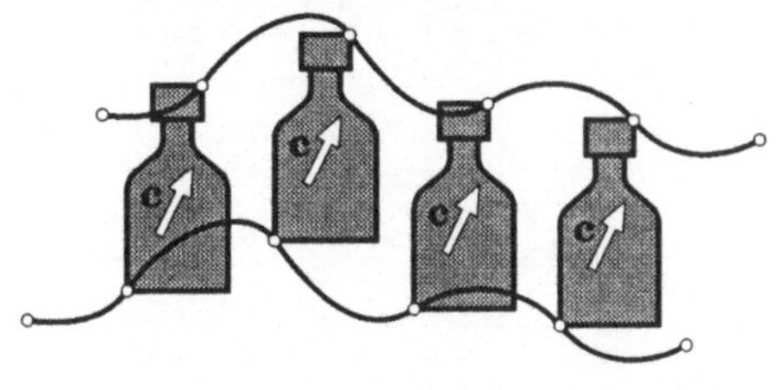

Die Bahnen der Punkte α und β und damit aller Punkte des translatorisch bewegten starren Körpers sind kongruent, d. h. sie können zur Deckung gebracht werden.

Aus $\quad \mathbf{x}_{\beta(t)} = \mathbf{x}_{\alpha(t)} + \mathbf{c} \quad$ folgen

$$\dot{\mathbf{x}}_{\beta(t)} = \dot{\mathbf{x}}_{\alpha(t)} = \dot{\mathbf{x}} , \quad \ddot{\mathbf{x}}_{\beta(t)} = \ddot{\mathbf{x}}_{\alpha(t)} = \ddot{\mathbf{x}}$$

d. h. die Geschwindigkeiten und die Beschleunigungen aller Punkte des translatorisch bewegten starren Körpers sind (zu einem bestimmten Zeitpunkt) gleich groß.

5.4.1 Masse, Massensatz, Impuls, Impulssatz, Drall, Drallsatz, kinetische Energie, Energiesatz

Masse: $\quad m = \iiint_V \rho\, dV$ Massenerhaltungssatz: $\quad \dot{m} = 0$

Impuls: $\quad \mathbf{p} = \iiint_V \dot{\mathbf{x}}\rho\, dV = \dot{\mathbf{x}}m = \dot{\mathbf{x}}_C m$ Impulssatz: $\quad \boxed{\dot{\mathbf{p}} = \mathbf{F}^{(a)} = m\ddot{\mathbf{x}} = m\ddot{\mathbf{x}}_C}$

Drall: $\quad \mathbf{L} = \iiint \mathbf{x} \times \dot{\mathbf{x}}\rho\, dV = \left(\iiint \mathbf{x}\rho\, dV\right) \times \dot{\mathbf{x}},$

mit dem Massenzentrum $\mathbf{x}_C = \int\int\int \mathbf{x}\,\rho\,dV/m \;\Rightarrow$

$$\mathbf{L} = \mathbf{x}_C \times m\dot{\mathbf{x}} = \mathbf{x}_C \times \mathbf{p}$$

$$\mathbf{L}_C = \int\int\int \mathbf{r}\times\dot{\mathbf{x}}\,\rho\,dV = \left(\underbrace{\int\int\int \mathbf{r}\,\rho\,dV}_{0}\right)\times \dot{\mathbf{x}} = 0$$

<u>Drallsatz</u>:

$$\dot{\mathbf{L}} = \mathbf{M}^{(a)} = \dot{\mathbf{x}}_C \times m\dot{\mathbf{x}} + \mathbf{x}_C \times m\ddot{\mathbf{x}} = 0 + \mathbf{x}_C \times m\ddot{\mathbf{x}}_C \;\Rightarrow\; \boxed{\mathbf{M}^{(a)} = \mathbf{x}_C \times m\ddot{\mathbf{x}}_C}\;,$$

$$\dot{\mathbf{L}}_C = \mathbf{M}_C^{(a)} = 0 \quad \text{(Pseudo-Gleichgewichtsbedingung)} \;\Rightarrow\; \boxed{\mathbf{M}_C^{(a)} = 0}\;.$$

Kinetische Energie:

$$T = \int\int\int \dot{\mathbf{x}}^2\,\rho\,dV/2 = m\,\frac{\dot{\mathbf{x}}^2}{2} = m\,\frac{\dot{\mathbf{x}}_C^2}{2}\;, \quad \underline{\text{Energiesatz}}: \quad \boxed{\dot{T} = P^{(a)}}\;.$$

Beispiele

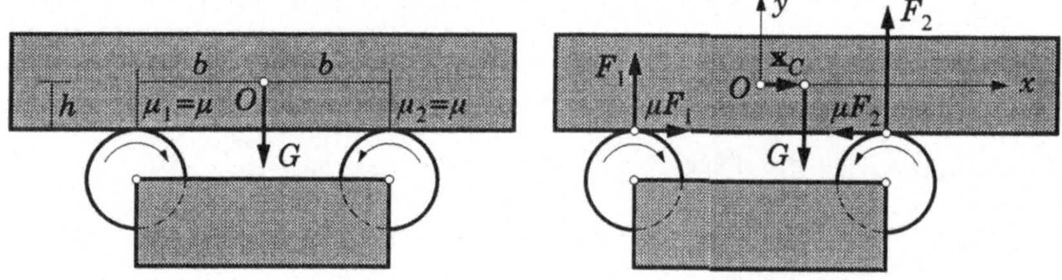

Ein homogener Block mit dem Gewicht $G = mg$ wird ohne Anfangsgeschwindigkeit auf zwei rasch (gegensinnig) rotierende rauhe Walzen mittig aufgelegt. Wenn die Reibungskoeffizienten μ_1 und μ_2 gleich groß sind, befindet er sich dann offensichtlich im Gleichgewicht.

Ist dieser Gleichgewichtszustand stabil? Was geschieht, wenn die Gleichgewichtslage durch eine Anfangsauslenkung des Blockes „gestört" wird? Verläßt der Block die Gleichgewichtslage noch mehr, kehrt er in sie zurück oder pendelt er um die Gleichgewichtslage?

Nach dem Massenzentrumssatz bewegt sich das Massenzentrum C so als ob die ganze Masse in ihm vereinigt wäre und alle Kräfte $\mathbf{F}_\alpha^{(a)}$ in ihm angreifen würden:

$$m\ddot{\mathbf{x}}_C = \mathbf{F}^{(a)} \;\Rightarrow\; \begin{array}{ll} m\ddot{x}_C = \mu F_1 - \mu F_2 & \quad\dots\dots 1) \\[4pt] m\cdot 0 = F_1 + F_2 - mg & \quad\dots\dots 2) \\[4pt] m\cdot 0 = 0 & \quad\dots\dots 3) \end{array}$$

Da der Körper translatorisch bewegt wird, gilt für ihn der Drallsatz bezogen auf das Massenzentrum in der Form:

$$\dot{\mathbf{L}}_C = 0 = \mathbf{M}_C^{(a)} \;\Rightarrow\;
\begin{aligned}
&0 = 0 &&\qquad\ldots\ldots 4) \\
&0 = 0 &&\qquad\ldots\ldots 5) \\
&0 = F_2\big[(b - x_C) - \mu h\big] - F_1\big[(b + x_C) - \mu h\big] &&\qquad\ldots\ldots 6)
\end{aligned}$$

Mit $\mathbf{L} = \mathbf{x}_C \times m\ddot{\mathbf{x}}_C = \mathbf{M}^{(a)}$ erhielte man anstelle von 6):

$$0 = (F_2 - F_1)b + \mu(F_1 - F_2)h - x_C\, mg \qquad\ldots\ldots 6')$$

Mit 2) ist 6') sofort in 6) überzuführen.

Von den 6 Gleichungen sind nur drei nicht leere Gleichungen. Mit

$$(F_1 - F_2) = m\ddot{x}_C / \mu \qquad\text{aus 1) und}$$

$$(F_1 + F_2) = mg \qquad\text{aus 2)}$$

erhält man aus 6) oder aus 6') mit der Abkürzung:

$$\boxed{\;\omega^2 = \frac{\mu g}{b - \mu h}\;} \qquad\Rightarrow\qquad \ddot{x}_C + \omega^2 x_C = 0 \qquad\Rightarrow$$

$$\boxed{\;x_C(t) = x_{C,0} \cos\omega t + \frac{\dot{x}_{C,0}}{\omega}\sin\omega t\;}\;.$$

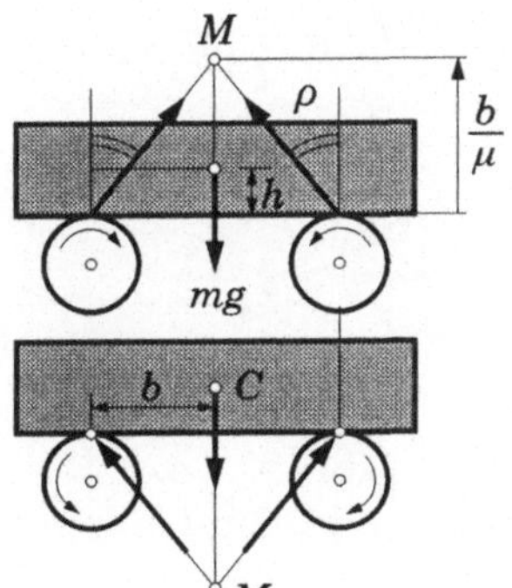

Die Gleichgewichtslage ist stabil (genauer: schwachstabil): der Block pendelt um die Gleichgewichtslage, wenn

$$\omega^2 > 0 \;\Rightarrow$$

$$b > \mu h,$$

d. h. wenn M (eine Art Metazentrum) über dem Massenzentrum C ist.

Drehen sich die Walzen gegensinnig in der umgekehrten Richtung, dann ist μ durch $-\mu$ zu ersetzen, und es wird $\omega^2 < 0$. Die Gleichgewichtslage ist labil.

152

Parallelschaukel

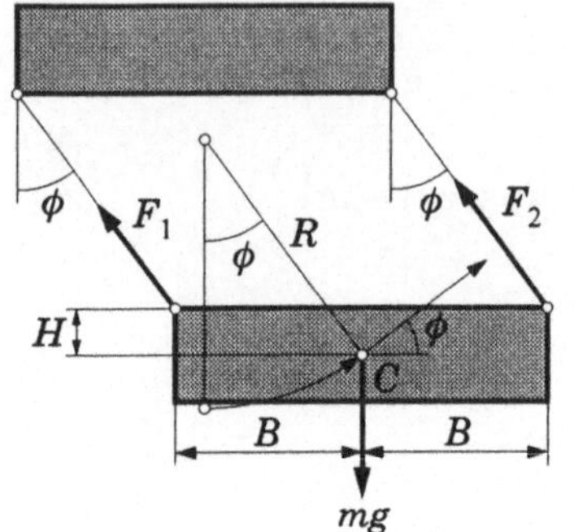

Anfangsauslenkung t: 0: $\phi = \phi_0$, $\dot\phi = 0$. Es sollen $F_1(\phi)$ und $F_2(\phi)$ bestimmt werden. Der Massenzentrumssatz liefert:

$$mR\ddot\phi = -mg\sin\phi \qquad \dots\dots\dots 1)$$

$$mR\dot\phi^2 = (F_1 + F_2) - mg\cos\phi \qquad \dots\dots\dots 2)$$

und der Drallsatz (auf C bezogen):

$$\dot L_C = 0 = M_C^{(a)} \quad \Rightarrow$$

$$0 = (F_1 + F_2)\sin\phi \cdot H + (F_2 - F_1)\cos\phi \cdot B \qquad \dots\dots\dots 3)\,.$$

Mit der zeitfreien Gleichung $\ddot\phi\, d\phi = d(\dot\phi^2/2)$ erhält man mit $\dot\phi(\phi = \phi_0) = 0$ für $\dot\phi(\phi)$:

$$\boxed{\dot\phi^2 = 2\frac{g}{R}(\cos\phi - \cos\phi_0)}\,.$$

Damit findet man aus 2):

$$(F_1 + F_2) = mg\,(3\cos\phi - 2\cos\phi_0)$$

und aus 3) für

$$(F_1 - F_2) = (F_1 + F_2)\tan\phi \cdot \frac{H}{B} = mg\,(3\cos\phi - 2\cos\phi_0)\tan\phi \cdot \frac{H}{B}\,.$$

Die Auflösung dieser Gleichungen ergibt für $F_1(\phi)$ bzw. $F_2(\phi)$:

$$\boxed{F_{\frac{1}{2}}(\phi) = mg\left(\frac{3}{2}\cos\phi - \cos\phi_0\right)\left[1 \pm \frac{H}{B}\tan\phi\right]}\,.$$

Ist $\phi \ll$, dann gilt mit $\omega = \sqrt{\dfrac{g}{R}}$:

$$\ddot\phi + \omega^2\phi = 0 \quad \Rightarrow$$

$$\phi(t) \doteq \phi_0 \cos\omega t\,,$$

und für

$$F_1 = F_2 = \frac{mg}{2}\,.$$

5.5 Der rotatorisch bewegte starre Körper (Reine Drehbewegung um feste Achse)

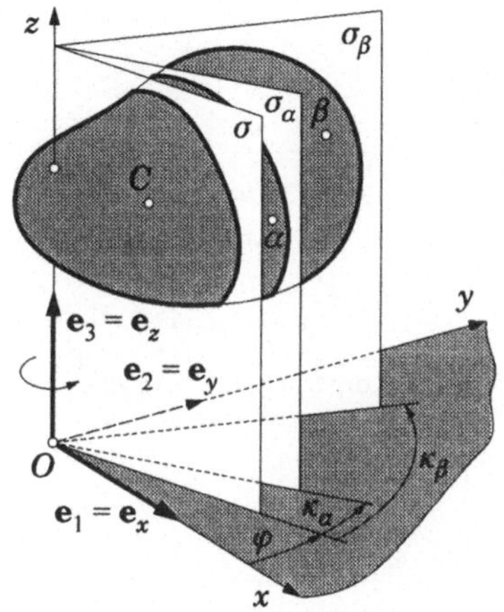

Bezeichnen α und β zwei körperfeste Punkte, dann gilt zunächst wieder die Starrkörperbedingung:

$$\left[\mathbf{x}_{\beta(t)} - \mathbf{x}_{\alpha(t)} \right]^2 = \text{konst.}$$

Die Lage der Punkte α bzw. β kann in dem Koordinatensystem (O $\mathbf{e}_1$ $\mathbf{e}_2$ $\mathbf{e}_3$) durch deren Zylinderkoordinaten festgelegt werden:

$$r_\alpha, \varphi_\alpha \text{ und } z_\alpha \text{ bzw. } r_\beta, \varphi_\beta \text{ und } z_\beta .$$

Der starre Körper soll sich nun um eine raumfeste Achse (wir wählen dafür die z-Achse) drehen können. Es gilt dann offenbar für jeden körperfesten Punkt:

$$r_\alpha = \text{konst.}, \quad z_\alpha = \text{konst.} \quad \text{und} \quad \varphi_\alpha = \varphi + \kappa_\alpha .$$

$\sigma, \sigma_\alpha, \sigma_\beta$ seien körperfeste Ebenen, die alle die z-Achse beinhalten, und weiter gelte:

$$C \in \sigma , \quad \alpha \in \sigma_\alpha , \quad \beta \in \sigma_\beta .$$

Für die Drehbewegung gilt dann

$$\boxed{\begin{aligned} \dot{r}_\alpha &= 0 , & \dot{z}_\alpha &= 0 & \text{und} && \dot{\varphi}_\alpha = \dot{\varphi} = \omega \\ \ddot{r}_\alpha &= 0 , & \ddot{z}_\alpha &= 0 & \text{und} && \ddot{\varphi}_\alpha = \ddot{\varphi} = \dot{\omega} \end{aligned}}$$

5.5.1 Winkelgeschwindigkeitsvektor und Winkelbeschleunigungsvektor

Der <u>Winkelgeschwindigkeitsvektor</u> $\boldsymbol{\omega}$ und der <u>Winkelbeschleunigungsvektor</u> $\dot{\boldsymbol{\omega}}$ seien festgelegt durch:

$$\boxed{\boldsymbol{\omega} = \dot{\varphi}\,\mathbf{e}_z} \qquad \text{bzw.} \qquad \boxed{\dot{\boldsymbol{\omega}} = \ddot{\varphi}\,\mathbf{e}_z} .$$

Mit $\boldsymbol{\omega}$ und $\dot{\boldsymbol{\omega}}$ können die Geschwindigkeit und die Beschleunigung eines beliebigen körperfesten Punktes mit dem Ortsvektor $\mathbf{x}$ formelmäßig angegeben werden.

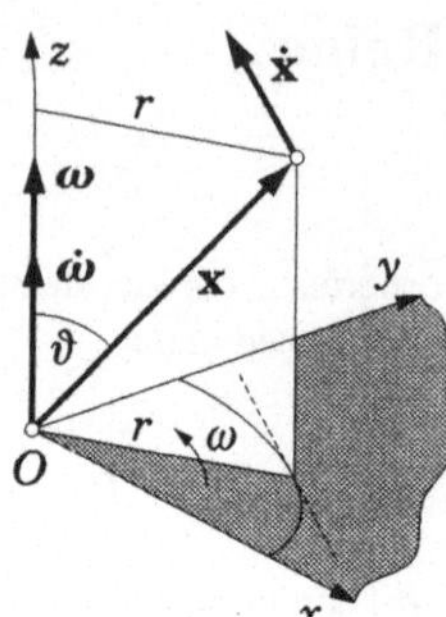

Es gilt: $r\dot{\varphi} = |\mathbf{x}|\sin\vartheta\,|\omega| = |\omega \times \mathbf{x}|$

Daraus folgt die sogenannte Eulergleichung:

$$\dot{\mathbf{x}} = \omega \times \mathbf{x} \quad,$$

ausgeschrieben in Komponenten:

$$\begin{pmatrix} v_x \\ v_y \\ v_z \end{pmatrix} = \begin{pmatrix} 0 \\ 0 \\ \omega \end{pmatrix} \times \begin{pmatrix} x \\ y \\ z \end{pmatrix} \quad \Rightarrow \quad \begin{aligned} v_x &= -\omega y \\ v_y &= \omega x \\ v_z &= 0 \end{aligned}$$

Die Beschleunigung des durch den Ortsvektor $\mathbf{x}$ festgelegten Körperpunktes berechnet sich damit zu:

$$\ddot{\mathbf{x}} = \dot{\omega} \times \mathbf{x} + \omega \times (\omega \times \mathbf{x})$$

oder in Komponenten:

$$\begin{aligned} a_x &= \dot{v}_x = -\dot{\omega}y - \omega\dot{y} \\ a_y &= \dot{v}_y = \dot{\omega}x + \omega\dot{x} \\ a_z &= \dot{v}_z = 0 \end{aligned} \quad \Rightarrow \quad \begin{aligned} a_x &= -\dot{\omega}y - \omega^2 x \\ a_y &= \dot{\omega}x - \omega^2 y \\ a_z &= 0 \end{aligned}$$

Die kartesischen Komponenten von $\mathbf{v}$ und $\mathbf{a}$ können natürlich ebensogut direkt aus folgenden Skizzen abgelesen werden:

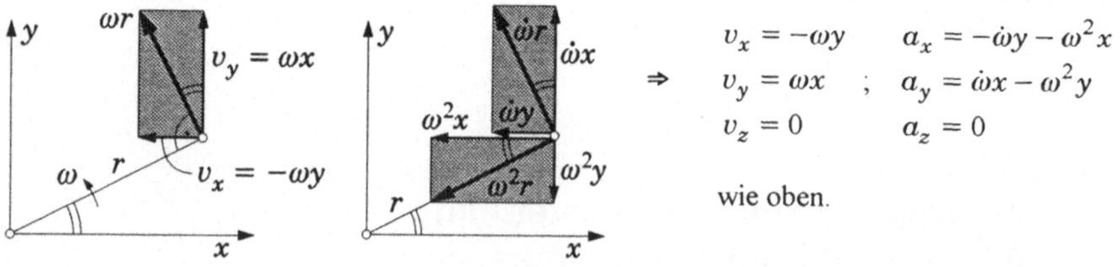

$$\Rightarrow \quad \begin{aligned} v_x &= -\omega y & a_x &= -\dot{\omega}y - \omega^2 x \\ v_y &= \omega x & ; \quad a_y &= \dot{\omega}x - \omega^2 y \\ v_z &= 0 & a_z &= 0 \end{aligned}$$

wie oben.

5.5.2 Masse, Massensatz, Impuls, Impulssatz, Drall, Drallsatz, kinetische Energie, Energiesatz

Masse: $\quad m = \iiint_V \rho\, dV$ $\qquad$ Massen(erhaltungs)satz: $\dot{m} = 0$

Impuls: $\quad \mathbf{p} = \iiint_V \dot{\mathbf{x}}\rho\, dV$ $\qquad$ Mit dem Massenzentrum $\mathbf{x}_C = \iiint \mathbf{x}\rho\, dV / m$ wird

$$\mathbf{p} = \dot{\mathbf{x}}_C m = (\omega \times \mathbf{x}_C)m$$

ausgeschrieben in den kartesischen Komponenten:

$$p_x = -\omega y_C m$$
$$p_y = \omega x_C m$$
$$p_z = 0$$

Impulssatz:

$$\dot{\mathbf{p}} = \mathbf{F}^{(a)} = m\ddot{\mathbf{x}}_C \quad \Rightarrow$$

$$\mathbf{F}^{(a)} = m\left[\dot{\boldsymbol{\omega}} \times \mathbf{x}_C + \boldsymbol{\omega} \times (\boldsymbol{\omega} \times \mathbf{x}_C)\right] \quad \Rightarrow$$

ausgeschrieben in den kartesischen Komponenten:

$$\left(-\dot{\omega} y_C - \omega^2 x_C\right) m = F_x^{(a)} \qquad \dots\dots\dots 1)$$
$$\left(\dot{\omega} x_C - \omega^2 y_C\right) m = F_y^{(a)} \qquad \dots\dots\dots 2)$$
$$0 \cdot m = F_z^{(a)} \qquad \dots\dots\dots 3)$$

Drall: $\displaystyle \mathbf{L} = \iiint \mathbf{x} \times \dot{\mathbf{x}} \rho \, dV = \iiint \mathbf{x} \times (\boldsymbol{\omega} \times \mathbf{x}) \rho \, dV$

Mit $\displaystyle \begin{pmatrix} x \\ y \\ z \end{pmatrix} \times \begin{pmatrix} \dot{x} \\ \dot{y} \\ \dot{z} \end{pmatrix} = \begin{pmatrix} x \\ y \\ z \end{pmatrix} \times \begin{pmatrix} -y\omega \\ x\omega \\ 0 \end{pmatrix} = \begin{pmatrix} -\omega xz \\ -\omega yz \\ \omega r^2 \end{pmatrix}$

wird
$$L_x = -\omega \iiint xz \rho \, dV = -\omega J_{xz}$$
$$L_y = -\omega \iiint yz \rho \, dV = -\omega J_{yz}$$
$$L_z = \omega \iiint r^2 \rho \, dV = \omega J_z$$

mit den auf die Flächen xz bzw. yz bezogenen „Deviationsmomenten"

$$\underline{\underline{J_{xz} = \iiint xz \rho \, dV}} \quad \text{bzw.} \quad \underline{\underline{J_{yz} = \iiint yz \rho \, dV}}$$

und dem auf die z-Achse bezogenen Trägheitsmoment:

$$\underline{\underline{J_z = \iiint r^2 \rho \, dV}} \qquad J_z > 0 \quad \text{positiv definit!}$$

Drallsatz:

$$\dot{\mathbf{L}} = \mathbf{M}^{(a)} = \iiint \mathbf{x} \times \ddot{\mathbf{x}} \rho \, dV = \iiint \mathbf{x} \times \left[\dot{\boldsymbol{\omega}} \times \mathbf{x} + \boldsymbol{\omega} \times (\boldsymbol{\omega} \times \mathbf{x})\right] \rho \, dV$$

156

$$\text{Mit} \quad \begin{pmatrix} x \\ y \\ z \end{pmatrix} \times \begin{pmatrix} \ddot{x} \\ \ddot{y} \\ \ddot{z} \end{pmatrix} = \begin{pmatrix} x \\ y \\ z \end{pmatrix} \times \begin{pmatrix} -\dot{\omega}y - \omega^2 x \\ +\dot{\omega}x - \omega^2 y \\ 0 \end{pmatrix} = \begin{pmatrix} -\dot{\omega}xz + \omega^2 yz \\ -\dot{\omega}yz - \omega^2 xz \\ \dot{\omega}r^2 \end{pmatrix}$$

erhält man daraus die kartesische Zerlegung von $\dot{\mathbf{L}} = \mathbf{M}^{(a)}$ in der Form:

$$-\dot{\omega}J_{xz} + \omega^2 J_{yz} = M_x^{(a)} \qquad \ldots\ldots\ldots 4)$$

$$-\dot{\omega}J_{yz} - \omega^2 J_{xz} = M_y^{(a)} \qquad \ldots\ldots\ldots 5)$$

$$\dot{\omega}J_z = M_z^{(a)} \qquad \ldots\ldots\ldots 6)$$

Ein etwas anderer Zugang zu diesen Gleichungen:

$$\dot{L}_x = \left(-\omega J_{xz}\right)^{\textstyle\cdot} = -\dot{\omega}J_{xz} - \omega\dot{J}_{xz}$$

$$\dot{\mathbf{L}} = \mathbf{M}^{(a)} \quad \Rightarrow \quad \dot{L}_y = \left(-\omega J_{yz}\right)^{\textstyle\cdot} = -\dot{\omega}J_{yz} - \omega\dot{J}_{yz}$$

$$\dot{L}_z = \left(\omega J_z\right)^{\textstyle\cdot} = \dot{\omega}J_z$$

mit $\quad \dot{J}_{xz} = \iiint \dot{x}z\rho\,dV = -\omega J_{yz}$

bzw. $\quad \dot{J}_{yz} = \iiint \dot{y}z\rho\,dV = \omega J_{xz}$

erhält man daraus wieder 4), 5) und 6).

kinetische Energie:

$$T = \frac{1}{2}\iiint \dot{\mathbf{x}}^2\rho\,dV = \frac{1}{2}\iiint (r\dot{\varphi})^2 dm = \frac{1}{2}\dot{\varphi}^2 J_z = \frac{1}{2}\omega^2 J_z .$$

<u>Energiesatz</u> (starrer Körper!):

$$\dot{T} = P^{(a)} = \iiint \mathbf{f}\rho\,dV \circ \mathbf{v} + \iint \boldsymbol{\sigma}\,dA \circ \mathbf{v} .$$

Mit $\quad \mathbf{v} = \boldsymbol{\omega} \times \mathbf{x}$

wird $\quad P^{(a)} = \iiint \mathbf{f}\rho\,dV \circ (\boldsymbol{\omega} \times \mathbf{x}) + \iint \boldsymbol{\sigma}\,dA \circ (\boldsymbol{\omega} \times \mathbf{x}) .$

Die zyklische Vertauschung

$$\mathbf{f} \circ (\boldsymbol{\omega} \times \mathbf{x}) = \boldsymbol{\omega} \circ (\mathbf{x} \times \mathbf{f})$$

und $\quad \boldsymbol{\sigma} \circ (\boldsymbol{\omega} \times \mathbf{x}) = \boldsymbol{\omega} \circ (\mathbf{x} \times \boldsymbol{\sigma})$

liefert für

$$P^{(a)} = \boldsymbol{\omega} \circ \left[\iiint \mathbf{x} \times \mathbf{f}\rho\,dV + \iint \mathbf{x} \times \boldsymbol{\sigma}\,dA\right] = \boldsymbol{\omega} \circ \mathbf{M}^{(a)} = \dot{\varphi}\mathbf{e}_z \circ \mathbf{M}^{(a)} = M_z^{(a)} \cdot \omega$$

Damit wird:

$$\dot{T} = \left(J_z \omega^2 / 2\right)^{\cdot} = 2\omega\dot{\omega}\,J_z/2 = \omega M_z^{(a)} \quad \Rightarrow \quad \omega J_z = M_z^{(a)},$$

d. h. man erhält aus dem Energiesatz wieder die Drallsatzgleichung bezüglich der Drehachse (6). Der Energiesatz ist in der klassischen Mechanik ein Folgesatz, soetwas wie ein viertes Standbein, nützlich aber nicht notwendig.

5.5.3 Drehbewegung, Lagerreaktionen

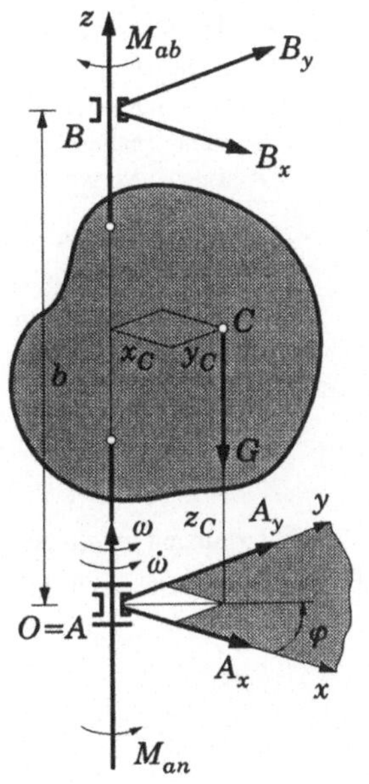

Die Drehachse des starren Körpers sei durch die Lager A (ein Voll-Lager) und B (ein Hals-Lager) räumlich festgelegt. Es sei angenommen, daß die Drehachse lotrecht gerichtet sei und mit der z-Achse des Koordinatensystems (O, x, y, z) zusammenfalle. Auf den Körper sollen von außen das Eigengewicht G, das Antriebsmoment M_{an} und das Abtriebsmoment M_{ab} (beide auf die Drehachse z bezogen) einwirken. Im Lager A werden die Komponenten A_x, A_y, A_z der Lagerreaktionskraft $\mathbf{A}^{*}$ und im Lager B: B_x, B_y die Komponenten der Lagerreaktionskraft $\mathbf{B}^{*}$ auf den Körper einwirken. Für die Unbekannten

$$\varphi \; A_x \; A_y \; A_z \; B_x \; B_y$$

stehen folgende sechs Grundgleichungen zur Verfügung:

$$F_x = \left(-\dot{\omega} y_C - \omega^2 x_C\right) m = A_x + B_x \qquad \dots\dots 1)$$

$$F_y = \left(\;\dot{\omega} x_C - \omega^2 y_C\right) m = A_y + B_y \qquad \dots\dots 2)$$

$$F_z = \qquad\qquad 0 \cdot m = A_z - G \qquad \dots\dots 3)$$

$$M_x = \left(-\dot{\omega} J_{xz} + \omega^2 J_{yz}\right) = -B_y b - G y_C \quad \dots\dots 4)$$

$$M_y = \left(-\dot{\omega} J_{yz} - \omega^2 J_{xz}\right) = B_x b + G x_C \quad \dots\dots 5)$$

$$M_z = \qquad\qquad \dot{\omega} J_z = M_{an} - M_{ab} \quad \dots\dots 6)$$

Da das Gewicht G keinen Momentenbeitrag bezüglich der Drehachse liefert, bestimmt die Bewegung $\varphi(t)$ allein die Differenz des Antriebsmomentes und des Abtriebsmomentes. Ist $M_z = M_{an} - M_{ab}$ als Funktion von φ, $\dot{\varphi}$ und t gegeben, dann kann $\varphi(t)$ aus 6) durch Integrationen gefunden werden:

$$J_z \ddot{\varphi} = M_z(\varphi, \dot{\varphi}, t) \quad \Rightarrow \quad \varphi(t, \varphi_0, \dot{\varphi}_0).$$

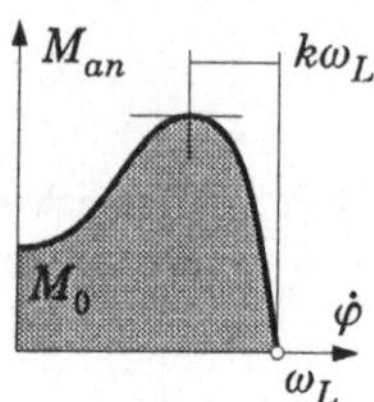

Asynchronmotor

Mit $s = \left(1 - \dot{\varphi}/\omega_L\right) \Rightarrow$

$$M(\dot{\varphi}) \approx M_0\,\frac{s\left(1 + k^2\right)}{s^2 + k^2}$$

$\omega_L \dots$ Leerlauf-Winkel-
geschwindigkeit

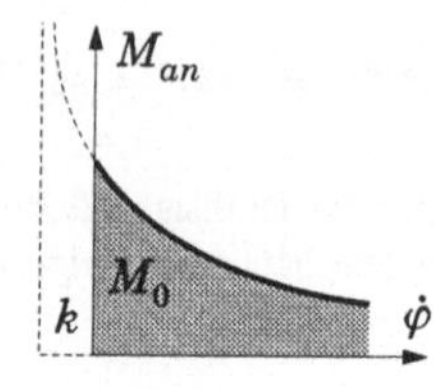

Reihenschluß-
Gleichstrommotor

$$M(\dot{\varphi}) \approx M_0\,\frac{k}{k + \dot{\varphi}}$$

Für die verschiedenen Antriebsmotoren werden vom Hersteller sogenannte „Motorkennlinien" mitgeliefert. Eine Motorkennlinie gibt für stationären Betrieb den Zusammenhang

$$M_{an} = M_{an}(\dot{\varphi})$$

an. Die Motorkennlinien werden bei konstanter Winkelgeschwindigkeit gemessen (aufgenommen). Der Zusammenhang $M_{an}(\dot{\varphi})$ gilt also nur für $\dot{\varphi} = $ konst. Da die „mechanischen Trägheitswirkungen" in J_z zusammengefaßt werden, können diese Kennlinien doch auch (näherungsweise) für $\dot{\varphi} \neq$ konst. verwendet werden.

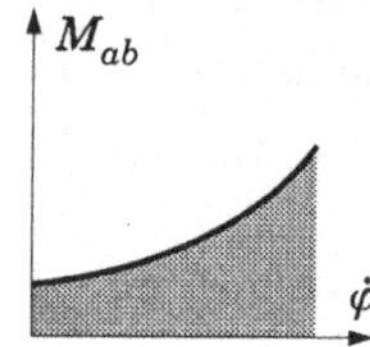

Pumpen:

$$M_{ab} \approx M_0 + k\dot{\varphi}^2$$

In der Regel werden von einem Motor irgendwelche Arbeitsmaschinen angetrieben. Auch für diese Arbeitsmaschinen werden „Kennlinien" (bei stationärem Betrieb $\dot{\varphi} = $ konst.) aufgenommen und angegeben.

$$M_{ab} = M_{ab}(\dot{\varphi})$$

Auch hier gilt: Wenn die mechanischen Trägheitswirkungen in J_z berücksichtigt werden, dann gilt $M_{ab}(\dot{\varphi})$ näherungsweise auch für $\dot{\varphi} \neq$ konst.

5.5.3.1 Stabilität der stationären Drehbewegungen

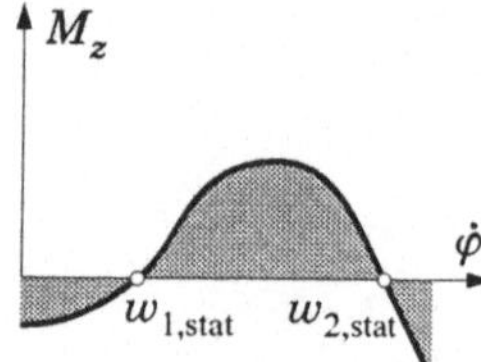

Sind $M_{an}(\dot{\varphi})$ und $M_{ab}(\dot{\varphi})$ die Kennlinien der Antriebsmaschine bzw. der Arbeitsmaschine gegeben, dann ist $M_z = M_z(\dot{\varphi})$ als Funktion von $\dot{\varphi}$ bekannt. Für gewisse Winkelgeschwindigkeiten wird $M_z = 0$. Aus Gleichung 6) folgt dann:

$$J_z\ddot{\varphi} = M_z = 0 \quad \Rightarrow \quad \dot{\varphi} = \omega_{\text{stat}} = \text{konst.},$$

d. h. die Winkelgeschwindigkeit ist konstant, die Drehbewegung verläuft gleichmäßig, man sagt der Motor befindet sich in stationärem Betriebszustand. Es ist nun zu fragen, was geschieht, wenn die Winkelgeschwindigkeit ω_{stat} um einen geringen Betrag $\Delta\dot{\varphi} = \dot{\varphi} - \omega_{\text{stat}}$ verändert wird.

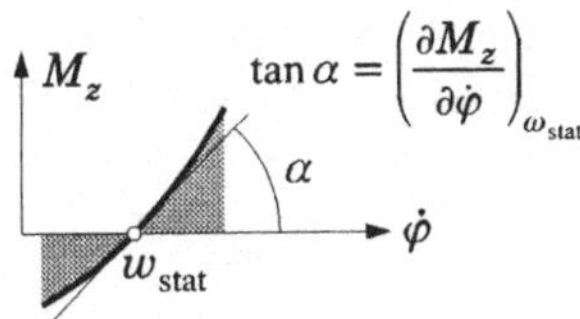

In der Umgebung der stationären Winkelgeschwindigkeit ω_{stat} gilt für das resultierende Moment näherungsweise:

$$M_z = \left(\dot\varphi - \omega_{\text{stat}}\right)\left(\frac{\partial M_z}{\partial\dot\varphi}\right)_{\dot\varphi=\omega_{\text{stat}}}.$$

Damit erhält man aus

$$J_z\ddot\varphi = \left(\dot\varphi - \omega_{\text{stat}}\right)\left(\frac{\partial M_z}{\partial\dot\varphi}\right)_{\dot\varphi=\omega_{\text{stat}}}$$

und für die Winkelgeschwindigkeit

$$\dot\varphi(t) = \omega_{\text{stat}} + \left(\dot\varphi_0 - \omega_{\text{stat}}\right)e^{\left[\frac{\partial M_z/\partial\dot\varphi}{J_z}\right]\cdot t}.$$

Da $J_z = \iiint r^2 \rho\, dV$ positiv definit ist, folgt daraus, daß nur für

$$\left(\frac{\partial M_z}{\partial\dot\varphi}\right)_{\dot\varphi=\omega_{\text{stat}}} < 0$$

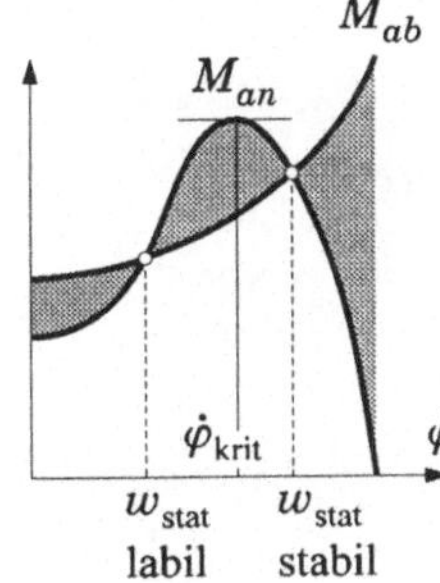

der stationäre Betriebszustand des Rotors stabil ist, d. h. daß

$$\dot\varphi(t) \;\to\; \omega_{\text{stat}}.$$

Ein Drehstrom-Asynchronmotor, der eine Arbeitsmaschine antreiben soll, die für $\dot\varphi = 0$ ein größeres Moment M_{ab} verlangen würde als der Asynchronmotor zu liefern imstande ist, kann nicht aus der Ruhe heraus angefahren werden ($M_z(\dot\varphi = 0) < 0$!). Erst wenn dem Motor eine Anfangswinkelgeschwindigkeit $\dot\varphi_0 > \dot\varphi_{\text{krit}}$ mitgeteilt wird, läuft $\dot\varphi$ auf die stabile stationäre Winkelgeschwindigkeit zu.

5.5.3.2 Die Ausgleichsbedingungen

Sind über 6) $\Rightarrow$ $\dot\varphi = \omega$ und $\ddot\varphi = \dot\omega$ als Funktion der Zeit bekannt, dann können aus den *Gleichungen* 1), 2), 4) und 5) von Seite 157 die Auflagerkräfte bestimmt werden. Aus 3) folgt sofort $A_z = G$. Die vier Gleichungen erlauben auch die Bedingungen abzulesen, die erfüllt sein müssen, wenn die Kraftkomponenten A_x, A_y, B_x und B_y, unabhängig von $\dot\omega$ bzw. ω, gleich Null sein sollen:

$$\boxed{A_x = 0,\ \ A_y = 0,\ \ B_x = 0,\ \ B_y = 0} \quad \Leftrightarrow \quad \boxed{\begin{array}{ll} x_C = 0, & y_C = 0 \\[4pt] \hline J_{xz} = 0, & J_{yz} = 0 \end{array}}$$

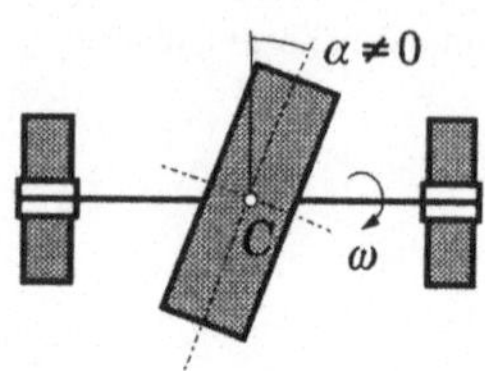

Man nennt $(x_C = 0) \wedge (y_C = 0)$ die erste (oder auch die statische) Ausgleichsbedingung: Das Massenzentrum muß auf der Drehachse liegen.

Die Bedingung $(J_{xz} = 0) \wedge (J_{yz} = 0)$ heißt die zweite oder auch die dynamische Ausgleichsbedingung. Beim schräg montierten Rad ist diese <u>zweite</u> Bedingung nicht erfüllt!

Ist $(x_C = 0) \wedge (y_C = 0)$ und $(J_{xz} = 0) \wedge (J_{yz} = 0)$ erfüllt in einer bestimmten Lage (φ) des Rotors, dann ist sie in jeder Lage erfüllt. D. h. es ist dann $A_x \equiv 0$, $A_y \equiv 0$, $B_x \equiv 0$, $B_y \equiv 0$. Denn mit

$$\bar{x} = r\cos(\alpha + \Delta\varphi) = x\cos\Delta\varphi - y\sin\Delta\varphi$$

$$\bar{y} = r\sin(\alpha + \Delta\varphi) = y\cos\Delta\varphi + x\sin\Delta\varphi$$

$$\bar{z} = z$$

erhält man für den Rotor, der um $\Delta\varphi$ vorgedreht ist:

$$J_{\bar{x}\bar{z}} = \iiint \bar{x}\bar{z}\,dm = \left(\iiint xz\,dm\right)\cos\Delta\varphi - \left(\iiint yz\,dm\right)\sin\Delta\varphi =$$

$$= J_{xz}\cos\Delta\varphi - J_{yz}\sin\Delta\varphi$$

$$J_{\bar{y}\bar{z}} = \iiint \bar{y}\bar{z}\,dm = \left(\iiint yz\,dm\right)\cos\Delta\varphi + \left(\iiint xz\,dm\right)\sin\Delta\varphi =$$

$$= J_{yz}\cos\Delta\varphi + J_{xz}\sin\Delta\varphi$$

d. h.: $\quad (J_{xz} = 0) \wedge (J_{yz} = 0) \Leftrightarrow (J_{\bar{x}\bar{z}} = 0) \wedge (J_{\bar{y}\bar{z}} = 0)$.

5.5.3.3 Das physikalische Pendel

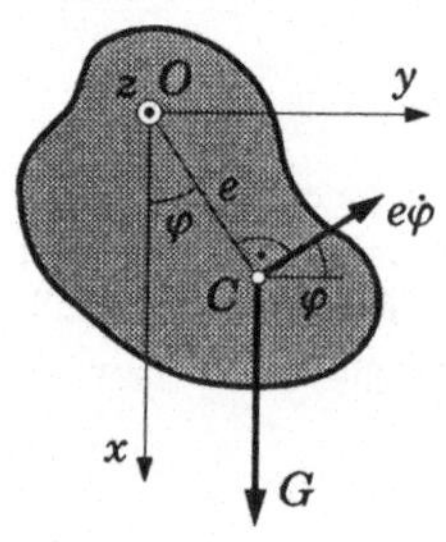

Die Lagerung des starren Körpers sei jetzt so, daß die Drehachse horizontal gerichtet ist. Wir werden weiterhin annehmen, daß die Lager vollkommen reibungsfrei seien und werden uns jetzt hauptsächlich für die (Schwing-)Bewegung um die mögliche Gleichgewichtslage des Pendels interessieren. Ist der Normalabstand des Massenzentrums C von der Drehachse gleich e, dann gilt gemäß der Gleichung 6) von Seite 156 mit $M_{an} = 0$ und $M_{ab} = 0$. Bezeichnen wir jetzt J_z mit J_0, dann wird:

$$J_0\ddot{\varphi} = M_z = -(e\sin\varphi)mg$$

Dieselbe Gleichung liefert natürlich auch der Energiesatz $\dot{T} = P^{(a)}$.

Mit $\quad T = \iiint (r\dot\varphi)^2 \, dm/2 = \dot\varphi^2 J_0/2$

folgt $\quad 2\dot\varphi\ddot\varphi J_0/2 = P^{(a)} = -mge\dot\varphi\sin\varphi \quad \Rightarrow$

$$J_0\ddot\varphi = -mge\sin\varphi$$

Mit der Abkürzung:

$$\boxed{\omega_0^2 = e\,mg/J_0}$$

lautet die zu lösende Differentialgleichung:

$$\boxed{\ddot\varphi = -\omega_0^2\sin\varphi}\ .$$

Dieser Differentialgleichung sind wir bereits einmal begegnet, nämlich bei der Behandlung des „mathematischen Pendels". Die Integration gelingt mit Hilfe des elliptischen Integrals zweiter Art. Für die Schwingungsdauer haben wir

$$\tau = \left(\frac{2\pi}{\omega_0}\right) \cdot K\left(\sin\frac{\varphi_0}{2}\right) \Big/ \frac{\pi}{2}$$

gefunden. In diesem Ausdruck bezeichnet φ_0 die maximale Winkelauslenkung und

$$K = \int\limits_0^{\pi/2} \frac{d\psi}{\sqrt{1-k^2\sin^2\psi}} \qquad \text{mit} \qquad k = \sin\frac{\varphi_0}{2}\,.$$

5.5.3.4 Die äquivalente Fadenpendellänge

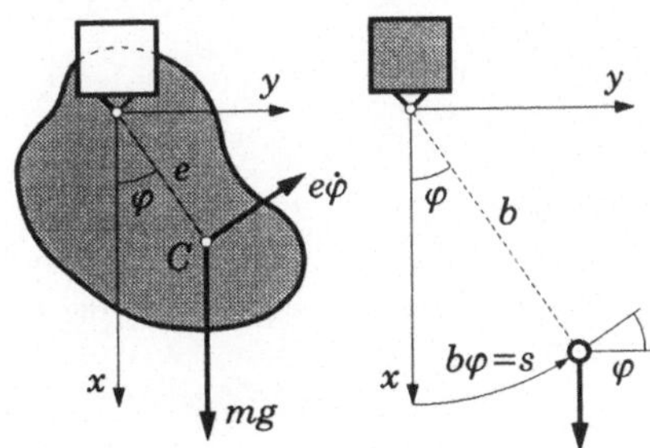

Fragen wir jetzt nach der Länge jenes Fadenpendels, daß (gleiche Anfangsbedingungen ($t = 0$: $\varphi = \varphi_0$, $\dot\varphi = \dot\varphi_0$) vorausgesetzt) in gleicher Weise schwingt wie das physikalische Pendel. Für das mathematische (Faden-)Pendel gilt:

$$m\ddot s = m(b\varphi)^{\cdot\cdot} = -mg\sin\varphi$$

$$\ddot\varphi = -\frac{g}{b}\sin\varphi$$

und für das physikalische Pendel

$$\ddot\varphi = -\frac{mge}{J_0}\sin\varphi\,.$$

162

Die Gleichsetzung ergibt

$$\frac{g}{b} = \frac{mge}{J_0}.$$

Damit erhält man für die äquivalente Fadenlänge:

$$\boxed{\,b = J_0/me\,}\;.$$

Mit dem sogenannten <u>Trägheitsradius</u>

$$\boxed{\,i_0 = \sqrt{J_0/m}\,}$$

kann man für die äquivalente Fadenlänge auch schreiben:

$$\boxed{\,b = i_0^2/e\,}\;.$$

5.5.3.5 Der Steinersche Satz

Der Steinersche Satz gibt den Zusammenhang der zwischen dem Trägheitsmoment $J_z = J_O$ und dem Trägheitsmoment J_C bezüglich einer zur z-Achse parallelen Achse durch das Massenzentrum C besteht.

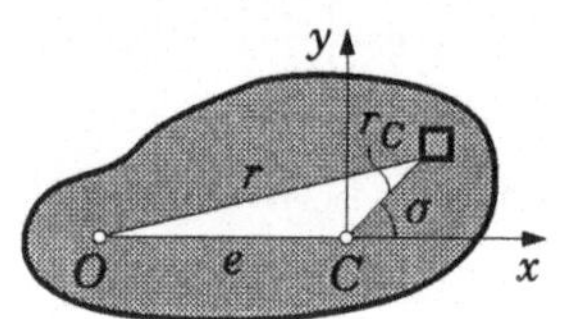

$$J_O = \iiint r^2\,dm = \iiint \left(e^2 + r_C^2 + 2er_C\cos\sigma\right)dm =$$

$$= e^2 m + J_C + 2e\underbrace{\iiint \underbrace{r_C\cos\sigma}_{x}\,dm}^{0} = e^2 m + J_C$$

$$\boxed{\,J_O = J_C + me^2\,}$$

oder $\quad i_O^2 = i_C^2 + e^2 \quad$ mit $\quad i_C = \sqrt{J_C/m}, \quad i_O = \sqrt{J_O/m}\,.$

Bezüglich aller zueinander parallelen Geraden ist das Trägheitsmoment bezüglich einer dieser Geraden durch das Massenzentrum C am kleinsten:

$$J_C < J_O.$$

Für die äquivalente Fadenpendellänge erhält man mit dem Steinerschen Satz:

$$b = \frac{J_O}{me} = \frac{J_C + me^2}{me} = \frac{J_C}{me} + e = \boxed{\,\frac{i_C^2}{e} + e = b\,}\;.$$

5.5.3.6 Die „Reversion" des physikalischen Pendels

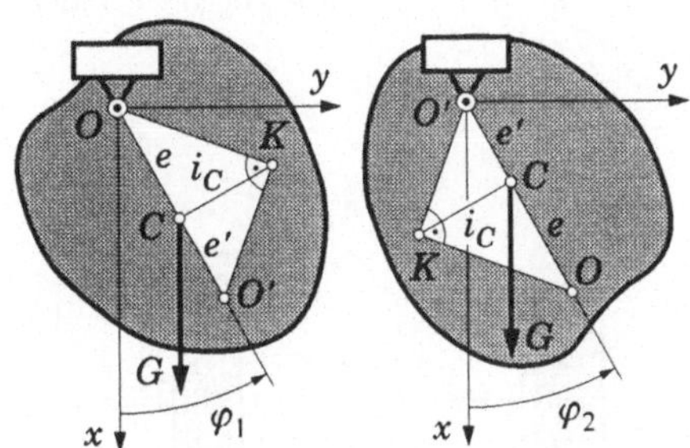

Die Formel $b = i_C^2/e + e$ weist auf eine einfache Konstruktion von b hin: Wird $i_C = \sqrt{J_C/m}$ senkrecht zu OC von C aus aufgetragen, so erhält man K. Die Normale zu OK gibt den Schnittpunkt O' auf der Geraden durch OC:

$$i_C^2/e = e' \qquad \Rightarrow \qquad b = e' + e\,.$$

Mit $\dfrac{i_C^2}{e'} = e$ kann auch $b = e' + \dfrac{i_C^2}{e'} = b'$

geschrieben werden. Daraus aber folgt, daß das Pendel „reversiert" (umgedreht) werden kann (also in O' drehbar befestigt werden kann), ohne daß b und damit das Schwingverhalten des Pendels geändert wird.

$$J_O\ddot{\varphi}_1 = -mge \sin\varphi_1 \;;\quad J_O'\ddot{\varphi}_2 = -mge'\sin\varphi_2$$

Mit $\quad \dfrac{J_O}{me} = \dfrac{J_C + me^2}{me} = \dfrac{i_C^2}{e} + e = b$

und $\quad \dfrac{J_O'}{me'} = \dfrac{J_C + me'^2}{me'} = \dfrac{i_C^2}{e'} + e' = b' = b$

erkennt man, daß gleiche Anfangsbedingungen vorausgesetzt ($t = 0$: $\varphi_1 = \varphi_2 = \varphi_0$, $\dot{\varphi}_1 = \dot{\varphi}_2 = \dot{\varphi}_0$) $\Rightarrow$ $\varphi_1(t) \equiv \varphi_2(t)$ gelten muß.

5.5.3.7 Die kleinste Schwingungsdauer des physikalischen Pendels

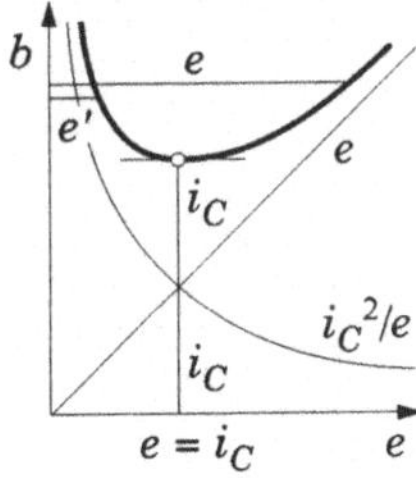

Die äquivalente Pendellänge b ist ein Maß für die Schwingungsdauer τ des physikalischen Pendels [$\tau_0 = 2\pi\sqrt{b/g}$, bzw. genauer: $\tau = 2\pi\sqrt{b/g}\, K\big(\sin(\varphi_0/2)\big)/(\pi/2)$]. Wie groß muß e bei gegebenen J_C bzw. $\sqrt{J_C/m} = i_C$ sein, wenn b bzw. τ einen Extremalwert annehmen soll?

Aus $\quad b = \dfrac{i_C^2}{e} + e$

folgt $\quad \dfrac{db}{de} = -\dfrac{i_C^2}{e^2} + 1 = 0 \;\Rightarrow$

d. h. $\qquad \boxed{e = i_C \;\rightarrow\; \tau = \tau_{min}}$.

Der Ort aller Aufhängepunkte (Bohrlöcher in der Platte), für die sich gleiches τ ergibt, ist ein Kreis um C mit dem Radius e. Für den Radius $e = i_C$ wird $\tau = \tau_{min}$. Für $e' = i^2/e$ und für e ist τ gleich groß. Für $e = 0, \infty$ wird $\tau \to \infty$.

5.5.4 Drehstoß

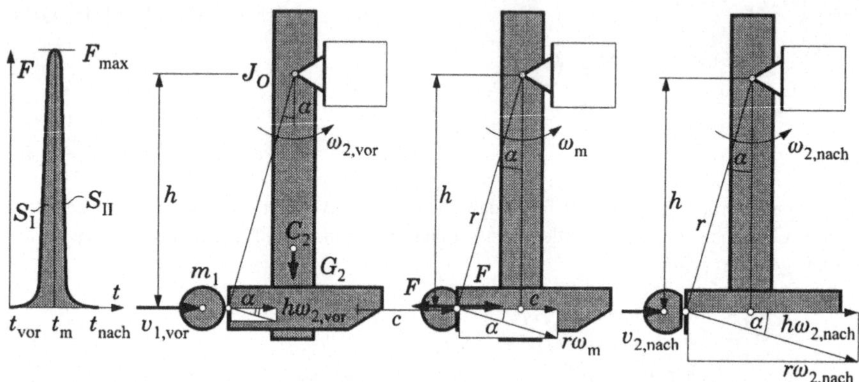

Ein Hammer sei reibungsfrei drehbar (um die horizontale Achse durch O) gelagert. Eine Kugel mit der Masse m_2 trifft mit der Geschwindigkeit $v_{1,vor}$ auf die als vollkommen glatt angenommene Hammerfläche. Der Geschwindigkeitszustand des Hammers vor dem Stoß sei mit $\omega_{2,vor}$ gegeben. Wie groß ist die Geschwindigkeit der Kugel nach dem Stoß? Wie groß ist die Winkelgeschwindigkeit des Hammers nach dem Stoß?

Wir machen wieder dieselben Annahmen, wie schon beim Stoß zweier Massenpunkte:

$t_{nach} - t_{vor} \ll$,
plötzliche Änderung des v-Zustandes,
keine Änderung der Lage und
Stoßkraft $F \gg G_1, G_2$.

Der Impulssatz für den stoßenden Körper:

$$m_1 \dot{v}_1 = -F \quad \text{liefert:} \quad \begin{cases} m_1\left(c - v_{1,vor}\right) = -\int_{t_{vor}}^{t_m} F\,dt = -S_I & \ldots\ldots 1) \\ m_1\left(v_{1,nach} - c\right) = -\int_{t_m}^{t_{nach}} F\,dt = -S_{II} & \ldots\ldots 2) \end{cases}$$

Der Drallsatz für den gestoßenen Körper:

$$J_{2,O}\,\dot{\omega}_2 = Fh \quad \text{liefert:} \quad \begin{cases} J_{2,O}\left(\omega_m - \omega_{2,vor}\right) = \int_{t_{vor}}^{t_m} hF\,dt = hS_I & \ldots\ldots 3) \\ J_{2,O}\left(\omega_{2,nach} - \omega_m\right) = \int_{t_m}^{t_{nach}} hF\,dt = hS_{II} & \ldots\ldots 4) \end{cases}$$

Mit der Stoßhypothese

$$S_{\mathrm{II}} = \varepsilon S_{\mathrm{I}} \qquad \dots\dots\dots 5)$$

und der kinematischen Bedingung im Augenblick der größten Deformation ($F_{\max}$):

$$c = r\omega_{\mathrm{m}}\cos\alpha = \omega_{\mathrm{m}}h \qquad \dots\dots\dots 6)$$

stehen 6 Gleichungen zur Bestimmung von $v_{1,\mathrm{nach}}$, $\omega_{2,\mathrm{nach}}$, S_{I}, S_{II}, c und ω_{m} zur Verfügung. Mit 5) und 6) wird:

$$\left(c - v_{1,\mathrm{vor}}\right) = -\frac{S_{\mathrm{I}}}{m_1} \qquad \dots\dots\dots 1') \qquad\qquad \left(c - \omega_{2,\mathrm{vor}}h\right) = \frac{S_{\mathrm{I}}}{J_{2,O}/h^2} \qquad \dots\dots\dots 3')$$

$$\left(v_{1,\mathrm{nach}} - c\right) = -\frac{\varepsilon S_{\mathrm{I}}}{m_1} \qquad \dots\dots\dots 2') \qquad\qquad \left(\omega_{2,\mathrm{nach}}h - c\right) = \frac{\varepsilon S_{\mathrm{I}}}{J_{2,O}/h^2} \qquad \dots\dots\dots 4')$$

Aus $-1') + 3')$ kann S_{I} berechnet werden, womit man dann für $S = (1+\varepsilon)S_{\mathrm{I}}$ erhält:

$$\boxed{S = (1+\varepsilon)\frac{m_1\left(J_{2,O}/h^2\right)}{m_1 + J_{2,O}/h^2}\left(v_{1,\mathrm{vor}} - h\omega_{2,\mathrm{vor}}\right)} \; .$$

Mit der *reduzierten Masse* $m_{2,\mathrm{red}} = J_{2,O}/h^2$ und der Normalkomponente $v_{n,2,\mathrm{vor}} = h\omega_{2,\mathrm{vor}}$ kann man dafür etwas einfacher schreiben (vgl. S. 131):

$$S = (1+\varepsilon)\frac{m_1 m_{2,\mathrm{red}}}{m_1 + m_{2,\mathrm{red}}}\left(v_{1,\mathrm{vor}} - v_{n,2,\mathrm{vor}}\right).$$

Die Addition von 1') und 2') bzw. von 3') und 4') ergibt für die Hauptunbekannten

$$\boxed{v_{1,\mathrm{nach}} = v_{1,\mathrm{vor}} - \frac{S}{m_1}} \quad\text{und}\quad \boxed{\omega_{2,\mathrm{nach}} = \omega_{2,\mathrm{vor}} + \frac{Sh}{J_{2,O}}} \; .$$

5.5.4.1 Der Stoßmittelpunkt

Neben den Geschwindigkeitsverhältnissen nach dem Stoß sind natürlich auch die Kräfte, die das Lager O aufnehmen muß, von Interesse. Wichtig ist die Frage: Kann vermieden werden, daß die Lagerkraft von der gleichen Größenordnung ist wie die eigentliche Stoßkraft F? Die Antwort ist: ja, unter bestimmten Voraussetzungen.

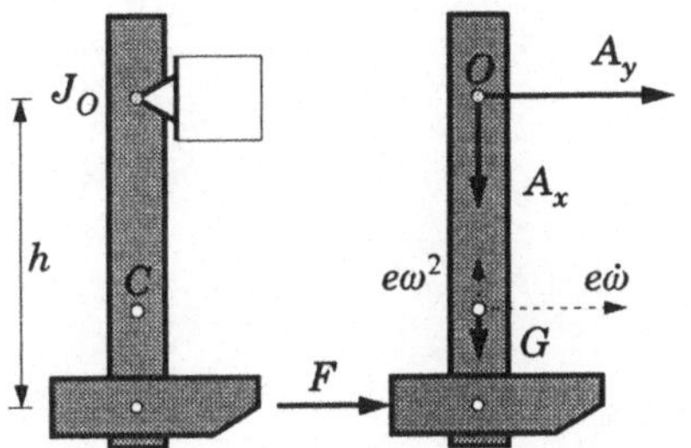

166

F wirkt kurzzeitig mit sehr großen Beträgen $[F_{max} >>>]$ auf den Pendelkörper ein. Würden die Kraftkomponenten A_x A_y auch sehr groß sein, dann würde das Lager bald „ausgeschlagen" werden. Massenmittelpunktsatz $\dot{\mathbf{p}} = \mathbf{F} = m\ddot{\mathbf{x}}_C$ und Drallsatz $\dot{L} = M$ liefern die folgenden drei Gleichungen (Der Index 2 sei jetzt unterdrückt):

$$e\dot{\omega}m = F + A_y \qquad \ldots\ldots\ldots 1)$$

$$e\omega^2 m = -G - A_x \qquad \ldots\ldots\ldots 2)$$

$$J_O\dot{\omega} = F \cdot h \qquad \ldots\ldots\ldots 3)$$

Mit 3) in 1) ist:

$$A_y = F\left(ehm/J_O - 1\right)$$

d. h. im allgemeinen ist A_y von derselben Größenordnung wie F.

Für $\qquad h = \dfrac{J_O}{me} = \dfrac{J_C}{me} + e = \boxed{\dfrac{i_C^2}{e} + e = b = h}$

aber wird $A_y = 0$!

Wenn die Stoßkraft $F \perp OC$ gerichtet ist und durch den sogenannten **Stoßmittelpunkt K** ($OK = b$ = der reduzierten Pendellänge!), dann wird die Stoßkraft F nicht in das Lager eingeleitet!

Zu jedem Hammer, der nicht „prellen" soll gehört eine bestimmte Stiellänge. Sie ist im wesentlichen gleich der reduzierten Pendellänge. Für einen Stab wird:

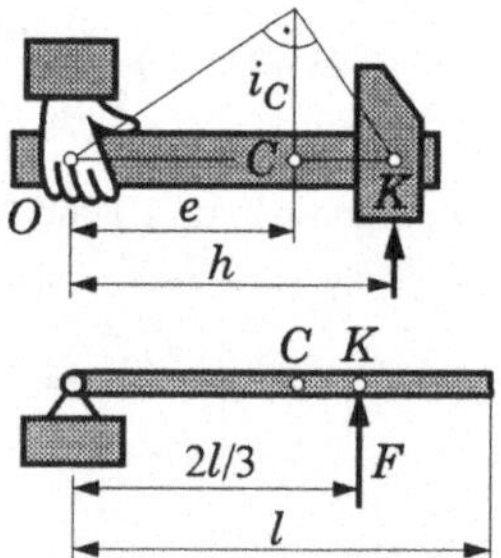

$$J_O = \iiint r^2 dm = \int_0^l r^2 dr\, m/l = ml^2/3$$

d. h. $\qquad b = h = \dfrac{J_O}{me} = \dfrac{ml^2}{3m\,l/2} = \dfrac{2}{3}l$.

5.5.4.2 Drehstoß zweier Pendel aufeinander

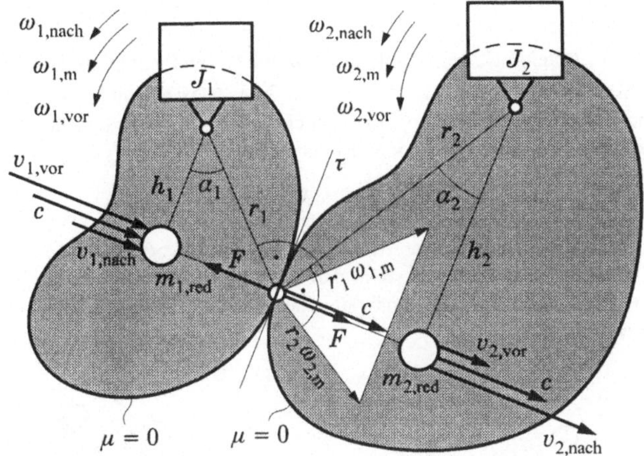

Dieser Fall kann formal durch Einführung von reduzierten Massen auf den Fall des Stoßes zweier Massenpunkte aufeinander zurückgeführt werden. Die Drallsätze

$$J_1\dot{\omega}_1 = -Fh_1$$

und $\quad J_2\dot{\omega}_2 = Fh_2$

liefern mit $S_{\text{II}} = \varepsilon S_{\text{I}}$:

$$J_1\left(\omega_{1,\text{m}} - \omega_{1,\text{vor}}\right) = -h_1 S_{\text{I}} , \qquad J_2\left(\omega_{2,\text{m}} - \omega_{2,\text{vor}}\right) = h_2 S_{\text{I}}$$

$$J_1\left(\omega_{1,\text{nach}} - \omega_{1,\text{m}}\right) = -h_1\varepsilon S_{\text{I}} , \qquad J_2\left(\omega_{2,\text{nach}} - \omega_{2,\text{m}}\right) = h_2\varepsilon S_{\text{I}}$$

Mit $\quad J_\alpha / h_\alpha^2 = m_{\alpha,\text{red}} \qquad (\alpha = 1, 2)$

und $\quad v_{\alpha,\text{vor}} = \omega_{\alpha,\text{vor}} h_\alpha \; ; \quad v_{\alpha,\text{nach}} = \omega_{\alpha,\text{nach}} h_\alpha \qquad (\alpha = 1, 2)$

sowie der *Ausgleichsbedingung*

$$\omega_{1,\text{m}} r_1 \cos\alpha_1 = \omega_{2,\text{m}} r_2 \cos\alpha_2 \qquad \Rightarrow \qquad h_1\omega_{1,\text{m}} = h_2\omega_{2,\text{m}} = c$$

erhält man daraus für

$$S = (1+\varepsilon)\frac{m_{1,\text{red}}\, m_{2,\text{red}}}{m_{1,\text{red}} + m_{2,\text{red}}}\left(\omega_{1,\text{vor}} h_1 - \omega_{2,\text{vor}} h_2\right)$$

und damit für

$$\boxed{\omega_{1,\text{nach}} = \omega_{1,\text{vor}} - \frac{Sh_1}{J_1}} \quad \text{bzw.} \quad \boxed{\omega_{2,\text{nach}} = \omega_{2,\text{vor}} + \frac{Sh_2}{J_2}} \; .$$

5.6 Das d'Alembertsche Prinzip

Wir haben bei der „Ableitung" des Impulssatzes $\dot{\mathbf{p}} = \mathbf{F}^{(a)}$ und des Drallsatzes $\dot{\mathbf{L}} = \mathbf{M}^{(a)}$ für das Massenpunkte-System (Seite 118 bis 123) ein <u>freies</u> Massenpunktesystem vorausgesetzt. Die Bewegung der einzelnen Massenpunkte regeln dabei voraussetzungsgemäß die *äußeren* und die *inneren* Aktionskräfte. Für die inneren Aktionskräfte haben wir

$$\mathbf{F}^{(i)}_{\alpha,\beta} = \mathbf{F}^{(i)}_{\beta,\alpha} \quad \text{und} \quad \mathbf{x}_\alpha \times \mathbf{F}^{(i)}_{\alpha,\beta} + \mathbf{x}_\beta \times \mathbf{F}^{(i)}_{\beta,\alpha} = 0$$

vorausgesetzt. Nun aber soll angenommen werden, daß die Bewegung der Massenpunkte geometrischen Bindungen unterworfen ist, d. h. daß auch innere bzw. äußere <u>Reaktionskräfte</u> ins Spiel kommen. Bindungen bzw. Zwangskräfte modifizieren dann den Bewegungsablauf des Massenpunktesystems.

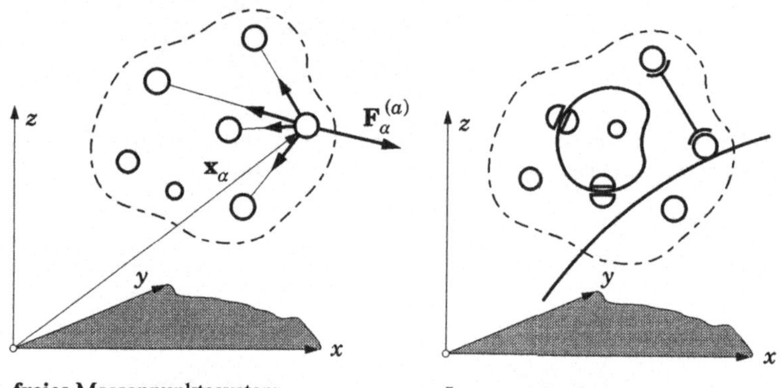

freies Massenpunktesystem

Innere und äußere
Zwangsbedingungen

Wir haben an einigen Stellen bereits von einem „starren Körper" geredet und damit gerechnet. Strenggenommen haben wir dabei, da es sich bei $|\mathbf{x}_\beta - \mathbf{x}_\alpha|$ = zeitkonstant um eine geometrische Bedingung handelt, auch schon Zwangskräfte als vorhanden angenommen: Distanzhalter halten die Massenpunkt auf Distanz. Man möchte dabei nicht gerne gefragt werden, ob es solche Distanzhalter wirklich gibt! Weniger strenggenommen kann man sich einen (fast) starren Körper aber auch vorstellen als aus Massenpunkten zusammengesetzt, auf die Wechselwirkungskräfte $\mathbf{F}^{(i)}_{\alpha,\beta}$ wirken, die einer relati-

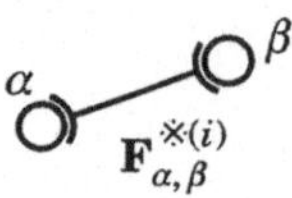

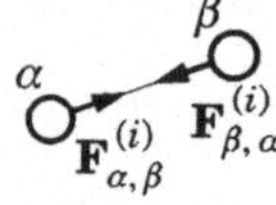

ven Verschiebung der Massenpunkte zueinander einen sehr großen Widerstand entgegensetzen. Ist das der Fall, dann kann der feste Körper so behandelt werden (zumindest für viele Aufgabenstellungen), <u>als ob</u> er vollkommen starr wäre. Die inneren Aktionskräfte gehen im Grenzfall über in innere Zwangskräfte.

Im folgenden sollen um beliebige äußere und innere Aktions- bzw. Reaktionskräfte auf die Massenpunkte des Massenpunktesystems einwirken können. Dann gilt das Grundgesetz in der Form:

$$m_\alpha \ddot{\mathbf{x}}_\alpha = \mathbf{F}^{(a)}_\alpha + \mathbf{F}^{\times(a)}_\alpha + \mathbf{F}^{(i)}_\alpha + \mathbf{F}^{\times(i)}_\alpha$$

$\mathbf{F}_\alpha^{(a)}$ bzw. $\mathbf{F}_\alpha^{*(a)}$ bezeichnen die resultierende **äußere** Aktions- bzw. die Reaktionskraft, $\mathbf{F}_\alpha^{(i)}$ bzw. $\mathbf{F}_\alpha^{*(i)}$ bezeichnen die resultierende **innere** Aktions- bzw. die Reaktionskraft, die auf den isoliert gedachten Massenpunkt mit der Masse m_α und dem Ortsvektor $\mathbf{x}_\alpha$ einwirken.

Für die inneren Aktionskräfte (Wechselwirkungskräfte) gelte wie bisher

$$\mathbf{F}_{\alpha,\beta}^{(i)} + \mathbf{F}_{\beta,\alpha}^{(i)} = 0 \qquad \text{und} \qquad \mathbf{x}_\alpha \times \mathbf{F}_{\alpha,\beta}^{(i)} + \mathbf{x}_\beta \times \mathbf{F}_{\beta,\alpha}^{(i)} = 0 \quad \Rightarrow$$

$$\sum_\alpha \mathbf{F}_\alpha^{(i)} = \sum\sum \mathbf{F}_{\alpha,\beta}^{(i)} = 0 \qquad \sum\sum \mathbf{x}_\alpha \times \mathbf{F}_{\alpha,\beta}^{(i)} + \mathbf{x}_\beta \times \mathbf{F}_{\beta,\alpha}^{(i)} = 0$$

und für die **inneren Zwangskräfte** werde angenommen (*d'Alembert*), daß sie ein allgemeines Gleichgewichtssystem bilden, d. h. daß:

$$\boxed{\begin{aligned} \sum \mathbf{F}_\alpha^{*(i)} &= 0 \\ \sum \mathbf{x}_\alpha \times \mathbf{F}_\alpha^{*(i)} &= 0 \end{aligned}}$$

Diese Annahme von d'Alembert ist zwar in gewisser Weise naheliegend, aber doch nicht anders als axiomatisch zu begründen. Sie stellt den Kern des „d'Alembertschen Prinzips" dar. Besteht z. B. die „innere Bindung" in der Form einer starren, masselosen Schleife, so wird, das nimmt man unwillkürlich an, die Schleife

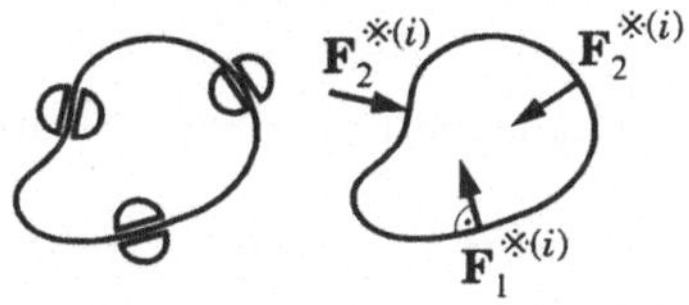

unter dem Einfluß der Reaktionskräfte sich *im Gleichgewicht* befinden müssen. Daß es so ist, kann aber nicht bewiesen sondern doch nur hypothetisch postuliert werden.

Mit den beiden Annahmen über die inneren Kräfte [Newton-Euler für die inneren Aktionskräfte und d'Alembert für die inneren Reaktionskräfte] können in gleicher Weise wie auf Seite 119 und 121 der Impulssatz und der Drallsatz für das Massenpunktesystem bei Vorhandensein von Bindungen hergeleitet werden durch Summenbildungen. Das Ergebnis ist

$$\dot{\mathbf{p}} = \mathbf{F}^{(a)} + \mathbf{F}^{*(a)} = m\ddot{\mathbf{x}}_C \qquad \text{und} \qquad \dot{\mathbf{L}} = \mathbf{M}^{(a)} + \mathbf{M}^{*(a)}.$$

Dank dem d'Alembertschen Prinzip hat sich also am Impuls und am Drallsatz nichts wesentliches geändert. Die äußeren Zwangskräfte sind hinzugekommen, aber daß Zwangskräfte wie eingeprägte Kräfte gehandhabt werden dürfen, wissen wir seit langem.

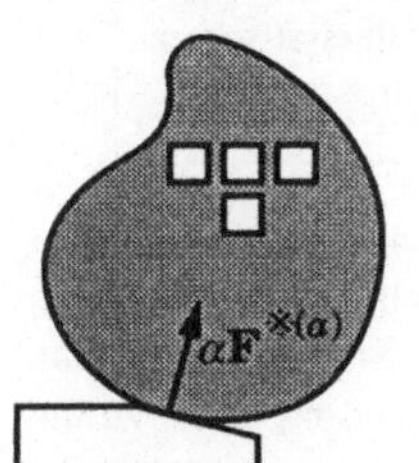

Für das infinitesimale Partikel eines Kontinuums kann in analoger Weise angesetzt werden:

$$\ddot{\mathbf{x}}\,dm = d\mathbf{F} + d\mathbf{F}^* =$$

$$= \left(d\mathbf{F}^{(a)} + d\mathbf{F}^{(i)}\right) + \left(d\mathbf{F}^{*(a)} + d\mathbf{F}^{*(i)}\right).$$

Innere Zwangskräfte kommen beim Kontinuum ins Spiel, wenn z. B. „Starrheit" vorausgesetzt wird. „Starrheit" ist eine geometrische Bedingung, die durch das Wirken von Zwangskräften (inneren Zwangskräften) *erzwungen* wird. **Nach d'Alembert bilden die Gesamtheit der inneren Zwangskräfte ein Gleichgewichtssystem.** Damit fallen sie bei den entsprechenden Summenbildungen, die zum Impulssatz und zum Drallsatz führen, ebenso heraus wie die inneren Aktionskräfte. Es gilt:

$$\mathbf{F}^{(a)} + \mathbf{F}^{\times(a)} = \dot{\mathbf{p}} = \left(\iiint \dot{\mathbf{x}}\, dm\right)^{\cdot} = \iiint \ddot{\mathbf{x}}\, dm \quad ,$$

$$\mathbf{M}^{(a)} + \mathbf{M}^{\times(a)} = \dot{\mathbf{L}} = \left(\iiint \mathbf{x} \times \dot{\mathbf{x}}\, dm\right)^{\cdot} = \iiint \mathbf{x} \times \ddot{\mathbf{x}}\, dm \quad .$$

5.6.1 Einführung von Trägheitskräften

Wir führen jetzt infinitesimale Trägheitskräfte ein durch

$$d\mathbf{T} = -\ddot{\mathbf{x}}\, dm \quad .$$

Die resultierende Trägheitskraft ist dann

$$\mathbf{T} = -\iiint \ddot{\mathbf{x}}\, dm = -m\ddot{\mathbf{x}}_C \ .$$

Mit den infinitesimalen Trägheitskräften kann man den Impulssatz und den Drallsatz bzw. den Momentensatz in der folgenden Form anschreiben:

$$\mathbf{F}^{(a)} + \mathbf{F}^{\times(a)} + \iiint d\mathbf{T} = 0 \quad ,$$

$$\mathbf{M}^{(a)} + \mathbf{M}^{\times(a)} + \iiint \mathbf{x} \times d\mathbf{T} = 0 \quad ,$$

und nun läßt sich folgendes behaupten:

> Fügt man zu den äußeren Aktions- und Reaktionskräften die sogenannten Trägheitskräfte $d\mathbf{T}$ hinzu, dann erhält man ein Kräftesystem für das die statischen Gleichgewichtsbedingungen $(\Sigma \mathbf{F} = 0) \wedge (\Sigma \mathbf{M} = 0)$ gelten.

Durch die Einführung der sogenannten Trägheitskräfte wird die Dynamikaufgabe formaliter in eine Gleichgewichtsaufgabe der Statik übergeführt. Bei den Trägheitskräften (den negativen Massenbeschleunigungen $-\ddot{\mathbf{x}}\, dm$) handelt es sich nicht um wirkliche Kräfte, sondern um „Scheinkräfte" (Pseudokräfte), und wir haben es in Wirklichkeit ja auch nicht mit Statik zu tun sondern mit Dynamik.

5.6.2 Die Lagrangesche Form des d'Alembertschen Prinzips

Das d'Alembertsche Prinzip sagt aus, daß die inneren Zwangskräfte ein Gleichgewichtssystem bilden, daß also

$$\left(\sum \mathbf{F}_\alpha^{*(i)} = 0\right) \wedge \left(\sum \mathbf{x}_\alpha \times \mathbf{F}_\alpha^{*(i)} = 0\right)$$

gilt. In der Statik haben wir gelernt, daß diese (sechs) Gleichgewichtsbedingungen gleichwertig ersetzt werden können durch die Forderung, daß bei einer virtuellen Verschiebung die Summe der Arbeiten der Kräfte verschwinden:

$$\delta W^{*(i)} = \sum \mathbf{F}_\alpha^{*(i)} \circ \delta \mathbf{x}_\alpha = 0\,.$$

Mit $\quad m_\alpha \ddot{\mathbf{x}}_\alpha = \mathbf{F}_\alpha^{(a)} + \mathbf{F}_\alpha^{*(a)} + \mathbf{F}_\alpha^{(i)} + \mathbf{F}_\alpha^{*(i)} \quad \Rightarrow \quad \mathbf{F}_\alpha^{*(i)} = m_\alpha \ddot{\mathbf{x}}_\alpha - \left(\mathbf{F}_\alpha^{(a)} + \mathbf{F}_\alpha^{*(a)} + \mathbf{F}_\alpha^{(i)}\right)$

und Berücksichtigung des Umstandes, daß bei einer virtuellen Verschiebung die äußeren Zwangskräfte keinen Beitrag zur Arbeit leisten, daß also:

$$\sum \mathbf{F}_\alpha^{*(a)} \circ \delta \mathbf{x}_\alpha = 0$$

ist, ergibt sich aus $\sum \mathbf{F}_\alpha^{*(i)} \circ \delta \mathbf{x}_\alpha = 0$ die Lagrangesche Form des Prinzips von d'Alembert

mit $\underline{\underline{\mathbf{F}_\alpha^{(a)} + \mathbf{F}_\alpha^{(i)} = \mathbf{F}_\alpha}}$:

$$\boxed{\sum \left(\mathbf{F}_\alpha - \ddot{\mathbf{x}}_\alpha m_\alpha\right) \circ \delta \mathbf{x}_\alpha = 0}\ .$$

Übertragung auf das Kontinuum:

$$\boxed{\iiint \left(d\mathbf{F} - \ddot{\mathbf{x}}\, dm\right) \circ \delta \mathbf{x} = 0}\ .$$

5.6.2.1 Die Lagrangeschen Gleichungen

Aus der Lagrangeschen Form des d'Alembertschen Prinzips (in der keine Zwangskräfte aufscheinen) können die Grundgleichungen der Bewegung abgeleitet werden, in denen nur der Ausdruck für die kinetische Energie ($T = \sum m_\alpha \dot{\mathbf{x}}_\alpha^2/2$ bzw. $T = \iiint \dot{\mathbf{x}}^2 dm/2$) und *verallgemeinerte Kräfte* verwendet werden. Das Massenpunktesystem bestehe aus N Massenpunkten. Ihre Ortsvektoren sollen durch n verallgemeinerte Koordinaten $q_1, q_2, \ldots, q_n$ und dem Zeitpunkt t angegeben werden können:

$$\mathbf{x}_\alpha = \mathbf{x}_\alpha(q_1, q_2, \ldots, q_n, t) \quad \alpha = 1 \div N$$

172

Daraus folgt einerseits

$$\dot{\mathbf{x}}_\alpha = \frac{\partial \mathbf{x}_\alpha}{\partial q_1}\dot{q}_1 + \frac{\partial \mathbf{x}_\alpha}{\partial q_2}\dot{q}_2 + \ldots + \frac{\partial \mathbf{x}_\alpha}{\partial q_n}\dot{q}_n + \frac{\partial \mathbf{x}_\alpha}{\partial t} = \sum_\beta \frac{\partial \mathbf{x}_\alpha}{\partial q_\beta}\dot{q}_\beta + \frac{\partial \mathbf{x}_\alpha}{\partial t}$$

und andererseits

$$\delta \mathbf{x}_\alpha = \frac{\partial \mathbf{x}_\alpha}{\partial q_1}\delta q_1 + \frac{\partial \mathbf{x}_\alpha}{\partial q_2}\delta q_2 + \ldots + \frac{\partial \mathbf{x}_\alpha}{\partial q_n}\delta q_n = \sum_\beta \frac{\partial \mathbf{x}_\alpha}{\partial q_\beta}\delta q_\beta \; .$$

(Variation bei festgehaltener (eingefrorener) Zeit: $\delta t = 0$!)

Man erkennt, daß:

$$\frac{\partial \dot{\mathbf{x}}_\alpha}{\partial \dot{q}_\beta} = \frac{\partial \mathbf{x}_\alpha}{\partial q_\beta}$$

gilt, und daß weiters

$$\frac{\partial \dot{\mathbf{x}}_\alpha}{\partial q_\gamma} = \frac{\partial}{\partial q_\gamma}\left(\sum_\beta \frac{\partial \mathbf{x}_\alpha}{\partial q_\beta}\dot{q}_\beta + \frac{\partial \mathbf{x}_\alpha}{\partial t}\right) = \sum_\beta \frac{\partial}{\partial q_\beta}\left(\frac{\partial \mathbf{x}_\alpha}{\partial q_\gamma}\right)\dot{q}_\beta + \frac{\partial}{\partial t}\left(\frac{\partial \mathbf{x}_\alpha}{\partial q_\gamma}\right) = \left(\frac{\partial \mathbf{x}_\alpha}{\partial q_\gamma}\right)^{\!\cdot}$$

Das Prinzip von d'Alembert in der Lagrangeschen Form liefert mit

$$\delta \mathbf{x}_\alpha = \sum_\beta \frac{\partial \mathbf{x}_\alpha}{\partial q_\beta}\delta q_\beta$$

wegen der Unabhängigkeit der δq_β voneinander folgende Gleichungen:

$$\sum_\alpha \left(\mathbf{F}_\alpha^{(a)} + \mathbf{F}_\alpha^{(i)} - m_\alpha \ddot{\mathbf{x}}_\alpha\right) \circ \frac{\partial \mathbf{x}_\alpha}{\partial q_\beta} = 0 \qquad \beta = 1, 2, \ldots, n$$

Mit

$$\ddot{\mathbf{x}}_\alpha \circ \frac{\partial \mathbf{x}_\alpha}{\partial q_\beta} = \left(\dot{\mathbf{x}}_\alpha \circ \frac{\partial \mathbf{x}_\alpha}{\partial q_\beta}\right)^{\!\cdot} - \dot{\mathbf{x}}_\alpha \circ \left(\frac{\partial \mathbf{x}_\alpha}{\partial q_\beta}\right)^{\!\cdot} = \left(\dot{\mathbf{x}}_\alpha \circ \frac{\partial \dot{\mathbf{x}}_\alpha}{\partial \dot{q}_\beta}\right)^{\!\cdot} - \dot{\mathbf{x}}_\alpha \circ \frac{\partial \dot{\mathbf{x}}_\alpha}{\partial q_\beta} =$$

$$= \left(\frac{\partial \dot{\mathbf{x}}_\alpha^2/2}{\partial \dot{q}_\beta}\right)^{\!\cdot} - \frac{\partial\left(\dot{\mathbf{x}}_\alpha^2/2\right)}{\partial q_\beta}$$

und

$$\boxed{T = \sum m_\alpha \dot{\mathbf{x}}_\alpha^2 / 2}$$

wird

$$\sum \ddot{\mathbf{x}}_\alpha m_\alpha \circ \frac{\partial \mathbf{x}_\alpha}{\partial q_\beta} = \left(\frac{\partial T}{\partial \dot{q}_\beta}\right)^{\!\cdot} - \frac{\partial T}{\partial q_\beta} \; .$$

Führt man noch die verallgemeinerten Kräfte Q_β ein durch:

$$Q_\beta = \sum_\alpha \left(\mathbf{F}_\alpha^{(a)} + \mathbf{F}_\alpha^{(i)}\right) \circ \frac{\partial \mathbf{x}_\alpha}{\partial q_\beta} \qquad \beta = 1, 2, \dots, n \,,$$

so erhält man aus

$$\sum_\alpha \left(\mathbf{F}_\alpha^{(a)} + \mathbf{F}_\alpha^{(i)} - m_\alpha \ddot{\mathbf{x}}_\alpha\right) \circ \frac{\partial \mathbf{x}_\alpha}{\partial q_\beta}$$

die **n Lagrangeschen Bewegungsgleichungen**:

$$\left(\frac{\partial T}{\partial \dot{q}_\beta}\right)^{\cdot} - \frac{\partial T}{\partial q_\beta} = Q_\beta \qquad \beta = 1, 2, \dots, n$$

5.6.3 Beispiele zum d'Alembertschen Prinzip

5.6.3.1 Rotierender Stab

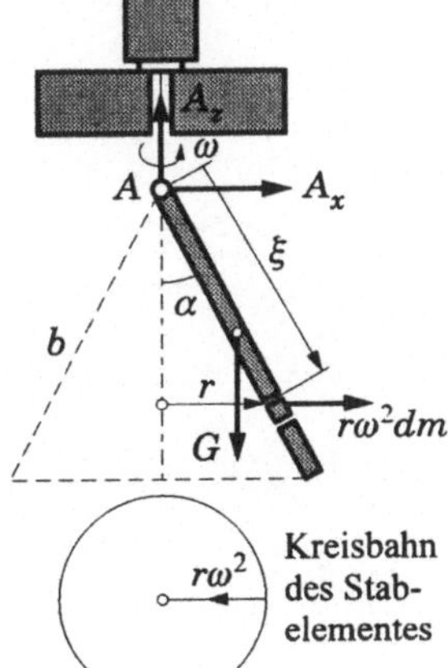

Ein in A reibungsfrei drehbar gelagerter dünner homogener Stab (m, b) rotiere mit konstanter Winkelgeschwindigkeit ω um die vertikale z-Achse. Gesucht ist der Zusammenhang zwischen der Winkelgeschwindigkeit und dem Auslenkwinkel α. Das infinitesimale Stabelement mit der Masse $dm = d\xi\, m/b$ bewegt sich (für $\alpha = $ konst.) mit konstanter Geschwindigkeit auf einem Kreis mit dem Radius $r = \xi \sin\alpha$.

Wir bringen die Trägheitskräfte $r\omega^2 dm = \xi \sin\alpha\, \omega^2 d\xi\, m/b$ entgegen der Richtung der Beschleunigung an und formulieren die Momentengleichgewichtsbedingung bezüglich der Scharnierachse durch A:

$$\sum M_y = 0 =$$

$$= mg \frac{b}{2} \sin\alpha - \int_0^b \left(\xi \sin\alpha\, \omega^2 d\xi \frac{m}{b}\right) \xi \cos\alpha \;\Rightarrow$$

$$\boxed{\alpha = \arccos\left(\frac{3g}{2b\omega^2}\right)} \qquad \sin\alpha \left(1 - \frac{2}{3} \cdot \frac{b\omega^2}{g} \cos\alpha\right) = 0 \,.$$

Daraus erhält man die zwei trivialen Gleichgewichtslagen $\alpha = 0,\ \pi$ und für $\omega > \sqrt{3g/2b} = \omega_{\text{krit}}$ die nichttriviale Gleichgewichtslage $\alpha = \arccos\left(3g/2b\omega^2\right)$.

174

5.6.3.2 Laufseil

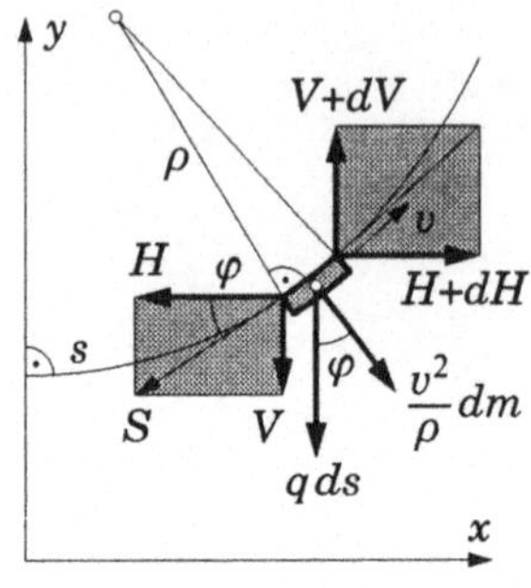

Ein biegeschlaffes Seil bewege sich (ohne Querbewegung) mit konstanter Geschwindigkeit v längs einer (unbekannten) Kurve $y(x)$. Gesucht ist die *Gleichgewichtskurve* $y(x)$ des so bewegten Laufseiles.

Gleichgewicht des Seilelementes fordert:

$$dH + \left(\frac{v^2}{\rho} q \frac{ds}{g}\right) \sin\varphi = 0$$

$$\Rightarrow \quad dH = -\frac{v^2}{g} q \sin\varphi \, d\varphi \qquad \ldots\ldots 1)$$

$$dV - q\,ds - \frac{v^2}{\rho} q \frac{ds}{g} \cos\varphi = 0 \quad \Rightarrow \quad dV = q\,ds + \frac{v^2 q}{g} \cos\varphi \, d\varphi \quad \ldots\ldots 2)$$

$$\text{und} \quad H\,dy - V\,dx = 0 \qquad \Rightarrow \quad \frac{dy}{dx} H = y'H = V \qquad \ldots\ldots 3)$$

$$\text{Aus 1) folgt} \quad H = \frac{v^2 q}{g} \cos\varphi + C_1 \qquad \Rightarrow \quad H(\varphi) = H_0 - \frac{v^2 q}{g}(1 - \cos\varphi)$$

$$\text{und aus 2)} \quad V = qs + \frac{v^2 q}{g} \sin\varphi$$

Damit ergibt sich aus 3), wenn $y' = \tan\varphi$ gesetzt wird:

$$\left[H_0 - \frac{v^2 q}{g}(1 - \cos\varphi)\right] \tan\varphi = qs + \frac{v^2 q}{g} \sin\varphi \qquad \Rightarrow$$

$$\left(\frac{H_0}{q} - \frac{v^2}{g}\right) \tan\varphi = s(\varphi).$$

Mit $\quad \left(\frac{H_0}{q} - \frac{v^2}{g}\right) = a \quad$ erhält man also

$$a \tan\varphi = s,$$

und das ist bereits die Gleichung des Laufseiles in natürlichen Koordinaten. Die Differentialgleichung für $y(x)$ erhält man daraus mit $\tan\varphi = y'$ und $s = \int \sqrt{1 + y'^2} \, dx$

$$\int \sqrt{1 + y'^2} \, dx = ay' \quad \Rightarrow \quad y'' = \frac{1}{a} \sqrt{1 + y'^2}.$$

Die Integration ergibt (wie in der Statik):

$$y(x) = a \cosh \frac{x}{a}$$

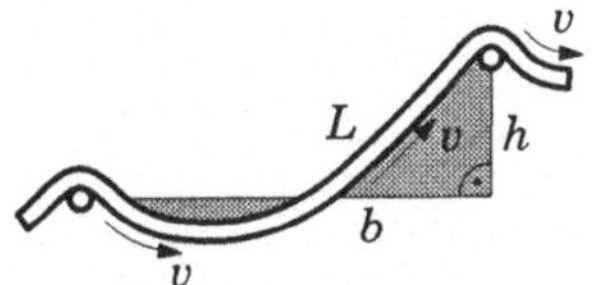

und damit wird:

$$s = a \sinh \frac{x}{a}.$$

Der Seilparameter a kann mit Hilfe der in der Statik abgeleiteten Seildreiecksformel numerisch bestimmt werden:

$$\frac{\sinh(b/2a)}{b/2a} = \frac{\sqrt{L^2 - h^2}}{b}$$

5.6.3.3 Baumumschneiden

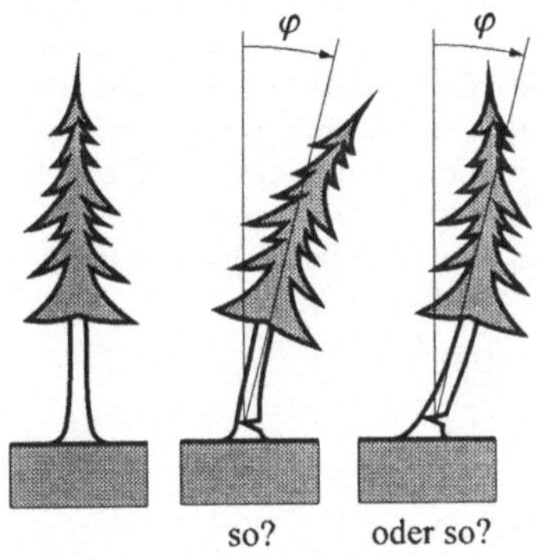

Stellen wir uns folgende Frage: Wenn ein Baum am Fuß angeschnitten wird und umfällt, wie wird er im Fallen gebogen? Dabei soll angenommen werden, daß der Luftwiderstand fast keine Rolle spielt (wir nehmen an, daß es sich um einen Baum auf dem Mond handelt, der gefällt wird). Gefühlsmäßig wird man annehmen, daß der Wipfel „zurückbleibt" beim Fallen. Wenn aber kein Luftwiderstand wirken soll, wird man vielleicht daran zweifeln.

Wir ersetzen den Baum durch einen einfachen homogenen Stab und berechnen die Verteilung der Biegemomente im Stab beim Umfallen. Die Biegemomente werden über die Krümmungsverhältnisse Aufschluß geben.

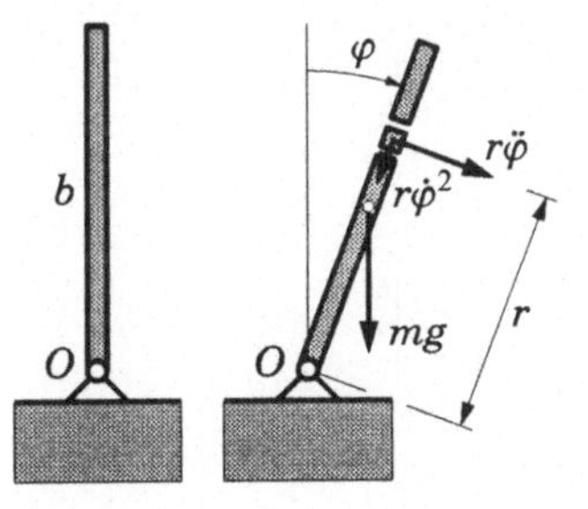

Die Beschleunigung eines Stabelementes (in der Entfernung r vom Drehpunkt O) ist gegeben durch die Komponenten $r\ddot{\varphi}$ und $r\dot{\varphi}^2$. Um die infinitesimalen Trägheitskräfte an jeder Stelle des Stabes angeben zu können, benötigen wir zunächst also die Funktionen $\ddot{\varphi}(\varphi)$ und $\dot{\varphi}^2(\varphi)$. Diese Funktionen erhält man am einfachsten über den Drallsatz:

$$L = \iiint r\, r\dot{\varphi}\, dm = \dot{\varphi} \iiint r^2 dm = \dot{\varphi} \cdot J$$

mit $\quad J = \iiint r^2 dm = \int_0^b r^2 dr\, m/b = m\, b^2/3$.

176

Der Drallsatz $\dot{L} = M$ liefert

$$M = J\ddot{\varphi} = mg\frac{b}{2}\sin\varphi \qquad \Rightarrow \qquad \boxed{\ddot{\varphi}(\varphi) = \frac{3g}{2b}\sin\varphi} \quad,$$

und die zeitfreie Gleichung (oder der integrierte Energiesatz) ergibt

$$\ddot{\varphi}\,d\varphi = (d\dot{\varphi})\dot{\varphi} \qquad \Rightarrow$$

$$d\left(\frac{\dot{\varphi}^2}{2}\right) = \frac{3g}{2b}\sin\varphi\,d\varphi \qquad \Rightarrow$$

$$\text{mit} \qquad \dot{\varphi}_0 = 0: \qquad \boxed{\dot{\varphi}^2(\varphi) = 2\frac{3g}{2b}(1-\cos\varphi)} \quad .$$

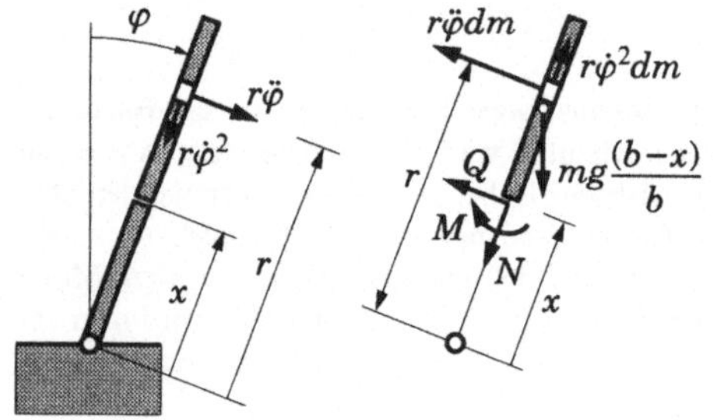

Trennen wir nun den Stab an der Stelle $r = x$ durch und bringen die Schnittkräfte (NQM), die Gewichtskräfte und die Trägheitskräfte am oberen Teilstab an, dann können zur Bestimmung von NQM die *Gleichgewichtsbedingungen* verwendet werden. Die *Momentengleichgewichtsbedingung* verlangt z. B.:

$$M + mg\left(\frac{b-x}{b}\right)\frac{b-x}{2}\sin\varphi - \int_x^b r\ddot{\varphi}\left(dr\frac{m}{b}\right)(r-x) = 0 \quad \Rightarrow$$

$$M = -\frac{mg\sin\varphi}{2b}(b-x)^2 + \frac{m}{b}\ddot{\varphi}\left(\frac{r^3}{3} - \frac{r^2}{2}x\right)\Big|_x^b$$

Mit $\quad \ddot{\varphi} = \dfrac{3g}{2b}\sin\varphi \quad$ wird dann:

$$M = -\frac{mg\sin\varphi}{2b}(b-x)^2 + \frac{m}{b}\frac{3g}{2b}\sin\varphi\left[\frac{b^3-x^3}{3} - \frac{b^2-x^2}{2}x\right]$$

$$M(\varphi,x) = \frac{mg\sin\varphi}{2b^2}(b-x)\left[-b(b-x) + (b^2+bx+x^2) - \frac{3}{2}(b+x)x\right]$$

$$= \frac{mg\sin\varphi}{2b^2}(b-x)\left[2bx - \frac{3}{2}bx + x^2 - \frac{3}{2}x^2\right] =$$

$$= \frac{mg\sin\varphi}{2b^2}(b-x)\left(\frac{bx}{2} - \frac{x^2}{2}\right)$$

$$M(\varphi, x) = \frac{mg\,(b-x)^2\,x}{4b^2}\sin\varphi \qquad \Rightarrow \qquad \frac{\partial M}{\partial x} = 0 \;\Rightarrow\; x = \frac{b}{3} \qquad \Rightarrow$$

$$M_{\max}(\varphi) = \frac{mgb}{27}\sin\varphi \;.$$

Das Biegemoment ist also durchwegs (d. h. für alle x) positiv. Demnach ist die Krümmung des Baumes beim Umfallen immer so, daß der Wipfel „zurück bleibt".

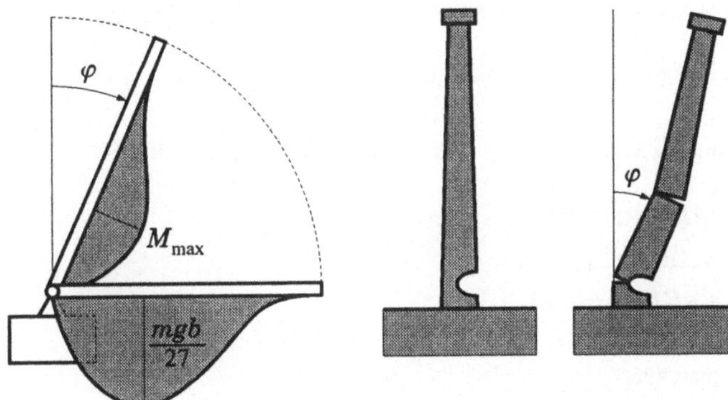

Beim Sprengen von alten Fabriksschloten kann vielfach beobachtet werden, daß der Schlot (etwa bei $x = b/3$) bricht. Das ist im Einklang mit der Tatsache, daß bei $\approx x = b/3$ das größte Biegemoment auftritt, dem der Ziegelschlot bereits bei einem bestimmten Winkel φ keinen Widerstand mehr leisten kann.

5.6.3.4 Erdbebenbelastung

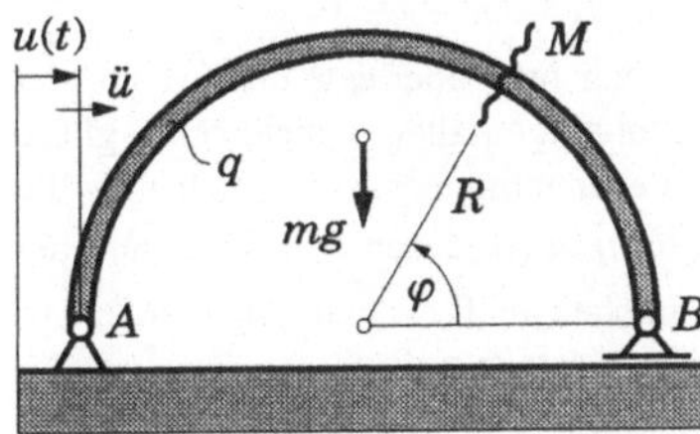

Ein homogener Kreisbogenträger mit dem Radius R und dem Gewicht q pro Längeneinheit ist in den Lagern A und B statisch bestimmt abgestützt. Infolge eines Erdbebens werden Kreisbogenträger gemäß $u(t) = \varepsilon\sin\Omega t$ horizontal hin und her bewegt. Es soll die Biegemomentenverteilung im Bogenträger als Funktion der Zeit ermittelt werden.

Neben dem Eigengewicht $q\,ds = qR\,d\psi$ wirkt auf das Bogenträgerelement in der Gegenrichtung von $+\ddot{u}(t)$ die infinitesimale Trägheitskraft

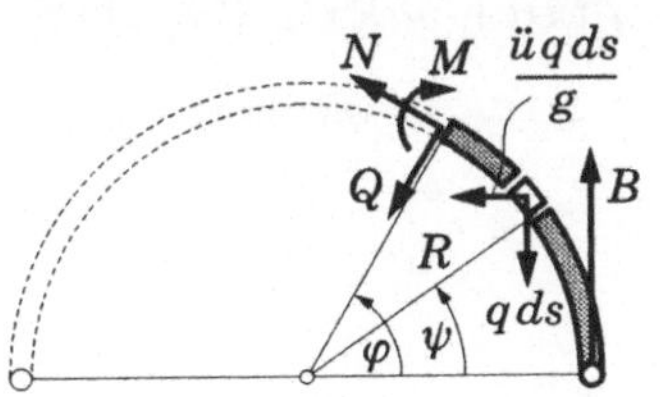

$$\ddot{u}q\,\frac{ds}{g} = \ddot{u}qR\,d\psi/g\;.$$

178

Für den bei $\psi = \varphi$ abgetrennten rechten Bogenträgerteil gilt:

$$-M + BR(1 - \cos\varphi) - \int_0^\varphi R(\cos\psi - \cos\varphi)qR\,d\psi -$$

$$- \int_0^\varphi R(\sin\varphi - \sin\psi)qR\ddot{u}\,d\psi/g = 0$$

Die Integration ergibt:

$$M = +BR(1 - \cos\varphi) - R^2 q\left(\sin\psi - \psi\cos\varphi\right)\Big|_0^\varphi - \left(R^2 q\,\ddot{u}/g\right)\left(\psi\sin\varphi + \cos\psi\right)\Big|_0^\varphi$$

$$M = +BR(1 + \cos\varphi) - R^2 q\left[(\sin\varphi - \varphi\cos\varphi) - (\ddot{u}/g)(\varphi\sin\varphi + \cos\varphi - 1)\right].$$

Aus der Bedingung $M(\varphi = \pi)$ erhält man daraus für die Auflagerkraft B

$$0 = +BR(1 + 1) - R^2 q\left[\pi + (\ddot{u}/g)(-2)\right] \quad \Rightarrow$$

$$\boxed{B = qR(\pi/2 - \ddot{u}/g)}\ .$$

Damit erhält man für

$$\boxed{M = qR^2\left[-\sin\varphi + \varphi\cos\varphi + (1 - \cos\varphi)(\pi/2) - (\ddot{u}/g)\varphi\sin\varphi\right]}$$

und insbesonders mit $\ddot{u} = -\varepsilon\Omega^2 \sin\Omega t$:

$$M(\varphi,t) = qR^2\left[-\sin\varphi + \varphi\cos\varphi + (1 - \cos\varphi)\pi/2 + \varepsilon\left(\Omega^2/g\right)\varphi\sin\varphi\sin\Omega t\right].$$

Die Auflagerkraft B könnte direkter gefunden werden, wenn man überlegt, daß wegen der translatorischen Bewegung des Bogenträgers die Beschleunigungen aller Stabelemente gleich groß (nämlich gleich $\ddot{u}$) sind und daher die Resultierende aller infinitesimalen Trägheitskräfte

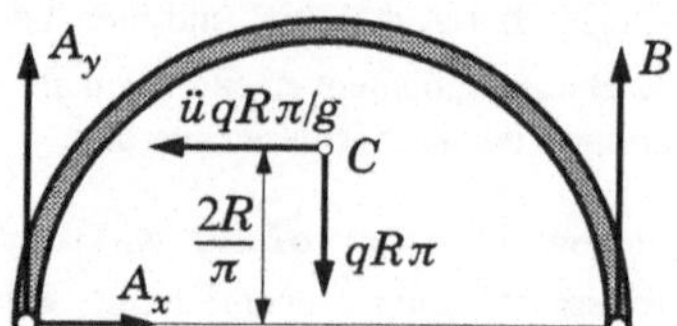

also $-m\ddot{u} = -(R\pi q/g)\ddot{u}$ durch den Massenmittelpunkt C hindurchgehen muß. Damit erhält man aus $\sum M_A = 0$ mit $y_C = 2R/\pi$ sofort:

$$B \cdot 2R - qR\pi R + (\ddot{u}qR\pi/g)(2R/\pi) = 0$$

$$\Rightarrow \quad B = qR\left[\pi/2 - \ddot{u}/g\right] \quad \text{wie oben.}$$

5.7 Trägheitsmomente und Deviationsmomente eines starren Körpers

Bei der Drehung des starren Körpers um eine raumfeste Achse haben wir massengeometrische Ausdrücke eingeführt, die wir *Trägheitsmomente* (bezüglich der z-Achse) bzw. *Deviationsmomente* (bezüglich der Koordinatenfläche xz bzw. yz) genannt haben. Diesen „Momenten" wollen wir uns jetzt ausführlicher zuwenden. Für das (axiale) Trägheitsmoment haben wir bereits einen wichtigen Verschiebungssatz, den Steinerschen Satz, kennengelernt. Für die Deviationsmomente gelten ähnliche Verschiebungssätze.

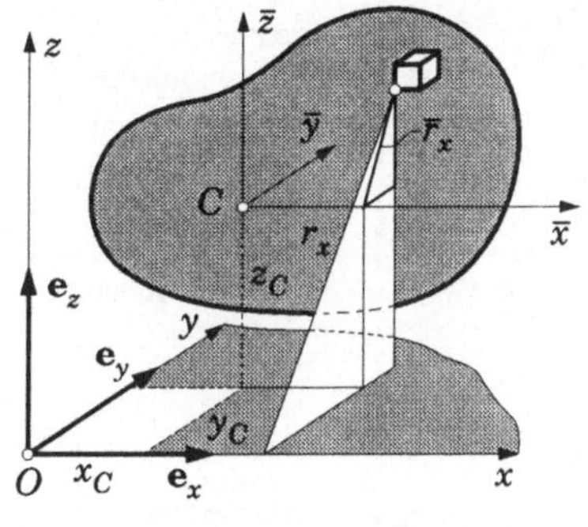

Neben dem Basis-Koordinatensystem (O, x, y, z) sei ein dazu achsenparalleles Koordinatensystem $(C, \bar{x}, \bar{y}, \bar{z})$ mit dem Ursprung im Massenzentrum C errichtet.

Die auf die Achsen x, y, z bzw. auf $\bar{x}, \bar{y}, \bar{z}$ bezogenen axialen Trägheitsmomente sind definiert durch:

$$J_x = \iiint r_x^2 \, dm = \iiint \left(y^2 + z^2\right) dm \qquad J_{\bar{x}} = \iiint \bar{r}_x^2 \, dm = \iiint \left(\bar{y}^2 + \bar{z}^2\right) dm$$

$$J_y = \iiint r_y^2 \, dm = \iiint \left(z^2 + x^2\right) dm \qquad J_{\bar{y}} = \iiint \bar{r}_y^2 \, dm = \iiint \left(\bar{z}^2 + \bar{x}^2\right) dm$$

$$J_z = \iiint r_z^2 \, dm = \iiint \left(x^2 + y^2\right) dm \qquad J_{\bar{z}} = \iiint \bar{r}_z^2 \, dm = \iiint \left(\bar{x}^2 + \bar{y}^2\right) dm$$

und die auf die Koordinatenflächen (x, y), (y, z), (z, x) bzw. auf $(\bar{x}, \bar{y})$, $(\bar{y}, \bar{z})$, $(\bar{z}, \bar{x})$ bezogenen Deviationsmomente sind festgelegt durch:

$$J_{xy} = J_{yx} = \iiint xy \, dm \qquad J_{\bar{x}\bar{y}} = J_{\bar{y}\bar{x}} = \iiint \bar{x}\bar{y} \, dm$$

$$J_{yz} = J_{zy} = \iiint yz \, dm \qquad \text{bzw.} \qquad J_{\bar{y}\bar{z}} = J_{\bar{z}\bar{y}} = \iiint \bar{y}\bar{z} \, dm \ .$$

$$J_{zx} = J_{xz} = \iiint zx \, dm \qquad J_{\bar{z}\bar{x}} = J_{\bar{x}\bar{z}} = \iiint \bar{z}\bar{x} \, dm$$

Setzt man in den Ausdrücken für $J_x, J_y, J_z, J_{xy}, J_{yz}, J_{zx}$ für $x = x_C + \bar{x}$, $y = y_C + \bar{y}$, $z = z_C + \bar{z}$ ein, so erhält man unter Berücksichtigung von $\iiint \bar{x} \, dm = 0$, $\iiint \bar{y} \, dm = 0$ und $\iiint \bar{z} \, dm = 0$ die folgenden **Steinerschen Verschiebungssätze**:

$$J_x = J_{\bar{x}} + r_{Cx}^2 m = J_{\bar{x}} + \left(y_C^2 + z_C^2\right) m \qquad J_{xy} = J_{\bar{x}\bar{y}} + x_C y_C m$$

$$J_y = J_{\bar{y}} + r_{Cy}^2 m = J_{\bar{y}} + \left(z_C^2 + x_C^2\right) m \qquad J_{yz} = J_{\bar{y}\bar{z}} + y_C z_C m$$

$$J_z = J_{\bar{z}} + r_{Cz}^2 m = J_{\bar{z}} + \left(x_C^2 + y_C^2\right) m \qquad J_{zx} = J_{\bar{z}\bar{x}} + z_C x_C m$$

5.7.1 Das axiale Trägheitsmoment bezüglich einer beliebigen Achse

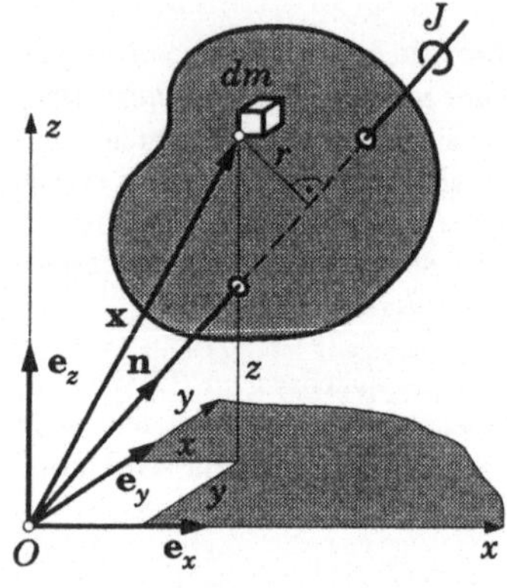 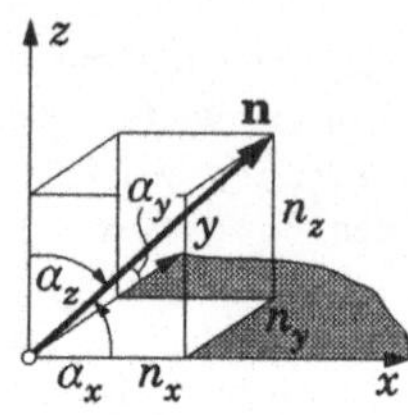

Gegeben sei ein kartesisches Koordinatensystem (O, x, y, z), ein starrer Körper mit bestimmter Massenverteilung $\rho(\mathbf{x})$ und der Masse $m = \iiint \rho(x)\,dV$. Gegeben seien ferner die drei axialen Trägheitsmomente J_x, J_y, J_z und die Deviationsmomente J_{xy}, J_{yz} und J_{zx}. Wie groß ist das axiale Trägheitsmoment $J_{\mathbf{n}}$ bezüglich der durch den Einheitsvektor $\mathbf{n}$ gegebenen Geraden durch den Koordinatenursprung?

Der Einheitsvektor $\mathbf{n}$, der die Gerade durch O festlegt, ist gegeben durch

$$\mathbf{n} = \cos\alpha_x\,\mathbf{e}_x + \cos\alpha_y\,\mathbf{e}_y + \cos\alpha_z\,\mathbf{e}_z = n_x\mathbf{e}_x + n_y\mathbf{e}_y + n_z\mathbf{e}_z \quad \text{mit} \quad \mathbf{n}\circ\mathbf{n} = 1.$$

Der Normalabstand r des Körperpartikels (mit dem Ortsvektor $\mathbf{x} = x\mathbf{e}_x + y\mathbf{e}_y + z\mathbf{e}_z$ und der Masse $dm = \rho\,dV$) ist gegeben durch $r = \sqrt{\mathbf{x}^2 - (\mathbf{n}\circ\mathbf{x})^2}$. Mit $\mathbf{n}\circ\mathbf{n} = 1$ kann man schreiben:

$$r^2 = \mathbf{x}^2 - (\mathbf{x}\circ\mathbf{n})^2 = \mathbf{x}^2\cdot\mathbf{n}^2 - (\mathbf{x}\circ\mathbf{n})^2 =$$

$$= \left(x^2 + y^2 + z^2\right)\left(n_x^2 + n_y^2 + n_z^2\right) - \left(n_x x + n_y y + n_z z\right)^2 =$$

$$= \left(x^2 + y^2 + z^2\right)n_x^2 + \left(x^2 + y^2 + z^2\right)n_y^2 + \left(x^2 + y^2 + z^2\right)n_z^2 -$$

$$- x^2 n_x^2 \qquad\qquad - y^2 n_y^2 \qquad\qquad - z^2 n_z^2 -$$

$$- 2n_x n_y xy - 2n_y n_z yz - 2n_z n_x xz$$

$$r^2 = r_x^2 n_x^2 + r_y^2 n_y^2 + r_z^2 n_z^2 - 2n_x n_y xy - 2n_y n_z yz - 2n_z n_x zx$$

Die Definition des axialen Trägheitsmomentes

$$\boxed{\; J_{\mathbf{n}} = \iiint r^2 dm \;}$$

liefert damit

$$J_{\mathbf{n}} = n_x^2 \int\int\int r_x^2 dm + n_y^2 \int\int\int r_y^2 dm + n_z^2 \int\int\int r_z^2 dm -$$

$$- 2n_x n_y \int\int\int xy\,dm - 2n_y n_z \int\int\int yz\,dm - 2n_z n_x \int\int\int zx\,dm$$

$$\boxed{J_{\mathbf{n}} = n_x^2 J_x + n_y^2 J_y + n_z^2 J_z - 2n_x n_y J_{xy} - 2n_y n_z J_{yz} - 2n_z n_x J_{zx}}\ .$$

Jeder Richtung $\mathbf{n}$ wird auf diese Weise durch die sechs Größen $J_x, J_y, J_z, J_{xy}, J_{yz}, J_{zx}$ eine skalare Größe, das axiale Trägheitsmoment $J_{\mathbf{n}}$ zugeordnet.

5.7.2 Das Deviationsmoment $J_{\mathbf{n},\,\mathbf{m}}$ bezüglich des orthonormalen Vektorpaares n, m

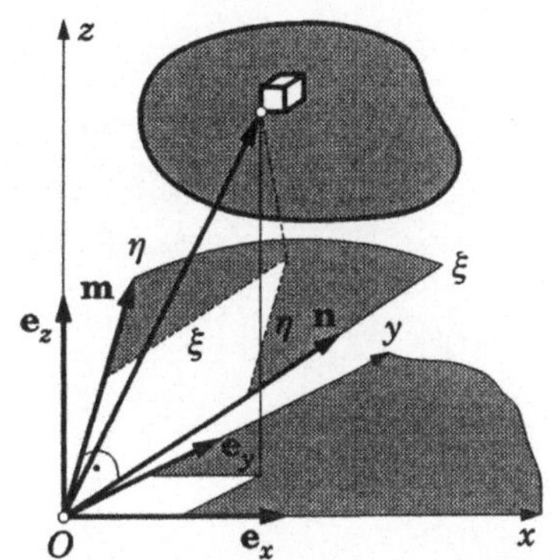

Die sechs Größen $J_x, J_y, J_z, J_{xy}, J_{yz}, J_{zx}$ ordnen auch jedem orthogonalen **Einheitsvektorenpaar n** und **m** ($\perp\mathbf{n}$) eindeutig ein Deviationsmoment $J_{\mathbf{n},\mathbf{m}}$ zu:

$$J_{\mathbf{n},\mathbf{m}} = \int\int\int \xi\eta\,dm =$$

$$= \int\int\int (\mathbf{x}\circ\mathbf{n})(\mathbf{x}\circ\mathbf{m})\,dm$$

Nachdem wir $\mathbf{n}\circ\mathbf{m} = 0$ voraussetzen, können wir dafür auch schreiben:

$$J_{\mathbf{n},\mathbf{m}} = -\int\int\int\big[(\mathbf{n}\circ\mathbf{m})\mathbf{x}^2 - (\mathbf{x}\circ\mathbf{n})(\mathbf{x}\circ\mathbf{m})\big]dm =$$

$$= -\int\int\int\Big[\big(n_x m_x + n_y m_y + n_z m_z\big)\big(x^2 + y^2 + z^2\big) -$$

$$- \big(xn_x + yn_y + zn_z\big)\big(xm_x + ym_y + zm_z\big)\Big]dm$$

$$J_{\mathbf{n},\mathbf{m}} = -\int\int\int\Big[n_x m_x\big(x^2 + y^2 + z^2\big) + n_y m_y\big(x^2 + y^2 + z^2\big) + n_z m_z\big(x^2 + y^2 + z^2\big) -$$

$$- n_x m_x x^2 \qquad\qquad - n_y m_y y^2 \qquad\qquad - n_z m_z z^2 -$$

$$- \big(n_x m_y + n_y m_x\big)xy - \big(n_y m_z + n_z m_y\big)yz - \big(n_z m_x + n_x m_z\big)zx\Big]dm$$

$$\boxed{\begin{aligned}J_{\mathbf{n},\mathbf{m}} = -\big[&J_x n_x m_x + J_y n_y m_y + J_z n_z m_z - \\ &- J_{xy}\big(n_x m_y + n_y m_x\big) - J_{yz}\big(n_y m_z + n_z m_y\big) - J_{zx}\big(n_x m_z + n_z m_x\big)\big]\end{aligned}}\ .$$

5.7.2.1 Matrizenschreibweise

Mit Hilfe der folgenden Matrizen:

$$\underset{\sim}{n} = \begin{bmatrix} n_x \\ n_y \\ n_z \end{bmatrix}, \quad \underset{\sim}{m} = \begin{bmatrix} m_x \\ m_y \\ m_z \end{bmatrix} \quad \text{und} \quad \underset{\sim}{\Theta} = \begin{bmatrix} J_x & -J_{xy} & -J_{xz} \\ -J_{xy} & J_y & -J_{yz} \\ -J_{xz} & -J_{yz} & J_z \end{bmatrix} = \underset{\sim}{\Theta}^\mathsf{T}$$

können, wie man leicht nachprüft, die Formeln für $J_\mathbf{n}$ und für $J_\mathbf{n,m}$ in einprägsamer, einfacher Form geschrieben werden:

$$\boxed{J_\mathbf{n} = \underset{\sim}{n}^\mathsf{T}\, \underset{\sim}{\Theta}\, \underset{\sim}{n}} \quad \text{und} \quad \boxed{J_\mathbf{n,m} = -\underset{\sim}{n}^\mathsf{T}\, \underset{\sim}{\Theta}\, \underset{\sim}{m} = -\underset{\sim}{m}^\mathsf{T}\, \underset{\sim}{\Theta}\, \underset{\sim}{n}}\ .$$

5.7.2.2 Indizesschreibweise

Nimmt man die folgenden (uns geläufigen) Umbenennungen vor:

$$x = x_1, \quad \mathbf{e}_x = \mathbf{e}_1, \quad n_x = n_1, \quad m_x = m_1, \quad J_x = \Theta_{11}, \quad -J_{xy} = \Theta_{12}, \quad -J_{xz} = \Theta_{13}$$
$$y = x_2, \quad \mathbf{e}_y = \mathbf{e}_2, \quad n_y = n_2, \quad m_y = m_2, \qquad\qquad\qquad J_y = \Theta_{22}, \quad -J_{yz} = \Theta_{23}$$
$$z = x_3, \quad \mathbf{e}_z = \mathbf{e}_3, \quad n_z = n_3, \quad m_z = m_3, \qquad\qquad\qquad\qquad\qquad\quad J_z = \Theta_{33}$$

Dann kann man mit dem Summationsübereinkommen:

$$(\ )_i[\ ]_i = (\ )_1[\ ]_1 + (\ )_2[\ ]_2 + (\ )_3[\ ]_3$$

für $J_\mathbf{n}$ bzw. für $J_\mathbf{n,m}$ auch schreiben:

$$\boxed{J_\mathbf{n} = \Theta_{ij} n_i n_j} \quad \text{und} \quad \boxed{-J_\mathbf{n,m} = \Theta_{ij} n_i m_j} \quad \text{mit } \Theta_{ij} = \Theta_{ji},$$

was ausgeschrieben bedeutet:

$$J_\mathbf{n} = \Theta_{11} n_1^2 + \Theta_{12} n_1 n_2 + \Theta_{13} n_1 n_3 +$$
$$+ \Theta_{12} n_1 n_2 + \Theta_{22} n_2^2 + \Theta_{23} n_2 n_3 +$$
$$+ \Theta_{13} n_1 n_3 + \Theta_{23} n_2 n_3 + \Theta_{33} n_3^2$$

$$-J_\mathbf{n,m} = \Theta_{11} n_1 m_1 + \Theta_{12} n_1 m_2 + \Theta_{13} n_1 m_3$$
$$= \Theta_{12} n_2 m_1 + \Theta_{22} n_2 m_2 + \Theta_{23} n_2 m_3$$
$$= \Theta_{13} n_3 m_1 + \Theta_{23} n_3 m_2 + \Theta_{33} n_3 m_3$$

5.7.2.3 Tensorschreibweise

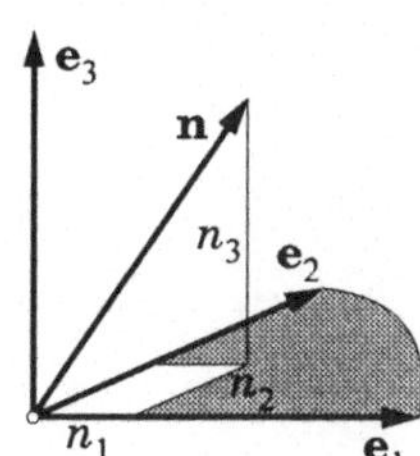

Die Ausdrücke für $J_\mathbf{n}$ bzw. $J_\mathbf{n,m}$ lassen sich schließlich auch noch symbolisch, d. h. koordinatenfrei anschreiben:

Mit $\quad n_i = \mathbf{e}_i \circ \mathbf{n} \quad$ bzw. $\quad m_i = \mathbf{e}_i \circ \mathbf{m}$

erhält man für $J_\mathbf{n}$ bzw. $J_\mathbf{n,m}$:

$$J_\mathbf{n} = \mathbf{n} \circ \mathbf{e}_i \Theta_{ij} \mathbf{e}_j \circ \mathbf{n} \ , \quad -J_\mathbf{n,m} = \mathbf{n} \circ \mathbf{e}_i \Theta_{ij} \mathbf{e}_j \circ \mathbf{m} \ .$$

Führen wir jetzt den **Trägheitstensor** Θ ein durch:

$$\boxed{\begin{aligned}
\Theta = \Theta_{ij} \mathbf{e}_i \mathbf{e}_j \ = \ &\Theta_{11} \mathbf{e}_2 \mathbf{e}_1 \ + \ \Theta_{12} \mathbf{e}_1 \mathbf{e}_2 \ + \ \Theta_{13} \mathbf{e}_1 \mathbf{e}_3 \\
+ \ &\Theta_{12} \mathbf{e}_2 \mathbf{e}_1 \ + \ \Theta_{22} \mathbf{e}_2 \mathbf{e}_2 \ + \ \Theta_{23} \mathbf{e}_2 \mathbf{e}_3 \\
+ \ &\Theta_{13} \mathbf{e}_3 \mathbf{e}_1 \ + \ \Theta_{23} \mathbf{e}_3 \mathbf{e}_2 \ + \ \Theta_{33} \mathbf{e}_3 \mathbf{e}_3
\end{aligned}} \ ,$$

dann erhält man für $J_\mathbf{n}$ bzw. $J_\mathbf{n,m}$:

$$\boxed{J_\mathbf{n} = \mathbf{n} \circ \Theta \circ \mathbf{n}} \quad \text{und} \quad \boxed{-J_\mathbf{n,m} = \mathbf{n} \circ \Theta \circ \mathbf{m} = \mathbf{m} \circ \Theta \circ \mathbf{n}} \ .$$

Im Trägheitstensor treten die *dyadischen Produkte* $\mathbf{e}_i \mathbf{e}_j$ der Einheitsvektoren auf (Dieses Produkt wird (meist) ohne ein eigenes „Multiplikationszeichen" geschrieben). Damit tritt zum *inneren* und dem *äußeren* Vektorprodukt das sogenannte dyadische Vektorprodukt hinzu:

Inneres Produkt (skalares Produkt):

$$\mathbf{a} \circ \mathbf{b} = a_i b_j \mathbf{e}_i \circ \mathbf{e}_j = a_i b_j \delta_{ij} = a_i b_i \qquad \text{mit} \quad \delta_{ij} = \begin{cases} 1 \ \text{für} \ i = j \\ 0 \ \text{für} \ i \neq j \end{cases}$$

Äußeres Produkt (Kreuzprodukt):

$$\mathbf{a} \times \mathbf{b} = a_i b_j \mathbf{e}_i \times \mathbf{e}_j = a_i b_j e_{ijk} \mathbf{e}_k \qquad \text{mit} \quad e_{ijk} = \begin{cases} 1 \ \text{für} \ ijk = 123 \ \text{zykl.} \\ -1 \ \text{für} \ ijk = 321 \ \text{zykl.} \\ 0 \ \text{sonst} \end{cases}$$

Dyadisches Produkt: $\mathbf{ab}$. Dafür soll gelten:

$$(\mathbf{ab}) \circ \mathbf{c} = \mathbf{a}(\mathbf{b} \circ \mathbf{c}) \qquad \text{bzw.} \qquad \mathbf{c} \circ (\mathbf{ab}) = (\mathbf{c} \circ \mathbf{a}) \mathbf{b}$$

Mit den drei Einheitsvektoren $\mathbf{e}_1$, $\mathbf{e}_2$ und $\mathbf{e}_3$ lassen sich neun dyadische Produkte bilden:

$$\mathbf{e}_1 \mathbf{e}_1 \, , \quad \mathbf{e}_1 \mathbf{e}_2 \, , \quad \mathbf{e}_1 \mathbf{e}_3 \, ,$$
$$\mathbf{e}_2 \mathbf{e}_1 \, , \quad \mathbf{e}_2 \mathbf{e}_2 \, , \quad \mathbf{e}_2 \mathbf{e}_3 \, ,$$
$$\mathbf{e}_3 \mathbf{e}_1 \, , \quad \mathbf{e}_3 \mathbf{e}_2 \, , \quad \mathbf{e}_3 \mathbf{e}_3 \, ,$$

Eine Linearkombination dieser Elementardyaden heißt (zweistufiger) **Tensor**.
Z. B.: $\Theta = \Theta_{ij} \mathbf{e}_i \mathbf{e}_j$ ist der (zweistufige) Trägheitstensor.

184

Wir nennen einen Skalar einen Tensor nullter Stufe: $\quad \mathbf{A}^{(0)} = A$

Wir nennen einen Vektor einen Tensor erster Stufe: $\quad \mathbf{a} = \mathbf{A}^{(1)} = A_i\,\mathbf{e}_i$

Ein Tensor im engeren Sinn ist ein Tensor zweiter Stufe: $\mathbf{A} = \mathbf{A}^{(2)} = A_{ij}\,\mathbf{e}_i\,\mathbf{e}_j$

Einen Tensor dritter Stufe definieren wir durch: $\quad \mathbf{A} = \mathbf{A}^{(3)} = A_{ijk}\,\mathbf{e}_i\,\mathbf{e}_j\,\mathbf{e}_k$

Einen Tensor vierter Stufe definieren wir durch: $\quad \mathbf{A} = \mathbf{A}^{(4)} = A_{ijkl}\,\mathbf{e}_i\,\mathbf{e}_j\,\mathbf{e}_k\,\mathbf{e}_l$

usw. $\qquad\qquad \vdots \qquad\qquad\qquad\qquad\qquad\qquad \vdots$

Ein Tensor ν-ter Stufe ordnet jeder Raumrichtung $\mathbf{n}$ einen Tensor der $\nu-1$-ten Stufe über das skalare Produkt linear zu:

$$\mathbf{A}^{(\nu)} \circ \mathbf{n} = \mathbf{A}^{(\nu-1)}.$$

So ordnet ein Vektor (ein Tensor erster Stufe also) jeder Richtung $\mathbf{n}$ im Raum einen Skalar (einen Tensor nullter Stufe) linear zu durch:

$$\mathbf{A}^{(1)} \circ \mathbf{n} = A_i\,\mathbf{e}_i \circ \mathbf{n} = A_i\,n_i = A_1 n_1 + A_2 n_2 + A_3 n_3 .$$

Ein Tensor zweiter Stufe (ein Tensor im engeren Sinne) ordnet jeder Richtung $\mathbf{n}$ im Raum einen Vektor (also einen Tensor erster Stufe) linear zu durch:

$$\mathbf{A}^{(2)} \circ \mathbf{n} = A_{ij}\,\mathbf{e}_i\,\mathbf{e}_j \circ \mathbf{n} = \left(A_{ij}\,n_j\right)\mathbf{e}_i .$$

Ein Tensor dritter Stufe ordnet jeder Raumrichtung $\mathbf{n}$ einen Tensor zweiter Stufe (einen Tensor im engeren Sinne) linear zu durch:

$$\mathbf{A}^{(3)} \circ \mathbf{n} = A_{ijk}\,\mathbf{e}_i\,\mathbf{e}_j\,\mathbf{e}_k \circ \mathbf{n} = \left(A_{ijk}\,n_k\right)\mathbf{e}_i\,\mathbf{e}_j . \qquad \text{u. s. w.}$$

Z. B. ordnet der Trägheitstensor $\boldsymbol{\Theta} = \Theta_{ij}\,\mathbf{e}_i\,\mathbf{e}_j$ jeder Raumrichtung $\mathbf{n}$ den Vektor

$$\boldsymbol{\Theta} \circ \mathbf{n} = \Theta_{ij}\,\mathbf{e}_i\,\mathbf{e}_j \circ \mathbf{n} = \left(\Theta_{ij}\,n_j\right)\mathbf{e}_i$$

zu und dieser wiederum ordnet der Richtung $\mathbf{n}$ bzw. der Richtung $\mathbf{m}$ je einen skalaren Wert zu:

$$J_{\mathbf{n}} = \mathbf{n} \circ \boldsymbol{\Theta} \circ \mathbf{n} = \mathbf{n} \circ (\boldsymbol{\Theta} \circ \mathbf{n}) = \mathbf{n} \circ \left(\Theta_{ij}\,n_j\right)\mathbf{e}_i = \Theta_{ij}\,n_i\,n_j$$

bzw. $\quad -J_{\mathbf{n},\mathbf{m}} = \mathbf{n} \circ \boldsymbol{\Theta} \circ \mathbf{m} = \mathbf{n} \circ (\boldsymbol{\Theta} \circ \mathbf{m}) = \mathbf{n} \circ \left(\Theta_{ij}\,m_j\right)\mathbf{e}_i = \Theta_{ij}\,n_i\,m_j .$

Wir nennen einen Tensor zweiter Stufe einen <u>symmetrischen Tensor</u>, wenn für ihn gilt:

$$\mathbf{A} \circ \mathbf{n} = \mathbf{n} \circ \mathbf{A}$$

d. h. $\quad A_{ij}\,\mathbf{e}_i\,\mathbf{e}_j \circ \mathbf{n} = \mathbf{n} \circ A_{ij}\,\mathbf{e}_i\,\mathbf{e}_j$

$$\left(A_{ij}\,n_j\right)\mathbf{e}_i = \left(A_{ij}\,n_i\right)\mathbf{e}_j$$

$$\left(A_{ij} - A_{ji}\right)n_j = 0 \quad \Rightarrow \quad A_{ij} = A_{ji} \quad \text{d. h. } \underset{\sim}{A}^{\mathsf{T}} = \underset{\sim}{A}.$$

Der Trägheitstensor ist ein symmetrischer Tensor, denn es gilt für $i \neq j$:

$$\Theta_{ij} = \Theta_{ji} = \iiint x_i x_j\, dm \quad \Rightarrow \quad (\Theta \circ \mathbf{n}) = (\mathbf{n} \circ \Theta).$$

Deshalb können wir auch schreiben:

$$\mathbf{n} \circ \Theta \circ \mathbf{m} = \mathbf{n} \circ (\mathbf{m} \circ \Theta) = \mathbf{m} \circ \Theta \circ \mathbf{n}.$$

Die Koeffizienten des **Trägheitstensors** Θ können zusammengefaßt werden in der **Trägheitsmatrix**:

$$\underset{\sim}{\Theta} = \begin{bmatrix} \Theta_{11} & \Theta_{12} & \Theta_{13} \\ \Theta_{12} & \Theta_{22} & \Theta_{23} \\ \Theta_{13} & \Theta_{23} & \Theta_{33} \end{bmatrix}$$

Der Einheitstensor (zweiter Stufe)

Für den Einheitstensor $\mathbf{I}$ gilt:

$$\mathbf{I} \circ \mathbf{a} = \mathbf{a}$$

d. h. die innere Multiplikation des Einheitstensors (von rechts her oder von links her) mit einem Vektor (**a**) reproduziert diesen Vektor. Mit dem Kronecker-Delta:

$$\delta_{ij} = \begin{cases} 1 \text{ für } i = j \\ 0 \text{ für } i \neq j \end{cases}$$

kann man für $\mathbf{I}$ schreiben:

$$\mathbf{I} = \delta_{ij}\,\mathbf{e}_i\,\mathbf{e}_j = \mathbf{e}_i\,\mathbf{e}_i = \mathbf{e}_1\mathbf{e}_1 + \mathbf{e}_2\mathbf{e}_2 + \mathbf{e}_3\mathbf{e}_3$$

$$\mathbf{I} \circ \mathbf{a} = \mathbf{e}_1 a_1 + \mathbf{e}_2 a_2 + \mathbf{e}_3 a_3 = \mathbf{a}$$

$$\mathbf{a} \circ \mathbf{I} = a_1\mathbf{e}_1 + a_2\mathbf{e}_2 + a_3\mathbf{e}_3 = \mathbf{a}.$$

5.7.3 Das Trägheitsellipsoid

Um eine Übersicht über die den verschiedenen Raumrichtungen $\mathbf{n}$ zugeordneten Trägheitsmomente zu gewinnen, verschaffen wir uns ein geometrisches Bild über ihre Verteilung. Statt

$$J_{\mathbf{n}} = \underset{\sim}{n}^{\mathsf{T}} \, \underset{\sim}{\Theta} \, \underset{\sim}{n} = \Theta_{ij} \, n_i \, n_j = \mathbf{n} \circ \Theta \circ \mathbf{n}$$

kann man mit

$$\underset{\sim}{x} = \frac{\underset{\sim}{n}}{\sqrt{J_{\mathbf{n}}}} \quad \text{bzw.} \quad x_i = \frac{n_i}{\sqrt{J_{\mathbf{n}}}} \quad \text{oder} \quad \mathbf{x} = \frac{\mathbf{n}}{\sqrt{J_{\mathbf{n}}}}$$

auch schreiben:

$$\boxed{1 = \underset{\sim}{x}^{\mathsf{T}} \, \underset{\sim}{\Theta} \, \underset{\sim}{x} = \Theta_{ij} \, x_i \, x_j = \mathbf{x} \circ \Theta \circ \mathbf{x}} \qquad \text{ausgeschrieben:}$$

$$1 = \Theta_{11} x_1^2 + \Theta_{22} x_2^2 + \Theta_{33} x_3^2 + 2\Theta_{12} x_1 x_2 + 2\Theta_{23} x_2 x_3 + 2\Theta_{31} x_1 x_3 \; .$$

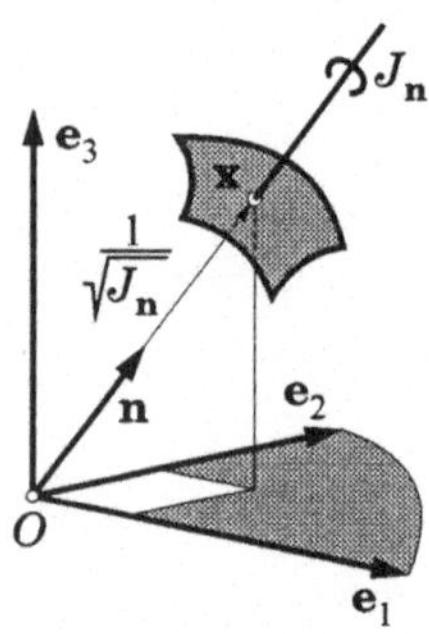

Trägt man also in der Richtung von $\mathbf{n}$ den Wert $1/\sqrt{J_{\mathbf{n}}}$ ($J_{\mathbf{n}}$ ist das der Richtung $\mathbf{n}$ zugeordnete axiale Trägheitsmoment) auf, so erhält man den Vektor $\mathbf{x} = \mathbf{n}/\sqrt{J_{\mathbf{n}}}$. Die Gesamtheit der Spitzen aller Vektoren $\mathbf{x}$ erfüllt eine Fläche zweiten Grades, das ist ein zentrisch liegendes ($J_{\mathbf{n}} = J_{(-\mathbf{n})}$) Ellipsoid ($0 < J_{\mathbf{n}} < \infty \;\Rightarrow\; 0 < 1/\sqrt{J_{\mathbf{n}}} \leq \infty$), das **Trägheitsellipsoid**. In Sonderfällen entartet das Ellipsoid zu einem zentrisch liegenden elliptischen Zylinder.

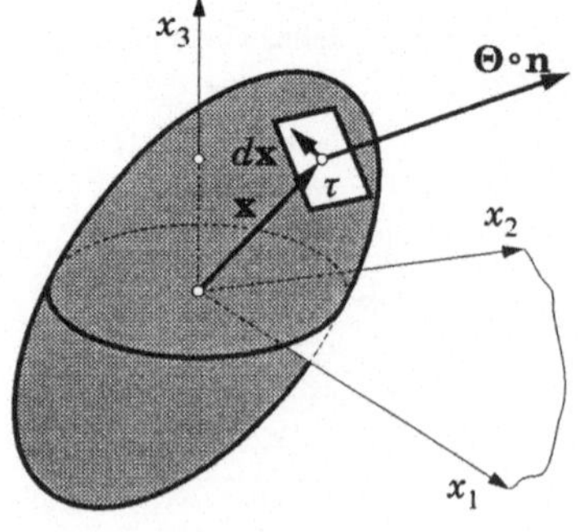

Der Vektor $\Theta \circ \mathbf{n}$, den der Tensor Θ der Richtung $\mathbf{n}$ des Raumes über die skalare Produktbildung linear zuordnet, erweist sich als Normalenvektor zur Tangentialebene τ des Trägheitsellipsoides im Punkt $\mathbf{x} = \mathbf{n}/\sqrt{J_{\mathbf{n}}}$. Denn: liegen $\mathbf{x}$ und $\mathbf{x} + d\mathbf{x}$ mit ihren Spitzen auf der Oberfläche des Trägheitsellipsoides, dann muß gleichzeitig gelten:

$$\mathbf{x} \circ \Theta \circ \mathbf{x} = 1 \quad \text{und} \quad (\mathbf{x} + d\mathbf{x}) \circ \Theta \circ (\mathbf{x} + d\mathbf{x}) = 1 .$$

Daraus ergibt sich aber unter Berücksichtigung der Symmetrie von Θ:

$$d\mathbf{x} \circ \Theta \circ \mathbf{x} = \mathbf{x} \circ \Theta \circ d\mathbf{x} \quad \Rightarrow \quad 2\, d\mathbf{x} \circ \Theta \circ \mathbf{x} \quad \Rightarrow \quad d\mathbf{x} \circ (\Theta \circ \mathbf{n}) = 0$$

Da $d\mathbf{x}$ in der Tangentialebene τ liegt, folgt daraus, daß $(\Theta \circ \mathbf{n})$ normalgerichtet ist zur Tangentialebene.

5.7.3.1 Die Hauptträgheitsachsen

Jedes Ellipsoid $\mathbf{x} \circ \Theta \circ \mathbf{x} = 1$ besitzt drei Achsen, für die der Betrag $|\mathbf{x}|$ einen extremalen Wert annimmt: $\mathbf{x}^2 = $ Extremum, Nebenbedingung:

$$\mathbf{x} \circ \Theta \circ \mathbf{x} = 1 \;\Rightarrow\; \mathbf{x} \circ d\mathbf{x} = 0 \qquad \text{und} \quad d\mathbf{x} \circ \Theta \circ \mathbf{x}, \quad \text{d. h. } \Theta \circ \mathbf{x} \parallel \mathbf{x}$$

oder: $\quad \Theta \circ \mathbf{n} = \lambda \mathbf{n} \quad$ bzw. $\quad \underset{\sim}{\Theta}\, \underset{\sim}{n} = \lambda \underset{\sim}{n} \;\Rightarrow\; \Theta_{ij}\, n_j = \lambda n_i \,.$

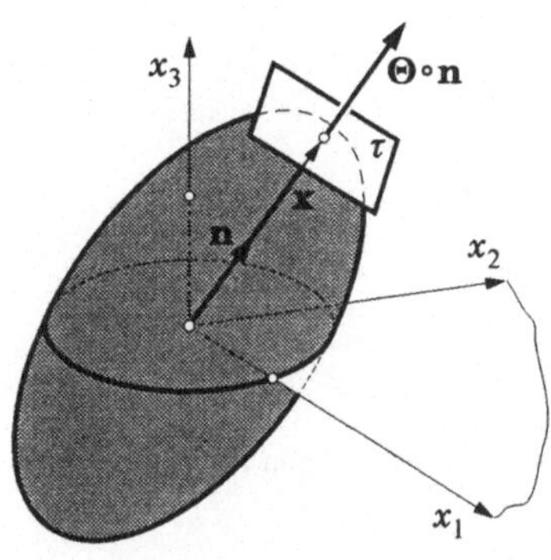

Daß für $|\mathbf{x}| = $ extremal $\Theta \circ \mathbf{n} \parallel \mathbf{n}$ sein muß, kann, wenn man die Bedeutung von $\Theta \circ \mathbf{n}$ kennt, unmittelbar aus der Anschauung ablesen. Die physikalische Bedeutung des Proportionalitätsfaktors λ wird aus

$$J = \mathbf{n} \circ \Theta \circ \mathbf{n} = \lambda \mathbf{n} \circ \mathbf{n} = \lambda$$

sofort deutlich. λ ist gleich dem Trägheitsmoment bezüglich der entsprechenden Hauptachse.

Ausgeschrieben lautet $\Theta \circ \mathbf{n} = J\mathbf{n}$ (bzw. $\underset{\sim}{\Theta}\, \underset{\sim}{n} = J \underset{\sim}{n}$ bzw. $\Theta_{ij}\, n_j = J n_i$):

$$
\begin{aligned}
(\Theta_{11} - J)n_1 &+ \Theta_{12} n_2 &+ \Theta_{13} n_3 &= 0 \\
\Theta_{12} n_1 &+ (\Theta_{22} - J)n_2 &+ \Theta_{23} n_3 &= 0 \\
\Theta_{13} n_1 &+ \Theta_{23} n_2 &+ (\Theta_{33} - J)n_3 &= 0
\end{aligned}
$$

Dieses homogene Gleichungssystem zur Bestimmung der Richtungskomponenten $n_1\, n_2\, n_3$ besitzt nur dann nichttriviale Lösungen, wenn die Koeffizientendeterminante verschwindet, wenn also:

$$
\det \| \Theta_{ij} - J\delta_{ij} \| = F(J) = \det
\begin{vmatrix}
\Theta_{11} - J & \Theta_{12} & \Theta_{13} \\
\Theta_{12} & \Theta_{22} - J & \Theta_{23} \\
\Theta_{13} & \Theta_{23} & \Theta_{33} - J
\end{vmatrix} = 0 \,.
$$

Dies ist eine kubische Gleichung zur Bestimmung der 3 *Eigenwerte* J_1, J_2 und J_3. Ausgeschrieben lautet die Gleichung

$$F(J) = (-J)^3 + (\Theta_{11} + \Theta_{22} + \Theta_{33})(-J)^2 +$$

$$+ \left[(\Theta_{11}\Theta_{22} - \Theta_{12}^2) + (\Theta_{22}\Theta_{33} - \Theta_{23}^2) + (\Theta_{33}\Theta_{11} - \Theta_{13}^2) \right](-J) +$$

$$+ \det
\begin{vmatrix}
\Theta_{11} & \Theta_{12} & \Theta_{13} \\
\Theta_{12} & \Theta_{22} & \Theta_{23} \\
\Theta_{13} & \Theta_{23} & \Theta_{33}
\end{vmatrix} = 0 \,.
$$

188

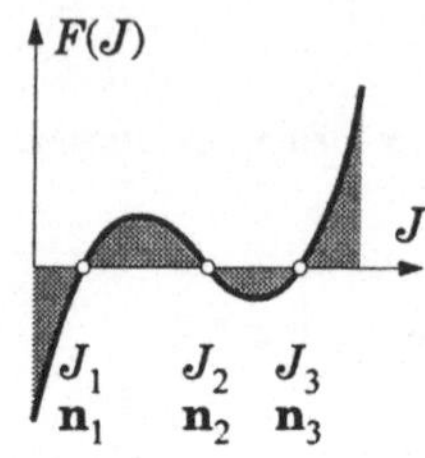

Die Lösungen dieser Gleichungen können wegen ihrer physikalischen Bedeutung nur positiv reel sein ($J = \iiint r^2 dm$!). Nehmen wir an, daß

$$J_1 \neq J_2 \neq J_3,$$

dann können wir nachweisen, daß für die den Eigenwerten $J_1\,J_2\,J_3$ zugeordneten Eigenvektoren $\mathbf{n}_1\,\mathbf{n}_2\,\mathbf{n}_3$ gilt:

$$\mathbf{n}_1 \perp \mathbf{n}_2 \perp \mathbf{n}_3 \ .$$

Denn aus

$$\Theta \circ \mathbf{n}_1 = J_1 \mathbf{n}_1 \qquad \Rightarrow \qquad \mathbf{n}_2 \circ \Theta \circ \mathbf{n}_1 = J_1 \mathbf{n}_2 \circ \mathbf{n}_1$$

und $\quad \Theta \circ \mathbf{n}_2 = J_2 \mathbf{n}_2 \qquad \Rightarrow \qquad \mathbf{n}_1 \circ \Theta \circ \mathbf{n}_2 = J_2 \mathbf{n}_1 \circ \mathbf{n}_2$

erhält man mit $\mathbf{n}_2 \circ \Theta \circ \mathbf{n}_1 = \mathbf{n}_1 \circ \Theta \circ \mathbf{n}_2$ durch Subtraktion:

$$\left(J_1 - J_2\right)\mathbf{n}_1 \circ \mathbf{n}_2 = 0\ .$$

Unter der Voraussetzung $J_1 \neq J_2$ folgt daraus $\mathbf{n}_1 \circ \mathbf{n}_2 = 0$. Dasselbe kann für jedes Paar $\mathbf{n}_i$ und $\mathbf{n}_j$ $(i \neq j)$ gefolgert werden. Es gilt also:

$$\mathbf{n}_i \circ \mathbf{n}_j = \delta_{ij} \begin{cases} 1 & \text{für}\ \ i = j \\ 0 & \text{für}\ \ i \neq j \end{cases} .$$

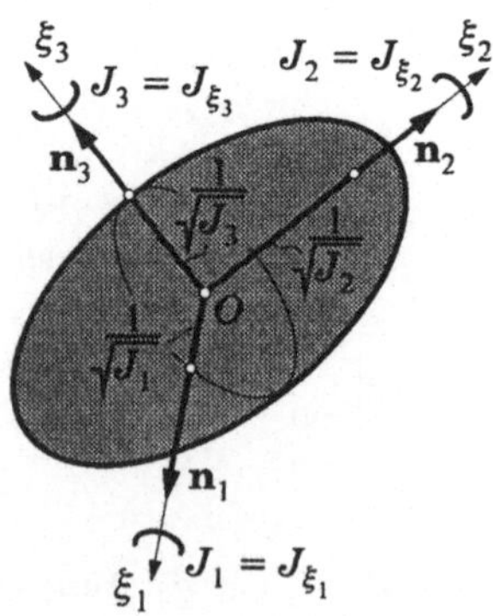

Man kann nun diese drei orthonormierten Eigenvektoren $\mathbf{n}_1$, $\mathbf{n}_2$ und $\mathbf{n}_3$ als Basisvektoren für ein kartesisches Koordinatensystem (O, ξ_1, ξ_2, ξ_3) verwenden und den Trägheitstensor statt auf $\mathbf{e}_1\,\mathbf{e}_2\,\mathbf{e}_3$ auf $\mathbf{n}_1\,\mathbf{n}_2\,\mathbf{n}_3$ beziehen. Die auf die orthonormierten Vektorpaare $(\mathbf{n}_1, \mathbf{n}_2)$, $(\mathbf{n}_2, \mathbf{n}_3)$ und $(\mathbf{n}_3, \mathbf{n}_1)$ bezogenen Deviationsmomente verschwinden, denn:

$$-J_{\xi_1\xi_2} = \mathbf{n}_1 \circ \Theta \circ \mathbf{n}_2 = \mathbf{n}_1 \circ \left(J_2 \mathbf{n}_2\right) = J_2 \mathbf{n}_1 \circ \mathbf{n}_2 = 0$$

$$-J_{\xi_2\xi_3} = \mathbf{n}_2 \circ \Theta \circ \mathbf{n}_3 = \mathbf{n}_2 \circ \left(J_3 \mathbf{n}_3\right) = J_3 \mathbf{n}_2 \circ \mathbf{n}_3 = 0$$

$$-J_{\xi_3\xi_1} = \mathbf{n}_3 \circ \Theta \circ \mathbf{n}_1 = \mathbf{n}_3 \circ \left(J_1 \mathbf{n}_1\right) = J_1 \mathbf{n}_3 \circ \mathbf{n}_1 = 0.$$

Der Trägheitstensor nimmt in $\mathbf{n}_1\,\mathbf{n}_2\,\mathbf{n}_3$ deshalb die besonders einfache Gestalt an:

$$\Theta = J_1 \mathbf{n}_1 \mathbf{n}_1 + J_2 \mathbf{n}_2 \mathbf{n}_2 + J_3 \mathbf{n}_3 \mathbf{n}_3\ .$$

Die Trägheitsmatrize ist diagonal:

$$\underset{\sim}{\Theta} = \begin{bmatrix} J_1 & 0 & 0 \\ 0 & J_2 & 0 \\ 0 & 0 & J_3 \end{bmatrix}, \quad \underset{\sim}{\Theta} = J_1\, \underset{\sim}{n}_1\, \underset{\sim}{n}_1^{\mathsf{T}} + J_2\, \underset{\sim}{n}_2\, \underset{\sim}{n}_2^{\mathsf{T}} + J_3\, \underset{\sim}{n}_3\, \underset{\sim}{n}_3^{\mathsf{T}}\ .$$

Das Trägheitsellipsoid in $\xi_1\,\xi_2\,\xi_3$:

Mit $\quad \mathbf{x} = \xi_1\mathbf{n}_1 + \xi_2\mathbf{n}_2 + \xi_3\mathbf{n}_3$

erhält man aus:

$$1 = \mathbf{x}\circ\Theta\circ\mathbf{x} = \mathbf{x}\circ\left(J_1\mathbf{n}_1\mathbf{n}_1 + J_2\mathbf{n}_2\mathbf{n}_2 + J_3\mathbf{n}_3\mathbf{n}_3\right)\circ\mathbf{x} = J_1\xi_1^2 + J_2\xi_2^2 + J_3\xi_3^2 = 1$$

oder $\quad \left(\dfrac{\xi_1}{1/\sqrt{J_1}}\right)^2 + \left(\dfrac{\xi_2}{1/\sqrt{J_2}}\right)^2 + \left(\dfrac{\xi_3}{1/\sqrt{J_3}}\right)^2 = 1\,.$

Das ist die Normalform des Trägheitsellipsoides.

Kennt man die Hauptachsenrichtungen und die dazugehörigen Hauptträgheitsmomente, so kann man für jede Richtung $\mathbf{n}$ das zugeordnete axiale Trägheitsmoment $J_\mathbf{n}$ und für jedes orthonormale Paar $(\mathbf{n}, \mathbf{m})$ das zugeordnete Deviationsmoment in besonders einfacher Weise bestimmen aus:

$$J_\mathbf{n} = \mathbf{n}\circ\Theta\circ\mathbf{n} = \mathbf{n}\circ\left(J_1\mathbf{n}_1\mathbf{n}_1 + J_2\mathbf{n}_2\mathbf{n}_2 + J_3\mathbf{n}_3\mathbf{n}_3\right)\circ\mathbf{n} = J_1 n_1^2 + J_2 n_2^2 + J_3 n_3^2 =$$

$$= J_1\cos^2\alpha_1 + J_2\cos^2\alpha_2 + J_3\cos^2\alpha_3$$

$$-J_\mathbf{n,m} = \mathbf{n}\circ\Theta\circ\mathbf{m} = \mathbf{n}\circ\left(J_1\mathbf{n}_1\mathbf{n}_1 + J_2\mathbf{n}_2\mathbf{n}_2 + J_3\mathbf{n}_3\mathbf{n}_3\right)\circ\mathbf{m} =$$

$$= J_1 n_1 m_1 + J_2 n_2 m_2 + J_3 n_3 m_3 =$$

$$= J_1\cos\alpha_1\cos\beta_1 + J_2\cos\alpha_2\cos\beta_2 + J_3\cos\alpha_3\cos\beta_3\,.$$

5.7.3.2 Experimentelle Bestimmung der Koordinaten des Trägheitstensors

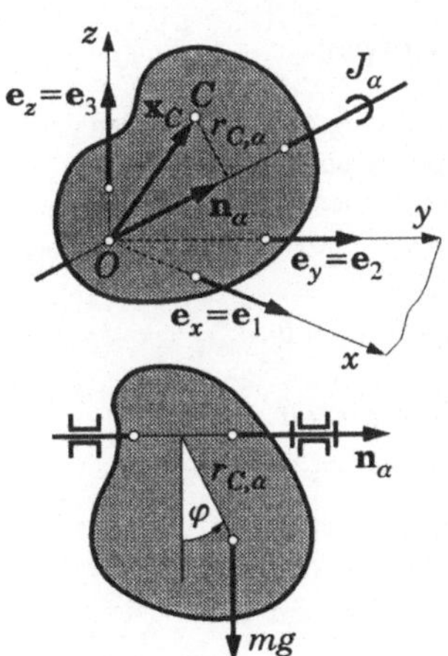

Die sechs Koordinaten des Trägheitstensors: J_x, J_y, J_z, J_{xy}, J_{yz} und J_{zx} können für regulär begrenzte Körper rechnerisch aus den Defintionsgleichungen bestimmt werden.

Liegt ein beliebig begrenzter Körper vor, so können die auf $(O\,\mathbf{e}_x\,\mathbf{e}_y\,\mathbf{e}_z)$ bezogenen Koordinaten des Trägheitstensors auch aus Schwingungsversuchen ermittelt werden. Wählt man 6 beliebige Achsen $\mathbf{n}_\alpha$ aus ($\alpha = 1, 2, \ldots 6$) und ermittelt der Reihe nach experimentell die Schwingungsdauern τ_α der kleinen Drehschwingungen um die $\mathbf{n}_\alpha$-Achse, dann erhält man damit für die axialen Trägheitsmomente

$$J_\alpha = mg\,r_{C,\alpha}\left(\tau_\alpha/2\pi\right)^2 \qquad \alpha = 1\div 6,$$

wobei für $r_{C,\alpha} = \sqrt{\mathbf{x}_C^2 - \left(\mathbf{x}_C\circ\mathbf{n}_\alpha\right)^2}$ zu setzen ist.

Mit Hilfe dieser sechs axialen Trägheitsmomente J_α können die Unbekannten $J_x = \Theta_{11}$, $J_y = \Theta_{22}$, $J_z = \Theta_{33}$ und $J_{xy} = -\Theta_{12}$, $J_{yz} = -\Theta_{23}$, $J_{zx} = -\Theta_{31}$ aus dem (linearen) Gleichungssystem

$$J_\alpha = \underset{\sim}{n}_\alpha^\mathsf{T}\, \underset{\sim}{\Theta}\, \underset{\sim}{n}_\alpha = \Theta_{ij} n_{ia} n_{ja} = \mathbf{n}_\alpha \circ \mathbf{\Theta} \circ \mathbf{n}_\alpha \qquad \alpha = 1 \div 6$$

bestimmt werden. Die Notwendigkeit, ein lineares Gleichungssystem mit sechs Unbekannten aufzulösen, kann aber auch umgangen werden durch spezielle Wahl der $\mathbf{n}_\alpha$:

Für $\quad \mathbf{n}_1 = \mathbf{e}_x,\ \mathbf{n}_2 = \mathbf{e}_y,\ \mathbf{n}_3 = \mathbf{e}_z$

und $\quad \mathbf{n}_4 = \dfrac{1}{\sqrt{2}}\left(\mathbf{e}_y + \mathbf{e}_z\right),\ \mathbf{n}_5 = \dfrac{1}{\sqrt{2}}\left(\mathbf{e}_z + \mathbf{e}_x\right),\ \mathbf{n}_6 = \dfrac{1}{\sqrt{2}}\left(\mathbf{e}_x + \mathbf{e}_y\right)$

sind J_x, J_y und J_z sofort aus den entsprechenden Schwingungsversuchen zu ermitteln, und da

$$J_4 = \frac{1}{\sqrt{2}}\left(\mathbf{e}_y + \mathbf{e}_z\right) \circ \mathbf{\Theta} \circ \frac{1}{\sqrt{2}}\left(\mathbf{e}_y + \mathbf{e}_z\right) = \frac{J_y + J_z}{2} + \mathbf{e}_z \circ \mathbf{\Theta} \circ \mathbf{e}_y = \frac{J_y + J_z}{2} - J_{yz}$$

ist, folgt

$$J_{yz} = \frac{J_y + J_z}{2} - J_4$$

und entsprechend

$$J_{zx} = \frac{J_z + J_x}{2} - J_5\ , \qquad J_{xy} = \frac{J_x + J_y}{2} - J_6\ .$$

5.7.3.3 Über die Lage des Trägheitsellipsoides im Körper

Das auf das Massenzentrum bezogene Trägheitsellipsoid paßt sich im großen und ganzen dem Körperumriß an (Seife in der Seifenschachtel). Besitzt der Körper in massengeometrischer Hinsicht (für ρ = konst. gilt: in geometrischer Hinsicht) eine <u>Symmetrieebene</u> ε, dann liegt das Trägheitsellipsoid ebenfalls symmetrisch zu ε, d. h. zwei Hauptachsen des Trägheitsellipsoides liegen in ε.

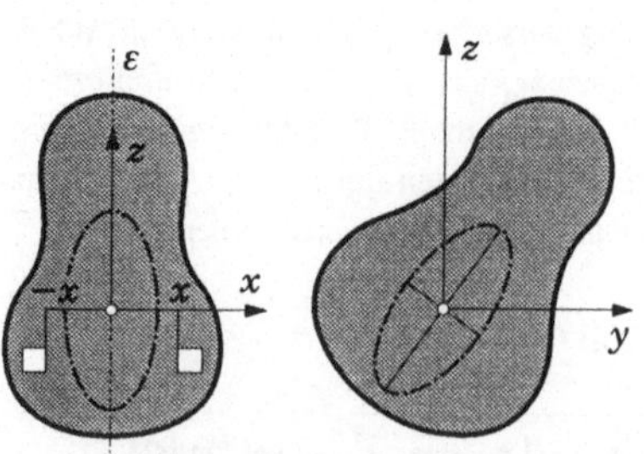

$$J_{xy} = \iiint xy\,dm = 0$$
$$J_{xz} = \iiint xz\,dm = 0$$
$$\Rightarrow$$

$$\underset{\sim}{\Theta} = \begin{vmatrix} J_x & 0 & 0 \\ 0 & J_y & -J_{yz} \\ 0 & -J_{yz} & J_z \end{vmatrix}$$

Die Normale zur Symmetrieebene ε ist eine Hauptachse (x).

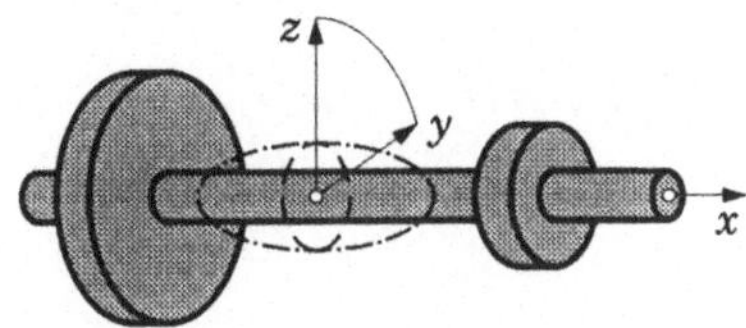

Besitzt der Körper in massengeometrischer Hinsicht eine Rotationssymmetrieachse (x), dann ist auch das Trägheitsellipsoid rotationssymmterisch bezüglich dieser Achse. Es gelten:

$$J_y = J_z, \quad J_{xz} = 0, \quad J_{yz} = 0, \quad J_{zx} = 0$$

$$\Rightarrow \quad \underset{\sim}{\Theta} = \begin{array}{|c|c|c|} \hline J_x & 0 & 0 \\ \hline 0 & J_y & 0 \\ \hline 0 & 0 & J_y \\ \hline \end{array} \; .$$

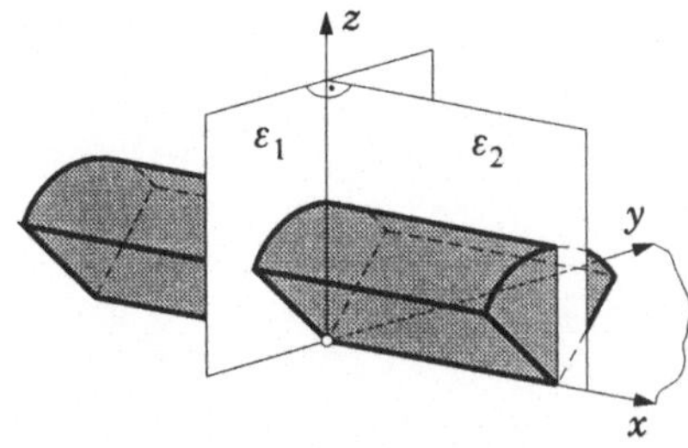

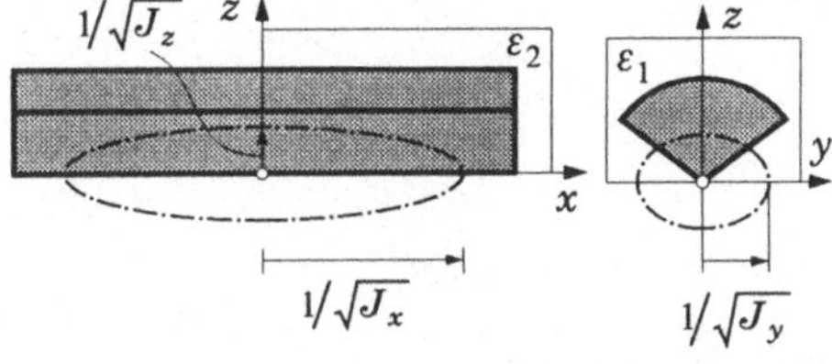

$$J_{xy} = 0$$
$$J_{yz} = 0 \quad \Rightarrow \quad \underset{\sim}{\Theta} = \begin{array}{|c|c|c|} \hline J_x & 0 & 0 \\ \hline 0 & J_y & 0 \\ \hline 0 & 0 & J_z \\ \hline \end{array}$$
$$J_{zx} = 0$$

Besitzt der Körper in massengeometrischer Hinsicht zwei Symmetrieebenen $(\varepsilon_1, \varepsilon_2)$, die zueinander normalgerichtet sind ($\varepsilon_1 \perp \varepsilon_2$), dann ist die Schnittgerade $\varepsilon_1 \cap \varepsilon_2$ eine Hauptachse und die Normalen zu ε_1 und zu ε_2 sind ebenfalls Hauptachsen.

Sind die Hauptträgheitsmomente J_1, J_2, und J_3 alle gleich groß, dann ist das <u>Trägheitsellipsoid eine Kugel</u> und das axiale Trägheitsmoment um jede Achse **n** ist gleich groß:

$$J_\mathbf{n} = J_1 n_1^2 + J_2 n_2^2 + J_3 n_3^3 = J\left(n_1^2 + n_2^2 + n_3^2\right) = J = \text{konst.}$$

und das Deviationsmoment für jedes orthonormale Vektorenpaar ist gleich Null:

$$-J_{\mathbf{n,m}} = J\left(n_1 m_1 + n_2 m_2 + n_3 m_3\right) = 0 \, .$$

Das trifft zu für die homogene *Kugel* und für alle fünf homogenen *platonischen Körper* (Tetraeder, Würfel, Oktaeder, Dodekaeder, Ikosaeder), wenn der Koordinatenursprung mit dem geometrischen Zentrum zusammenfällt.

5.7.4 Trägheitsmoment kugelförmiger Körper

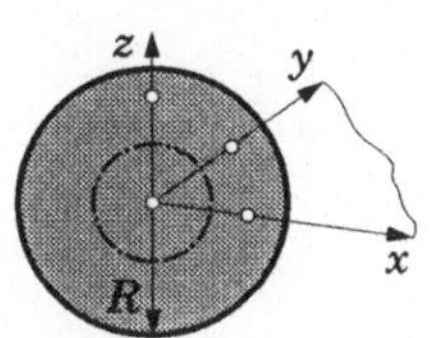

Kugel

$$J_x = J = \iiint \left(y^2 + z^2\right) dm$$

$$J_y = J = \iiint \left(z^2 + x^2\right) dm$$

$$J_z = J = \iiint \left(x^2 + y^2\right) dm$$

Die Addition dieser drei Gleichungen ergibt:

$$3J = 2\iiint \left(x^2 + y^2 + z^2\right)dm = 2\iiint R^2 dm \,.$$

Mit $\quad dm = 4R^2\pi\rho\,dR$

wird $\quad J = \dfrac{2}{3}4\pi\rho \int R^4 dR = \boxed{\; J = \dfrac{2}{5}mR^2 \;}$.

Hohlkugel

$$J = \frac{2}{3}4\pi\rho \int\limits_{R_i}^{R_a} R^4 dR = \frac{2}{5}\frac{4}{3}\pi\rho\left(R_a^5 - R_i^5\right) = \frac{2}{5}m\,\frac{R_a^5 - R_i^5}{R_a^3 - R_i^3}$$

Dünnwandige Hohlkugel

Mit $\quad R_a = R_i + \delta$

wird $\quad R_a^5 \doteq R_i^5 + 5R_i^4\delta, \quad R_a^3 \doteq R_i^3 + 3R_i^2\delta \,,$

womit man aus

$$J = \frac{2}{5}m\,\frac{R_a^5 - R_i^5}{R_a^3 - R_i^3} = \frac{2}{5}m\,\frac{5R_i^4\delta}{3R_i^2\delta} \quad\Rightarrow\quad J = \frac{2}{3}mR^2$$

erhält.

5.7.5 Trägheitsmomente und Deviationsmomente

5.7.5.1 Prismatischer Stab

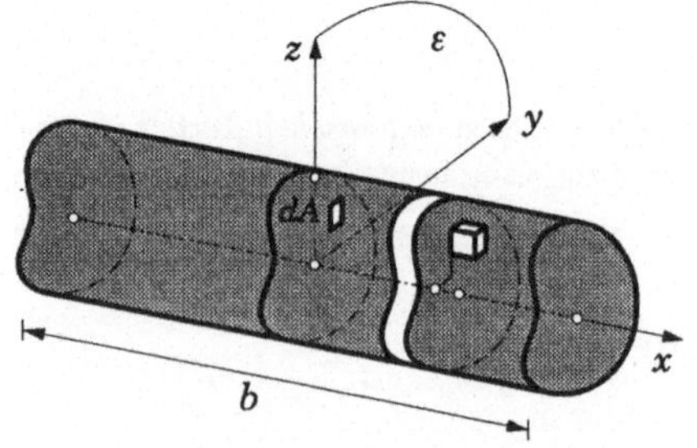

Weil ε eine Symmetrieebene ist, ist x eine Hauptachse, und es wird

$$J_{xy} = 0 \text{ und } J_{xz} = 0 \,.$$

Mit $\quad dm = \rho\,dx\,dA$

und $\quad m = A\rho b$

erhält man für

$$J_x = \iiint \left(y^2 + z^2\right)dA\,\rho\,dx = m\iint \left(y^2 + z^2\right)dA/A$$

und für

$$J_y = \iiint \left(z^2 + x^2\right) dA\,\rho\,dx = \iint z^2 dA\,\rho\,b + A\left(x^3/3\right)_{-b/2}^{+b/2} =$$

$$= m\left[\iint z^2\,dA/A + b^2/12\right],$$

analog ergibt sich für

$$J_z = m\left[\iint y^2\,dA/A + b^2/12\right].$$

Schließlich findet man für

$$J_{yz} = \iiint yz\,dA\,\rho\,dx = m\iint yz\,dA/A\ .$$

5.7.5.2 Kreiszylinderwalze

$$J_x = m\iiint \left(y^2 + z^2\right) dA/A = (m/A)\int r^2 2r\pi\,dr = (m/A)\left(R^4/4\right)2\pi = m\,R^2/2\ .$$

Mit $\quad \iint z^2 dA = \iint y^2 dA$

folgt $\quad \iint z^2 dA = \dfrac{1}{2}\iint \left(z^2 + y^2\right) dA = \dfrac{1}{2}\int r^2 2r\pi\,dr = R^4\,\pi/4$

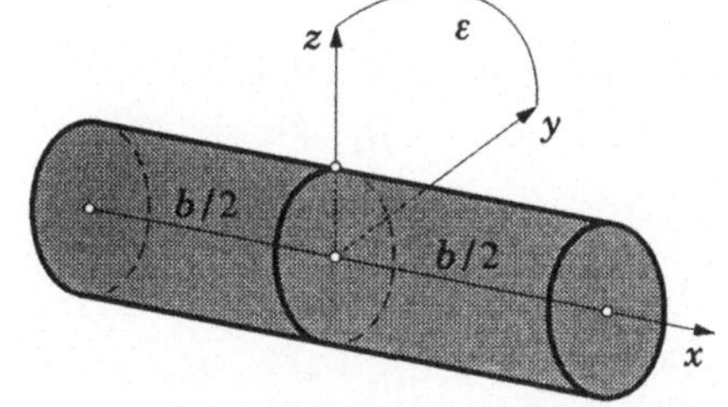

womit man für

$$J_y = J_z = m\left[R^2/4 + b^2/12\right]$$

erhält. Schließlich ist hier neben $J_{xy} = 0$, $J_{xz} = 0$ auch $J_{yz} = 0$.

Damit ergibt sich für die Trägheitsmatrix:

$$\Theta = \begin{vmatrix} m\,R^2/2 & 0 & 0 \\ 0 & m\left(R^2/4 + b^2/12\right) & 0 \\ 0 & 0 & m\left(R^2/4 + b^2/12\right) \end{vmatrix}.$$

Das Trägheitsellipsoid wird eine Kugel für $b = \sqrt{3}\,R$.

Grenzfälle

Kreisscheibe $(b \ll)$

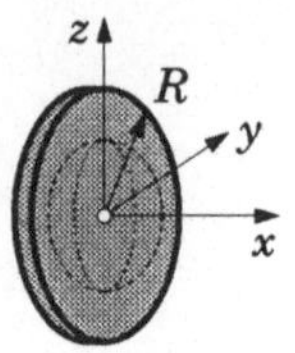

$$\underset{\sim}{\Theta} = \begin{array}{|c|c|c|} \hline \dfrac{mR^2}{2} & 0 & 0 \\ \hline 0 & \dfrac{mR^2}{4} & 0 \\ \hline 0 & 0 & \dfrac{mR^2}{4} \\ \hline \end{array}$$

Stange $(R \ll)$

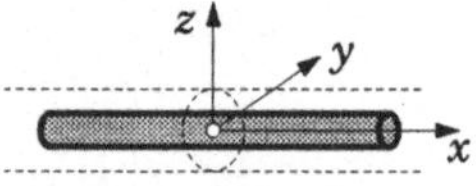

Trägheitsellipsoid ⇒
ist Kreiszylinder

$$\underset{\sim}{\Theta} = \begin{array}{|c|c|c|} \hline 0 & 0 & 0 \\ \hline 0 & \dfrac{mb^2}{12} & 0 \\ \hline 0 & 0 & \dfrac{mb^2}{12} \\ \hline \end{array}$$

5.7.5.3 Rechteckblock

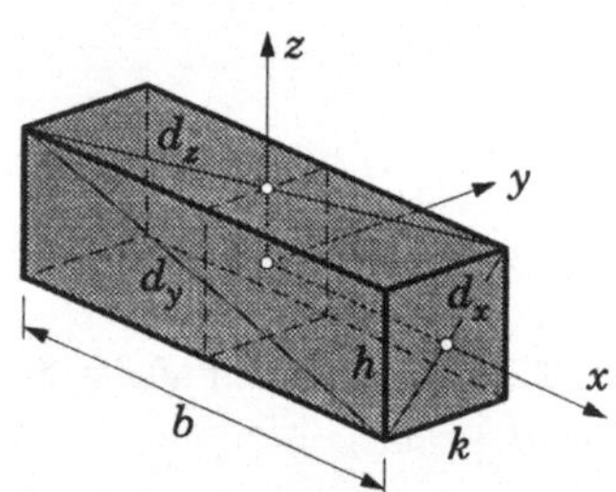

$$J_x = m \iint \left(y^2 + z^2 \right) dA/A =$$

$$= m \left[\int\limits_{-k/2}^{+k/2} \frac{y^2 h \, dy}{hk} + \int\limits_{-h/2}^{+h/2} \frac{z^2 k \, dz}{hk} \right]$$

$$J_x = \frac{m}{12} \left(k^2 + h^2 \right) = \frac{m}{12} d_x^2$$

$$J_y = \frac{m}{12} \left(h^2 + b^2 \right) = \frac{m}{12} d_y^2 \qquad J_{yz} = 0$$

$$J_z = \frac{m}{12} \left(k^2 + b^2 \right) = \frac{m}{12} d_z^2$$

$$\underset{\sim}{\Theta} = \begin{array}{|c|c|c|} \hline \dfrac{md_x^2}{12} & 0 & 0 \\ \hline 0 & \dfrac{md_y^2}{12} & 0 \\ \hline 0 & 0 & \dfrac{md_z^2}{12} \\ \hline \end{array}$$

Das Trägheitsellipsoid wird eine Kugel für $h = k = b$
($J_x = J_y = J_z$) (Würfel).

5.7.5.4 Kreiskegel

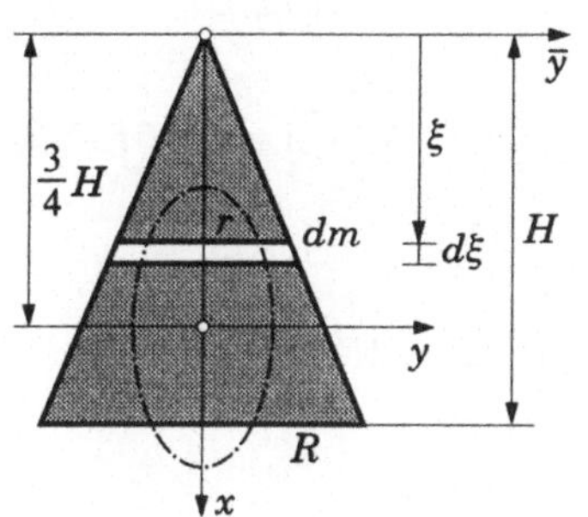

Den Kegel kann man aus infinitesimal dünnen Kreisscheiben ($dm = r^2\pi\, d\xi\, \rho$) zusammengesetzt denken.

Mit $\quad \xi = \dfrac{rH}{R}$

erhält man für

$$J_x = \int \frac{r^2 dm}{2} = \int r^2 r^2 \pi \left(dr\,\frac{H}{R} \right)\rho =$$

$$= \frac{1}{2}\frac{R^5}{5}\pi\,\frac{H}{R}\,\rho$$

und mit $m = \left(R^2 \pi H / 3 \right)\rho$ wird

$$J_x = \frac{3}{10}\,mR^2.$$

Um $J_y = J_z$ zu bestimmen, berechnen wir zuerst $J_{\bar{y}}$:

$$J_{\bar{y}} = \int\left(\frac{r^2 dm}{4} + \xi^2 dm \right) = \int r^2 dm\left[\frac{1}{4} + \frac{H^2}{R^2} \right] = \left(\frac{1}{4} + \frac{H^2}{R^2} \right)\frac{3}{5}mR^2 ,$$

womit dann

$$J_y = J_{\bar{y}} - \left(\frac{3}{4}H \right)^2 m = \left[\frac{3}{20} + \left(\frac{3}{5} - \frac{9}{16} \right)\frac{H^2}{R^2} \right]mR^2 = \frac{3}{20}mR^2\left[1 + \frac{1}{4}\frac{H^2}{R^2} \right]$$

erhalten wird. Die Deviationsmomente J_{xy}, J_{yz}, J_{zx} sind gleich Null. Damit gilt:

$$\Theta = \begin{vmatrix} \dfrac{3}{10}mR^2 & 0 & 0 \\[2ex] 0 & \dfrac{3}{20}mR^2\left(1 + \dfrac{1}{4}\dfrac{H^2}{R^2}\right) & 0 \\[2ex] 0 & 0 & \dfrac{3}{20}mR^2\left(1 + \dfrac{1}{4}\dfrac{H^2}{R^2}\right) \end{vmatrix}.$$

Das Trägheitsellipsoid wird eine Kugel ($J_x = J_y = J_z$) für $H = 2R$.

5.7.5.5 Torus

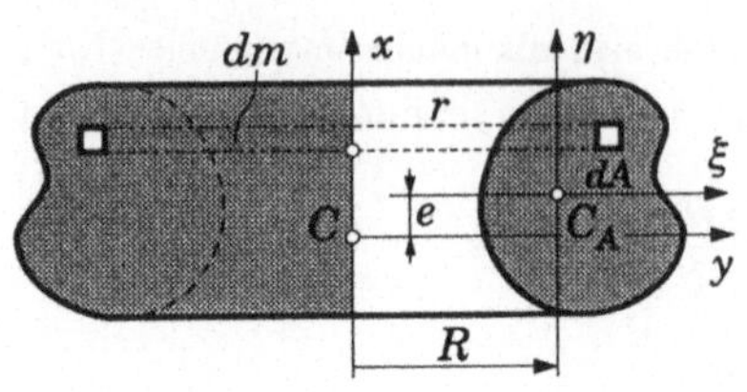

$$J_x = \iiint \left(y^2 + z^2\right)dm =$$

$$= \iint r^2 \overbrace{\left(2r\pi\,dA\rho\right)}^{dm} = 2\pi\rho \iint r^3\,dA$$

Mit $\quad m = 2R\pi A\rho, \quad r = (R+\xi)$

$$\Rightarrow J_x = \frac{m}{AR}\iint \left(R^3 + 3R^2\xi + 3R\xi^2 + \xi^3\right)dA$$

und da $\iint \xi\,dA = 0$

wird $\quad J_x = m\left[R^2 + 3\iint \xi^2\,dA/A + \iint \xi^3\,dA/RA\right].$

$$J_y = \iiint \frac{r^2 dm}{2} + (e+\eta)^2\,dm = \frac{J_x}{2} + \left[e^2 m + \iiint \eta^2\,dm\right] =$$

$$= \frac{J_x}{2} + me^2 + \iint \eta^2\,2(R+\xi)\pi\,dA\rho =$$

$$= \frac{J_x}{2} + me^2 + \frac{m}{AR}\left[R\iint \eta^2\,dA + \iint \eta^2\xi\,dA\right] =$$

$$= \frac{J_x}{2} + m\left[e^2\iint \eta^2\,\frac{dA}{A} + \iint \xi\,\frac{\eta^2\,dA}{AR}\right].$$

Sonderfall: Kreistorus

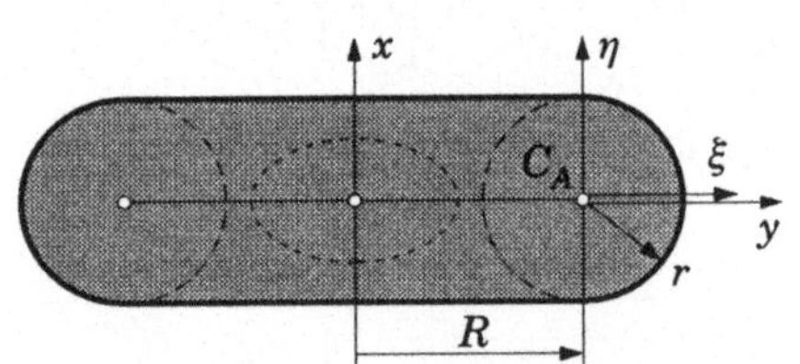

Mit $\quad e = 0$

und $\quad \iint \xi^2\,dA = \iint \eta^2\,dA = AR^2/4,$

$$\iint \xi^3\,dA = 0, \quad \iint \eta^2\xi\,dA = 0$$

wird $\quad J_x = m\left[R^2 + 3r^2/4\right]$

und für das Trägheitsmoment $J_y(= J_z)$ erhält man

$$J_y = \frac{J_x}{2} + m\frac{r^2}{4} = m\left(\frac{R^2}{2} + \frac{5r^2}{8}\right).$$

Im Grenzfall $r = R$ ist

$$J_x = \frac{7mR^2}{4}, \quad J_y = J_z = \frac{9mR^2}{8}.$$

Das Trägheitsellipsoid hat immer Diskusform.

$$\underset{\sim}{\Theta} = \begin{vmatrix} mR^2\left(1+\dfrac{3r^2}{4R^2}\right) & 0 & 0 \\[2ex] 0 & mR^2\left(\dfrac{1}{2}+\dfrac{5r^2}{8R^2}\right) & 0 \\[2ex] 0 & 0 & mR^2\left(\dfrac{1}{2}+\dfrac{5r^2}{8R^2}\right) \end{vmatrix}$$

5.8 Die ebene Bewegung des starren Körpers

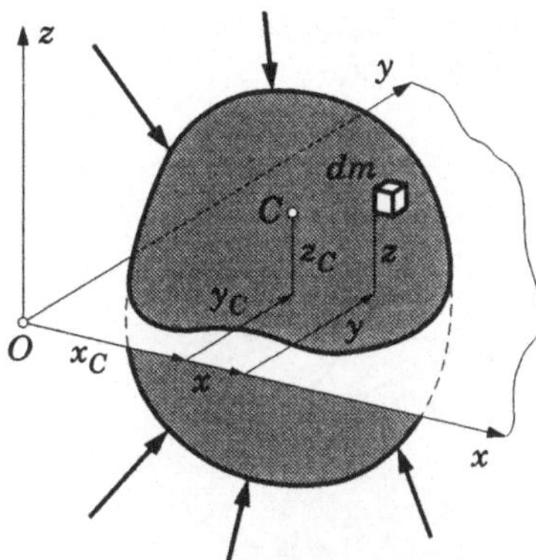

Für die ebene Bewegung des starren Körpers ist kennzeichnend, daß die Bahnen aller Körperpunkte in zueinander parallelen Ebenen verlaufen. Die ebene Bewegung des starren Körpers schließt die translatorische und die rotatorische Bewegung (S. 149 bis 168) als Sonderfall ein.

Bewegt sich der starre Körper (gezwungen oder frei) so, daß für jeden Körperpunkt:

$$z = \text{konst.}$$

gilt, dann liegen sämtliche Punktbahnen in zur xy-Ebene parallelen Ebenen. Wir können uns vorstellen, daß drei Punkte des starren Körpers gezwungen sind, sich in der xy-Ebene zu bewegen: In diesem Fall kann der starre Körper nur eine ebene Bewegung vollführen. Der Körper besitzt dann drei „Freiheitsgrade", d. h. 3 Koordinaten (Winkel, Wege) legen die Körperlage in xy fest.

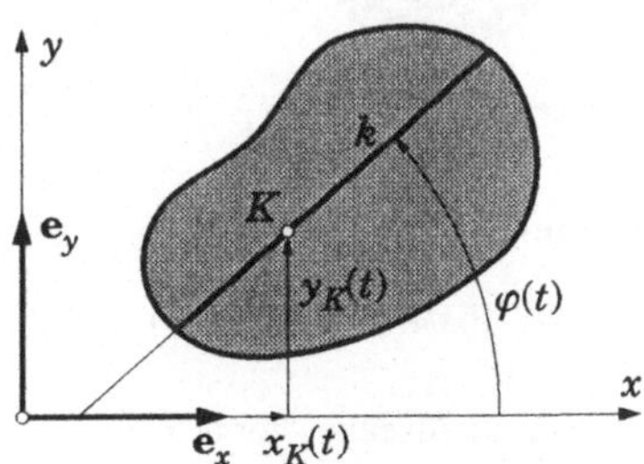

Ist K ein körperfester Punkt und k eine körperfeste Gerade in der xy-Ebene, die mit der raumfesten x-Achse den Winkel φ einschließt, so bestimmen

$$x_K(t), \quad y_K(t), \quad \text{und} \quad \varphi(t)$$

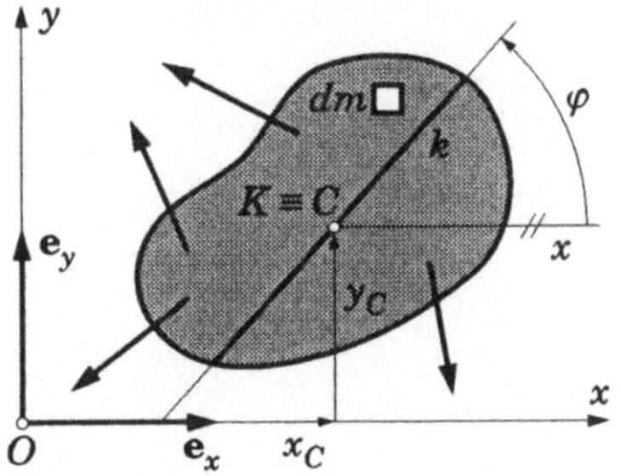

den Bewegungsablauf des starren Körpers vollständig (Lage, Geschwindigkeiten, Beschleunigungen aller Körperpunkte können jederzeit angegeben werden). Es ist meistens zweckmäßig, als den körperfesten Punkt K die Projektion des Massenzentrums in die xy-Ebene zu wählen und als körperfeste Gerade k eine beliebige körperfeste Gerade in

198

der xy-Ebene durch diesen Projektionspunkt. Die Funktionen

$$\boxed{\; x_C(t)\,,\quad y_C(t) \quad\text{und}\quad \varphi(t) \;}$$

beschreiben dann den Ablauf der ebenen Bewegung des starren Körpers. Wir werden uns im folgenden nicht darum kümmern, welche Kräfte (in der z-Richtung) die ebene Bewegung des Körpers erzwingen. Demgemäß können wir uns den Körper als Scheibe (in der xy-Ebene) vorstellen.

5.8.1 Kinematik des ebenbewegten Körpers

Geschwindigkeiten und Beschleunigungen zweier körperfester Punkte (A und B): Für die Ortsvektoren der körperfesten Punkte A und B gilt der Zusammenhang:

$$\boxed{\; \mathbf{x}_B(t) = \mathbf{x}_A(t) + \mathbf{n}(t)\,r \;}\,,\qquad r = |\mathbf{x}_B - \mathbf{x}_A|\,.$$

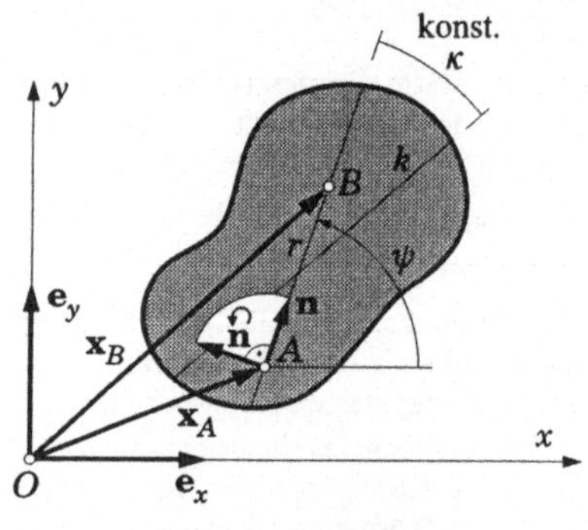

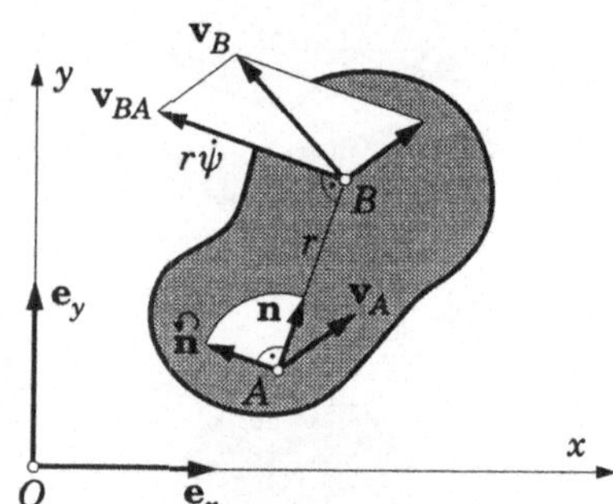

Für den körperfesten Einheitsvektor $\mathbf{n}$ gilt:

$$\mathbf{n}(t) = \mathbf{e}_x \cos\psi(t) + \mathbf{e}_y \sin\psi(t)\,,$$

woraus man folgende Ableitungsformeln erhält:

$$\dot{\mathbf{n}} = \big[\mathbf{e}_x(-\sin\psi) + \mathbf{e}_y \cos\psi\big]\dot{\psi} =$$

$$= \overset{\frown}{\mathbf{n}}(t)\,\dot{\psi}(t)$$

$$\text{und}\qquad \ddot{\mathbf{n}} = \overset{\frown}{\mathbf{n}}\,\ddot{\psi} - \mathbf{n}\,\dot{\psi}^2\,.$$

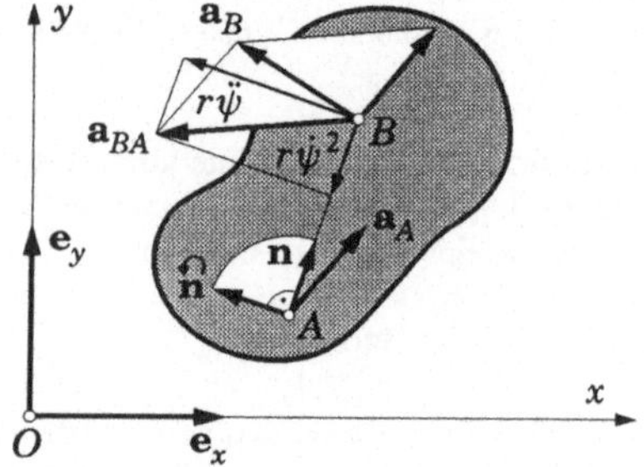

Für den körperfesten Vektor $\mathbf{x}_B - \mathbf{x}_A = \mathbf{r} = \mathbf{n}\,r$ gilt daher:

$$\dot{\mathbf{r}} = \overset{\frown}{\mathbf{r}}\,\dot{\psi} \qquad\text{und}\qquad \ddot{\mathbf{r}} = \overset{\frown}{\mathbf{r}}\,\ddot{\psi} - \mathbf{r}\,\dot{\psi}^2\,.$$

Die körperfeste Gerade, die die Punkte A und B verbindet, schließt mit der zur Messung der Drehbewegung ausgewählten körperfesten Geraden k einen konstanten Winkel (κ) ein, d. h. es gilt:

$$\psi(t) = \varphi(t) + \alpha \quad \Rightarrow \quad \dot\psi = \dot\varphi = \omega \;, \quad \ddot\psi = \ddot\varphi = \dot\omega$$

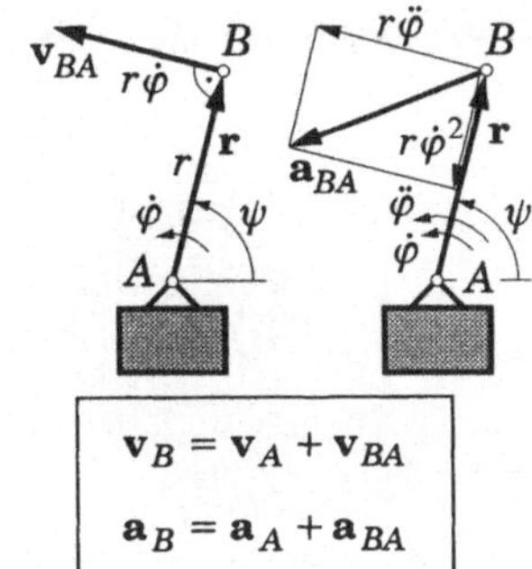

Die Zeitableitungen von $\mathbf{x}_B = \mathbf{x}_A + \mathbf{n}\,r$ ergeben damit:

$$\dot{\mathbf{x}}_B = \dot{\mathbf{x}}_A + \overset{\curvearrowright}{\mathbf{n}}\,r\dot\varphi \qquad = \dot{\mathbf{x}}_A + (\overset{\curvearrowright}{\mathbf{r}}\,\dot\varphi)$$

$$\ddot{\mathbf{x}}_B = \ddot{\mathbf{x}}_A + \overset{\curvearrowright}{\mathbf{n}}\,r\ddot\varphi - \mathbf{n}r\dot\varphi^2 = \ddot{\mathbf{x}}_A + (\overset{\curvearrowright}{\mathbf{r}}\,\ddot\varphi - \mathbf{r}\dot\varphi^2)$$

$$\Rightarrow$$

$$\boxed{\begin{aligned} \mathbf{v}_B &= \mathbf{v}_A + \mathbf{v}_{BA} \\ \mathbf{a}_B &= \mathbf{a}_A + \mathbf{a}_{BA} \end{aligned}}$$

Darin bezeichnen $\mathbf{v}_{BA} = r\dot\varphi\,\overset{\curvearrowright}{\mathbf{n}}$ und $\mathbf{a}_{BA} = r\ddot\varphi\,\overset{\curvearrowright}{\mathbf{n}} - r\dot\varphi^2\mathbf{n}$ die Geschwindigkeit bzw. die Beschleunigung des Punktes B bei einer Drehung um den fixiert gedachten Punkt A.

5.8.2 Der *Momentanpol* Ω des ebenbewegten Körpers

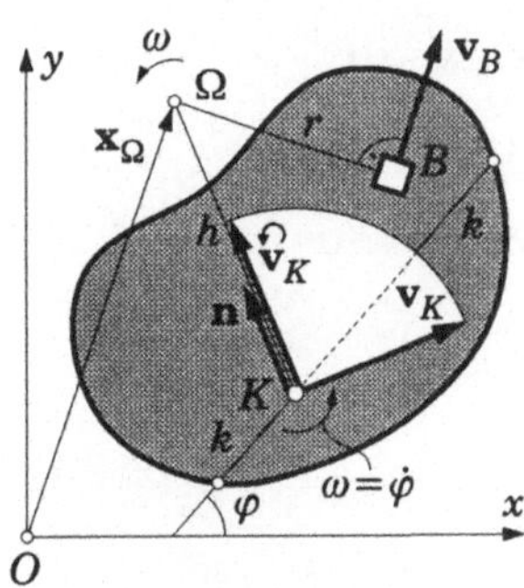

Gibt es einen körperfesten Punkt, der im Augenblick (momentan) keine Geschwindigkeit besitzt? Ja, denn aus der Forderung

$$\mathbf{v}_\Omega = \mathbf{v}_K + \overset{\curvearrowright}{\mathbf{n}}\,\dot\varphi\,h = 0$$

folgt $\overset{\curvearrowright}{\mathbf{v}}_K - \mathbf{n}\dot\varphi h = 0 \quad \Rightarrow \quad \mathbf{n}h = \dfrac{\overset{\curvearrowright}{\mathbf{v}}_K}{\dot\varphi}\,, \quad h = \dfrac{v_k}{\omega}\,.$

Sind also die Geschwindigkeit eines körperfesten Punktes K und die Winkelgeschwindigkeit $\omega = \dot\varphi$ der „Scheibe" bekannt, dann kann die Lage des *Momentanpols* Ω angegeben werden:

$$\mathbf{x}_\Omega = \mathbf{x}_K + \dfrac{\overset{\curvearrowright}{\mathbf{v}}_K}{\omega}\,.$$

Die Geschwindigkeit ($\mathbf{v}_B$) eines beliebigen körperfesten Punktes B ist normalgerichtet zu $\overline{\Omega B}$ und $|\mathbf{v}_B| = \overline{\Omega B}\,.$

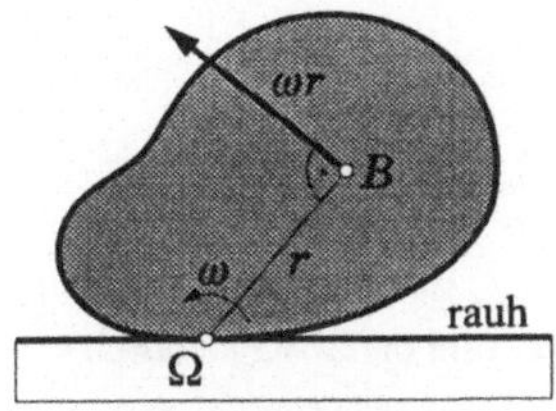

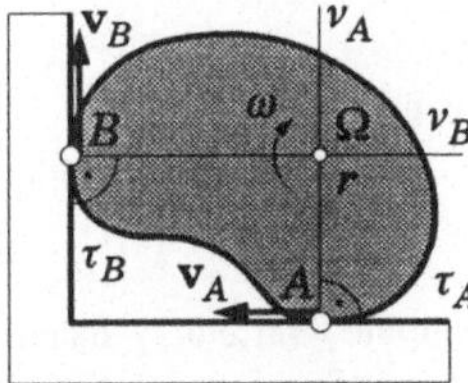

In vielen Fällen kann die Lage des Momentanzentrums sofort angegeben werden. Rollt z. B. ein Körper auf einer Rollbahn, so ist der Berührungspunkt gleich dem Momentanpol. Werden zwei körperfeste Punkte A und B gezwungen, sich längs der *Tangenten* τ_A bzw. τ_B zu bewegen, dann erhält man den Momentanpol als den Schnittpunkt der beiden Normalen $\Omega = \nu_A \cap \nu_B\,.$

5.8.3 Kinetik des ebenbewegten starren Körpers

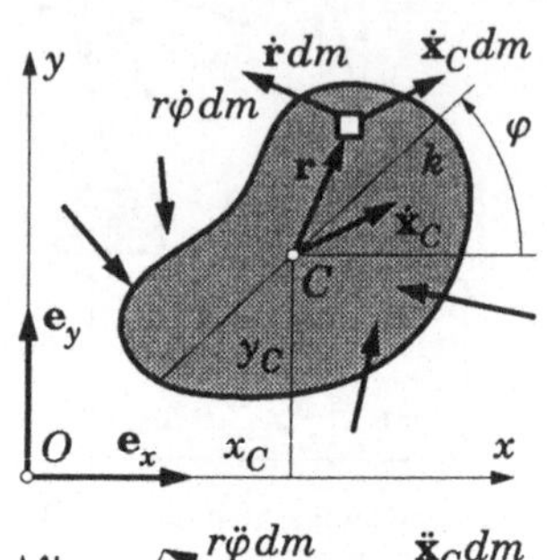

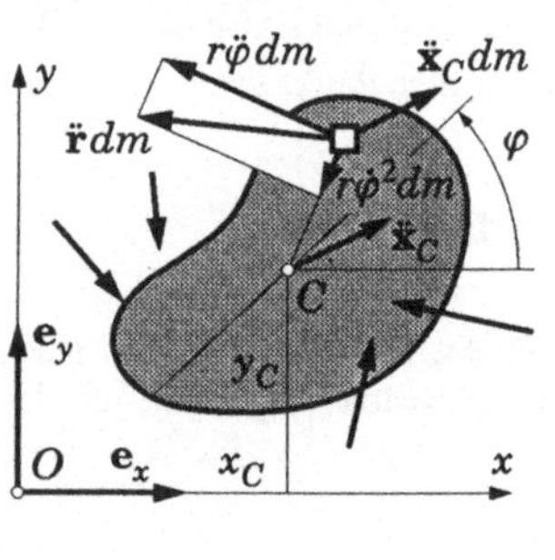

Lagekoordinaten: x_C, y_C und φ.

Masse: $\qquad m = \iiint \rho\, dV$

Massensatz: $\dot{m} = 0$

Impuls: $\qquad \mathbf{p} = \iiint \dot{\mathbf{x}}\, dV \rho = m\,\dot{\mathbf{x}}_C$

Impulssatz: $\dot{\mathbf{p}} = \mathbf{F} = m\,\ddot{\mathbf{x}}_C \quad\Rightarrow$

$$\boxed{\; m\ddot{x}_C = F_x \;} \qquad \dots\dots 1)$$

$$\boxed{\; m\ddot{y}_C = F_y \;} \qquad \dots\dots 2)$$

Drall bezogen auf das Massenzentrum C:

$$\mathbf{L}_C = \iiint \mathbf{r} \times \dot{\mathbf{x}}\, dm\,.$$

Mit $\quad \mathbf{x} = \mathbf{x}_C + \mathbf{r} \quad\Rightarrow\quad \dot{\mathbf{x}} = \dot{\mathbf{x}}_C + \dot{\mathbf{r}}$

und $\quad \iiint \mathbf{r}\, dm = \mathbf{r}_C m = 0$

wird $\quad \mathbf{L}_C = \iiint \mathbf{r} \times \dot{\mathbf{r}}\, dm\,.$

Daraus folgt:

$$L_z = \iiint r \cdot r\dot{\varphi}\, dm = J_{z,C}\,\dot{\varphi}$$

Drallsatz:

$$\mathbf{M}_C = \dot{\mathbf{L}}_C = \left(\iiint \mathbf{r} \times \dot{\mathbf{r}}\, dm\right)^{\!\cdot} = \iiint \mathbf{r} \times \ddot{\mathbf{r}}\, dm = \iiint \mathbf{r} \times (\overset{\curvearrowright}{\mathbf{r}}\,\ddot{\varphi} - \mathbf{r}\,\dot{\varphi}^2)\, dm$$

$$\mathbf{M}_C = \ddot{\varphi}\iiint \mathbf{r} \times \overset{\curvearrowright}{\mathbf{r}}\, dm\,.$$

Für die z-Richtung:

$$\boxed{\; J_{C,z}\,\ddot{\varphi} = M_{C,z} \;} \qquad \dots\dots 3)$$

Diese Gleichung folgt natürlich auch aus

$$L_{C,z} = J_{C,z}\,\dot{\varphi} \quad\Rightarrow\quad \left(L_{C,z}\right)^{\!\cdot} = M_{C,z} = J_{C,z}\,\ddot{\varphi}\,.$$

Die drei Gleichungen bestimmen, wenn die Kräfte bzw. das Moment (um die z-Achse durch C) als Funktionen der gewählten Lagekoordinaten x_C, y_C und φ bzw. deren Ableitungen $\dot{x}_C$, $\dot{y}_C$ und $\dot{\varphi}$ gegeben sind, die Bewegung des starren Körpers in der xy-Ebene vollständig. Wir werden meist statt $M_{C,z}$ bzw. $J_{C,z}$ einfach M_C und J_C schreiben.

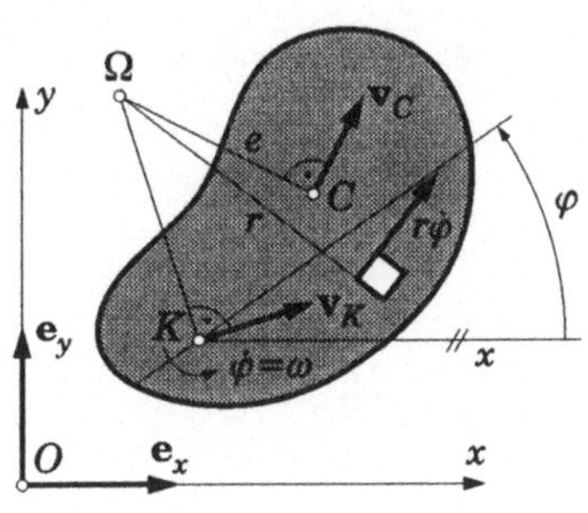

Kinetische Energie:

$$T = \iiint \dot{\mathbf{x}}^2 \, dm/2 = \iiint (r\dot{\varphi})^2 \, dm/2 =$$

$$= \dot{\varphi}^2 \, J_\Omega/2 \, .$$

Mit Hilfe des Steinerschen Satzes:

$$J_\Omega = J_C + me^2$$

und mit $v_C = e\dot{\varphi}$ erhält man für die kinetische Energie:

$$T = \frac{J_\Omega \dot{\varphi}^2}{2} = \frac{J_C \dot{\varphi}^2}{2} + \frac{mv_C^2}{2} \, .$$

Energiesatz (Folgesatz):

$$\dot{T} = \left(J_C \dot{\varphi}^2/2 + m\,\mathbf{v}_C^2/2\right)^{\cdot} = J_C \dot{\varphi}\ddot{\varphi} + m\mathbf{v}_C \circ \dot{\mathbf{v}}_C \, .$$

Mit $\quad m\dot{\mathbf{v}}_C = \mathbf{F}$

und $\quad J_C \ddot{\varphi} = M_C$

wird $\quad \dot{T} = M_C \dot{\varphi} + \mathbf{F} \circ \mathbf{v}_C = P \, .$

Der Ausdruck $M_C \dot{\varphi} + \mathbf{F} \circ \mathbf{v}_C$ ist die Leistung der auf das Massenzentrum reduzierten ($\mathbf{F}$, M_C) Kräfte.

5.8.4 Beispiele zur ebenen Bewegung des starren Körpers

5.8.4.1 Freier Fall eines inhomogenen Balles im Galileischen Gravitationsfeld

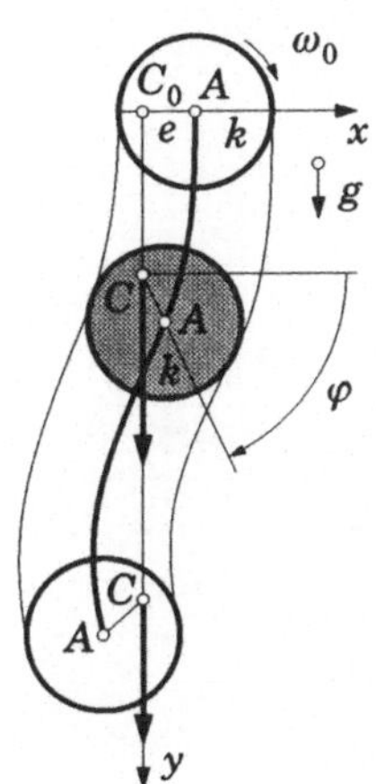

Anfangsbedingungen: $t = 0$: $\mathbf{x}_C = 0$, $\dot{\mathbf{x}}_C = 0$, $\varphi(0) = 0$

$\dot{\varphi} = \omega_0 =$ Wie bewegt sich der Ballmittelpunkt A ?

Bewegung des Massenzentrums: Der Impulssatz (der Massenzentrumssatz) liefert:

$$\dot{\mathbf{p}} = \mathbf{F} = m\ddot{\mathbf{x}}_C \;\Rightarrow\; \ddot{\mathbf{x}}_C m = m\mathbf{g} \;\Rightarrow\; \ddot{\mathbf{x}}_C = \mathbf{g}$$

$$\Rightarrow \quad \dot{\mathbf{x}}_C = \dot{\mathbf{x}}_C(0) + \mathbf{g}t$$

$$\mathbf{x}_C = \mathbf{x}_C(0) + \dot{\mathbf{x}}_C(0)t + \mathbf{g}\frac{t^2}{2}$$

unter Berücksichtigung der Anfangsbedingungen:

$$x_C = 0, \quad y_C = \frac{gt^2}{2}$$

Der Drallsatz bezogen auf eine Achse parallel zur z-Achse durch das Massenzentrum liefert:

$$J_C \ddot{\varphi} = M_C = 0 \qquad \Rightarrow \qquad \dot{\varphi} = \text{konst.} = \dot{\varphi}_0 = \omega_0$$

woraus für φ folgt:

$$\varphi(t) = \omega_0 t \,.$$

Die Bewegung des Ballmittelpunktes kann damit bestimmt werden:

$$\boxed{\begin{aligned} x_A &= e\cos(\omega_0 t) \\[2mm] y_A &= gt^2/2 + e\sin(\omega_0 t) \end{aligned}}$$

5.8.4.2 Rollbewegung einer homogenen Walze (oder Kugel) auf einer rauhen (μ) schiefen Ebene

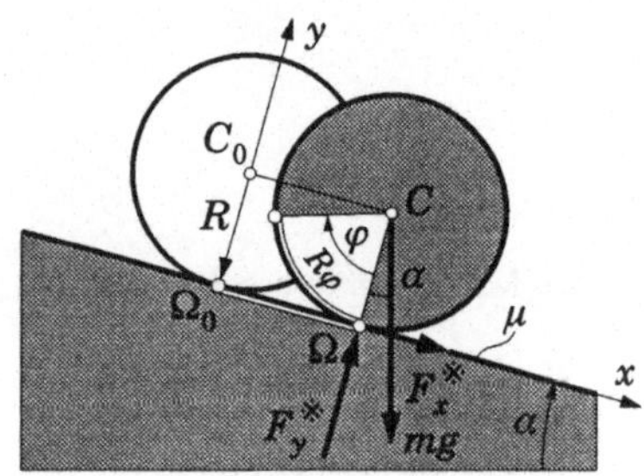

Rollbedingung:

$$x_C = R\varphi \quad \Rightarrow \quad \dot{x}_C = R\dot{\varphi}, \quad \ddot{x}_C = R\ddot{\varphi} \,.$$

Berührungspunkt der Walze mit der schiefen Ebene ist der Momentanpol Ω.

Geometrische Kontaktbedingung:

$$y_C = R \quad \Rightarrow \quad \dot{y}_C = 0, \quad \ddot{y}_C = 0$$

Der Impulssatz, der Massenzentrumssatz $\dot{\mathbf{p}} = \mathbf{F} = m\ddot{\mathbf{x}}_C$ liefert für die beiden Richtungen x, y:

$$\begin{aligned} m\ddot{x}_C &= \quad mg\sin\alpha + F_x^* \qquad \dots\dots\dots 1) \\[2mm] m\ddot{y}_C &= -mg\cos\alpha + F_y^* \qquad \dots\dots\dots 2) \end{aligned}$$

Der Drallsatz bezogen auf das Massenzentrum C ergibt:

$$J_C\ddot{\varphi} = -F_x^* \cdot R \qquad \dots\dots\dots 3)$$

Mit $\ddot{y}_C = 0$ folgt aus 2)

$$F_y^* = mg\cos\alpha$$

d. h. die Kontaktbedingung ist immer erfüllt ($F_y^* > 0$). Die Elimination von F_x^* aus 1) und 3) ergibt mit der Rollbedingung $x_C = R\varphi$:

$$m\ddot{x}_C = mg \sin\alpha - \frac{J_C}{R} \cdot \frac{\ddot{x}_C}{R} \qquad \Rightarrow \qquad \ddot{x}_C = \frac{g \sin\alpha}{\left(1 + J_C/mR^2\right)}$$

$$\boxed{\ddot{x}_C = g \sin\alpha \, \frac{mR^2}{J_\Omega} = \text{konst.} = \ddot{x}_{C_0}} \; .$$

Beginnt die Bewegung aus der Ruhe heraus ($t = 0$: $\dot{x}_C = 0$) bei $x_C = 0$, dann wird $x_C = \ddot{x}_C \, t^2/2$ und damit $\varphi(t) = \ddot{x}_C \, t^2/2R$. Für F_x^* erhält man aus 3)

$$F_x^* = -\left(J_C/J_\Omega\right) mg \sin\alpha \, .$$

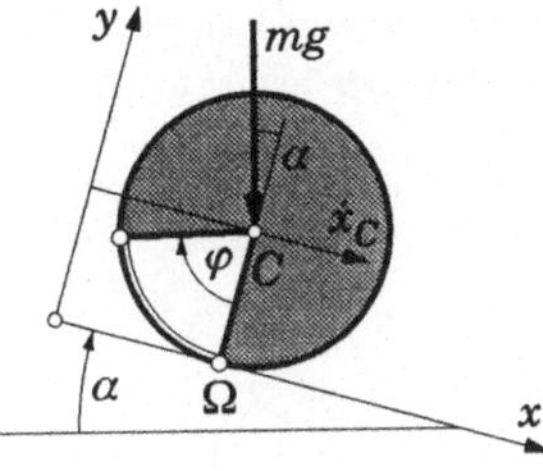

Die <u>Rollbedingung</u> bleibt erfüllt solange $\mu F_y^* > \left| F_x^* \right|$. Daraus folgt für den Coulombschen Reibungskoeffizienten μ:

$$\boxed{\mu > \tan\alpha \cdot J_C/J_\Omega} \qquad = \mu_{\text{Roll(min)}} \, .$$

Der Energiesatz in der integrierten Form

$$T - T_0 = W$$

liefert mit

$$W = (mg \sin\alpha) x_C \quad (F_x^* \text{ und } F_y^* \text{ geben keinen Beitrag, weil } \mathbf{v}_\Omega = 0)$$

und $\quad T = J_\Omega \dot{\varphi}^2/2$, $T_0 = 0 \; \Rightarrow$

$$\dot{x}^2/2 = \left(mR^2/J_\Omega\right) g \sin\alpha \cdot x \, .$$

Daraus erhält man über

$$\frac{d\left(\dot{x}_C^2/2\right)}{dx_C} = \ddot{x}_C$$

für $\quad \ddot{x}_C = g \sin\alpha \, \dfrac{mR^2}{J_\Omega} \quad$ (wie oben).

5.8.4.3 Gleitbewegung einer homogenen Walze (Kugel) auf rauher schiefer Ebene

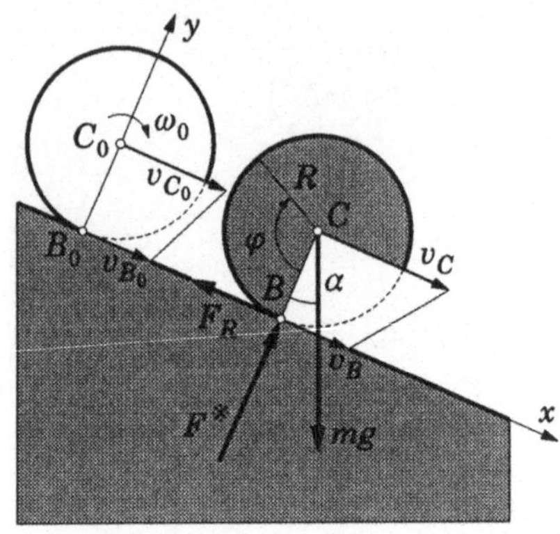

Nehmen wir jetzt an, daß die Geschwindigkeit des Körperpunktes B, der die schiefe Ebene berührt, zum Zeitpunkt $t = 0$ gegeben sei durch

$$v_{B_0} = v_{C_0} - \omega_0 R .$$

Wenn $v_{C_0} > \omega_0 R$, dann ist $v_{B_0} > 0$, d. h. die Gleitreibungskraft $F_R = \mu F^*$ ist (anfänglich) als in der $(-x)$-Richtung wirkend anzusetzen. Solange $v_{B(t)} > 0$ ist, wirkt F_R in der Gegenrichtung von x.

Zwischen φ und x_C besteht jetzt kein geometrischer Zusammenhang mehr. Die geometrische Kontaktbedingung ist wieder mit $y_C = R$ anzuschreiben. Massenzentrumssatz und Drallsatz liefern:

$$m\ddot{x}_C = mg \sin\alpha - F_R \qquad \dots\dots\dots 1)$$

$$m\ddot{y}_C = -mg \cos\alpha + F^* \qquad \dots\dots\dots 2)$$

$$J_C\ddot{\varphi} = R \cdot F_R \qquad \dots\dots\dots 3)$$

Zusammen mit dem Coulombschen Ansatz für die Gleitreibungskraft $F_R = \mu F^*$ und der Kontaktbedingung $y_C = R$ hat man 5 Gleichungen für x_C, y_C, φ, F_R und F^*. Die Auflösung ergibt:

$$F^* = mg \cos\alpha, \quad F_R = \mu mg \cos\alpha, \quad \ddot{x}_C = g(\sin\alpha - \mu \cos\alpha) = \ddot{x}_{C_0} = \text{konst.}$$

und $\quad \ddot{\varphi} = (\mu mg \cos\alpha \, R/J_C) = \ddot{\varphi}_0 = \text{konst.}$

Die ebene Bewegung beschreiben die Gleichungen:

$$x_C(t) = x_{C_0} + \dot{x}_{C_0} t + \ddot{x}_{C_0} \, t^2/2$$

$$\varphi(t) = \varphi_0 + \dot{\varphi}_0 t + \ddot{\varphi}_0 \, t^2/2 .$$

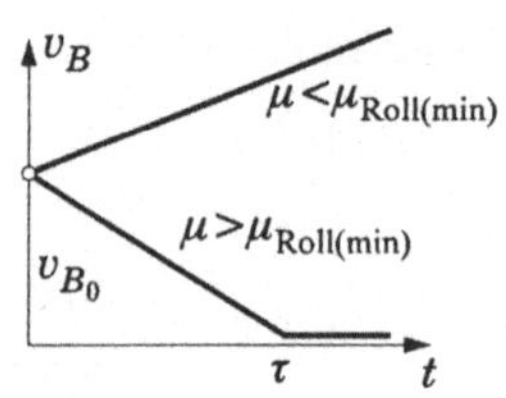

Ist die Rollbedingung

$$\mu > \tan\alpha \, J_C/J_B = \mu_{\text{Roll(min)}} \qquad \text{(siehe letztes Beispiel)}$$

erfüllt, dann nimmt die Gleitgeschwindigkeit v_B des Berührungspunktes B gleichmäßig ab. Zum Zeitpunkt $t = \tau$ geht die Bewegung in reines Rollen über:

$$v_B(t) = \dot{x}_C(t) - R\dot{\varphi}(t) = v_{B_0} + \left[\ddot{x}_{C_0} - R\ddot{\varphi}_0\right]t =$$

$$= v_{B_0} + g\left[\sin\alpha - \mu\cos\alpha\left(1 + \frac{mR^2}{J_C}\right)\right]t$$

$$v_B(t) = v_{B_0} + g\cos\alpha\,\frac{J_B}{J_C}\left(\mu_{\text{Roll(min)}} - \mu\right)t\,.$$

Aus $v_B = 0$ folgt

$$\tau = v_{B_0}\Big/\left[g\left(\mu\cos\alpha\,J_B/J_C - \sin\alpha\right)\right].$$

Sonderfall

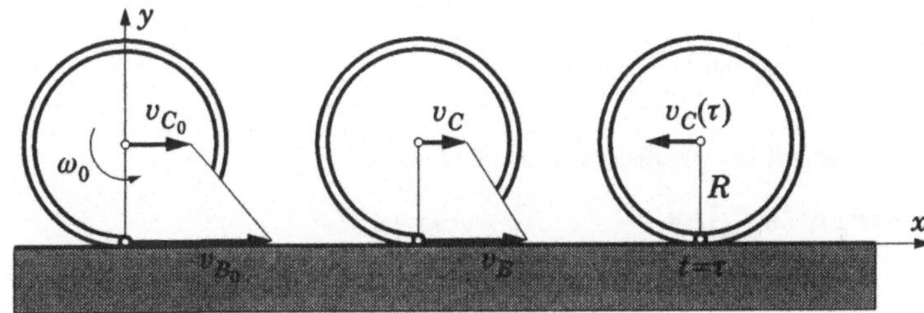

Kinderreifen:

$$J_C = mR^2, \quad J_B = 2mR^2, \quad \tau = v_{B_0}/2\mu g\,.$$

Damit wird

$$v_C(\tau) = v_{C_0} + \ddot{x}_0\tau = v_{C_0} - g\mu\tau = v_{C_0} - \frac{v_{B_0}}{2}$$

Damit der Reifen anschließend ($t > \tau$) zurück rollt, muß also $v_{B_0} > 2v_{C_0}$ gewählt werden.

5.8.4.4 Rollschwingungen einer homogenen Walze (Kugel)

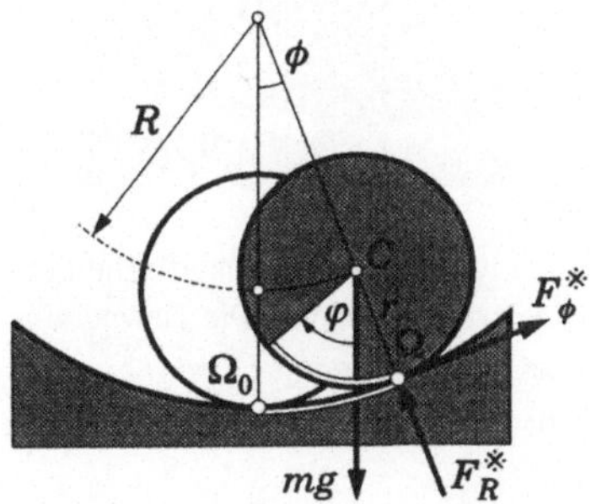

Rollbedingung:

$$r(\varphi + \phi) = (R + r)\phi \quad \Rightarrow \quad \phi = r\varphi/R$$

Kontaktbedingung: $R = \text{konst.}$

Massenzentrumssatz:

$$m\ddot{\phi}R = -mg\sin\phi + F_\phi^* \qquad \ldots\ldots\ldots 1)$$

$$m\dot{\phi}^2 R = -mg\cos\phi + F_R^* \qquad \ldots\ldots\ldots 2)$$

Drallsatz:

$$J_C\ddot{\phi} = -F_\phi^{*}r \qquad \ldots\ldots\ldots 3)$$

Das sind zusammen 5 Gleichungen für $\varphi, \phi,\ F_\phi^{*}, F_R^{*}$ und R.

Die Elimination von F_ϕ^{*} aus 1) und 3) ergibt mit $\phi = r\varphi/R$ und $J_\Omega = J_C + mr^2$ (Steiner) für $\varphi(t)$:

$$m\ddot{\varphi}r = -mg\sin(r\varphi/R) - J_C\,\ddot{\phi}/r \quad\Rightarrow\quad \left(mr^2 + J_C\right)\ddot{\phi} + mgr\sin(r\varphi/R) = 0$$

$$\Rightarrow\qquad \ddot{\phi} + \left(mgr/J_\Omega\right)\sin(r\varphi/R) = 0$$

Dieselbe Gleichung liefert (unmittelbarer) der Energiesatz:

$$\dot{T} = P \Rightarrow \left(J_\Omega\dot{\varphi}^2/2\right)^{\cdot} = -mg\sin(r\varphi/R)\,r\dot{\varphi}$$

$$J_\Omega\dot{\varphi}\ddot{\varphi} = -mgr\sin\left(\frac{r}{R}\varphi\right)\dot{\varphi}.$$

Für kleine Winkel φ (bzw. ϕ) erhält man näherungsweise:

$$\ddot{\phi} + \left(mgr^2/RJ_\Omega\right)\varphi \doteq 0 \quad\Rightarrow\quad \ddot{\phi} + \omega^2\varphi = 0 \quad\Rightarrow$$

$$\varphi = \varphi_0\cos\omega t + \left(\dot{\varphi}_0/\omega\right)\sin\omega t$$

Die Rollschwingungsdauer ist

$$\tau = 2\pi\sqrt{J_\Omega R/mgr^2}\ .$$

5.8.4.5 Plötzliche Fixierung einer Achse

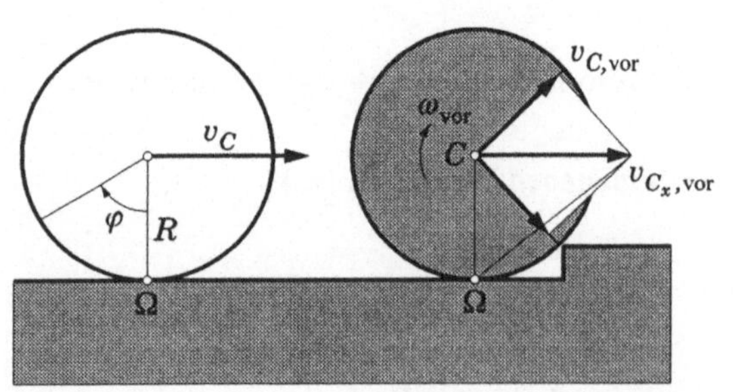
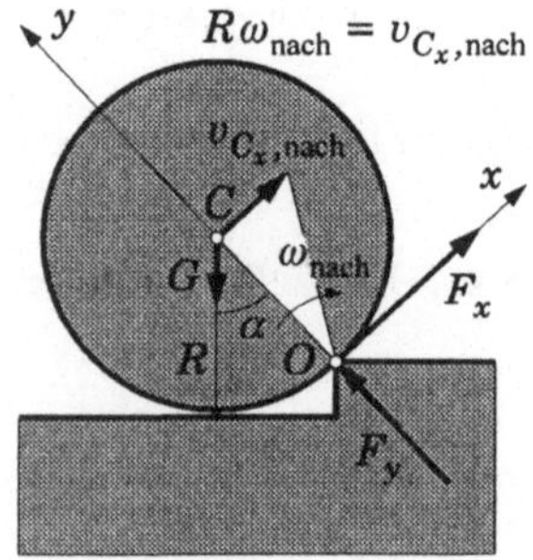

Eine Walze rolle auf eine Stufenkante O zu ($\mathbf{v}_C$, ω). Nehmen wir an, daß die Oberfläche der Walze hinreichend rauh ist, um ein Gleiten an der Stufenkante zu verhindern: Die Bewegung der Walze nach dem Stoß besteht dann in einer Drehbewegung der Walze um O. Mit F_x, F_y ($\gg G$) erhält man aus dem Massenzentrumssatz und dem Drallsatz (bezüglich C) durch Integration über die (als sehr klein angenommene) Stoßzeit:

$$\left(v_{C_x,\text{nach}} - v_{C_x,\text{vor}}\right)m = \int F_x\, dt$$

$$J_C\left(\omega_\text{nach} - \omega_\text{vor}\right) = -R\int F_x\, dt\,.$$

Die Elimination von $\int F_x\, dt$ liefert zunächst:

$$-\left(v_{C_x,\text{nach}} - v_{C_x,\text{vor}}\right)m = (J_C/R)(\omega_\text{nach} - \omega_\text{vor})\,.$$

Daraus erhält man mit

$$J_O = J_C + mR^2\,,\quad \omega_\text{vor} = v_{C,\text{vor}}/R\,,$$

$$v_{C_x,\text{vor}} = v_{C,\text{vor}}\cos\alpha\,,\quad v_{C_x,\text{nach}} = \omega_\text{nach}\cdot R$$

für ω_nach:

$$\omega_\text{nach} = \frac{v_{C,\text{vor}}}{R}\cdot\frac{J_C + mR^2\cos\alpha}{J_O}\,.$$

Dieses Ergebnis erhält man (unmittelbarer), wenn man den auf den Koordinatenursprung O bezogenen Drallsatz anwendet (siehe weiter unten).

5.8.5 Drall und Drallsatz bezogen auf den Koordinatenursprung (Fixpunkt) bei ebener Bewegung

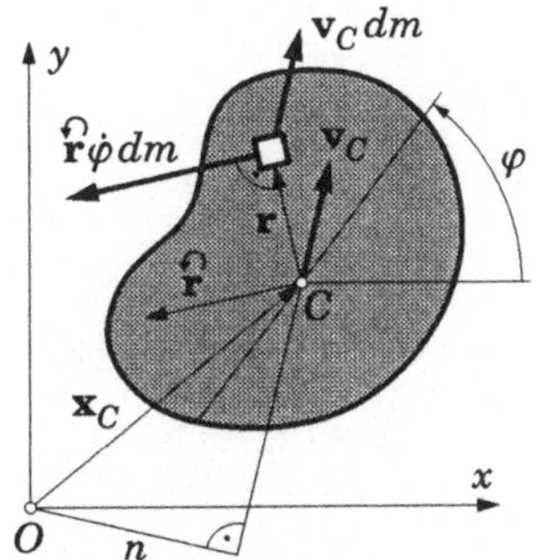

Die obigen Beispiele zeigen zur Genüge, daß man bei der ebenen Bewegung des starren Körpers immer mit den drei (leicht zu behaltenden) Gleichungen:

$$m\ddot{x}_C = F_x\,,\quad m\ddot{y}_C = F_y\quad\text{und}\quad J_C\ddot{\varphi} = M_C$$

auskommt, um den Bewegungsablauf zu bestimmen. Damit ist aber nicht gesagt, daß sie immer am schnellsten zur Lösung hinführen. Es ist in manchen Fällen ökonomischer, den auf den Koordinatenursprung O (bzw. einen Fixpunkt) (oder auch den auf einen körperfesten Punkt K) bezogenen Drallsatz zu verwenden.

Aus $\dot{\mathbf{L}} = \mathbf{M}$ folgt für die z-Komponente $\dot{L}_z = M_z$. Der Drall L_z ist das resultierende Moment der infinitesimalen Impulse:

$$dm\,\mathbf{v} = dm\left(\mathbf{v}_C + \overset{\curvearrowright}{\mathbf{r}}\,\dot{\varphi}\right)$$

um die z-Achse. Der resultierende Impuls von $dm\,\mathbf{v}_C$ ist $m\mathbf{v}_C$ und der läuft durch C. Das Moment dieses Impulses ist somit $mv_C\cdot n$ (siehe Skizze unten).

208

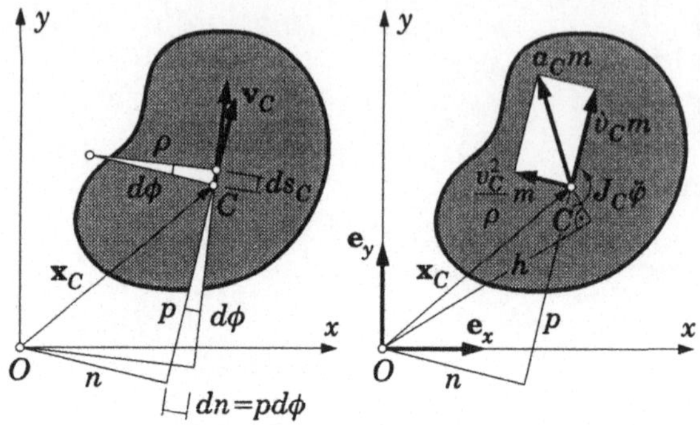

Der resultierende Impuls von $dm \cdot \overset{\curvearrowright}{\mathbf{r}}\varphi$ ist gleich Null (weil $\iiint \mathbf{r}\,dm = 0$) und das resultierende Impulsmoment ist:

$$\int \mathbf{r} \times \overset{\curvearrowright}{\mathbf{r}}\,\dot\varphi\,dm = J_C\,\dot\varphi\,\mathbf{e}_z\,.$$

Daher gilt für L_z:

$$\boxed{\; L_z = J_C\,\dot\varphi + n\,(m v_C) \;}$$

Die Ableitung nach der Zeit ergibt:

$$\dot L_z = M_z = J_C\,\ddot\varphi + \dot n\,(m v_C) + n\,(m \dot v_C)\,.$$

Mit $\quad \dot n = p\dfrac{d\phi}{dt} = p\dfrac{ds_C}{\rho}\cdot\dfrac{1}{dt} = p\dfrac{v_C}{\rho}$

und dem Satz von Varignon:

$$(\dot v_C m)\,n + \left(v_C^2/\rho\right)m\cdot p = (a_C m)\,h$$

erhält man daraus:

$$\boxed{\; \dot L_z = J_C\,\ddot\varphi + h\,(a_C m) = M_z \;}\quad.$$

Dasselbe Ergebnis erhält man natürlich auch über

$$\dot{\mathbf{L}} = \iiint \mathbf{x}\times\ddot{\mathbf{x}}\,dm = \mathbf{x}_C \times m\ddot{\mathbf{x}}_C + \iiint \mathbf{r}\times\ddot{\mathbf{r}}\,dm =$$

$$= \mathbf{x}_C \times m\ddot{\mathbf{x}}_C + \iiint \mathbf{r}\times\left(\overset{\curvearrowright}{\mathbf{r}}\,\ddot\varphi - \mathbf{r}\,\dot\varphi^2\right)dm = \mathbf{x}_C \times m\ddot{\mathbf{x}}_C + \left(\iiint \mathbf{r}\times\overset{\curvearrowright}{\mathbf{r}}\,dm\right)\ddot\varphi$$

$$\Rightarrow \quad \dot L_z = h\,(a_C m) + J_C\,\ddot\varphi = M_z\,.$$

Nachtrag zu obigem Beispiel:

$$M_z = 0 \qquad \Rightarrow \qquad L_{z,\text{vor}} = L_{z,\text{nach}} \qquad \Rightarrow$$

$$J_C\,\omega_{0,\text{vor}} + (R\cos\alpha)\,m\,v_{C,\text{vor}} = J_O\,\omega_{\text{nach}}$$

$$\Rightarrow \quad \omega_{\text{nach}} = \frac{J_C\,\omega_{0,\text{vor}} + (R\cos\alpha)\,m\,v_{C,\text{vor}}}{J_O} = \frac{v_{C,\text{vor}}}{R}\cdot\frac{J_C + R^2 m\cos\alpha}{J_O}$$

5.8.6 Drall und Drallsatz bezogen auf einen körperfesten Punkt K

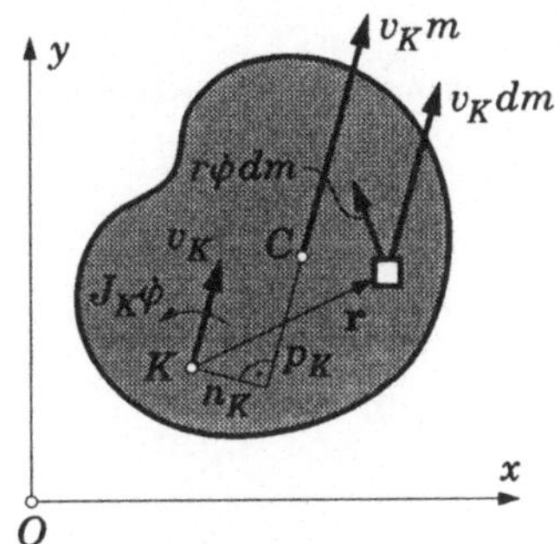

Der auf den körperfesten Punkt K bezogene Drall $\mathbf{L}_K$ ist definiert durch

$$\mathbf{L}_K = \iiint \mathbf{r} \times \dot{\mathbf{x}}\, dm\,.$$

Mit $\quad \dot{\mathbf{x}} = \dot{\mathbf{x}}_K + \dot{\mathbf{r}} = \dot{\mathbf{x}}_K + \overset{\curvearrowright}{\mathbf{r}}\,\dot{\varphi}$

und $\quad \iiint \mathbf{r}\, dm = \mathbf{r}_C m$

wird $\quad \mathbf{L}_K = \left(\iiint \mathbf{r} \times \overset{\curvearrowright}{\mathbf{r}}\, dm \right)\dot{\varphi} + \mathbf{r}_C \times m\dot{\mathbf{x}}_K$

woraus $L_{z,K} = J_{z,K}\,\dot{\varphi} + n_K(m v_K)$ folgt.

Andererseits liefert

$$\dot{\mathbf{L}} = \mathbf{M} = \left(\iiint \mathbf{x} \times \dot{\mathbf{x}}\, dm \right)^{\cdot} =$$

$$= \iiint \mathbf{x} \times (\ddot{\mathbf{x}}\, dm)$$

woraus mit

$$\mathbf{x} = \mathbf{x}_K + \mathbf{r}$$

und $\quad \iiint \ddot{\mathbf{x}}\, dm = \mathbf{F}$

sowie $\quad \mathbf{M}_K = \mathbf{M} - \mathbf{x}_K \times \mathbf{F}$

der *Momentensatz* bezogen auf K

$$\mathbf{M}_K = \iiint \mathbf{r} \times \ddot{\mathbf{x}}\, dm$$

erhalten wird.

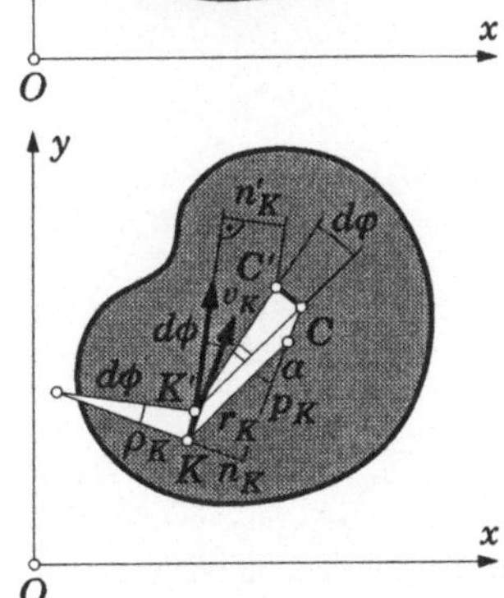

Mit $\quad \ddot{\mathbf{x}} = \ddot{\mathbf{x}}_K + \ddot{\mathbf{r}} = \ddot{\mathbf{x}}_K + \left(\overset{\curvearrowright}{\mathbf{r}}\,\ddot{\varphi} - \mathbf{r}\,\dot{\varphi}^2 \right) \quad$ und $\quad \iiint \mathbf{r}\, dm = \mathbf{r}_C m$

folgt daraus:

$$\mathbf{M}_K = \mathbf{r}_C \times m\ddot{\mathbf{x}}_K + \left(\iiint \mathbf{r} \times \overset{\curvearrowright}{\mathbf{r}}\, dm \right)\ddot{\varphi} \quad \Rightarrow$$

$$\boxed{M_{z,K} = J_{z,K}\,\ddot{\varphi} + h_K(m a_K)}$$, der Momentensatz der ebenen Bewegung.

Da der Punkt K weder raumfest ($K \neq F$) noch gleich dem Massenzentrum ($K \neq C$) sein soll, gilt jetzt:

$$\dot{L}_K \neq M_K .$$

Will man den Zusammenhang zwischen $\dot{L}_K$ und M_K herstellen, kann man wie folgt vorgehen.

Aus $\quad L_{z,K} = J_{z,K}\dot{\varphi} + n_K(mv_K)$

folgt: $\quad \dot{L}_{z,K} = J_{z,K}\ddot{\varphi} + n_K(m\dot{v}_K) + \dot{n}_K(mv_K).$

Mit $\quad dn_K = n'_K - n_K = (n_K + p_K\,d\phi - r_K\,d\varphi\cos\alpha) - n_K = p_K(\dot{\phi} - \dot{\varphi})dt$

und $\quad d\phi = \dfrac{ds_K}{\rho_K} \quad \Rightarrow \quad \dot{\phi} = \dfrac{v_K}{\rho_K}$

wird $\quad \dot{L}_{z,K} = J_{z,K}\ddot{\varphi} + \left(n_K m\dot{v}_K + p_K m\dfrac{v_K^2}{\rho_K}\right) - p_K\dot{\varphi}mv_K .$

Da $\quad (ma_K)h_K = n_K m\dot{v}_K + p_K m\dfrac{v_K^2}{\rho_K}$

ist, erhält man damit schließlich für $M_{z,K}$:

$$M_{z,K} = \dot{L}_{z,K} + p_K\dot{\varphi}mv_K .$$

Dieselbe Gleichung ergibt sich (weniger elementar) aus

$$\mathbf{M}_K = \dot{\mathbf{L}}_K + \dot{\mathbf{x}}_K \times m\dot{\mathbf{x}}_C \quad \text{(Seite 123, } P \equiv K\text{)}.$$

Mit $\quad \dot{\mathbf{x}}_C = \dot{\mathbf{x}}_K + \overset{\frown}{\mathbf{r}}\,\dot{\varphi}$

wird $\quad \mathbf{M}_K = \dot{\mathbf{L}}_K + \left(\dot{\mathbf{x}}_K \times \overset{\frown}{\mathbf{r}}\,\dot{\varphi}m\right) = \dot{\mathbf{L}}_K + \dot{\varphi}m\left(\dot{\mathbf{x}}_K \times \overset{\frown}{\mathbf{r}}\right)$

$\Rightarrow \quad M_{z,K} = \dot{L}_{z,K} + \dot{\varphi}m\,p_K v_K .$

Diese Gleichung stellt den *verallgemeinerten Drallsatz* dar. Für die Anwendung viel wichtiger ist obiger Momentensatz

$$M_{z,K} = J_{z,K}\ddot{\varphi} + h_K ma_K .$$

Sonderfälle

Wird K festgehalten ($K = F$ (Fixpunkt)), gilt

$$L_{z,F} = J_{z,F}\dot{\varphi} , \qquad M_{z,F} = J_{z,F}\ddot{\varphi} , \qquad \dot{L}_{z,F} = M_{z,F} .$$

Ist K identisch mit dem Massenzentrum $C \equiv K$, gilt

$$L_{z,C} = J_{z,C}\,\dot\varphi\,, \qquad M_{z,C} = J_{z,C}\,\ddot\varphi\,, \qquad \dot L_{z,C} = M_{z,C}\,.$$

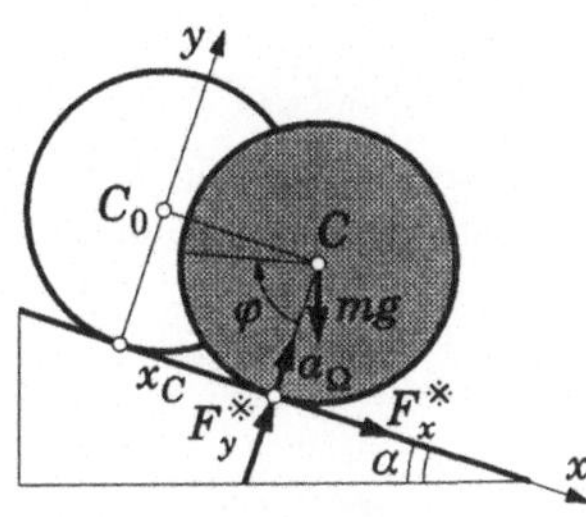

In einigen Fällen *verkürzt* sich der *Momentensatz* auch dann, wenn $(K \neq C) \wedge (K \neq F)$, nämlich dann, wenn der Vektor der Beschleunigung von K: also $\mathbf{a}_K$ auf das Massenzentrum C zielt. In diesem Fall ist ja $h_K = 0$.

Bei der auf der rauhen schiefen Ebene rollenden Walze zielt a_Ω auf C, denn

$$a_{x,\Omega} = \ddot x_C - R\ddot\varphi = 0$$

$$\Rightarrow \quad a_{y,\Omega} = a_\Omega\,, \quad h_\Omega = 0\,.$$

$$\Rightarrow \quad J_{z,\Omega}\,\ddot\varphi = M_{z,\Omega} = mg\sin\alpha\,R$$

$$\Rightarrow \quad \ddot x_C = R\ddot\varphi = g\sin\alpha\,\frac{mR^2}{J_{z,\Omega}} = \ddot x_{C_0} \quad \text{(siehe Seite 203)}.$$

Wenn die Bewegung eines körperfesten Punktes (K) vorgegeben ist, kommt man zur Differentialgleichung, die die Bewegung des Körpers beschreibt, am schnellsten über den eben abgeleiteten Momentensatz bezogen auf den körperfesten Punkt K.

5.8.6.1 Beispiel: Startender Sessellift

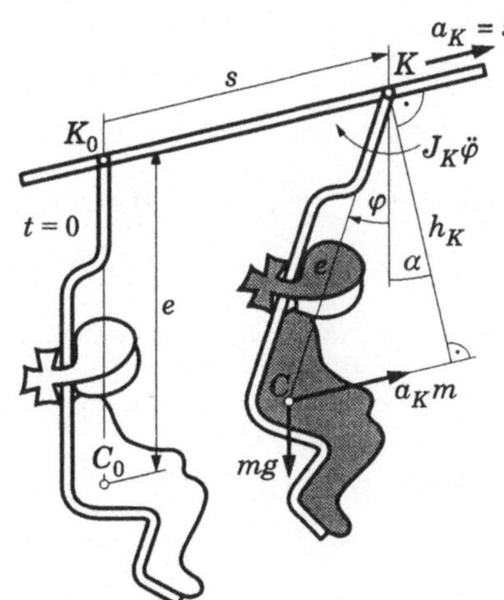

Das Zugseil (und damit der Koppelpunkt K) beginne sich aus der Ruhe heraus mit konstanter Beschleunigung zu bewegen ($a_K = \ddot s = $ konst.). Wie groß darf a_K höchstens sein, wenn der maximale zulässige Winkelausschlag $\varphi_{\max}$ vorgeschrieben ist?

Aus $\quad M_K = J_K\ddot\varphi + h_K m a_K$

folgt $\quad -mge\sin\varphi = J_K\ddot\varphi - ma_K e\cos(\alpha + \varphi)$

$$\ddot\varphi = \frac{me}{J_K}\left[a_K\cos(\alpha + \varphi) - g\sin\varphi\right]\,.$$

Die zeitfreie Gleichung $\ddot\varphi = d\!\left(\dot\varphi^2/2\right)\!\big/d\varphi$ führt mit der Anfangsbedingung $\varphi = 0$: $\dot\varphi = 0$ auf:

$$\frac{\dot\varphi^2}{2} = \frac{me}{J_K}\left\{a_K\left[\sin(\alpha + \varphi) - \sin\alpha\right] - g(1 - \cos\varphi)\right\}\,.$$

Für $\dot{\varphi} = 0$ wird $\varphi = \varphi_{max}$. Daraus folgt für die Beschleunigung die Bedingung:

$$a_K < a_{K,max} = \frac{g\left(1 - \cos\varphi_{max}\right)}{\sin\left(\alpha + \varphi_{max}\right) - \sin\alpha}$$

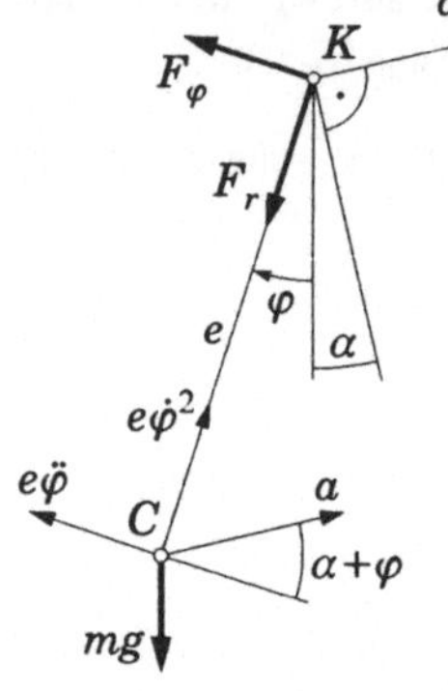

Natürlich kommt man zum selben Ergebnis mit dem auf C bezogenen Drallsatz, zusammen mit dem Massenzentrumssatz. Nur ist dieser Weg etwas länger:

Massenzentrumssatz:

$$m\left[-e\dot{\varphi}^2 - a_K \sin(\alpha + \varphi)\right] = F_r + mg\cos\varphi \quad........1)$$

$$m\left[e\ddot{\varphi} - a_K \cos(\alpha + \varphi)\right] = F_\varphi - mg\sin\varphi \quad........2)$$

Drallsatz auf C bezogen:

$$J_C\ddot{\varphi} = -F_\varphi e \quad..........3).$$

Die Elimination von F_φ aus 2) und 3) ergibt mit $J_C + me^2 = J_K$ wie oben:

$$J_K\ddot{\varphi} - ema_K\cos(\alpha + \varphi) = -emg\sin\varphi.$$

5.8.6.2 Beispiel: Rollschwingung

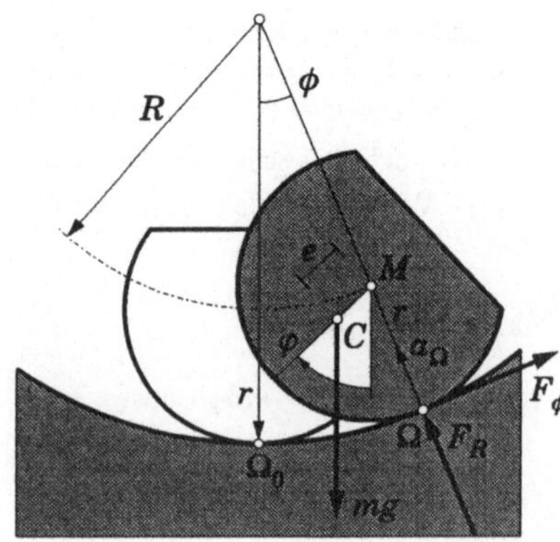

Die Beschleunigung des körperfest gedachten Momentanpols Ω ergibt sich aus

$$\mathbf{a}_\Omega = \mathbf{a}_M + \mathbf{a}_{M,\Omega}$$

zu $\quad a_{\Omega,R} = R\dot{\phi}^2 + r\dot{\varphi}^2, \quad a_{\Omega,\phi} = R\ddot{\phi} - r\ddot{\varphi}$

Mit der Rollbedingung

$$\widehat{\Omega_0\Omega} = (R + r)\phi = r(\varphi + \phi) \quad \Rightarrow$$

$$\phi = r\varphi/R$$

wird $\quad a_{\Omega,\phi} = 0$

und $\quad a_{\Omega,R} = a_\Omega = \dfrac{r}{R}(r + R)\dot{\varphi}^2.$

Der Momentansatz, bezogen auf Ω liefert

$$J_\Omega\ddot{\varphi} + a_\Omega me\sin(\varphi + \phi) = -mg\left(r\sin\phi + e\sin\varphi\right)$$

$$\Rightarrow \quad J_\Omega \ddot{\varphi} + \frac{r}{R}(r+R)\dot{\varphi}^2 e \sin\left[\varphi\left(1+\frac{r}{R}\right)\right] = -mg\left[r\sin\left(\frac{r\varphi}{R}\right) + e\sin\varphi\right].$$

Setzt man noch für

$$J_\Omega = J_C + m\left\{r^2 + e^2 - 2re\cos\left[\varphi\left(1+\frac{r}{R}\right)\right]\right\}$$

ein, so hat man die Bestimmungsgleichung für $\varphi(t)$ vorliegen. Für sehr kleine φ gilt:

$$J_\Omega \ddot{\varphi} + mg\left(\frac{r^2}{R} + e\right)\varphi = 0$$

mit $\quad J_\Omega = J_C + m\left(r^2 + e^2 - 2re\right) = J_C + m(r-e)^2.$

Die Schwingungsdauer der kleinen Rollschwingungen ist dann gegeben durch:

$$\tau = 2\pi\sqrt{\frac{\left(J_C/m + (r-e)^2\right)R}{\left(r^2 + eR\right)g}}.$$

5.9 Kreiselbewegung

Unter einem *Kreisel* – im technischen Sinne – soll ein starrer Körper verstanden werden, von dem ein Punkt räumlich festgehalten wird. Die so (auf drei Freiheitsgrade) eingeschränkte Bewegung des starren Körpers heiße Kreiselbewegung.

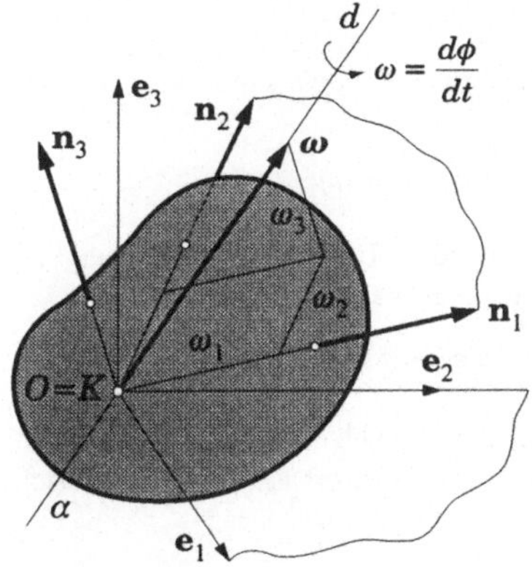

Sei $K \equiv O$ der festgehaltene Körperpunkt und $(K, \mathbf{n}_i)$ eine orthonormierte <u>körperfeste</u> Vektorbasis, die mit dem Hauptachsensystem des starren Körpers bezüglich K zusammenfallen kann (aber nicht muß). In diesem Fall gilt für den Trägheitstensor:

$$\boldsymbol{\Theta} = J_1\mathbf{n}_1\mathbf{n}_1 + J_2\mathbf{n}_2\mathbf{n}_2 + J_3\mathbf{n}_3\mathbf{n}_3$$

Die Lage der Vektorbasis $(K, \mathbf{n}_i)$ kann in $(O, \mathbf{e}_i)$ durch die drei <u>Eulerwinkel</u> φ, ϑ, ψ festgelegt werden. Die momentane Bewegung des starren Körpers (bzw. der Basis $(K, \mathbf{n}_i)$) besteht in einer Drehbewegung mit der Winkelgeschwindigkeit ω um eine momentane (nicht raumfeste) Drehachse d.

214

Die Geschwindigkeit eines körperfesten Punktes (P) mit dem Ortsvektor $\mathbf{x}$:

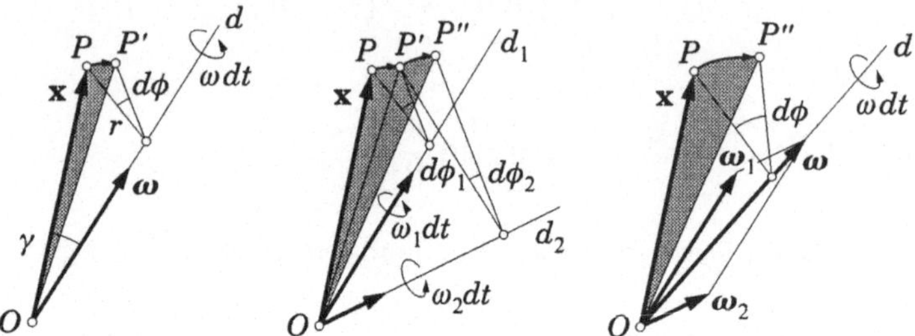

Die infinitesimale Drehung des Körpers um die Drehachse d verlagert den Punkt P von P nach P', wobei

$$PP' = d\phi\, r = d\phi\,|\mathbf{x}|\sin\gamma = |\boldsymbol{\omega}|\sin\gamma\,|\mathbf{x}|\,dt.$$

Demnach ist die Geschwindigkeit von P gegeben durch $v = |\boldsymbol{\omega}\times\mathbf{x}|$. Unter Berücksichtigung der Rechtsschraubregel folgt daraus:

$$\boxed{\mathbf{v}(\mathbf{x}) = \boldsymbol{\omega}\times\mathbf{x}}\,.$$

Zwei aufeinander folgende infinitesimale Drehungen $(\boldsymbol{\omega}_1 dt, \boldsymbol{\omega}_2 dt)$ sind gleichwertig einer einzigen infinitesimalen Drehung $\boldsymbol{\omega}\,dt = (\boldsymbol{\omega}_1 + \boldsymbol{\omega}_2)\,dt$, wobei die Reihenfolge der aufeinander folgenden Drehungen belanglos ist:

$$\overrightarrow{PP''} = \overrightarrow{PP'} + \overrightarrow{P'P''} = \boldsymbol{\omega}_1\times\mathbf{x}\,dt + \boldsymbol{\omega}_2\times(\mathbf{x} + \boldsymbol{\omega}_1\times\mathbf{x}\,dt)\,dt \quad\Rightarrow$$

$$\mathbf{v} = (\boldsymbol{\omega}_1 + \boldsymbol{\omega}_2)\times\mathbf{x}.$$

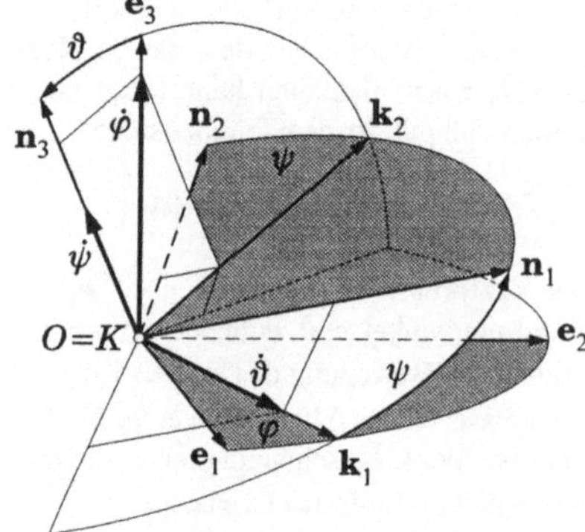

Die Bewegung des Kreisels kann durch die drei Funktionen

$$\varphi(t),\ \vartheta(t)\ \text{und}\ \psi(t)$$

beschrieben werden. Die Winkelgeschwindigkeit $\boldsymbol{\omega}$ setzt sich demgemäß wie folgt zusammen:

$$\boldsymbol{\omega} = \dot{\varphi}\,\mathbf{e}_3 + \dot{\vartheta}\,\mathbf{k}_1 + \dot{\psi}\,\mathbf{n}_3.$$

Der Vektor der Winkelgeschwindigkeit $\boldsymbol{\omega}$ kann in der körperfesten Vektorbasis $(K, \mathbf{n})$ kartesisch zerlegt werden:

$$\boldsymbol{\omega} = \omega_1\mathbf{n}_1 + \omega_2\mathbf{n}_2 + \omega_3\mathbf{n}_3 = \omega_i\mathbf{n}_i.$$

Mit den Darstellungen der Einheitsvekoren $\mathbf{e}_3$ und $\mathbf{k}_1$ in $(K, \mathbf{n}_i)$:

$$\mathbf{e}_3 = \sin\vartheta\sin\psi\,\mathbf{n}_1 + \sin\vartheta\cos\psi\,\mathbf{n}_2 + \cos\vartheta\,\mathbf{n}_3$$

$$\mathbf{k}_1 = \cos\psi\,\mathbf{n}_1 - \sin\psi\,\mathbf{n}_2$$

erhält man aus $\boldsymbol{\omega} = \dot{\varphi}\mathbf{e}_3 + \dot{\vartheta}\mathbf{k}_1 + \dot{\psi}\mathbf{n}_3$ für die Komponenten ω_i von $\boldsymbol{\omega}$ in $(K, \mathbf{n}_i)$:

$$\omega_1 = \sin\vartheta\sin\psi\,\dot{\varphi} + \cos\psi\,\dot{\vartheta}$$

$$\omega_2 = \sin\vartheta\cos\psi\,\dot{\varphi} - \sin\psi\,\dot{\vartheta}$$

$$\omega_3 = \cos\vartheta\,\dot{\varphi} + \dot{\psi}\ .$$

Die Ableitung des Winkelgeschwindigkeitsvektors $\boldsymbol{\omega}$ nach der Zeit t ergibt für die Winkelbeschleunigung mit $\dot{\mathbf{n}}_i = \boldsymbol{\omega}\times\mathbf{n}_i$:

$$\dot{\boldsymbol{\omega}} = \left(\omega_i\,\mathbf{n}_i\right)^{\cdot} = \dot{\omega}_i\,\mathbf{n}_i + \omega_i\,\dot{\mathbf{n}}_i = \dot{\omega}_i\,\mathbf{n}_i + \boldsymbol{\omega}\times\left(\omega_i\,\mathbf{n}_i\right) = \dot{\omega}_i\,\mathbf{n}_i\ .$$

Die Komponenten von $\dot{\boldsymbol{\omega}}$ in $(K, \mathbf{n}_i)$ sind also gleich den Ableitungen der Komponenten ω_i nach der Zeit:

$$\dot{\omega}_1 = \sin\vartheta\sin\psi\,\ddot{\varphi} + \cos\psi\,\ddot{\vartheta} + \cos\vartheta\sin\psi\,\dot{\vartheta}\dot{\varphi} + \sin\vartheta\cos\psi\,\dot{\varphi}\dot{\psi} - \sin\psi\,\dot{\psi}\dot{\vartheta}$$

$$\dot{\omega}_2 = \sin\vartheta\cos\psi\,\ddot{\varphi} - \sin\psi\,\ddot{\vartheta} + \cos\vartheta\cos\psi\,\dot{\vartheta}\dot{\varphi} - \sin\vartheta\sin\psi\,\dot{\varphi}\dot{\psi} - \cos\psi\,\dot{\psi}\dot{\vartheta}$$

$$\dot{\omega}_3 = \cos\vartheta\,\ddot{\varphi} + \ddot{\psi} - \sin\vartheta\,\dot{\varphi}\dot{\vartheta}\ .$$

5.9.1 Die Bewegungsgleichungen

Der Impuls des Kreisels berechnet sich mit $\mathbf{x}_C = \iiint\mathbf{x}\,dm/m$ und $\dot{\mathbf{x}}_C = \boldsymbol{\omega}\times\mathbf{x}_C$ zu

$$\mathbf{p} = \iiint\dot{\mathbf{x}}\,dm = \dot{\mathbf{x}}_C\,m = \boldsymbol{\omega}\times\mathbf{x}_C\,m = \mathbf{p}\ ,$$

und der Impulssatz (Massenzentrumssatz) liefert

$$\dot{\mathbf{p}} = \mathbf{F} = \mathbf{F}^{(a)} + \mathbf{F}^{*(a)} = m\ddot{\mathbf{x}}_C = \boxed{\left[\dot{\boldsymbol{\omega}}\times\mathbf{x}_C + \boldsymbol{\omega}\times\left(\boldsymbol{\omega}\times\mathbf{x}_C\right)\right]m = \mathbf{F}}\ .$$

Der Drall (das Impulsmoment) des Kreisels berechnet sich mit $\dot{\mathbf{x}} = \boldsymbol{\omega}\times\mathbf{x}$ aus:

$$\mathbf{L} = \iiint\mathbf{x}\times\dot{\mathbf{x}}\,dm = \iiint\mathbf{x}\times\left(\boldsymbol{\omega}\times\mathbf{x}\right)dm = \iiint\left(\mathbf{x}^2\boldsymbol{\omega} - \mathbf{x}\mathbf{x}\circ\boldsymbol{\omega}\right)dm\ .$$

Mit dem Einheitstensor $\mathbf{I}$, für den $\mathbf{I}\circ\boldsymbol{\omega} = \boldsymbol{\omega}$ gilt, kann man dafür auch schreiben:

$$\mathbf{L} = \left[\iiint\left(\mathbf{x}^2\mathbf{I} - \mathbf{x}\mathbf{x}\right)dm\right]\circ\boldsymbol{\omega} = \boldsymbol{\Theta}\circ\boldsymbol{\omega} = \mathbf{L}\ .$$

Der massengeometrische Ausdruck $\iiint (\mathbf{x}^2\mathbf{I} - \mathbf{x}\mathbf{x})\,dm$ stellt den auf $O = K$ bezogenen Trägheitstensor $\mathbf{\Theta}$ dar. Um das besser zu erkennen, schreiben wir zwei seiner Komponenten an:

$$\Theta_{11} = \iiint \left(x_1^2 + x_2^2 + x_3^2 - x_1 x_1\right)dm = \iiint \left(x_2^2 + x_3^2\right)dm = J_1$$

$$\Theta_{12} = -\iiint x_1 x_2\, dm = -J_{12}\,.$$

Im Hauptachsensystem verschwinden die Deviationsmomente:

$$J_{12} = J_{23} = J_{31} = 0\,.$$

Damit erhält man die Darstellung des Drallvektors $\mathbf{L}$ im Hauptachsensystem:

$$\mathbf{L} = \mathbf{\Theta} \circ \boldsymbol{\omega} = J_1\omega_1(t)\mathbf{n}_1(t) + J_2\omega_2(t)\mathbf{n}_2(t) + J_3\omega_3(t)\mathbf{n}_3(t) = L_i(t)\mathbf{n}_i(t)\,.$$

Der Drallsatz $\dot{\mathbf{L}} = \mathbf{M} = \mathbf{M}^{(a)} + \mathbf{M}^{*(a)}$ liefert dann mit $\dot{\mathbf{n}}_i = \boldsymbol{\omega} \times \mathbf{n}_i$:

$$\dot{\mathbf{L}} = \dot{L}_i\mathbf{n}_i + \boldsymbol{\omega} \times \left(L_i\mathbf{n}_i\right) = \dot{L}_i\mathbf{n}_i + \boldsymbol{\omega} \times \mathbf{L}\,.$$

Mit $\quad \dot{L}_i\mathbf{n}_i = \Theta_{ij}\dot{\omega}_j\mathbf{n}_i = \Theta_{ij}\mathbf{n}_i\mathbf{n}_j \circ \dot{\boldsymbol{\omega}} = \mathbf{\Theta} \circ \dot{\boldsymbol{\omega}} \qquad (\Theta_{ij} = \text{konst.}!)$

erhält man daraus schließlich die Eulersche Kreiselgleichung:

$$\boxed{\mathbf{M} = \mathbf{\Theta} \circ \dot{\boldsymbol{\omega}} + \boldsymbol{\omega} \times \mathbf{\Theta} \circ \boldsymbol{\omega}}\,.$$

Ausgeschrieben in den auf das Hauptachsensystem bezogenen Komponenten:

$$\begin{vmatrix} J_1\dot{\omega}_1 \\ J_2\dot{\omega}_2 \\ J_3\dot{\omega}_3 \end{vmatrix} + \begin{vmatrix} \omega_1 \\ \omega_2 \\ \omega_3 \end{vmatrix} \times \begin{vmatrix} J_1\omega_1 \\ J_2\omega_2 \\ J_3\omega_3 \end{vmatrix} = \begin{vmatrix} M_1 \\ M_2 \\ M_3 \end{vmatrix} \quad \Rightarrow \quad \begin{aligned} J_1\dot{\omega}_1 - \omega_2\omega_3(J_2 - J_3) &= M_1 \\ J_2\dot{\omega}_2 - \omega_3\omega_1(J_3 - J_1) &= M_2 \\ J_3\dot{\omega}_3 - \omega_1\omega_2(J_1 - J_2) &= M_3 \end{aligned}$$

Diese drei Differentialgleichungen bestimmen mit

$$\omega_i = \omega_i\left(\varphi,\vartheta,\psi,\dot{\varphi},\dot{\vartheta},\dot{\psi}\right)$$

und $\quad \dot{\omega}_i = \dot{\omega}_i\left(\varphi,\vartheta,\psi,\dot{\varphi},\dot{\vartheta},\dot{\psi},\ddot{\varphi},\ddot{\vartheta},\ddot{\psi}\right)$

sowie $\quad M_i = M_i\left(\varphi,\vartheta,\psi,\dot{\varphi},\dot{\vartheta},\dot{\psi},t\right),$

den Komponenten des Momentenvektors, die Funktionen $\varphi(t)$, $\vartheta(t)$ und $\psi(t)$, wenn die Anfangsbedingungen $t = 0$: φ_0, ϑ_0, ψ_0 und $\dot{\varphi}_0$, $\dot{\vartheta}_0$, $\dot{\psi}_0$ vorgegeben sind. Über

$$\mathbf{F} = m\ddot{\mathbf{x}}_C = m\left[\dot{\boldsymbol{\omega}} \times \mathbf{x}_C + \boldsymbol{\omega} \times \left(\boldsymbol{\omega} \times \mathbf{x}_C\right)\right]$$

können dann auch die Komponenten der Auflagerkraft in K ermittelt werden.

Die kinetische Energie des Kreisels berechnet sich aus

$$T = \iiint \dot{\mathbf{x}}^2 \frac{dm}{2} = \iiint \frac{v^2}{2} dm$$

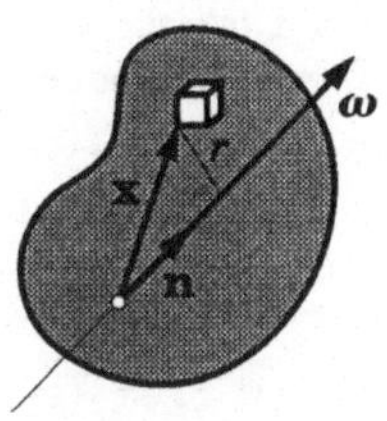

mit $v = r\omega$ zu:

$$T = \frac{\omega^2 J}{2}.$$

J bezeichnet hierin das axiale Trägheitsmoment des Kreisels in bezug auf die momentane Drehachse. Mit $J = \mathbf{n} \circ \Theta \circ \mathbf{n}$ und $\boldsymbol{\omega} = \omega \mathbf{n}$ erhält man für die kinetische Energie:

$$T = \frac{1}{2} \boldsymbol{\omega} \circ \Theta \circ \boldsymbol{\omega} = \frac{1}{2} \boldsymbol{\omega} \circ \mathbf{L} = \frac{1}{2}\left(\omega_1^2 J_1 + \omega_2^2 J_2 + \omega_3^2 J_3\right).$$

Der Energiesatz (Folgesatz) ergibt sich aus

$$\dot{T} = \omega_1 \dot{\omega}_1 J_1 + \omega_2 \dot{\omega}_2 J_2 + \omega_3 \dot{\omega}_3 J_3$$

mit den Eulergleichungen

$$J_1 \dot{\omega}_1 = M_1 + \omega_2 \omega_3 \left(J_3 - J_3\right)$$

$$J_2 \dot{\omega}_2 = M_2 + \omega_3 \omega_1 \left(J_3 - J_1\right)$$

$$J_3 \omega_3 = M_3 + \omega_1 \omega_2 \left(J_1 - J_2\right)$$

zu: $\dot{T} = \omega_1 M_1 + \omega_2 M_2 + \omega_3 M_3 \quad \Rightarrow \quad \boxed{\dot{T} = P = \boldsymbol{\omega} \circ \mathbf{M}}$.

5.9.2 Der „kräftefreie" Kreisel (Poinsot-Bewegung)

Die Eulergleichungen sind nur für ganz wenige Lastfälle geschlossen lösbar. Für den Lastfall $\mathbf{M} = 0$ können die Komponenten ω_i als Zeitfunktionen (unter Zuhilfenahme der elliptischen Funktionen) angegeben werden. In diesem Fall kann man sich aber auch ein geometrisches Bild vom Bewegungsablauf verschaffen. Der Fall $\mathbf{M} = 0$ ist immer dann verwirklicht, wenn außer der Gewichtskraft $m\mathbf{g}$ und der Auflagerkraft in K, $\mathbf{F}^*$, keine Kräfte vorhanden sind und der Kreisel im Massenzentrum abgestützt wird: $K = C = O$. Der Massenzentrumssatz liefert mit

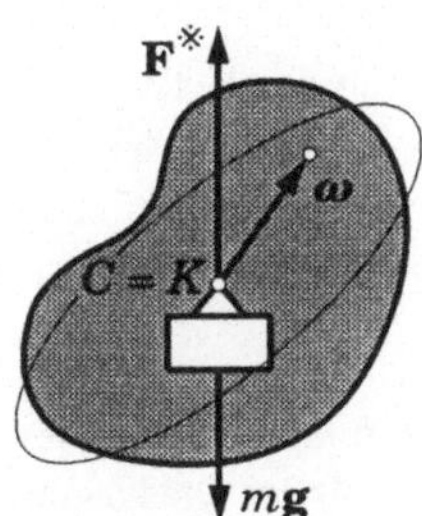

$$\ddot{\mathbf{x}}_C = 0 \quad \Rightarrow \quad \mathbf{F}^* + m\mathbf{g} = m\ddot{\mathbf{x}}_C = 0$$

für $\mathbf{F}^*$: $\mathbf{F}^* = -m\mathbf{g} =$ konst.

218

Der Drallsatz $\dot{\mathbf{L}} = \mathbf{M}$ und der Energiesatz $\dot{T} = P$ ergeben mit $\mathbf{M} = 0$ und damit $P = \mathbf{M} \circ \boldsymbol{\omega} = 0$ für den Drall bzw. für die kinetische Energie:

$$\mathbf{L} = \boldsymbol{\Theta} \circ \boldsymbol{\omega} = \mathbf{L}_0 = \text{konst.}\ ,$$

$$T = \frac{1}{2}\,\boldsymbol{\omega} \circ \boldsymbol{\Theta} \circ \boldsymbol{\omega} = \frac{1}{2}\,\boldsymbol{\omega} \circ \mathbf{L} = T_0 = \text{konst.}$$

Aus $\quad T = \frac{1}{2}\left(J_1\omega_1^2 + J_2\omega_2^2 + J_3\omega_3^2\right) = T_0$

ist abzulesen, daß die Spitze des Winkelgeschwindigkeitsvektors $\boldsymbol{\omega}$ sich nur auf der Oberfläche eines körperfesten Ellipsoides, dem sogenannten **„Poinsot"-Ellipsoid** bewegen kann. Die Gleichung des Poinsotellipsoides (in der Normalform) lautet:

$$\left(\frac{\omega_1}{\sqrt{2T/J_1}}\right)^2 + \left(\frac{\omega_2}{\sqrt{2T/J_2}}\right)^2 + \left(\frac{\omega_3}{\sqrt{2T/J_3}}\right)^2 = 1.$$

Der Vergleich mit dem Trägheitsellipsoid

$$J = \mathbf{n} \circ \boldsymbol{\Theta} \circ \mathbf{n} \quad \Rightarrow \quad 1 = \left(\frac{\mathbf{n}}{\sqrt{J}}\right) \circ \boldsymbol{\Theta} \circ \left(\frac{\mathbf{n}}{\sqrt{J}}\right) = 1 = \mathbf{x} \circ \boldsymbol{\Theta} \circ \mathbf{x} \quad \Rightarrow$$

$$\left(\frac{x_1}{1/\sqrt{J_1}}\right)^2 + \left(\frac{x_2}{1/\sqrt{J_2}}\right)^2 + \left(\frac{x_3}{1/\sqrt{J_3}}\right)^2 = 1$$

zeigt, daß das Poinsot-(oder Energie-)Ellipsoid und das Trägheitsellipsoid koaxiale, ähnliche Ellipsoide sind.

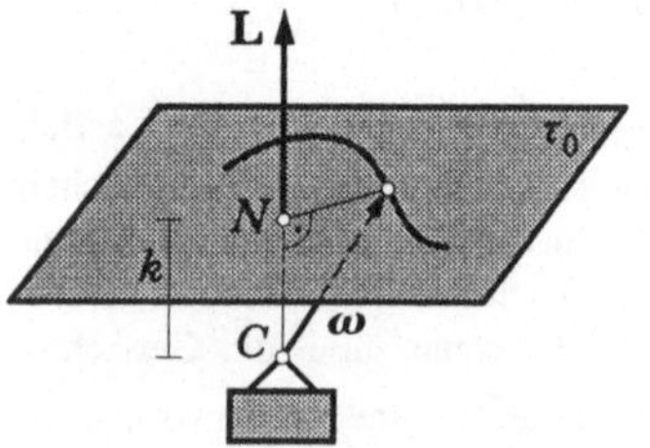

Aus $T = \mathbf{L} \circ \boldsymbol{\omega}/2$ folgt mit $\mathbf{L} = \mathbf{L}_0$ und $T = T_0$:

$$\left(\frac{2T}{L}\right) = \left(\frac{\mathbf{L}}{L}\right) \circ \boldsymbol{\omega} = k\,,$$

d. h. die Projektion des Winkelgeschwindigkeitsvektors $\boldsymbol{\omega}$ in die raumfeste Richtung $\mathbf{L}/L$ ist konstant. Mit anderen Worten: Die Spitze von $\boldsymbol{\omega}$ bewegt sich auf einer raumfesten Ebene, der sogenannten *invariablen* Ebene τ_0. Diese Ebene schneidet den Drallvektor im Abstand $k = 2T/L$ vom Massenzentrum C.

Damit haben wir einen körperfesten und einen raumfesten geometrischen Ort für die Spitze des Winkelgeschwindigkeitsvektors $\boldsymbol{\omega}$ gefunden. Wir weisen jetzt noch nach, daß der Drallvektor $\mathbf{L}$ immer normalgerichtet ist zur Tangentialebene τ an das Poinsotellipsoid im Endpunkt von $\boldsymbol{\omega}$.

Aus $2T = \boldsymbol{\omega} \circ \boldsymbol{\Theta} \circ \boldsymbol{\omega} = 2T_0 = (\boldsymbol{\omega} + d\boldsymbol{\omega}) \circ \boldsymbol{\Theta} \circ (\boldsymbol{\omega} + d\boldsymbol{\omega})$

folgt mit $\boldsymbol{\Theta} \circ \boldsymbol{\omega} = \boldsymbol{\omega} \circ \boldsymbol{\Theta}$ und $\mathbf{L} = \boldsymbol{\Theta} \circ \boldsymbol{\omega}$:

$$\mathbf{L} \circ d\boldsymbol{\omega} = 0,$$

d. h. $\mathbf{L}$ ist normalgerichtet zu allen möglichen Änderungen von $\boldsymbol{\omega}$. Damit kann folgender Satz formuliert werden:

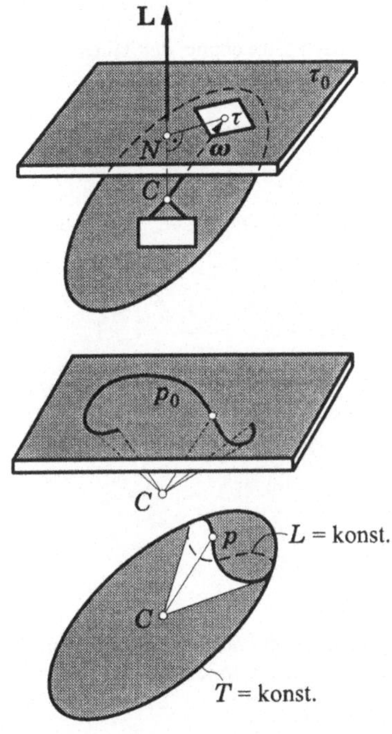

„Der kräftefreie Kreisel bewegt sich so, daß sein Poinsotellipsoid (Energieellipsoid) auf der invariablen Ebene ohne zu gleiten abrollt ($\tau = \tau_0$)" – Poinsot-Bewegung. Die Spitze des Vektors $\boldsymbol{\omega}$ beschreibt auf der invariablen Ebene eine bestimmte Bahn, die wir die raumfeste Polkurve p_0 nennen. Diese raumfeste Polkurve ist im allgemeinen keine geschlossene Kurve. Zusammen mit C als Spitze bestimmt p_0 einen raumfesten Polkegel (C, p_0). Die Spitze des Vektors $\boldsymbol{\omega}$ beschreibt bei der Bewegung des Kreisels auch auf dem Poinsotellipsoid eine Kurve, die körperfeste Polkurve p. Diese Polkurve ist eine geschlossene Raumkurve und bestimmt mit C als Spitze den geschlossenen körperfesten Polkegel (C, p). Die kräftefreie Bewegung des Kreisels kann demnach auch aufgefaßt werden als das gleitungsfreie Abrollen eines körperfesten Kegels (C, p) auf einem raumfesten Kegel (C, p_0).

Um den zeitlichen Ablauf der Bewegung des kräftefreien Kreisels zu bestimmen, ist zuerst die Lösung der Eulergleichung $\omega_i(t)$ zu finden. Diese Lösung gelingt, wie bereits angemerkt, mit Hilfe den (Jakobischen) elliptischen Funktionen. Läßt man die raumfeste Drallachsenrichtung $(\mathbf{L}/L)$ zusammenfallen mit der raumfesten Koordinatenachse x_3 $(\mathbf{L}/L = \mathbf{e}_3)$, dann könnten mit den Komponenten $\omega_i(t)$ des Winkelgeschwindigkeitsvektors relativ einfach die Eulerwinkel φ, ϑ, ψ in der Form von Zeitintegralen angegeben werden, womit dann die *vollständige* Lösung der Bewegung des kräftefreien Kreisels vorliegen würde.

5.9.3 Stabilität der Drehbewegung um Hauptachsen

Setzen wir jetzt voraus, daß für die auf K bezogenen Hauptträgheitsachsen des Kreisels gelte:

$$\boxed{J_1 > J_2 > J_3}\ .$$

Die Eulerschen Kreiselgleichungen lassen eine stationäre Drehbewegung um die x_1-Achse zu, denn

$$\omega_1 = \omega_1(0), \quad \omega_2 = 0, \quad \omega_3 = 0$$

ist eine der möglichen Lösungen. Es soll nun untersucht werden, wie sich eine kleine Störung der Winkelgeschwindigkeit auf die Kreiselbewegung auswirkt. Setzen wir:

$$\omega_1 = \omega_1(0) + \Delta\omega_1 , \quad \omega_2 = \Delta\omega_2 \quad \text{und} \quad \omega_3 = \Delta\omega_3$$

in die Eulerschen Kreiselgleichungen ein, so erhalten wir nach Streichung der Glieder von zweiter Kleinheitsordnung für die Störbewegung $\Delta\omega_i(t)$:

$$\Delta\dot{\omega}_1 = 0 , \quad \Delta\dot{\omega}_2 + \frac{J_1 - J_3}{J_2}\omega_1(0)\Delta\omega_3 = 0 \quad \text{und} \quad \Delta\dot{\omega}_3 + \frac{J_2 - J_1}{J_3}\omega_1(0)\Delta\omega_2 = 0 .$$

Die erste Gleichung ergibt $\Delta\omega_1 = \Delta\omega_1(0)$, und die Elimination von $\Delta\omega_3$ (bzw. $\Delta\omega_2$) aus der zweiten und der dritten Gleichung liefert:

$$\Delta\ddot{\omega}_2 + \Omega_1^2\Delta\omega_2 = 0$$

$$\Delta\ddot{\omega}_3 + \Omega_1^2\Delta\omega_3 = 0$$

wobei $\Omega_1^2 = \dfrac{J_1 - J_2}{J_3} \cdot \dfrac{J_1 - J_3}{J_2}\omega_1^2(0) > 0$.

Daraus folgt:

$$\Delta\omega_i(t) = \Delta\omega_i(0)\cos(\Omega_1 t) + \frac{\Delta\dot{\omega}_i(0)}{\Omega_1}\sin(\Omega_1 t) \quad i = 2,3 .$$

Die Drehbewegung um die Hauptachse mit dem größten Trägheitsmoment ist also (schwach) stabil, d. h. die Störungen der Winkelgeschwindigkeit bleiben in der Größenordnung der Anfangsstörungen.

Die Eulergleichungen lassen auch eine stationäre Drehbewegung um die *mittlere Hauptträgheitsachse* x_2 zu, denn

$$\omega_1 = 0, \quad \omega_2 = \omega_2(0), \quad \omega_3 = 0$$

ist eine mögliche Lösung. Mit $\omega_1 = \Delta\omega_1$, $\omega_2 = \omega_2(0) + \Delta\omega_2$ und $\omega_3 = \Delta\omega_3$ erhält man über die linearisierten Eulergleichungen für die Störbewegung $\Delta\omega_i(t)$:

$$\Delta\ddot{\omega}_1 - \Omega_2^2\Delta\omega_1 = 0$$

$$\Delta\dot{\omega}_2 = 0$$

$$\Delta\ddot{\omega}_3 - \Omega_2^2\Delta\omega_3 = 0$$

wobei $\Omega_2^2 = \dfrac{J_1 - J_2}{J_3} \cdot \dfrac{J_2 - J_3}{J_1}\omega_2^2(0) > 0$.

Daraus ergibt sich

$$\Delta\omega_2(t) = \Delta\omega_2(0)$$

und $\quad \Delta\omega_i(t) = \Delta\omega_i(0)\cosh\left(\Omega_2\,t\right) + \dfrac{\Delta\dot{\omega}_i}{\Omega_2}\sinh\left(\Omega_2\,t\right) \qquad i = 1,3\,.$

Die stationäre Drehbewegung um die *mittlere* Hauptträgheitsachse erweist sich also als instabil, d. h. die Störbewegung, eingeleitet durch eine Anfangsstörung, wächst (scheinbar *unbegrenzt*) an.

In gleicher Weise kann schließlich die Stabilität der stationären Drehbewegung um die Hauptachse mit dem kleinsten Trägheitsmoment (J_3) untersucht werden. Es zeigt sich dabei, daß diese Drehbewegung wieder schwach stabil ist.

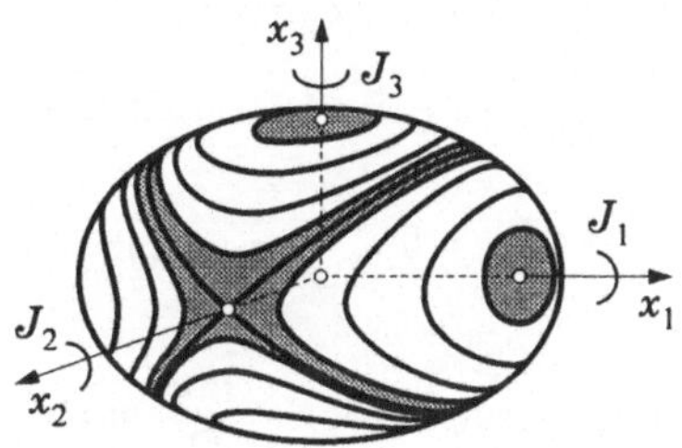

Zeichnet man auf dem Poinsotellipsoid ($T = T_0$) alle möglichen Polkurven ($L = L_0$) ein, und insbesonders die Polkurven in der Umgebung der Hauptachsen, dann kann man die Ergebnisse der eben durchgeführten Stabilitätsuntersuchungen unmittelbar ablesen: In der Umgebung der x_1- und der x_3-Achse sind die Polkurven von elliptischen Typus. Dagegen ist die Polkurve in der Umgebung von x_2 vom hyperbolischen Typus.

5.9.3.1 Der Kreisel mit rotationssymmetrischem Trägheitsellipsoid

Wir wollen jetzt voraussetzen, daß für die Hauptträgheitsachsen

$$\boxed{\;J_1 = J_2 = J_A \qquad \text{und} \qquad J_3 = J_F\;}$$

gelte. Wir nennen

$J_A \qquad$ das *äquitoriale* Trägheitsmoment und

$J_F \qquad$ das Trägheitsmoment bezüglich der *Figurenachse*.

Es wird also Rotationssymmetrie des Trägheitsellipsoid und nicht Rotationssymmetrie des Kreiselkörpers vorausgesetzt. Natürlich besitzt ein homogener rotationssymmetrischer Kreiselkörper ein rotationssymmetrisches Trägheitsellipsoid, aber dieser Schluß ist nicht umkehrbar.

5.9.3.2 Der *kräftefreie* Kreisel mit rotationssymmetrischem Trägheitsellipsoid

Mit $\mathbf{M} = 0$ und $J_1 = J_2 = J_A$, $J_3 = J_F$ nehmen die Eulergleichungen folgende Gestalt an:

$$J_1\dot{\omega}_1 + \omega_2\omega_3(J_3 - J_2) = 0 \qquad\qquad J_A\dot{\omega}_1 + \omega_2\omega_3(J_F - J_A) = 0$$

$$J_2\dot{\omega}_2 + \omega_3\omega_1(J_1 - J_3) = 0 \qquad \Rightarrow \qquad J_A\dot{\omega}_2 + \omega_3\omega_1(J_A - J_F) = 0$$

$$J_3\dot{\omega}_3 + \omega_1\omega_2(J_2 - J_1) = 0 \qquad\qquad J_F\dot{\omega}_3 \qquad\qquad = 0$$

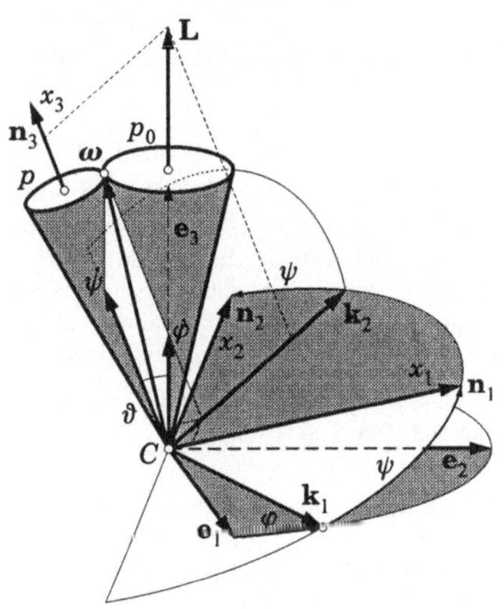

Aus der dritten Gleichung $J_3\dot{\omega}_3 = 0$ folgt $\omega_3 = \omega_3(0)$. Damit, und mit der Abkürzung

$$\Omega^2 = \omega_3^2(0)\left(J_F/J_A - 1\right)^2$$

erhält man aus den ersten beiden Eulergleichungen:

$$\ddot{\omega}_i + \Omega^2\omega_i = 0 \qquad (i = 1, 2),$$

woraus

$$\omega_i(t) = \omega_i(0)\cos\Omega t + \frac{\dot{\omega}_i(0)}{\Omega}\sin\Omega t$$

folgt. Ohne Einschränkung der Allgemeinheit kann man die Drallrichtung mit der Richtung von $\mathbf{e}_3$ zusammenfallen lassen. ($\mathbf{e}_3 = \mathbf{L}/L$). Damit wird:

$$L_1 = L\sin\vartheta\sin\psi = J_1\omega_1 = J_A\omega_1$$

$$L_2 = L\sin\vartheta\cos\psi = J_2\omega_2 = J_A\omega_2$$

$$L_3 = L\cos\vartheta \qquad = J_3\omega_3 = J_F\omega_3$$

Mit $\omega_3 = \omega_3(0) = $ konst. (und $L = L_0 = $ konst.) folgt aus der dritten Gleichung für ϑ:

$$\boxed{\vartheta = \arccos\frac{J_F\omega_3(0)}{L(0)}} = \text{konst.} = \vartheta_0 \Rightarrow \dot{\vartheta} = 0.$$

Der Zusammenhang der Komponenten der Winkelgeschwindigkeit in $(C, \mathbf{n}_i)$ mit den Eulerwinkeln ist gegeben durch:

$$\omega_1 = \dot{\varphi}\sin\vartheta\sin\psi + \dot{\vartheta}\cos\psi$$

$$\omega_2 = \dot{\varphi}\sin\vartheta\cos\psi - \dot{\vartheta}\sin\psi$$

$$\omega_3 = \dot{\varphi}\cos\vartheta + \dot{\psi}$$

Mit $\dot{\vartheta} = 0$ wird:

$$L_1 = J_A \omega_1 = J_A \dot{\varphi} \sin\vartheta \sin\psi = L \sin\vartheta \sin\psi \qquad \Rightarrow \qquad \dot{\varphi} = \frac{L}{J_A} = \dot{\varphi}_0 = \text{konst.}$$

Somit gilt:

$$\varphi(t) = \sqrt{\omega_1^2(0) + \omega_2^2(0) + (J_F/J_A)^2 \omega_3^2(0)}\; t + \varphi(0) \quad.$$

Schließlich folgt aus

$$L_3 = J_F \omega_3(0) = J_F(\dot{\varphi}\cos\vartheta + \dot{\psi}) = L\cos\vartheta$$

für $\quad \dot{\psi} = \left(\frac{L}{J_F} - \dot{\varphi}\right)\cos\vartheta = L\cos\vartheta\left(\frac{1}{J_F} - \frac{1}{J_A}\right)$

$$\dot{\psi} = \omega_3(0)\left(1 - J_F/J_A\right) = \Omega = \dot{\psi}_0 = \text{konst.} \quad \Rightarrow$$

$$\psi(t) = \omega_3(0)\left(1 - J_F/J_A\right)t + \psi(0) \quad.$$

Der raumfeste und der körperferste Polkegel sind gerade Kreiskegel!

5.9.4 Erzwungene Kreiselbewegung (rotationssymmetrisches Trägheitsellipsoid)

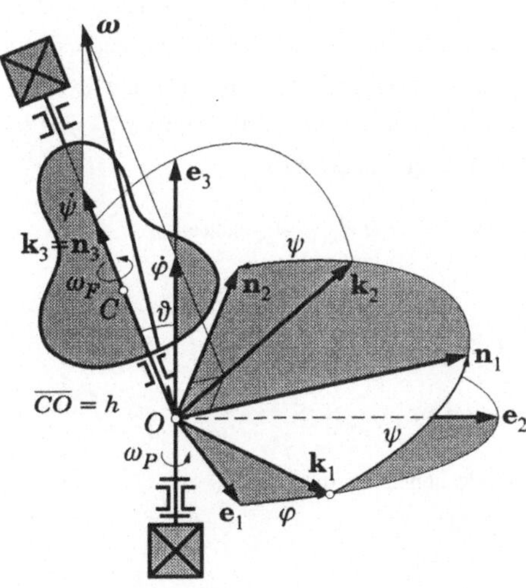

Wir kommen nun zu den für die Anwendung wohl wichtigsten Fall der Kreiselbewegung, der erzwungenen Kreiselbewegung. Für die Eulerwinkel φ, ϑ, ψ soll jetzt gelten:

$$\dot{\varphi} = \omega_P = \text{konst.}$$
$$\dot{\vartheta} = 0$$
$$\dot{\psi} = \omega_F = \text{konst.}$$

Wir werden $\dot{\varphi}$ die Präzessionswinkelgeschwindigkeit ω_P nennen und $\dot{\psi} = \omega_F$ die Winkelgeschwindigkeit der Drehung um die *Figurenachse*. Wir werden wieder Rotationssymmetrie des Trägheitsellipsoides voraussetzen, d. h. es soll gelten:

$$J_1 = J_2 = J_A, \quad J_3 = J_F \quad.$$

224

Die Kreiselbewegung ist also jetzt als vollständig gegeben vorausgesetzt. Gesucht sind die resultierende Kraft und das resultierende Moment, die diese Bewegung erzwingen. Es erweist sich als vorteilhaft, die Zerlegung von $\mathbf{F}$ und von $\mathbf{M}$ in dem orthonormierten Dreibein $(0, \mathbf{k}_i)$ vorzunehmen.

Für den Winkelgeschwindigkeitsvektor $\boldsymbol{\omega}$ gilt:

$$\boldsymbol{\omega} = \mathbf{n}_1\omega_1 + \mathbf{n}_2\omega_2 + \mathbf{n}_3\omega_3 =$$

$$= (\dot{\varphi}\sin\vartheta\sin\psi)\mathbf{n}_1 + (\dot{\varphi}\sin\vartheta\cos\psi)\mathbf{n}_2 + (\dot{\varphi}\cos\vartheta + \dot{\psi})\mathbf{n}_3$$

$$\boldsymbol{\omega} = \dot{\varphi}\sin\vartheta\,\mathbf{k}_2 + (\dot{\varphi}\cos\vartheta + \dot{\psi})\mathbf{k}_3$$

Der Vektor $\boldsymbol{\omega}$ besitzt also in $(\mathbf{k}_2, \mathbf{k}_3)$ unveränderliche Koordinaten. Die Ebene $(\mathbf{k}_1, \mathbf{k}_2)$ dreht sich mit konstanter Winkelgeschwindigkeit ω_P um $\mathbf{e}_3$. Daher gilt:

$$\dot{\boldsymbol{\omega}} = \boldsymbol{\omega}_P \times \boldsymbol{\omega} = \boldsymbol{\omega}_P \times (\boldsymbol{\omega}_P + \boldsymbol{\omega}_F) = \boldsymbol{\omega}_P \times \boldsymbol{\omega}_F = \dot{\varphi}\,\dot{\psi}\sin\vartheta\,\mathbf{k}_1.$$

Über $\ddot{\mathbf{x}}_C = \dot{\boldsymbol{\omega}} \times \mathbf{x}_C + \boldsymbol{\omega} \times (\boldsymbol{\omega} \times \mathbf{x}_C)$ erhält man daraus mit $\mathbf{x}_C = \mathbf{k}_3 h$, $\dot{\varphi} = \omega_P$ für $\mathbf{F}$:

$$\boxed{\mathbf{F} = m\ddot{\mathbf{x}}_C = mh\omega_P^2 \sin\vartheta(\cos\vartheta\,\mathbf{k}_2 - \sin\vartheta\,\mathbf{k}_3)} \quad \Rightarrow \quad F = \omega_P^2 hm\sin\varphi.$$

Die resultierende Kraft liegt mit unveränderlichen Komponenten in der von $\mathbf{k}_2$ und $\mathbf{k}_3$ gebildeten Ebene.

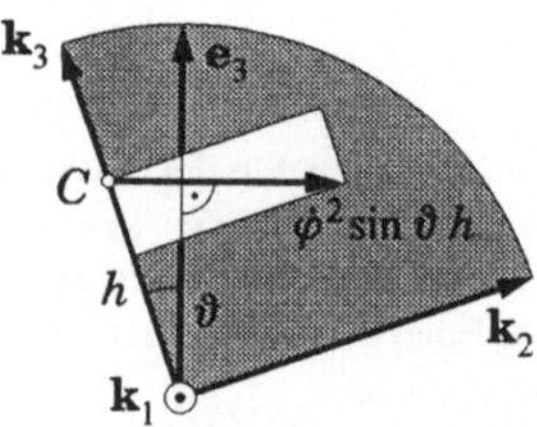

Dieses Ergebnis kann sofort hingeschrieben werden, wenn man bedenkt, daß das Massenzentrum C einen Kreis (mit dem Radius $h\sin\vartheta$) mit der konstanten Geschwindigkeit $(h\sin\vartheta)\dot{\varphi}$ durchläuft. Der Betrag der Beschleunigung des Massenzentrums ist daher gegeben durch $(h\sin\vartheta)\dot{\varphi}^2$. Die Zerlegung der Beschleunigung in die Richtungen $\mathbf{k}_2$ und $\mathbf{k}_3$ liefert unmittelbar obige Formel für $\mathbf{F}$.

Für den auf O bezogenen Drallvektor $\mathbf{L}$ können wir mit $J_1 = J_2 = J_A$ schreiben:

$$\mathbf{L} = J_1\omega_1\mathbf{n}_1 + J_2\omega_2\mathbf{n}_2 + J_3\omega_3\mathbf{n}_3$$

$$= \dot{\varphi}\sin\vartheta\,J_A(\sin\psi\,\mathbf{n}_1 + \cos\psi\,\mathbf{n}_2) + J_F(\omega_F + \omega_P\cos\vartheta)\mathbf{n}_3$$

$$= (\omega_P\sin\vartheta\,J_A)\mathbf{k}_2 + (\omega_F + \omega_P\cos\vartheta)J_F\mathbf{k}_3.$$

Demnach besitzt der Vektor $\mathbf{L}$ in $(\mathbf{k}_2, \mathbf{k}_3)$ unveränderliche Koordinaten.

Da sich die Ebene $(\mathbf{k}_2, \mathbf{k}_3)$ mit der konstanten Winkelgeschwindigkeit ω_P um die Achse $\mathbf{e}_3$ dreht, erhält man aus dem Drallsatz für $\mathbf{M}$:

$$\dot{\mathbf{L}} = \boldsymbol{\omega}_P \times \mathbf{L} = \mathbf{M} \; .$$

Mit $\quad \boldsymbol{\omega}_P = \omega_P \sin\vartheta\, \mathbf{k}_2 + \omega_P \cos\vartheta\, \mathbf{k}_3$

und $\quad \mathbf{L} = \left(\omega_P \sin\vartheta\, J_A\right)\mathbf{k}_2 + \left[\left(\omega_F + \omega_P \cos\vartheta\right)J_F\right]\mathbf{k}_3$

findet man dann für $\mathbf{M}$:

$$\boxed{\mathbf{M} = \omega_P \sin\vartheta\left[\omega_F J_F + \omega_P \cos\vartheta\left(J_F - J_A\right)\right]\mathbf{k}_1} \; .$$

Der Momentenvektor liegt also mit konstantem Betrag in der $\mathbf{k}_1$-Achse. Da $\mathbf{F} \circ \mathbf{M} = 0$ ist, reduziert sich das Kraftsystem auf eine Einzelkraft (in $\mathbf{k}_2, \mathbf{k}_3$).

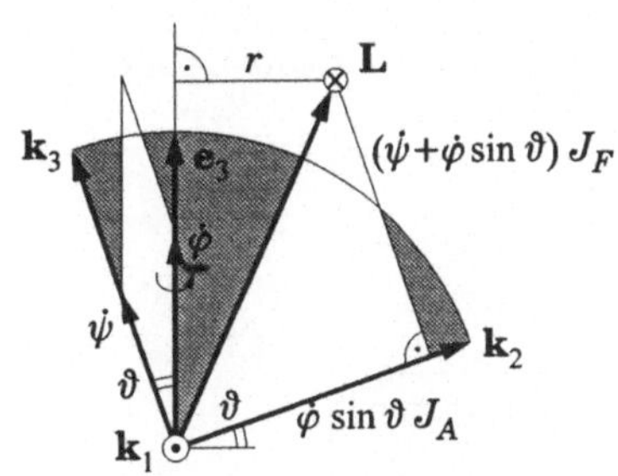

Ein unmittelbarer Zugang zu der Formel für $\mathbf{M}$ soll noch aufgezeigt werden:

Die Ebene $(\mathbf{k}_2, \mathbf{k}_3)$, in der $\mathbf{L}$ mit den unveränderlichen Komponenten $\dot\varphi \sin\vartheta\, J_A$ und $\left(\dot\psi + \dot\varphi \cos\vartheta\right)J_F$ liegt, dreht sich mit konstanter Winkelgeschwindigkeit ω_P um $\mathbf{e}_3$. Daher muß für die *Geschwindigkeit* der $\mathbf{L}$-Spitze gelten:

$$\dot{\mathbf{L}} = -r\,\omega_P\mathbf{k}_1 = \mathbf{M} \; .$$

Mit $r = \left(\dot\varphi \sin\vartheta\, J_A\right)\cos\vartheta - \left[\left(\dot\varphi \cos\vartheta + \dot\psi\right)J_P\right]\sin\vartheta$ erhält man wieder obige Formel für $\mathbf{M}$.

5.9.4.1 Beispiel: Kollergang

Gegeben ist $\omega_P = \dot\varphi$, gesucht sind die Kräfte F_x, F_y, F_z und F_B. Die momentane Drehachse legen die Punkte B und O fest. Mit $\omega_P = \dot\varphi$ ist $\omega_F = \dot\psi = \omega_P \sin(\vartheta - \alpha)/\sin\alpha$ festgelegt. Der Massenzentrumssatz $m\ddot{\mathbf{x}}_C = \mathbf{F}$ liefert folgende drei Gleichungen:

$$-\omega_P^2 h \sin\vartheta \cdot m = F_x$$

$$0 = F_y + F_B - mg$$

$$0 = F_z$$

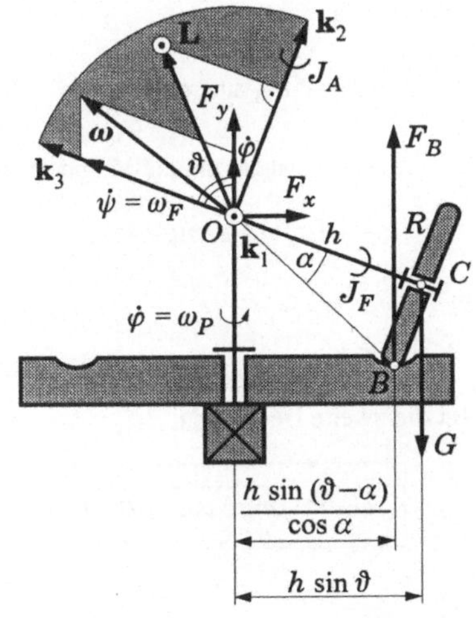

Das Kreiselmoment in der Richtung von $\mathbf{k}_1$ ist gegeben durch:

$$M = \left[(\omega_F + \omega_P \cos\vartheta)\, J_F \sin\vartheta - \omega_P \sin\vartheta\, J_A \cos\vartheta\right]\omega_P =$$

$$= F_B \frac{h}{\cos\alpha} \sin(\vartheta - \alpha) - Gh\sin\vartheta$$

In dieser Gleichung ist für $J_F \doteq mR^2/2$ und für $J_A = mR^2/4 + mh^2$ einzusetzen. Die angegebenen vier Gleichungen bestimmen die Kräfte F_x, F_y, F_z und F_B.

5.9.4.2 Beispiel: Rollender Kegel

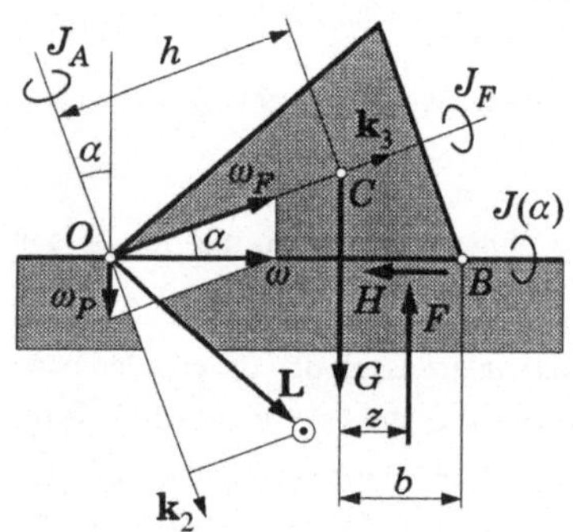

Welche Werte darf ω_P nicht überschreiten, wenn sichergestellt sein soll, daß der Kegel einerseits auf der rauhen horizontalen Ebene nicht „abgleitet" und andererseits nicht (um B) aufkippt?

$$m\ddot{x}_C = F \quad \Rightarrow \quad -h\cos\alpha\,\omega_P^2 m = -H$$

$$0 = F - G \quad \Rightarrow \quad F = G.$$

Aus $\quad \mu F > H$

folgt die erste Bedingung:

$$\boxed{\;\omega_P < \sqrt{\mu g/h\cos\alpha}\;}\;.$$

Das Kreiselmoment (Drallsatz) liefert:

$$M = \left(J_F\,\omega\cos\alpha\cos\alpha + J_A\,\omega\sin\alpha\sin\alpha\right)\omega_P = G\cdot z.$$

Daraus erhält man mit

$$J(\alpha) = \left(J_A \sin^2\alpha + J_F \cos^2\alpha\right),$$

dem Trägheitsmoment um die Momentenachse, für

$$z = J(\alpha)\,\omega\,\omega_P/mg.$$

Mit $\quad \omega = \omega_P \cot\alpha$

und $\quad z < b$

folgt die zweite Bedingung:

$$\boxed{\;\omega_P < \sqrt{mgb\tan\alpha/J(\alpha)}\;}\;.$$

5.10 Die räumliche Bewegung des starren Körpers

5.10.1 Die endliche Verschiebung des starren Körpers

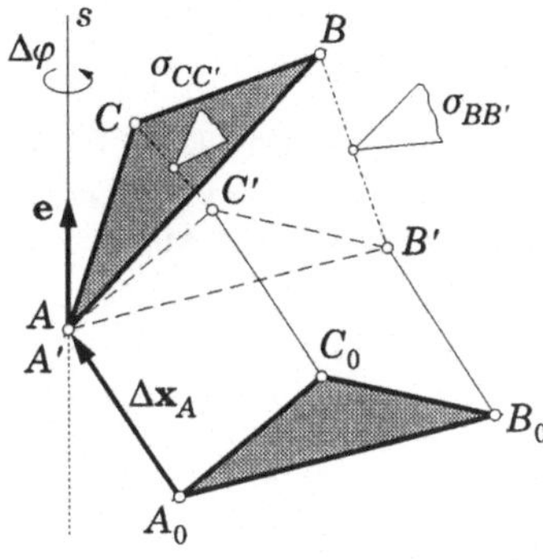

Der freie starre Körper besitzt 6 Freiheitsgrade, d. h. es sind 6 Parameter nötig um seine Lage im Raum festzulegen. Mit der Lage von 3 körperfesten Punkten A, B, C ist auch die Lage des starren Körpers mitbestimmt. Die 9 Koordinaten der Punkte A, B, C sind durch die 3 Bedingungsgleichungen

$$AB = \text{konst.}, \quad BC = \text{konst.}, \quad CA = \text{konst.}$$

aneinander gebunden, so daß nur 6 Koordinaten frei gewählt werden können.

Es soll nun gezeigt werden, daß zwei Körperlagen [$(A_0\ B_0\ C_0)$ und $(A\ B\ C)$] durch eine bestimmte Translationsbewegung und anschließend eine genau festgelegte Drehbewegung ineinander übergeführt werden können.

Projektion in der Richtung von s:

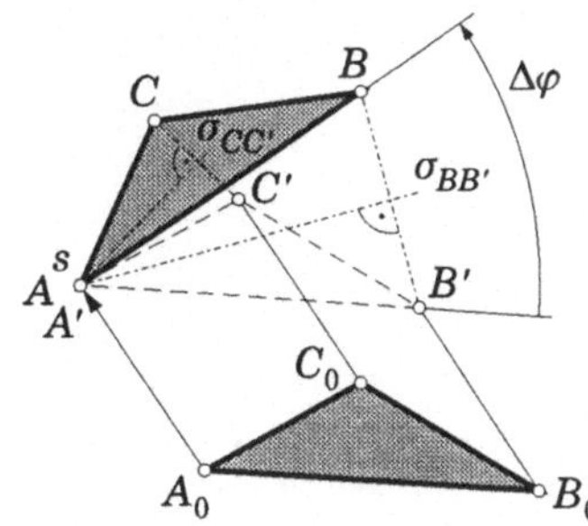

Die <u>Translation</u> $\Delta\mathbf{x}_A = \overrightarrow{A_0A}$ führt das Dreieck $A_0\,B_0\,C_0$ über in das Dreieck $A'B'C'$, wobei $A' = A$ sei. Die Strecken-Symmetrieebenen $\sigma_{BB'}$ und $\sigma_{CC'}$ der Strecken BB' und CC' schneiden sich in einer Geraden $s = \sigma_{BB'} \cap \sigma_{CC'}$.

Die <u>Drehung</u> von $A'B'C'$ um s durch den Winkel $\Delta\varphi$, den die Ebenen (s, B') und (s, B) miteinander einschließen, führt $A'B'C'$ über in ABC.

Kurz: $\left[\Delta\mathbf{x}_A (+) \Delta\varphi\,\mathbf{e} \text{ in } A\right] \;\Rightarrow\; \left(A_0B_0C_0 \Rightarrow ABC\right).$

Offensichtlich gilt gleicherweise:

$$\left[\Delta\varphi\,\mathbf{e} \text{ in } A_0 (+) \Delta\mathbf{x}_A\right] \;\Rightarrow\; \left(A_0B_0C_0 \Rightarrow ABC\right).$$

$\mathbf{e}$ bezeichnet den Einheitsvektor in der Richtung der Schnittgeraden s der Ebenen $\sigma_{BB'}$ und $\sigma_{CC'}$.

5.10.1.1 Geschwindigkeitszustand

Sind ($A_0B_0C_0$) und (ABC) infinitesimal benachbart, dann wird

$$\Delta\mathbf{x}_A \rightarrow d\mathbf{x}_A = \mathbf{v}_A dt$$

und $\quad \mathbf{e}\,\Delta\varphi \rightarrow \mathbf{e}\,d\varphi = \boldsymbol{\omega}\,dt$.

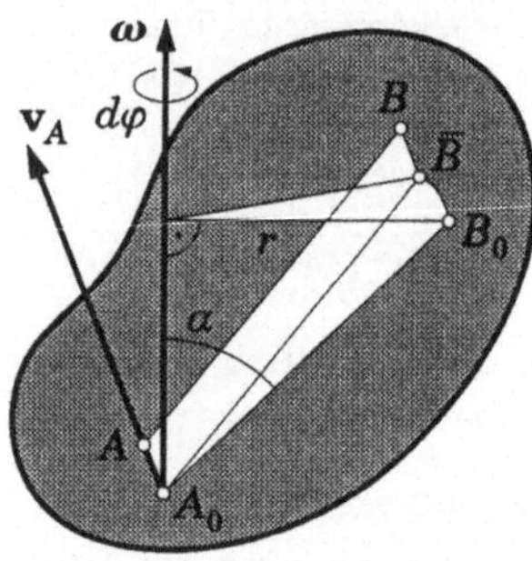

$\mathbf{v}_A dt$ und $\boldsymbol{\omega}\,dt$ bestimmen die Verlagerung des starren Körpers in der Zeitspanne dt. Die Vektoren $\mathbf{v}_A$ und $\boldsymbol{\omega}$ bestimmen also seinen Geschwindigkeitszustand. Mit

$$\overrightarrow{B_0\bar{B}} = \boldsymbol{\omega}\times\mathbf{x}_{BA}dt = \boldsymbol{\omega}\times(\mathbf{x}_B - \mathbf{x}_A)dt\ .$$

und $\quad \overrightarrow{\bar{B}B} = \overrightarrow{A_0A} = \mathbf{v}_A dt$

bzw. $\quad \overrightarrow{B_0B} = \overrightarrow{B_0\bar{B}} + \overrightarrow{\bar{B}B}$

erhält man damit für Geschwindigkeit des Punktes B:

$$\boxed{\mathbf{v}_B = \mathbf{v}_A + \boldsymbol{\omega}\times(\mathbf{x}_B - \mathbf{x}_A)}$$

und damit dann für die Beschleunigung:

$$\dot{\mathbf{v}}_B = \boxed{\mathbf{a}_B = \mathbf{a}_A + \dot{\boldsymbol{\omega}}\times(\mathbf{x}_B - \mathbf{x}_A) + \boldsymbol{\omega}\times[\boldsymbol{\omega}\times(\mathbf{x}_B - \mathbf{x}_A)]}\ .$$

Da die beiden Punkte A und B körperfeste Punkte sind, ist der Differenzvektor $\mathbf{x}_B - \mathbf{x}_A = \mathbf{x}_{BA} = \mathbf{r}$ ein **körperfester Vektor**. Für einen solchen gelten nach den eben abgeleiteten Formeln die folgenden (Eulerschen) **Ableitungsformeln**

$$\boxed{\dot{\mathbf{r}} = \boldsymbol{\omega}\times\mathbf{r}}\ , \qquad \boxed{\ddot{\mathbf{r}} = \dot{\boldsymbol{\omega}}\times\mathbf{r} + \boldsymbol{\omega}\times(\boldsymbol{\omega}\times\mathbf{r})}\ .$$

Es soll jetzt gezeigt werden, daß das Vektorenpaar [$\boldsymbol{\omega}$, $\mathbf{v}_A$] denselben Geschwindigkeitszustand des starren Körpers bestimme wie das Vektorenpaar [$\boldsymbol{\omega}$, $\mathbf{v}_B$].

Vorsichtigerweise sei angenommen, daß [$\boldsymbol{\omega}^*$, $\mathbf{v}_B$] denselben Geschwindigkeitszustand definiert, denn die beiden Winkelgeschwindigkeiten könnten ja auch verschieden sein.

Die Geschwindigkeit des körperfesten Punktes C soll voraussetzungsgemäß durch [$\boldsymbol{\omega}$, $\mathbf{v}_A$] ebensogut wie durch [$\boldsymbol{\omega}^*$, $\mathbf{v}_B = \mathbf{v}_A + \boldsymbol{\omega}\times(\mathbf{x}_B - \mathbf{x}_A)$] bestimmt sein, d. h. es

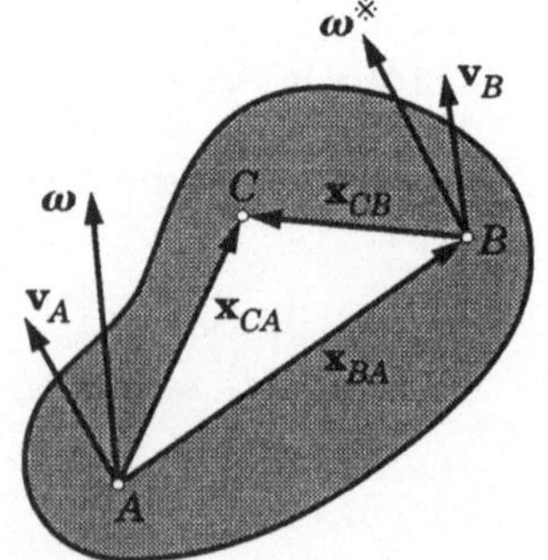

muß gelten:

$$\mathbf{v}_C = \mathbf{v}_A + \boldsymbol{\omega} \times (\mathbf{x}_{CA}) = \mathbf{v}_B + \boldsymbol{\omega}^* \times \mathbf{x}_{CB}.$$

Mit $\quad \mathbf{v}_B = \mathbf{v}_A + \boldsymbol{\omega} \times \mathbf{x}_{BA}$

und $\quad \mathbf{x}_{CB} = \mathbf{x}_{CA} - \mathbf{x}_{BA}$

findet man daraus:

$$\left(\boldsymbol{\omega} - \boldsymbol{\omega}^*\right) \times \mathbf{x}_{CB} = 0.$$

Da diese Gleichung für jeden Punkt C gelten muß, folgt daraus:

$$\boldsymbol{\omega} = \boldsymbol{\omega}^*.$$

Der Winkelgeschwindigkeitsvektor $\boldsymbol{\omega}$ ist also unabhängig vom gewählten *Aufpunkt*, mit anderen Worten: $\boldsymbol{\omega}$ ist eine Invariante.

Eine zweite Invariante ist die Projektion der Geschwindigkeit des *Aufpunktes* in die Richtung des Winkelgeschwindigkeitsvektors $\boldsymbol{\omega}$.

Aus $\quad \mathbf{v}_B = \mathbf{v}_A + \boldsymbol{\omega} \times (\mathbf{x}_B - \mathbf{x}_A)$

folgt sofort:

$$\boldsymbol{\omega} \circ \mathbf{v}_B = \boldsymbol{\omega} \circ \mathbf{v}_A$$

d. h. $\quad \dfrac{\boldsymbol{\omega}}{|\boldsymbol{\omega}|} \circ \mathbf{v}_A = \dfrac{\boldsymbol{\omega}}{|\boldsymbol{\omega}|} \circ \mathbf{v}_B = \tilde{v}.$

5.10.1.2 Die Elementarschraubung des starren Körpers

Die momentane Bewegung eines starren Körpers kann immer aufgefaßt werden als eine momentane Schraubbewegung um eine bestimmte (weder raumfeste noch körperfeste) momentane Schraubachse.

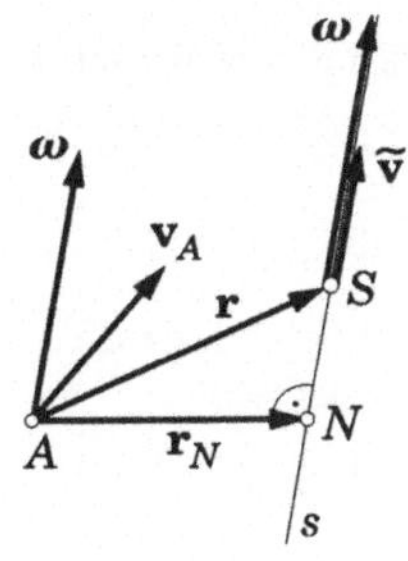

Soferne es eine momentane Schraubachse gibt, muß für jeden ihrer Punkte S gelten:

$$\boldsymbol{\omega} \| \mathbf{v}_S \;\Rightarrow\; \boldsymbol{\omega} \times (\mathbf{v}_A + \boldsymbol{\omega} \times \mathbf{r}) = 0$$

$$\Rightarrow\; \boldsymbol{\omega} \times \mathbf{v}_A + (\boldsymbol{\omega} \circ \mathbf{r})\boldsymbol{\omega} - \omega^2 \mathbf{r} = 0$$

Beschränkt man sich auf $\mathbf{r} \perp \boldsymbol{\omega}$, so erhält man daraus für $\mathbf{r}_N (\perp \boldsymbol{\omega})$:

$$\boxed{\; \mathbf{r}_N = \dfrac{\boldsymbol{\omega} \times \mathbf{v}_A}{\omega^2} \;}.$$

Mit $\mathbf{r}_N$ und $\boldsymbol{\omega}$ ist die momentane Schraubachse festgelegt. Für jeden beliebigen Punkt S der Schraubachse gilt:

$$\mathbf{v}_S = \mathbf{v}_A + \boldsymbol{\omega} \times \left(\mathbf{r}_N + \overrightarrow{NS} \right) = \mathbf{v}_A + \boldsymbol{\omega} \times \left(\frac{\boldsymbol{\omega} \times \mathbf{v}_A}{\omega^2} + \overrightarrow{NS} \right) \quad \Rightarrow$$

$$\mathbf{v}_S = \left(\frac{\boldsymbol{\omega}}{|\boldsymbol{\omega}|} \circ \mathbf{v}_A \right) \frac{\boldsymbol{\omega}}{|\boldsymbol{\omega}|}, \qquad \text{d. h.} \quad \mathbf{v}_S \,\|\, \boldsymbol{\omega} \quad \text{und} \quad |\mathbf{v}_S| = \tilde{v} \,.$$

5.10.1.3 Zusammensetzung mehrerer Elementarbewegungen

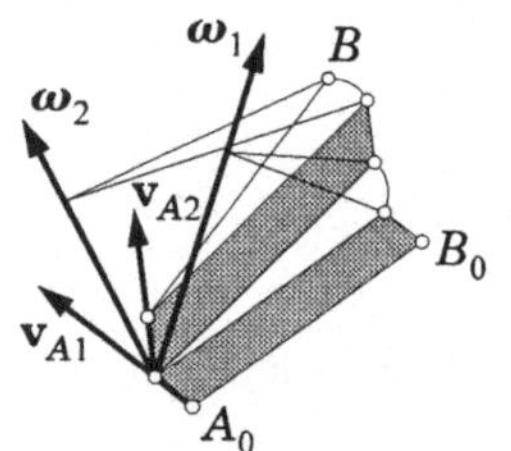

Zwei Elementarbewegungen $[\,\omega_1, \mathbf{v}_{A1}\,]$ und $[\,\omega_2, \mathbf{v}_{A2}\,]$ seien auf den gleichen körperfesten Punkt A bezogen. Für die Verlagerung des Punktes B in der Zeitspanne dt gilt:

$$\overrightarrow{B_0 B} = \mathbf{v}_{A1} dt + \omega_1 dt \times \mathbf{x}_{BA} +$$

$$+ \mathbf{v}_{A2} dt + \omega_2 dt \times \left[\mathbf{x}_{BA} + \omega_1 dt \times \mathbf{x}_{BA} \right],$$

woraus für $\mathbf{v}_B$ folgt:

$$\mathbf{v}_B = \left(\mathbf{v}_{A1} + \mathbf{v}_{A2} \right) + \left(\omega_1 + \omega_2 \right) \times \mathbf{x}_{BA}$$

bzw. allgemein:

$$\boxed{\; \mathbf{v}_B = \mathbf{v}_A + \boldsymbol{\omega} \times \left(\mathbf{x}_B - \mathbf{x}_A \right) \quad \text{mit} \quad \mathbf{v}_A = \sum \mathbf{v}_{Ai}\,, \quad \boldsymbol{\omega} = \sum \omega_i \;}$$

5.10.2 Lageparameter für den starren Körper

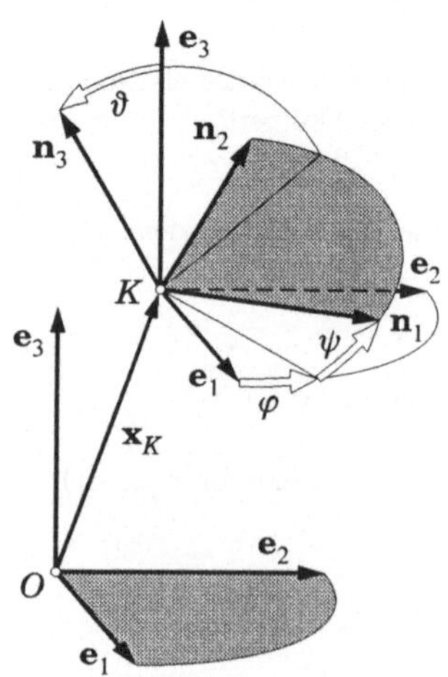

Seien $(O\ \mathbf{e}_1\ \mathbf{e}_2\ \mathbf{e}_3)$ eine raumfeste und $(K\ \mathbf{n}_1\ \mathbf{n}_2\ \mathbf{n}_3)$ eine körperfeste Vektorbasis. Sei ferner $(K\ \mathbf{e}_1\ \mathbf{e}_2\ \mathbf{e}_3)$ eine bewegliche aber *richtungstreue* Vektorbasis, deren Ursprung mit dem körperfesten Punkt K zusammenfällt.

Die Lage des starren Körpers in der raumfesten Basis $(O\ \mathbf{e}_1\ \mathbf{e}_2\ \mathbf{e}_3)$ kann festgelegt werden durch Angabe der drei Koordinaten des Ortsvektors von K:

$$x_{1K}, \ x_{2K} \ \text{und} \ x_{3K}$$

und Angabe der drei Eulerwinkel φ, ϑ, ψ. Diese sechs Lageparameter bestimmen als Funktionen der Zeit t

$$x_{1K}(t), \ x_{2K}(t), \ x_{3K}(t), \ \varphi(t), \ \vartheta(t), \ \psi(t)$$

die Bewegung des starren Körpers im Raum vollständig.

5.10.3 Kinetik des starren Körpers

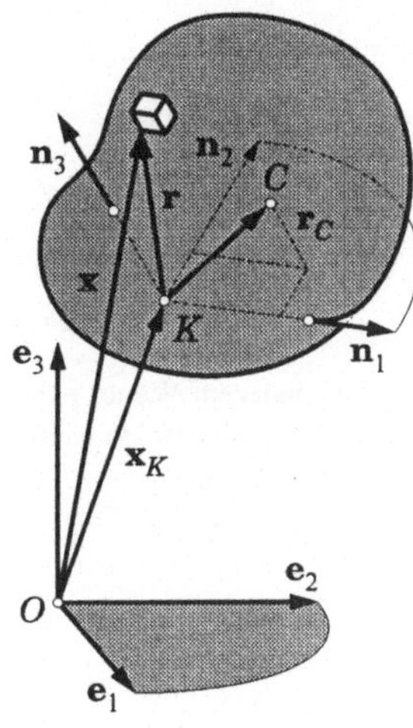

Die Geschwindigkeit und die Beschleunigung des Körperelementes mit dem Ortsvektor $\mathbf{x}$ in $(O\ \mathbf{e}_1\ \mathbf{e}_2\ \mathbf{e}_3)$ bzw. dem Ortsvektor $\mathbf{r}$ in $(K\ \mathbf{n}_1\ \mathbf{n}_2\ \mathbf{n}_3)$ berechnen sich aus $\mathbf{x}(t) = \mathbf{x}_K(t) + \mathbf{r}(t)$ zu:

$$\dot{\mathbf{x}} = \dot{\mathbf{x}}_K + \boldsymbol{\omega} \times \mathbf{r}$$

und $\quad \ddot{\mathbf{x}} = \ddot{\mathbf{x}}_K + \dot{\boldsymbol{\omega}} \times \mathbf{r} + \boldsymbol{\omega} \times (\boldsymbol{\omega} \times \mathbf{r})\,.$

5.10.3.1 Impulssatz, Massenzentrumssatz

Aus der Defintionsformel für den Impuls $\mathbf{p} = \iiint \dot{\mathbf{x}}\, dm$ erhält man mit $\dot{\mathbf{x}} = \dot{\mathbf{x}}_K + \boldsymbol{\omega} \times \mathbf{r}$ und $\iiint \mathbf{r}\, dm/m = \mathbf{r}_C$:

$$\mathbf{p} = m(\dot{\mathbf{x}}_K + \boldsymbol{\omega} \times \mathbf{r}_C) = m\,\dot{\mathbf{x}}_C\,.$$

Der Impulssatz $\dot{\mathbf{p}} = \mathbf{F}$ liefert dann:

$$\boxed{\ \mathbf{F} = \mathbf{F}^{(a)} + \mathbf{F}^{*(a)} = m\,\ddot{\mathbf{x}}_C = m\left[\ddot{\mathbf{x}}_K + \dot{\boldsymbol{\omega}} \times \mathbf{r}_C + \boldsymbol{\omega} \times (\boldsymbol{\omega} \times \mathbf{r}_C)\right]\ }\,.$$

5.10.3.2 Drallsatz, Momentensatz

Drei weitere Gleichungen gewinnt man aus dem Drall- bzw. dem Momentensatz. Der Drallsatz (auf O bezogen) ergibt:

$$\dot{\mathbf{L}} = \mathbf{M} = \left(\iiint \mathbf{x} \times \dot{\mathbf{x}}\, dm\right)^{\!\cdot} = \iiint \mathbf{x} \times \ddot{\mathbf{x}}\, dm\,.$$

Mit $\quad \mathbf{x} = \mathbf{x}_K + \mathbf{r},$

$$\iiint \ddot{\mathbf{x}}\, dm = \ddot{\mathbf{x}}_C m = \mathbf{F}$$

und $\quad \mathbf{M} = \mathbf{M}_K + \mathbf{x}_K \times \mathbf{F}$

erhält man daraus den auf K bezogenen Momentensatz

$$\mathbf{M}_K = \iiint \mathbf{r} \times \ddot{\mathbf{x}}\, dm\,.$$

Setzt man hierin für

$$\ddot{\mathbf{x}} = \ddot{\mathbf{x}}_K + \dot{\boldsymbol{\omega}} \times \mathbf{r} + \boldsymbol{\omega} \times (\boldsymbol{\omega} \times \mathbf{r})$$

ein, so erhält man mit $\mathbf{r}_C = \iiint \mathbf{r}\, dm/m$ zunächst

$$\mathbf{M}_K = \mathbf{r}_C \times m\,\ddot{\mathbf{x}}_K + \iiint \mathbf{r} \times (\dot{\boldsymbol{\omega}} \times \mathbf{r})\, dm + \iiint \mathbf{r} \times [\boldsymbol{\omega} \times (\boldsymbol{\omega} \times \mathbf{r})]\, dm\,.$$

232

Mit $\quad \iiint \mathbf{r} \times (\dot{\boldsymbol{\omega}} \times \mathbf{r})\,dm = \left[\iiint (\mathbf{I}r^2 - \mathbf{r}\mathbf{r})\,dm\right] \circ \dot{\boldsymbol{\omega}} = \Theta_K \circ \dot{\boldsymbol{\omega}}$

und $\quad \iiint \mathbf{r} \times [\boldsymbol{\omega} \times (\boldsymbol{\omega} \times \mathbf{r})]\,dm = \boldsymbol{\omega} \times \left(\iiint - \mathbf{r}\mathbf{r}\,dm\right) \circ \boldsymbol{\omega} =$

$$= \boldsymbol{\omega} \times \left[\iiint (\mathbf{I}r^2 - \mathbf{r}\mathbf{r})\,dm\right] \circ \boldsymbol{\omega} = \boldsymbol{\omega} \times \Theta_K \circ \boldsymbol{\omega}$$

ergibt sich schließlich

$$\boxed{\mathbf{M}_K = \mathbf{r}_C \times m\ddot{\mathbf{x}}_K + \Theta_K \circ \dot{\boldsymbol{\omega}} + \boldsymbol{\omega} \times \Theta_K \circ \boldsymbol{\omega}}$$

Die zuletzt abgeleitete Gleichung soll hier gleich noch einmal auf etwas anderem Wege, nämlich über den verallgemeinerten (auf den bewegten Punkt P bezogenen) Drallsatz abgeleitet werden. Der auf den beliebig bewegten Punkt P bezogene Drall ist definiert durch

$$\mathbf{L}_P = \iiint \mathbf{r} \times \dot{\mathbf{x}}\,dm .$$

Mit $\quad \mathbf{r} = \mathbf{x} - \mathbf{x}_K$

und $\quad \iiint \dot{\mathbf{x}}\,dm = \dot{\mathbf{x}}_C m$

sowie $\quad \mathbf{L} = \iiint \mathbf{x} \times \dot{\mathbf{x}}\,dm$

erhält man daraus

$$\mathbf{L} = \mathbf{L}_P + \mathbf{x}_P \times m\dot{\mathbf{x}}_C .$$

Die Ableitung dieser Gleichung nach der Zeit ergibt mit

$$\dot{\mathbf{L}} = \mathbf{M}, \; m\ddot{\mathbf{x}}_C = \mathbf{F} \text{ und } \mathbf{M} = \mathbf{M}_P + \mathbf{x}_P \times \mathbf{F} :$$

$$\dot{\mathbf{L}}_P + \dot{\mathbf{x}}_P \times m\dot{\mathbf{x}}_C = \mathbf{M}_P .$$

Das ist der verallgemeinerte Drallsatz bezogen auf den bewegten Punkt P. Im folgenden identifizierten wir den Punkt P mit dem körperfesten Punkt K:

$$\dot{\mathbf{L}}_K + \dot{\mathbf{x}}_K \times m\dot{\mathbf{x}}_C = \mathbf{M}_K .$$

Der auf K bezogene Drall berechnet sich definitionsgemäß aus:

$$\mathbf{L}_K = \iiint \mathbf{r} \times \dot{\mathbf{x}}\,dm .$$

Mit $\quad \dot{\mathbf{x}} = \dot{\mathbf{x}}_K + \boldsymbol{\omega} \times \mathbf{r}, \; \Theta_K = \iiint (\mathbf{I}r^2 - \mathbf{r}\mathbf{r})\,dm$

und $\quad \mathbf{r}_C = \iiint \mathbf{r}\,dm/m$

erhält man

$$\mathbf{L}_K = \mathbf{r}_C \times m\dot{\mathbf{x}}_K + \Theta_K \circ \boldsymbol{\omega} .$$

Die Ableitung dieses Ausdrucks für $\mathbf{L}_K$ nach der Zeit liefert zunächst:

$$\dot{\mathbf{L}}_K = \dot{\mathbf{r}}_C \times m\dot{\mathbf{x}}_K + \mathbf{r}_C \times m\ddot{\mathbf{x}}_K + \dot{\Theta}_K \circ \omega + \Theta_K \circ \dot{\omega}.$$

Mit $\quad \dot{\mathbf{r}} = \omega \times \mathbf{r}$

ergibt sich für

$$\dot{\Theta}_K = \iiint \left(2\mathbf{r} \circ \dot{\mathbf{r}} \mathbf{I} - \dot{\mathbf{r}}\mathbf{r} - \mathbf{r}\dot{\mathbf{r}} \right) dm =$$

$$= \omega \times \left(\iiint - \mathbf{r}\mathbf{r}\, dm \right) - \left(\iiint - \mathbf{r}\mathbf{r}\, dm \right) \times \omega =$$

$$= \omega \times \left[\iiint \left(r^2 \mathbf{I} - \mathbf{r}\mathbf{r} \right) dm \right] - \left[\iiint \left(r^2 \mathbf{I} - \mathbf{r}\mathbf{r} \right) dm \right] \times \omega =$$

$$= \omega \times \Theta_K - \Theta_K \times \omega$$

und damit folgt für $\dot{\mathbf{L}}_K$:

$$\dot{\mathbf{L}}_K = \dot{\mathbf{r}}_C \times m\dot{\mathbf{x}}_K + \mathbf{r}_C \times m\ddot{\mathbf{x}}_K + \Theta_K \circ \dot{\omega} + \omega \times \Theta_K \circ \omega.$$

Der verallgemeinerte Drallsatz $\dot{\mathbf{L}}_K + \dot{\mathbf{x}}_K \times m\dot{\mathbf{x}}_C = \mathbf{M}_K$ liefert dann unter Berücksichtigung von $\dot{\mathbf{x}}_K \times m\dot{\mathbf{x}}_C = \dot{\mathbf{x}}_K \times m\left(\dot{\mathbf{x}}_K + \dot{\mathbf{r}}_C \right) = \dot{\mathbf{x}}_K \times m\dot{\mathbf{r}}_C$ wieder

$$\mathbf{M}_K = \mathbf{r}_C \times m\ddot{\mathbf{x}}_K + \Theta_K \circ \dot{\omega} + \omega \times \Theta_K \circ \omega.$$

Ist insbesonders $K \equiv C$, dann erhält man den einfachsten Satz von (zwei vektoriellen, bzw. sechs skalaren) Gleichungen:

$$\boxed{\mathbf{F} = m\ddot{\mathbf{x}}_C} \quad , \quad \boxed{\mathbf{M}_C = \Theta_C \circ \dot{\omega} + \omega \times \Theta_C \circ \omega} .$$

Die Kraft $\mathbf{F}$ und das Moment $\mathbf{M}_C$ werden im allgemeinen Funktionen der sechs Lageparameter x_{C1}, x_{C2}, x_{C3}, φ, ϑ, ψ bzw. deren Zeitableitungen sein. Insoferne ist die Bewegung des starren Körpers um sein Massenzentrum herum gekoppelt an die Bewegung des Massenzentrums selbst.

Ist allerdings $\mathbf{M}_C$ unabhängig von x_{Ci} bzw. $\dot{x}_{Ci}$ $(i = 1 \div 3)$, dann ist die Bewegung des Körpers im C unabhängig (entkoppelt) von der Bewegung des Massenzentrums C.

Die Gleichungen

$$\mathbf{F} = m\ddot{\mathbf{x}}_C = m\left[\ddot{\mathbf{x}}_K + \dot{\omega} \times \mathbf{r}_C + \omega \times \left(\omega \times \mathbf{r}_C \right) \right]$$

und $\quad \mathbf{M}_K = \mathbf{r}_C \times m\ddot{\mathbf{x}}_K + \Theta_K \circ \dot{\omega} + \omega \times \Theta \circ \omega$

enthalten alle vorher behandelten, auf eingeschränkte Bewegungen des starren Körpers zugeschnittenen Bewegungsgleichungen als Sonderfälle. Dies soll der folgende *Rückblick* zeigen:

5.10.4 Translatorische Bewegung des starren Körpers

(vgl. S. 149 ff.)

$$\boldsymbol{\omega} \equiv 0 \quad \Rightarrow \quad \dot{\boldsymbol{\omega}} = 0 \,, \quad \varphi = \text{konst.} \,, \quad \vartheta \equiv 0 \,, \quad \psi \equiv 0 \,.$$

Die Beschleunigung des Massenzentrums:

$$\ddot{\mathbf{x}}_C = \ddot{\mathbf{x}}_K + \dot{\boldsymbol{\omega}} \times \mathbf{r}_C + \boldsymbol{\omega} \times (\boldsymbol{\omega} \times \mathbf{r}_C) = \ddot{\mathbf{x}}_K \,.$$

Die Beschleunigung aller Körperelemente sind zu einem bestimmten Zeitpunkt gleich groß Der Massenzentrumssatz liefert

$$\mathbf{F} = m\,\ddot{\mathbf{x}}_C = m\,\ddot{\mathbf{x}}_K$$

und der Drallsatz:

$$\mathbf{M}_K = \mathbf{r}_C \times m\,\ddot{\mathbf{x}}_K + \Theta_K \circ \dot{\boldsymbol{\omega}} + \boldsymbol{\omega} \times (\Theta \circ \boldsymbol{\omega}) = \mathbf{r}_C \times m\,\ddot{\mathbf{x}} \quad \Rightarrow \quad \mathbf{M}_C = 0$$

5.10.5 Drehbewegung des starren Körpers um raumfeste Achse

(vgl. S. 153 ff.)

$$\boldsymbol{\omega} = \mathbf{e}_z \dot{\varphi} \quad \Rightarrow \quad \dot{\boldsymbol{\omega}} = \mathbf{e}_z \ddot{\varphi} \,, \quad \vartheta \equiv 0 \,, \quad \psi \equiv 0 \,, \quad K \equiv \text{Koordinatenursprung } O \,.$$

Beschleunigung des Massenzentrums:

$$\ddot{\mathbf{x}}_C = \dot{\boldsymbol{\omega}} \times \mathbf{x}_C + \boldsymbol{\omega} \times (\boldsymbol{\omega} \times \mathbf{x}_C) \,.$$

Massenzentrumssatz:

$$\mathbf{F} = m\,\ddot{\mathbf{x}}_C = m\left[\dot{\boldsymbol{\omega}} \times \mathbf{x}_C + \boldsymbol{\omega} \times (\boldsymbol{\omega} \times \mathbf{x}_C)\right] \,.$$

Drallsatz:

$$\mathbf{M} = \Theta \circ \dot{\boldsymbol{\omega}} + \boldsymbol{\omega} \times (\Theta \circ \boldsymbol{\omega}) \,.$$

Ausgeschrieben in den x-, y-, z-Komponenten:

$$\begin{vmatrix} F_x \\ F_y \\ F_z \end{vmatrix} = m \left\{ \begin{vmatrix} 0 \\ 0 \\ \ddot{\varphi} \end{vmatrix} \times \begin{vmatrix} x_C \\ y_C \\ z_C \end{vmatrix} + \begin{vmatrix} 0 \\ 0 \\ \dot{\varphi} \end{vmatrix} \times \begin{vmatrix} -\dot{\varphi}\,y_C \\ \dot{\varphi}\,x_C \\ 0 \end{vmatrix} \right\} \quad \Rightarrow \quad \begin{aligned} F_x &= m\left[-y_C\,\ddot{\varphi} - x_C\,\dot{\varphi}^2\right] \\ F_y &= m\left[x_C\,\ddot{\varphi} - y_C\,\dot{\varphi}^2\right] \\ F_z &= m\left[\,0\,\right] \end{aligned}$$

$$\begin{vmatrix} M_x \\ M_y \\ M_z \end{vmatrix} = \begin{vmatrix} J_x & -J_{xy} & -J_{xz} \\ -J_{xy} & J_y & -J_{yz} \\ -J_{xz} & -J_{yz} & J_z \end{vmatrix} \cdot \begin{vmatrix} 0 \\ 0 \\ \ddot{\varphi} \end{vmatrix} + \begin{vmatrix} 0 \\ 0 \\ \dot{\varphi} \end{vmatrix} \times \begin{vmatrix} -J_{xz}\,\dot{\varphi} \\ -J_{yz}\,\dot{\varphi} \\ J_z\,\dot{\varphi} \end{vmatrix} \quad \Rightarrow \quad \begin{aligned} M_x &= -J_{xz}\,\ddot{\varphi} + J_{yz}\,\dot{\varphi}^2 \\ M_y &= -J_{yz}\,\ddot{\varphi} - J_{xz}\,\dot{\varphi}^2 \\ M_z &= \;\; J_z\,\ddot{\varphi} \end{aligned}$$

5.10.6 Ebene Bewegung des starren Körpers

(vgl. S. 197 ff.)

$$\boldsymbol{\omega} = \mathbf{e}_z \dot{\varphi} \, , \quad \dot{\boldsymbol{\omega}} = \mathbf{e}_z \ddot{\varphi} \, , \quad \vartheta \equiv 0 \, , \quad \psi \equiv 0 \, , \quad K = \text{beliebiger körperfester Punkt} \, .$$

Beschleunigung des Massenzentrums:

$$\ddot{\mathbf{x}}_C = \ddot{\mathbf{x}}_K + \dot{\boldsymbol{\omega}} \times \mathbf{r}_C + \boldsymbol{\omega} \times (\boldsymbol{\omega} \times \mathbf{r}_C)$$

Massenzentrumssatz:

$$\mathbf{F} = m \ddot{\mathbf{x}}_C = m \left[\ddot{\mathbf{x}}_K + (\dot{\boldsymbol{\omega}} \times \mathbf{r}_C) + \boldsymbol{\omega} \times (\boldsymbol{\omega} \times \mathbf{r}_C) \right] \, .$$

Drallsatz:

$$\mathbf{M}_K = \mathbf{r}_C \times m \ddot{\mathbf{x}}_K + \boldsymbol{\Theta}_K \cdot \dot{\boldsymbol{\omega}} + \boldsymbol{\omega} \times \boldsymbol{\Theta}_K \cdot \boldsymbol{\omega} \, .$$

Ausgeschrieben in den x-, y-, z-Koordinaten ($\dot{z}_K = 0$, $\ddot{z}_K = 0$, $\dot{z}_C = 0$, $\ddot{z}_C = 0$):

$$
\begin{aligned}
F_x &= m \left[\ddot{x}_K - (y_C - y_K)\ddot{\varphi} - (x_C - x_K)\dot{\varphi}^2 \right] \\
F_y &= m \left[\ddot{y}_K + (x_C - x_K)\ddot{\varphi} - (y_C - y_K)\dot{\varphi}^2 \right] \\
F_z &= m \left[\, 0 \, \right]
\end{aligned}
$$

$$
\begin{aligned}
M_{K,x} &= m \left[\quad 0 \qquad\quad - (z_C - z_K)\ddot{y}_K \right] \; - J_{K,xz}\ddot{\varphi} \; + J_{K,yz}\dot{\varphi}^2 \\
M_{K,y} &= m \left[(z_C - z_K)\ddot{x}_K + \qquad 0 \quad\;\; \right] \; - J_{K,yz}\ddot{\varphi} \; - J_{K,xz}\dot{\varphi}^2 \\
M_{K,z} &= m \left[(x_C - x_K)\ddot{y}_K - (y_C - y_K)\ddot{x}_K \right] \; + J_{K,z}\ddot{\varphi}
\end{aligned}
$$

Für die zuletzt angeschriebene Gleichung kann man vereinfacht schreiben:

$$M_{K,z} = J_{K,z}\ddot{\varphi} + (m a_K) h_K \qquad \text{(vgl. S. 209)}.$$

5.10.7 Kreiselbewegung des starren Körpers

(vgl. S. 213 ff.)

$K \equiv O = \text{Koordinatenursprung, Lagekoordinaten } \varphi, \vartheta, \psi, \; \mathbf{r}_C = \mathbf{x}_C$.

Massenzentrumssatz:

$$\mathbf{F} = m \ddot{\mathbf{x}}_C = m \left[\dot{\boldsymbol{\omega}} \times \mathbf{x}_C + \boldsymbol{\omega} \times (\boldsymbol{\omega} \times \mathbf{x}_C) \right] \, .$$

Drallsatz:

$$\mathbf{M} = \boldsymbol{\Theta} \circ \dot{\boldsymbol{\omega}} + \boldsymbol{\omega} \times (\boldsymbol{\Theta} \circ \boldsymbol{\omega}) \, .$$

6 Relativbewegung

6.1 Relativbewegung eines Massenpunktes

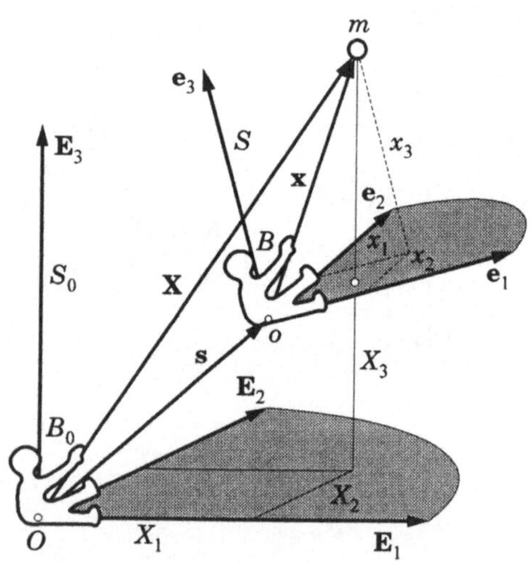

Bisher haben wir der Beschreibung des Bewegungsablaufes eines Massenpunktes, eines Massenpunktesystems bzw. eines ausgedehnten Körpers immer ein *ruhendes* Koordinatensystem zugrunde gelegt; genauer ein „Inertialsystem", d. h. ein System, in dem das dynamische Grundgesetz Gültigkeit besitzt. Im folgenden betrachten wir zwei Koordinatensysteme: ein Inertialsystem S_0 mit der Vektorbasis $(O, \mathbf{E}_1\ \mathbf{E}_2\ \mathbf{E}_3)$ und ein Nichtinertialsystem S mit der Vektorbasis $(o, \mathbf{e}_1\ \mathbf{e}_2\ \mathbf{e}_3)$. Einfachheitshalber bezeichnen wir weiterhin S_0 als das *ruhende* oder das *absolute* Koordinatensystem und S als das *bewegte, relative* Koordinatensystem.

Die Lage eines Massenpunktes in S_0 kann durch die kartesischen Koordinaten X_1, X_2 und X_3 und in S durch die kartesischen Koordinaten x_1, x_2 und x_3 festgelegt werden. Mit der Vektorbasis $(O, \mathbf{E}_1\ \mathbf{E}_2\ \mathbf{E}_3)$ fest verbunden sei der Beobachter B_0 und mit $(o, \mathbf{e}_1\ \mathbf{e}_2\ \mathbf{e}_3)$ der Beobachter B. Es sei angenommen, daß B_0 und B Uhren besitzen, die, wann immer verglichen, gleiche Zeiten anzeigen $(T = t)$. Bei einer Bewegung des Massenpunktes m registriert der Beobachter B_0 Änderungen der absoluten Koordinaten $X_1(t)$, $X_2(t)$, $X_3(t)$, dagegen vermerkt der Beobachter B im bewegten Koordinatensystem S die Änderung der relativen Koordinaten $x_1(t)$, $x_2(t)$ und $x_3(t)$. Der Zusammenhang, der zwischen der absoluten Bewegung $X_i(t)$ und der relativen Bewegung $x_i(t)$ besteht, wird durch die Bewegung von S in S_0, der *Systembewegung*, hergestellt.

Die Lage von S in S_0 ist durch die Angabe von sechs Lageparametern festgelegt. Als Lageparameter können dienen die Koordinaten S_1, S_2 und S_3 des Koordinatenursprungs O in der Basis $(O, \mathbf{E}_1\ \mathbf{E}_2\ \mathbf{E}_3)$ zusammen mit den drei Eulerwinkeln Φ, Θ, Ψ, die die Orientierung von $(o, \mathbf{e}_1\ \mathbf{e}_2\ \mathbf{e}_3)$ in $(O, \mathbf{E}_1\ \mathbf{E}_2\ \mathbf{E}_3)$ bestimmen.

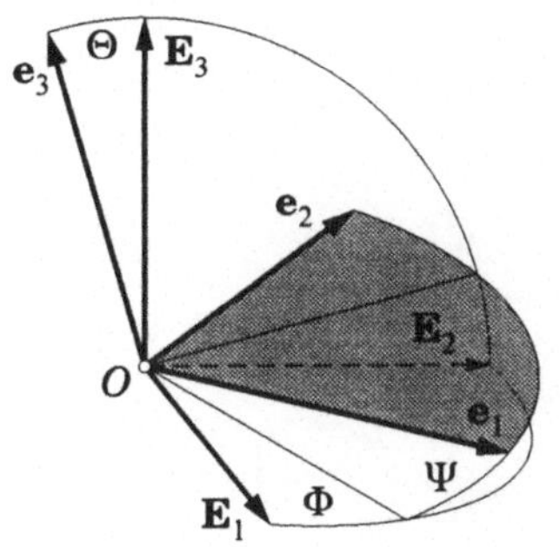

Die Systembewegung (von S in S_0) kann also angegeben werden durch die Funktionen

$$S_1(t),\ S_2(t),\ S_3(t),\ \Phi(t),\ \Theta(t),\ \Psi(t).$$

Mit den Winkeln Φ, Θ, Ψ sind auch die Einheitsvektoren $\mathbf{e}_i(t)$ festgelegt. Der absolute Ortsvektor $\mathbf{X} = X_i \mathbf{E}_i$ setzt sich zusammen aus dem Vektor $\mathbf{s}$ und dem relativen Ortsvektor $\mathbf{x} = x_i \mathbf{e}_i$:

$$\boxed{\mathbf{X} = \mathbf{s} + \mathbf{x}}$$

$$\Rightarrow \qquad \mathbf{E}_i X_i(t) = \mathbf{E}_i S_i(t) + \mathbf{e}_i(t)\, x_i(t).$$

Die Ableitung nach der Zeit t ergibt:

$$\dot{\mathbf{X}} = \dot{\mathbf{s}} + \dot{\mathbf{e}}_i\, x_i + \mathbf{e}_i\, \dot{x}_i.$$

In dieser Gleichung bezeichnen $\dot{\mathbf{X}} = \dot{X}_i(t)\mathbf{E}_i = \mathbf{v}_{abs}$ die absolute Geschwindigkeit des Massenpunktes, die der Beobachter B_0 im ruhenden Koordinatensystem S_0 wahrnimmt bzw. mißt, und $\mathbf{e}_i\, \dot{x}_i = \mathbf{v}_{rel}$ die relative Geschwindigkeit des Massenpunktes, die der Beobachter B im bewegten Koordinatensystem S registriert. Die Summe der restlichen zwei Terme in dieser Gleichung , nämlich $\dot{\mathbf{s}} + \dot{\mathbf{e}}_i\, x_i$, ist physikalisch leicht zu deuten als die Geschwindigkeit des mit dem bewegten System S fest verbundenen Punktes, der sich im Augenblick mit dem Massenpunkt deckt. Wir nennen diese Geschwindigkeit die „Systemgeschwindigkeit" oder auch die *Mitführgeschwindigkeit*:

$$\mathbf{v}_{syst} = \dot{\mathbf{s}} + \dot{\mathbf{e}}_i\, x_i.$$

Der Geschwindigkeitszustand des starren Dreibeins ($\mathbf{e}_1\ \mathbf{e}_2\ \mathbf{e}_3$) ist gegeben durch die Geschwindigkeit des Koordinatenursprungs o: $\dot{\mathbf{s}}$ zusammen mit der Winkelgeschwindigkeit $\boldsymbol{\omega}_{syst}$. Für die Ableitungen der Vektoren $\mathbf{e}_i$ nach der Zeit gilt die Eulerformel:

$$\dot{\mathbf{e}}_i = \boldsymbol{\omega}_{syst} \times \mathbf{e}_i.$$

Damit erhält man für die Systemgeschwindigkeit

$$\mathbf{v}_{syst} = \dot{\mathbf{s}} + \boldsymbol{\omega}_{syst} \times \mathbf{e}_i\, x_i = \dot{\mathbf{s}} + \boldsymbol{\omega}_{syst} \times \mathbf{x}.$$

Die absolute Geschwindigkeit setzt sich also zusammen aus der Systemgeschwindigkeit und der Relativgeschwindigkeit

$$\boxed{\mathbf{v}_{abs} = \mathbf{v}_{syst} + \mathbf{v}_{rel}} \ .$$

Die zweite Zeitableitung von $\mathbf{X} = \mathbf{s} + \mathbf{e}_i\, x_i$ nach der Zeit liefert

$$\ddot{\mathbf{X}} = \left(\ddot{\mathbf{s}} + \ddot{\mathbf{e}}_i\, x_i\right) + 2\dot{\mathbf{e}}_i\, \dot{x}_i + \mathbf{e}_i\, \ddot{x}_i \,.$$

Hierin bedeuten:

$$\ddot{\mathbf{X}} = \ddot{X}_i\, \mathbf{E}_i = \mathbf{a}_{\text{abs}}$$

die absolute Beschleunigung des Massenpunktes, die B_0 in S_0 mißt und

$$\mathbf{e}_i\, \ddot{x}_i = \mathbf{a}_{\text{rel}}$$

die relative Beschleunigung, die vom Beobachter B im bewegten Bezugssystem wahrgenommen bzw. gemessen wird.

Die Termengruppe $\ddot{\mathbf{s}} + \ddot{\mathbf{e}}_i\, x_i$ bezeichnen wir als Systembeschleunigung $\mathbf{a}_{\text{syst}}$, das ist die Beschleunigung des mit dem bewegten System fest verbundenen Punktes, der sich im Augenblick mit dem Massenpunkt deckt. $\mathbf{a}_{\text{syst}}$ kann auch als die absolute Beschleunigung angesehen werden, die der Massenpunkt erfahren würde, wenn er im bewegten System fixiert wäre ($x_i =$ konst.).

Mit $\quad \dot{\mathbf{e}}_i = \boldsymbol{\omega}_{\text{syst}} \times \mathbf{e}_i \qquad \Rightarrow \qquad \ddot{\mathbf{e}}_i = \dot{\boldsymbol{\omega}}_{\text{syst}} \times \mathbf{e}_i + \boldsymbol{\omega}_{\text{syst}} \times \left(\boldsymbol{\omega}_{\text{syst}} \times \mathbf{e}_i\right)$

wird $\quad \mathbf{a}_{\text{syst}} = \ddot{\mathbf{s}} + \dot{\boldsymbol{\omega}}_{\text{syst}} \times \mathbf{x} + \boldsymbol{\omega}_{\text{syst}} \times \left(\boldsymbol{\omega}_{\text{syst}} \times \mathbf{x}\right).$

Der Term $2\dot{\mathbf{e}}_i\, \dot{x}_i$ wird nach seinem ersten Entdecker CORIOLIS-Beschleunigung genannt. Diese Beschleunigung hängt sowohl von der Bewegung des Bezugssystems S als auch von der Relativbewegung des Massenpunktes ab. Sie wird daher auch *Mischbeschleunigung* genannt. Mit $\dot{\mathbf{e}}_i = \boldsymbol{\omega}_{\text{syst}} \times \mathbf{e}_i$ erhält man

$$\boxed{\;\mathbf{a}_{\text{Cor}} = 2\boldsymbol{\omega}_{\text{syst}} \times \mathbf{v}_{\text{rel}}\;}\;.$$

Die absolute Beschleunigung setzt sich somit additiv aus Systembeschleunigung, der Coriolisbeschleunigung und der Relativbeschleunigung zusammen:

$$\boxed{\;\mathbf{a}_{\text{abs}} = \mathbf{a}_{\text{syst}} + \mathbf{a}_{\text{Cor}} + \mathbf{a}_{\text{rel}}\;}\;.$$

6.2 Das dynamische Grundgesetz für die Relativbewegung

Das dynamische Grundgesetz gilt in der Form $m\mathbf{a} = \mathbf{F}$ nur dann, wenn $\mathbf{a}$ die absolute Beschleunigung bezeichnet, genauer die Geschwindigkeitsänderung pro Zeiteinheit gemessen in einem Inertialsystem. Der Übergang vom ruhenden auf das bewegte Nichtinertialsystem kann mit der Zerlegungsformel $\mathbf{a}_{abs} = \mathbf{a}_{syst} + \mathbf{a}_{Cor} + \mathbf{a}_{rel}$ erfolgen:

$$m\,\mathbf{a}_{abs} = m\,\mathbf{a}_{syst} + m\,\mathbf{a}_{Cor} + m\,\mathbf{a}_{rel} = \mathbf{F} \quad \Rightarrow$$

$$m\,\mathbf{a}_{rel} = \mathbf{F} + \left(- m\,\mathbf{a}_{syst}\right) + \left(- m\,\mathbf{a}_{Cor}\right)$$

Führt man die sogenannten „Scheinkräfte"

$$\mathbf{F}_{syst} = -m\,\mathbf{a}_{syst} \qquad \text{und} \qquad \mathbf{F}_{Cor} = -m\,\mathbf{a}_{Cor} = -m \cdot 2\,\boldsymbol{\omega}_{syst} \times \mathbf{v}_{rel}$$

ein, dann wird

$$\boxed{m\,\mathbf{a}_{rel} = \mathbf{F} + \mathbf{F}_{syst} + \mathbf{F}_{Cor}}$$

Um also die Differentialgleichung der Relativbewegung im Bezugssystem S zu erhalten, hat man zu den gegebenen physikalischen Kräften $\mathbf{F}$ die beiden Scheinkräfte $\mathbf{F}_{syst}$ und $\mathbf{F}_{Cor}$ hinzuzufügen.

6.2.1 Beispiel: Der freie Fall bei Berücksichtigung der Erddrehung

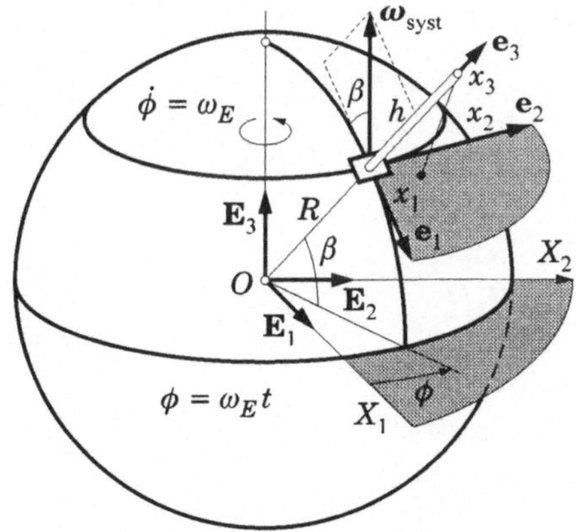

Von der Höhe h ($\ll R$) eines Turmes wird ein Stein aus der (relativen) Ruhe heraus fallen gelassen ($t = 0$: $\mathbf{v}_{rel} = 0$). Es sollen die Koordinaten des Auftreffpunktes auf der Erdoberfläche ermittelt werden. Aus

$$m\,\mathbf{a}_{abs} = m\left(\mathbf{a}_{syst} + 2\boldsymbol{\omega}_{syst} \times \mathbf{v}_{rel} + \mathbf{a}_{rel}\right)$$

$$m\,\mathbf{a}_{abs} = \mathbf{F}$$

folgt mit $\mathbf{F} + \mathbf{F}_{syst} = \mathbf{F} + \left(- m\,\mathbf{a}_{syst}\right) = m\mathbf{g}$:

$$\mathbf{a}_{rel} = \mathbf{g} - 2\boldsymbol{\omega}_{syst} \times \mathbf{v}_{rel} .$$

Es kann wegen der Voraussetzung $h \ll R$ angenommen werden, daß $\mathbf{g}$ = konst. ist und mit der Richtung von $\mathbf{e}_3 \approx$ zusammenfällt.

240

Mit $\quad \boldsymbol{\omega}_{\mathrm{syst}} = \boldsymbol{\omega}_E = (-\omega_E \cos\beta)\mathbf{e}_1 + (\omega_E \sin\beta)\mathbf{e}_3,$

$$\mathbf{v}_{\mathrm{rel}} = \dot{x}_1 \mathbf{e}_1 + \dot{x}_2 \mathbf{e}_2 + \dot{x}_3 \mathbf{e}_3,$$

$$\mathbf{a}_{\mathrm{rel}} = \ddot{x}_1 \mathbf{e}_1 + \ddot{x}_2 \mathbf{e}_2 + \ddot{x}_3 \mathbf{e}_3,$$

$$\mathbf{g} = -g\mathbf{e}_3$$

erhält man aus $\mathbf{a}_{\mathrm{rel}} = \mathbf{g} - 2\boldsymbol{\omega}_{\mathrm{syst}} \times \mathbf{v}_{\mathrm{rel}}$ folgendes Gleichungssystem:

$$\ddot{x}_1 = 2\omega_E \sin\beta\, \dot{x}_2$$

$$\ddot{x}_2 = -2\omega_E \sin\beta\, \dot{x}_1 - 2\omega_E \cos\beta\, \dot{x}_3$$

$$\ddot{x}_3 = -g + 2\omega_E \cos\beta\, \dot{x}_2 \,.$$

Wegen $g \gg 2\omega_E \cos\beta\, \dot{x}_2$ und $\dot{x}_1 \ll \dot{x}_3$ kann man dafür in guter Näherung auch schreiben:

$$\ddot{x}_1 = 2\omega_E \sin\beta\, \dot{x}_2$$

$$\ddot{x}_2 = -2\omega_E \cos\beta\, \dot{x}_3$$

$$\ddot{x}_3 = -g \,.$$

Mit ($t = 0$: $x_3 = h$, $\dot{x}_3 = 0$) folgt aus $\ddot{x}_3 = -g$:

$$\dot{x}_3 = -gt \qquad \text{und} \qquad x_3 = h - \frac{gt^2}{2}$$

und für die Fallzeit:

$$\tau = \sqrt{2h/g} \,.$$

Damit wird

$$\ddot{x}_2 = 2\omega_E \cos\beta \cdot gt$$

und mit ($t = 0$: $x_2 = 0$, $\dot{x}_2 = 0$) folgt

$$\dot{x}_2 = \omega_E \cos\beta \cdot gt^2 \qquad \text{und} \qquad x_2 = \omega_E \cos\beta\, gt^3/3,$$

womit man für

$$\ddot{x}_1 = 2\omega_E^2 \sin\beta \cos\beta\, gt^2$$

und daraus mit ($t = 0$: $x_1 = 0$, $\dot{x}_1 = 0$)

$$\dot{x}_1 = 2\omega_E^2 \cos\beta \sin\beta\, gt^3/3 \quad \text{bzw.} \quad x_1 = 2\omega_E^2 \cos\beta \sin\beta\, gt^4/12 \,.$$

Setzt man für

$$t = \tau = \sqrt{2h/g}$$

so findet man für die Ostabweichung bzw. für die Südabweichung des fallenden Steines:

$$x_2(\tau) = \frac{2}{3} h \cos\beta \left(\omega_E \sqrt{\frac{2h}{g}} \right) ,$$

$$x_1(\tau) = \frac{2}{3} h \cos\beta \sin\beta \left(\omega_E^2 \frac{h}{g} \right) .$$

Da $\omega_E = 2\pi/(24 \cdot 60 \cdot 60) = 0{,}0000727 \ll 1$, sind beide Abweichungen sehr sehr klein; die Südabweichung ist noch um eine Größenordnung kleiner als die Ostabweichung!

6.2.2 Beispiel: Das FOUCAULTsche Pendel

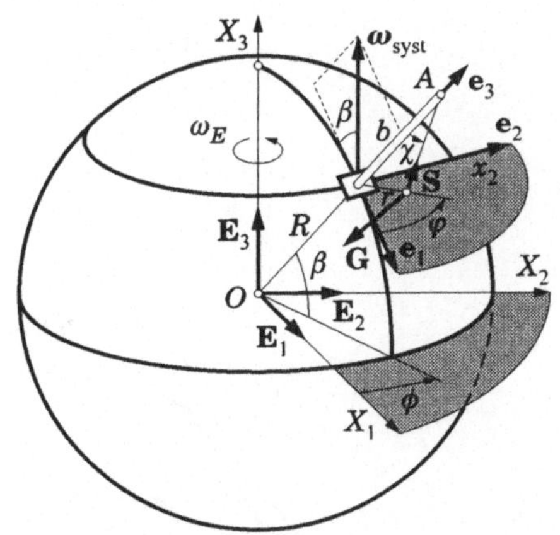

Ein mathematisches Pendel von der Länge b ($\ll R$) ist in A befestigt. Es soll die Bewegung der Pendelmasse für kleine Auslenkungen ($\chi \ll$, $x_3 \doteq 0$) aus der Gleichgewichtslage beschrieben werden. Mit

$$\mathbf{F} = \mathbf{F}_{\mathrm{grav}} + \left(-m\,\mathbf{a}_{\mathrm{syst}} \right) + \mathbf{S} =$$
$$= \mathbf{G} + \mathbf{S} = m\mathbf{g} + \mathbf{S}$$

wird $\quad \mathbf{a}_{\mathrm{rel}} = \mathbf{g} + \mathbf{S}/m - 2\boldsymbol{\omega}_{\mathrm{syst}} \times \mathbf{v}_{\mathrm{rel}} .$

Daraus folgen mit

$$\boldsymbol{\omega}_{\mathrm{syst}} = -\omega_E \cos\beta\,\mathbf{e}_1 + \omega_E \sin\beta\,\mathbf{e}_3$$

$$\mathbf{v}_{\mathrm{rel}} = \dot{x}_1\mathbf{e}_1 + \dot{x}_2\mathbf{e}_2 \ , \quad \mathbf{a}_{\mathrm{rel}} = \ddot{x}_1\mathbf{e}_1 + \ddot{x}_2\mathbf{e}_2 \ , \quad \mathbf{g} = -g\mathbf{e}_3 \ ,$$

$$\mathbf{S} = -S\frac{r}{b}\cos\varphi\,\mathbf{e}_1 - S\frac{r}{b}\sin\varphi\,\mathbf{e}_2 + S\mathbf{e}_3 = -S\frac{x_1}{b}\mathbf{e}_1 - S\frac{x_2}{b}\mathbf{e}_2 + S\mathbf{e}_3$$

die folgenden drei Differentialgleichungen:

$$\ddot{x}_1 = 2\omega_E \sin\beta\,\dot{x}_2 - S\,x_1/(bm)$$

$$\ddot{x}_2 = -2\omega_E \sin\beta\,\dot{x}_1 - S\,x_2/(bm)$$

$$0 = -g + S/m .$$

242

Aus der dritten Gleichung folgt $S = mg$. Damit ergeben sich für $x_1(t)$ und $x_2(t)$ die Gleichungen:

$$\ddot{x}_1 = 2\omega_E \sin\beta\,\dot{x}_2 - (g/b)x_1$$

$$\ddot{x}_2 = -2\omega_e \sin\beta\,\dot{x}_1 - (g/b)x_2 .$$

Die Lösung dieses Gleichungssystems kann am einfachsten durch Einführung von $z = x_1 + ix_2$, d. h. durch Zusammenfassung der Funktionen $x_1(t)$ und $x_2(t)$ zu einer komplexen Funktion $z(t)$, ermittelt werden. Die Addition der ersten Gleichung zu der mit $i = \sqrt{-1}$ multiplizierten zweiten Gleichung ergibt mit $i\dot{z} = -\dot{x}_2 + i\dot{x}_1$ und den Abkürzungen

$$\delta = i\omega_E \sin\beta \qquad \text{und} \qquad \omega = \sqrt{g/b}$$

für $z(t)$ die *gedämpfte Schwingungsgleichung*

$$\ddot{z} + 2\delta\dot{z} + \omega^2 z = 0 .$$

Ihre Lösung lautet bekanntlich

$$z(t) = e^{-\delta t}\left\{z_0 \cos\left(\sqrt{\omega^2 - \delta^2}\; t\right) + \left[(\dot{z}_0 + z_0\delta)/\sqrt{\omega^2 - \delta^2}\right]\sin\left(\sqrt{\omega^2 - \delta^2}\; t\right)\right\} .$$

Mit der Schwingungsdauer

$$\tau = 2\pi\big/\sqrt{\omega^2 - \delta^2} = 2\pi\big/\sqrt{\omega^2 + \omega_E^2 \sin^2\beta} \doteq 2\pi/\omega = 2\pi\sqrt{b/g}$$

erhält man daraus

$$z(t + \tau) = z(t)e^{-i\omega_E \sin\beta\cdot\tau}$$

bzw. $\quad \dot{z}(t + \tau) = \dot{z}(t)e^{-i\omega_E \sin\beta\cdot\tau}$

Setzt man für

$$z = x_1 + ix_2 = re^{i\varphi}$$

so wird

$$r(t + \tau)e^{i\varphi(t+\tau)} = r(t)e^{i(\varphi(t)-\omega_E \sin\beta\cdot\tau)}$$

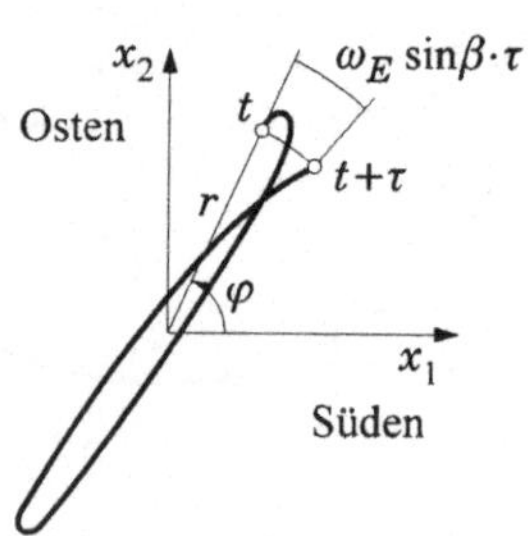

woraus

$$r(t + \tau) = r(t) \quad \text{und} \quad \varphi(t + \tau) = \varphi(t) - \omega_E \sin\beta \cdot \tau .$$

In einer Zeitspanne Δt erfolgen $n = \Delta t/\tau$ *Vollschwingungen* und die *Schwingungsebene* dreht in der Zeit Δt um $\Delta\varphi = -\omega_E \sin\beta \cdot \Delta t$.

Mit $\Delta t = 1^{\mathrm h} = 60\cdot 60\,\mathrm{sec}$ und $\beta \approx 45°$ (Graz) wird:

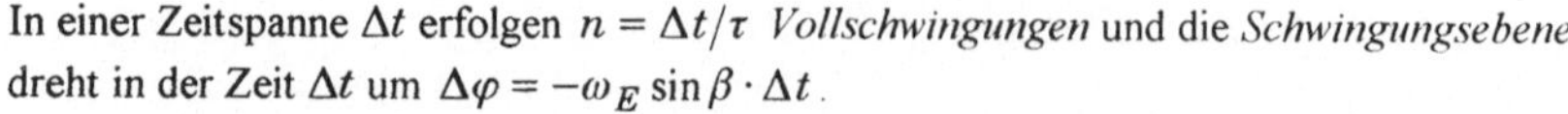

$$\Delta\varphi° = -\frac{180}{\pi}\cdot\frac{2\pi}{24\cdot 60\cdot 60}\cdot\frac{1}{\sqrt{2}}\cdot 60\cdot 60 = -\frac{15}{\sqrt{2}} \approx -10° .$$

6.3 Die Relativableitung von Vektoren bzw. von Tensoren

Die zeitliche Änderung eines Vektors bzw. eines Tensors wird von den Beobachtern B und B_0 (in S und S_0) immer dann unterschiedlich beurteilt, wenn sich das Bezugssystem S gegenüber dem Bezugssystem S_0 dreht.

Jeder Vektor $\mathbf{b}$ kann als Linearkombination der Einheitsvektoren $\mathbf{e}_i$ dargestellt werden, dabei sind sowohl seine Koordinaten b_i als auch die Einheitsvektoren als Zeitfunktionen zu betrachten:

$$\mathbf{b}(t) = b_i(t)\mathbf{e}_i(t).$$

Die Ableitung von $\mathbf{b}(t)$ nach der Zeit ergibt mit $\dot{\mathbf{e}}_i = \boldsymbol{\omega}_{\text{syst}} \times \mathbf{e}_i$

$$\frac{d\mathbf{b}}{dt} =: \dot{\mathbf{b}} = \dot{b}_i(t)\mathbf{e}_i(t) + b_i(t)\dot{\mathbf{e}}_i(t) = \dot{b}_i(t)\mathbf{e}_i(t) + \boldsymbol{\omega}_{\text{syst}}(t) \times \mathbf{b}(t).$$

Wir bezeichnen nun $\dot{b}_i\mathbf{e}_i$ als die Relativableitung des Vektors $\mathbf{a}$ (im Gegensatz zur Absolutableitung $\dot{\mathbf{b}}$) und schreiben dafür:

$$\boxed{\frac{d_{\text{rel}}\mathbf{b}}{dt} =: \overset{\circ}{\mathbf{b}} = \dot{b}_i\mathbf{e}_i}\;.$$

Diese Ableitung wird auch die JAUMANN-Ableitung des Vektors genannt. Der Zusammenhang der absoluten Ableitung $\dot{\mathbf{b}}$ und der relativen Ableitung $\overset{\circ}{\mathbf{b}}$ ist gegeben durch

$$\boxed{\dot{\mathbf{b}} = \overset{\circ}{\mathbf{b}} + \boldsymbol{\omega}_{\text{syst}} \times \mathbf{b}}\;.$$

Nur wenn $\boldsymbol{\omega}_{\text{syst}} = 0$ wird $\dot{\mathbf{b}} = \overset{\circ}{\mathbf{b}}$.

Die Relativableitung eines Tensors zweiter Stufe soll in entsprechender Weise definiert werden:

$$\boxed{\frac{d_{\text{rel}}\mathbf{B}}{dt} =: \overset{\circ}{\mathbf{B}} = \dot{B}_{ij}\mathbf{e}_i\mathbf{e}_j}\;.$$

Der Zusammenhang der Relativableitung des Tensors $\mathbf{B}$ mit seiner Absolutableitung ist leicht herzustellen:

$$\dot{\mathbf{B}} = \dot{B}_{ij}\mathbf{e}_i\mathbf{e}_j + B_{ij}\dot{\mathbf{e}}_i\mathbf{e}_j + B_{ij}\mathbf{e}_i\dot{\mathbf{e}}_j =$$
$$= \dot{B}_{ij}\mathbf{e}_i\mathbf{e}_j + \boldsymbol{\omega}_{\text{syst}} \times B_{ij}\mathbf{e}_i\mathbf{e}_j + B_{ij}\mathbf{e}_i(\boldsymbol{\omega}_{\text{syst}} \times \mathbf{e}_j)$$

$$\boxed{\dot{\mathbf{B}} = \overset{\circ}{\mathbf{B}} + \boldsymbol{\omega}_{\text{syst}} \times \mathbf{B} - \mathbf{B} \times \boldsymbol{\omega}_{\text{syst}}}\;.$$

Mit der Relativableitung des Ortsvektors $\mathbf{x}$ in S können die Zerlegungsformeln für die Absolutgeschwindigkeit und die Absolutbeschleunigung wie folgt angeschrieben werden:

$$\mathbf{v}_{abs} = \mathbf{v}_{syst} + \mathbf{v}_{rel} \quad \Rightarrow \quad \dot{\mathbf{x}} = \left(\dot{\mathbf{s}} + \boldsymbol{\omega}_{syst} \times \mathbf{x}\right) + \overset{\circ}{\mathbf{x}}$$

$$\mathbf{a}_{abs} = \mathbf{a}_{syst} + \mathbf{a}_{Cor} + \mathbf{a}_{rel}$$

$$\Rightarrow \quad \ddot{\mathbf{x}} = \ddot{\mathbf{s}} + \dot{\boldsymbol{\omega}}_{syst} \times \mathbf{x} + \boldsymbol{\omega}_{syst} \times \left(\boldsymbol{\omega}_{syst} \times \mathbf{x}\right) + 2\,\boldsymbol{\omega}_{syst} \times \overset{\circ}{\mathbf{x}} + \overset{\circ\circ}{\mathbf{x}}.$$

Für die Winkelgeschwindigkeit $\boldsymbol{\omega}_{syst}$ gilt:

$$\dot{\boldsymbol{\omega}}_{syst} = \overset{\circ}{\boldsymbol{\omega}}_{syst} + \boldsymbol{\omega}_{syst} \times \boldsymbol{\omega}_{syst} = \overset{\circ}{\boldsymbol{\omega}}_{syst},$$

d. h. die Absolutableitung und die Relativableitung sind identisch. Für die Einheitsvektoren $\mathbf{e}_i$ gelten

$$\dot{\mathbf{e}}_i = \boldsymbol{\omega}_{syst} \times \mathbf{e}_i \qquad \text{d. h.} \quad \overset{\circ}{\mathbf{e}}_i = 0.$$

Aus $\quad \dot{\mathbf{E}}_i = \overset{\circ}{\mathbf{E}}_i + \boldsymbol{\omega}_{syst} \times \mathbf{E}_i = 0$

folgt für die Relativableitung der Basisvektoren $\mathbf{E}_i$:

$$\overset{\circ}{\mathbf{E}}_i = -\,\boldsymbol{\omega}_{syst} \times \mathbf{E}_i \ .$$

6.4 Die Relativbewegung des starren Körpers

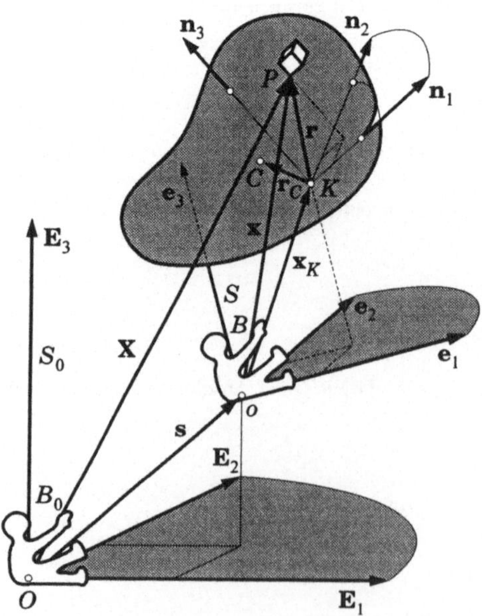

Im folgenden sollen die dynamischen Grundgleichungen (der Impulssatz und der Drallsatz) hergeleitet werden, die die Bewegung des starren Körpers relativ zum bewegten Bezugssystem S regeln.

Es sei angenommen, daß die Parameter, die die Lage des Dreibeins ($\mathbf{e}_1$ $\mathbf{e}_2$ $\mathbf{e}_3$) in S_0 bestimmen, als Funktionen der Zeit bekannt sind, daß also z. B. die Koordinaten von $\mathbf{s}$ in S_0

$$S_1(t),\ S_2(t),\ S_3(t)$$

und die drei Eulerwinkel

$$\Phi(t),\ \Theta(t) \text{ und } \Psi(t)$$

als Zeitfunktionen zur Verfügung stehen. Mit Hilfe dieser Funktionen können $\mathbf{e}_i(t)$, $\dot{\mathbf{s}}(t)$, $\ddot{\mathbf{s}}(t)$ sowie $\boldsymbol{\omega}_{syst}(t)$ und $\dot{\boldsymbol{\omega}}_{syst}(t)$ berechnet werden.

Sei K ein körperfester Punkt und $(K, \mathbf{n}_1\, \mathbf{n}_2\, \mathbf{n}_3)$ eine körperfeste Vektorbasis mit $\mathbf{n}_i \circ \mathbf{n}_j = \delta_{ij}$. Die Lage des Dreibeins $\mathbf{n}_1\, \mathbf{n}_2\, \mathbf{n}_3$ in S kann durch den relativen Ortsvektor von K: $\mathbf{x}_K = x_{K1}\mathbf{e}_1 + x_{K2}\mathbf{e}_2 + x_{K3}\mathbf{e}_3$ zusammen mit den drei relativen Eulerwinkeln φ, ϑ, ψ (die die Orientierung des Dreibeins $\mathbf{n}_1\, \mathbf{n}_2\, \mathbf{n}_3$ bestimmen) festgelegt werden.

Die Relativbewegung des starren Körpers im bewegten Bezugssystem S beschreiben die relativen Lageparameter als Funktionen der Zeit:

$$x_{K1}(t),\; x_{K2}(t),\; x_{K3}(t),\; \varphi(t),\; \vartheta(t),\; \psi(t).$$

Mit diesen Funktionen stehen in wohldefiniertem Zusammenhang die Relativgeschwindigkeit und die Relativbeschleunigung des Punktes K:

$$\overset{\circ}{\mathbf{x}}_K = \dot{x}_{Ki}(t)\,\mathbf{e}_i(t)\,,\quad \overset{\circ\circ}{\mathbf{x}}_K = \ddot{x}_{Ki}(t)\,\mathbf{e}_i(t),$$

die körperfesten Einheitsvektoren

$$\mathbf{n}_i = n_{ij}\big(\varphi(t),\vartheta(t),\psi(t)\big)\,\mathbf{e}_j(t)$$

und damit der körperfeste Vektor

$$\mathbf{r}_C = \mathbf{n}_i\, r_i \qquad \big(r_i = \text{konst.}\big),$$

die relative Winkelgeschwindigkeit $\boldsymbol{\omega}_{\mathrm{rel}}$ bzw. die relative Winkelbeschleunigung $\overset{\circ}{\boldsymbol{\omega}}_{\mathrm{rel}}$ des Körpers

$$\boldsymbol{\omega}_{\mathrm{rel}} = \omega_{i,\mathrm{rel}}\big(\varphi,\vartheta,\psi,\dot{\varphi},\dot{\vartheta},\dot{\psi}\big)\,\mathbf{e}_i(t)$$

$$\overset{\circ}{\boldsymbol{\omega}}_{\mathrm{rel}} = \dot{\omega}_{i,\mathrm{rel}}\big(\varphi,\vartheta,\psi,\dot{\varphi},\dot{\vartheta},\dot{\psi},\ddot{\varphi},\ddot{\vartheta},\ddot{\psi}\big)\,\mathbf{e}_i(t).$$

In $\boldsymbol{\omega}_{\mathrm{rel}}$ gehen $\dot{\varphi},\dot{\vartheta},\dot{\psi}$ und in $\overset{\circ}{\boldsymbol{\omega}}_{\mathrm{rel}}$ $\ddot{\varphi},\ddot{\vartheta}$ und $\ddot{\psi}$ linear ein, und in $\overset{\circ}{\boldsymbol{\omega}}_{\mathrm{rel}}$ scheinen $\dot{\varphi},\dot{\vartheta},\dot{\psi}$ in quadratischen Termen ($\dot{\varphi}\cdot\dot{\vartheta}$, $\dot{\vartheta}\cdot\dot{\psi}$, $\dot{\psi}\cdot\dot{\varphi}$) auf. Für die sechs relativen Lagekoordinaten liefern der Impulssatz und der Drallsatz die erforderliche Anzahl von Differentialgleichungen.

6.4.1 Die absolute Winkelgeschwindigkeit $\boldsymbol{\omega}_{\mathrm{abs}}$ und die absolute Winkelbeschleunigung $\overset{\circ}{\boldsymbol{\omega}}_{\mathrm{abs}}$ des Körpers

Nach dem Additionstheorem für aufeinander folgende infinitesimale Drehungen setzt sich die absolute Winkelgeschwindigkeit des Körpers zusammen aus der Winkelgeschwindigkeit des Dreibeins $\mathbf{e}_1\, \mathbf{e}_2\, \mathbf{e}_3$, d. h. aus $\boldsymbol{\omega}_{\mathrm{syst}}$, und der relativen Winkelgeschwindigkeit $\boldsymbol{\omega}_{\mathrm{rel}}$ des Körpers, d. h. der Winkelgeschwindigkeit des Körpers gegenüber dem bewegten Bezugssystem S.

Es gilt also:

$$\boldsymbol{\omega}_{\text{abs}} = \boldsymbol{\omega}_{\text{syst}} + \boldsymbol{\omega}_{\text{rel}}$$

woraus

$$\dot{\boldsymbol{\omega}}_{\text{abs}} = \dot{\boldsymbol{\omega}}_{\text{syst}} + \dot{\boldsymbol{\omega}}_{\text{rel}} = \overset{\circ}{\boldsymbol{\omega}}_{\text{syst}} + \overset{\circ}{\boldsymbol{\omega}}_{\text{rel}} + \boldsymbol{\omega}_{\text{syst}} \times \boldsymbol{\omega}_{\text{rel}}$$

folgt. $\boldsymbol{\omega}_{\text{syst}}(t)$ und $\dot{\boldsymbol{\omega}}_{\text{syst}}(t)$ sind gegeben, somit hängt $\boldsymbol{\omega}_{\text{abs}}$ ab von φ, ϑ, ψ, $\dot{\varphi}$, $\dot{\vartheta}$, $\dot{\psi}$ und t und $\dot{\boldsymbol{\omega}}_{\text{abs}}$ hängt ab von φ, ϑ, ψ, $\dot{\varphi}$, $\dot{\vartheta}$, $\dot{\psi}$, $\ddot{\varphi}$, $\ddot{\vartheta}$, $\ddot{\psi}$ und der Zeit t. Für die absoluten bzw. die relativen Ableitungen der Einheitsvektoren $\mathbf{n}_i$ bzw. $\mathbf{e}_i$ gelten die Eulerformeln:

$$\dot{\mathbf{n}}_i = \boldsymbol{\omega}_{\text{abs}} \times \mathbf{n}_i \, , \quad \overset{\circ}{\mathbf{n}}_i = \boldsymbol{\omega}_{\text{rel}} \times \mathbf{n}_i \quad \text{und} \quad \dot{\mathbf{e}}_i = \boldsymbol{\omega}_{\text{syst}} \times \mathbf{e}_i \, .$$

6.4.2 Die absolute Beschleunigung des körperfesten Punktes K

Die absolute Beschleunigung des körperfesten Punktes K berechnet sich gemäß der Formel:

$$\ddot{\mathbf{X}}_K = \ddot{\mathbf{s}} + \dot{\boldsymbol{\omega}}_{\text{syst}} \times \mathbf{x}_K + \boldsymbol{\omega}_{\text{syst}} \times \left(\boldsymbol{\omega}_{\text{syst}} \times \mathbf{x}_K \right) + 2\boldsymbol{\omega}_{\text{syst}} \times \overset{\circ}{\mathbf{x}}_K + \overset{\circ\circ}{\mathbf{x}}_K$$

6.4.3 Impulssatz, Massenzentrumssatz, Drallsatz, Momentensatz

Aus dem Impulssatz $\dot{\mathbf{p}} = \mathbf{F}$ folgt mit $\dot{\mathbf{p}} = \left(\iiint \dot{\mathbf{X}} \, dm \right)^{\cdot} = \iiint \ddot{\mathbf{X}} \, dm$ und $\mathbf{X}_C m = \iiint \mathbf{X} \, dm$ der Massenzentrumssatz:

$$m\ddot{\mathbf{X}}_C = \mathbf{F} .$$

Der Vektor $\mathbf{r}_C = \overrightarrow{KC}$ ist ein körperfester Vektor. Mit $\dot{\mathbf{r}}_C = \boldsymbol{\omega}_{\text{abs}} \times \mathbf{r}_C$ erhält man für die Beschleunigung des Massenzentrums

$$\ddot{\mathbf{X}}_C = \ddot{\mathbf{X}}_K + \ddot{\mathbf{r}}_C = \ddot{\mathbf{X}}_K + \dot{\boldsymbol{\omega}}_{\text{abs}} \times \mathbf{r}_C + \boldsymbol{\omega}_{\text{abs}} \times \left(\boldsymbol{\omega}_{\text{abs}} \times \mathbf{r}_C \right)$$

Damit wird:

$$\mathbf{F} = m\left[\ddot{\mathbf{X}}_K + \dot{\boldsymbol{\omega}}_{\text{abs}} \times \mathbf{r}_C + \boldsymbol{\omega}_{\text{abs}} \times \left(\boldsymbol{\omega}_{\text{abs}} \times \mathbf{r}_C \right) \right]$$

Wird $K \equiv C$ gewählt, dann ist $\mathbf{r}_C \equiv 0$ und es wird $\mathbf{F} = m\ddot{\mathbf{X}}_K$. Damit hat man die ersten drei Differentialgleichungen zur Bestimmung der Relativbewegung des Körpers vorliegen. Drei weitere Differentialgleichungen liefert der Drall- bzw. der Momentensatz.

Aus dem Drallsatz $\dot{\mathbf{L}} = \mathbf{M}$ folgt mit $\dot{\mathbf{L}} = \left(\iiint \mathbf{X} \times \dot{\mathbf{X}}\,dm\right)^{\cdot} = \iiint \mathbf{X} \times \ddot{\mathbf{X}}\,dm$ der (auf den Ursprung der ruhenden Koordinatensystems bezogene) Momentensatz:

$$\mathbf{M} = \iiint \mathbf{X} \times \ddot{\mathbf{X}}\,dm\,.$$

Mit $\quad \mathbf{X} = \mathbf{X}_K + \mathbf{r}\,,\quad \iiint \ddot{\mathbf{X}}\,dm = \ddot{\mathbf{X}}_C m = \mathbf{F}\quad$ und $\quad \mathbf{M} = \mathbf{M}_K + \mathbf{X}_K \times \mathbf{F}$

erhält man daraus den auf den Punkt K bezogenen Momentensatz:

$$\mathbf{M}_K = \iiint \mathbf{r} \times \ddot{\mathbf{X}}\,dm\,.$$

Setzt man für

$$\ddot{\mathbf{X}} = \ddot{\mathbf{X}}_K + \dot{\boldsymbol{\omega}}_{\mathrm{abs}} \times \mathbf{r} + \boldsymbol{\omega}_{\mathrm{abs}} \times \left(\boldsymbol{\omega}_{\mathrm{abs}} \times \mathbf{r}\right)$$

in diese Formel ein, so wird

$$\mathbf{M}_K = \left(\iiint \mathbf{r}\,dm\right) \times \ddot{\mathbf{X}}_K +$$
$$+ \iiint \mathbf{r} \times \left(\dot{\boldsymbol{\omega}}_{\mathrm{abs}} \times \mathbf{r}\right)dm + \iiint \mathbf{r} \times \left[\boldsymbol{\omega}_{\mathrm{abs}} \times \left(\boldsymbol{\omega}_{\mathrm{abs}} \times \mathbf{r}\right)\right]dm$$

und mit

$$\iiint \mathbf{r}\,dm = \mathbf{r}_C m\,,$$

$$\iiint \mathbf{r} \times \left(\dot{\boldsymbol{\omega}}_{\mathrm{abs}} \times \mathbf{r}\right)dm = \iiint \left(r^2 \mathbf{I} - \mathbf{r}\mathbf{r}\right)dm \circ \dot{\boldsymbol{\omega}}_{\mathrm{abs}} = \boldsymbol{\Theta}_K \dot{\boldsymbol{\omega}}_{\mathrm{abs}}\,,$$

$$\iiint \mathbf{r} \times \left[\boldsymbol{\omega}_{\mathrm{abs}} \times \left(\boldsymbol{\omega}_{\mathrm{abs}} \times \mathbf{r}\right)\right]dm = \boldsymbol{\omega}_{\mathrm{abs}} \times \left(\iiint - \mathbf{r}\mathbf{r}\,dm\right) \circ \boldsymbol{\omega}_{\mathrm{abs}} =$$

$$= \boldsymbol{\omega}_{\mathrm{abs}} \times \iiint \left(r^2 \mathbf{I} - \mathbf{r}\mathbf{r}\right)dm \circ \boldsymbol{\omega}_{\mathrm{abs}} =$$

$$= \boldsymbol{\omega}_{\mathrm{abs}} \times \boldsymbol{\Theta}_K \circ \boldsymbol{\omega}_{\mathrm{abs}}$$

wird:
$$\boxed{\mathbf{M}_K = \mathbf{r}_C \times m\ddot{\mathbf{X}}_K + \boldsymbol{\Theta}_K \circ \dot{\boldsymbol{\omega}}_{\mathrm{abs}} + \boldsymbol{\omega}_{\mathrm{abs}} \times \boldsymbol{\Theta}_K \circ \boldsymbol{\omega}_{\mathrm{abs}}}\,.$$

Wird in diese Formel

$$\boldsymbol{\omega}_{\mathrm{abs}} = \boldsymbol{\omega}_{\mathrm{syst}} + \boldsymbol{\omega}_{\mathrm{rel}}\,,\quad \dot{\boldsymbol{\omega}}_{\mathrm{abs}} = \overset{\circ}{\boldsymbol{\omega}}_{\mathrm{syst}} + \overset{\circ}{\boldsymbol{\omega}}_{\mathrm{rel}} + \boldsymbol{\omega}_{\mathrm{syst}} \times \boldsymbol{\omega}_{\mathrm{rel}}\,,$$

$$\ddot{\mathbf{X}}_K = \ddot{\mathbf{s}} + \dot{\boldsymbol{\omega}}_{\mathrm{syst}} \times \mathbf{x}_K + \boldsymbol{\omega}_{\mathrm{syst}} \times \left(\boldsymbol{\omega}_{\mathrm{syst}} \times \mathbf{x}_K\right) + 2\boldsymbol{\omega}_{\mathrm{syst}} \times \overset{\circ}{\mathbf{x}}_K + \overset{\circ\circ}{\mathbf{x}}_K$$

eingesetzt, dann hat man zur Berechnung der relativen Lageparameter drei weitere Differentialgleichungen zur Verfügung.

Die Integration der sechs skalaren Differentialgleichungen setzt die Kenntnis der Abhängigkeiten der resultierenden Kraft $\mathbf{F}$ und des auf den Punkt K bezogenen resultierenden Momentes $\mathbf{M}_K$ von der Zeit bzw. von den relativen Lageparametern (bzw. deren Ableitungen nach der Zeit) voraus. Sind für die sechs relativen Lageparameter n geometrische (Zwangs-) Bedingungen vorgeschrieben, dann sind nur mehr $(6-n)$ Lageparameter frei wählbar. In $\mathbf{F}$ bzw. $\mathbf{M}$ scheinen dann $(6-n)$ Zwangskraftkomponenten bzw. Zwangsmomenten-Komponenten auf.

6.4.4 Beispiel: Rotierendes Pendel

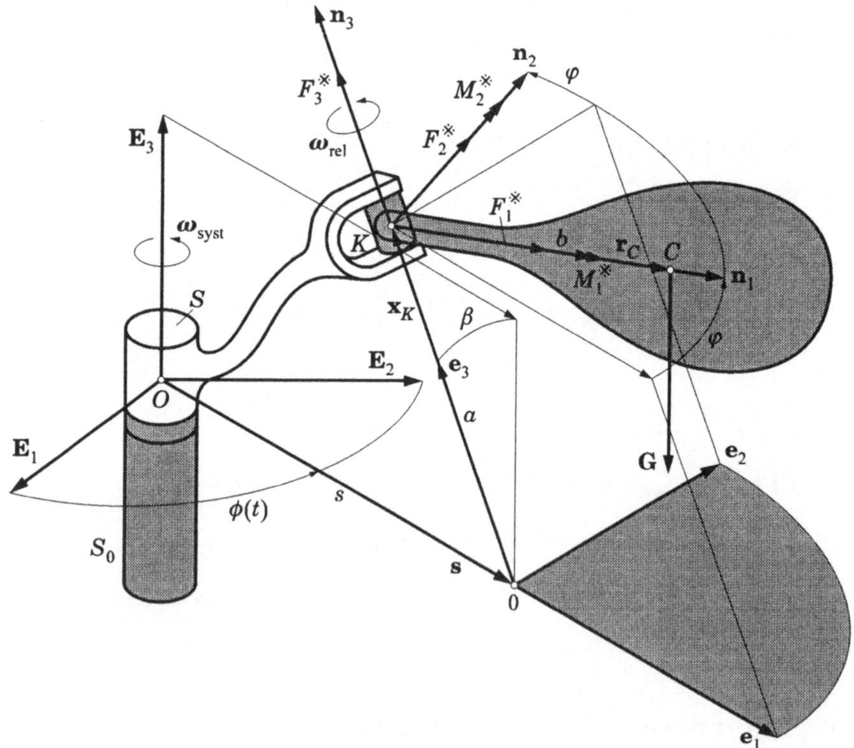

Die Situation verdeutlicht obenstehende Skizze: Ein Pendel ist im Körper S, um das Scharnier K drehbar gelagert. Der Körper S dreht sich in vorgeschriebener Weise $[\phi(t)]$ um eine vertikale Achse ($\mathbf{E}_3$). Gesucht ist die Differentialgleichung, die die Relativbewegung $[\varphi(t)]$ des Pendels gegenüber dem rotierenden Trägerkörper beschreibt. Die Lage des Scharniers K im Körper S ist durch den Normalabstand s der Drehachsen, den Schrägungswinkel β und das Versetzungsmaß a gegeben.

Lagekoordinaten der Vektorbasis (o, $\mathbf{e}_1\,\mathbf{e}_2\,\mathbf{e}_3$) in S_0

$$\varphi(t)\,,\quad \Theta = \beta = \text{konst.}\,,\quad \psi \equiv 0\,,$$

$$S_1 = s\cos\varphi(t)\,,\quad S_2 = s\sin\varphi(t)\,,\quad S_3 \equiv 0\,,\quad |\mathbf{s}| = s = \text{konst.}$$

Relative Lagekoordinaten von (K, $\mathbf{n}_1\,\mathbf{n}_2\,\mathbf{n}_3$) in S

$$\varphi(t)\,,\quad \vartheta \equiv 0\,,\quad \psi \equiv 0\,,\quad s_{K1} \equiv 0\,,\quad s_{K2} \equiv 0\,,\quad x_{K3} = a = \text{konst.}$$

Das körperfeste Koordinatensystem (K, $\mathbf{n}_1\,\mathbf{n}_2\,\mathbf{n}_3$) falle mit dem Hauptachsensystem des Pendels zusammen. Die (Relativ-) Drehachse des Pendels sei zugleich eine der drei Hauptachsen ($\mathbf{n}_3$). Schließlich soll das Massenzentrum (C) des Pendels auf der ersten Hauptachse (in der Entfernung b vom Scharnier K) liegen.

Die Winkelgeschwindigkeiten und die Winkelbeschleunigungen

$$\boldsymbol{\omega}_{\text{syst}} = \mathbf{E}_3\dot{\varphi} = \dot{\varphi}\left(\mathbf{e}_2\sin\beta + \mathbf{e}_3\cos\beta\right) = \dot{\varphi}\left[\sin\beta\left(\mathbf{n}_1\sin\varphi + \mathbf{n}_2\cos\varphi\right) + \mathbf{n}_3\cos\beta\right] =$$
$$= \omega_{i,\text{syst}}\,\mathbf{n}_i$$

$$\dot{\boldsymbol{\omega}}_{\text{syst}} = \mathbf{E}_3\ddot{\varphi} = \ddot{\varphi}\left[\sin\beta\left(\mathbf{n}_1\sin\varphi + \mathbf{n}_2\cos\varphi\right) + \mathbf{n}_3\cos\beta\right] = \alpha_{i,\text{syst}}\,\mathbf{n}_i$$

$$\boldsymbol{\omega}_{\text{abs}} = \boldsymbol{\omega}_{\text{syst}} + \boldsymbol{\omega}_{\text{rel}} = \mathbf{E}_3\dot{\varphi} + \mathbf{e}_3\dot{\varphi} =$$
$$= \dot{\varphi}\sin\beta\left(\mathbf{n}_1\sin\varphi + \mathbf{n}_2\cos\varphi\right) + \left(\dot{\varphi}\cos\beta + \dot{\varphi}\right)\mathbf{n}_3 = \omega_{i,\text{abs}}\,\mathbf{n}_i$$

$$\dot{\boldsymbol{\omega}}_{\text{abs}} = \left(\omega_{i,\text{abs}}\,\mathbf{n}_i\right)^{\cdot} = \dot{\omega}_{i,\text{abs}}\,\mathbf{n}_i + \omega_{i,\text{abs}}\,\dot{\mathbf{n}}_i = \dot{\omega}_{i,\text{abs}}\,\mathbf{n}_i + \boldsymbol{\omega}_{\text{abs}}\times\omega_{i,\text{abs}}\,\mathbf{n}_i =$$
$$= \sin\beta\left[\left(\ddot{\varphi}\sin\varphi + \dot{\varphi}\dot{\varphi}\cos\varphi\right)\mathbf{n}_1 + \left(\ddot{\varphi}\cos\varphi - \dot{\varphi}\dot{\varphi}\sin\varphi\right)\mathbf{n}_2\right] + \left(\ddot{\varphi}\cos\beta + \ddot{\varphi}\right)\mathbf{n}_3 =$$
$$= \alpha_{i,\text{abs}}\,\mathbf{n}_i$$

Damit sind die (auf $\mathbf{n}_1\,\mathbf{n}_2\,\mathbf{n}_3$ bezogenen) Koordinaten-Spaltenmatrizen gegeben durch:

$$\underset{\sim}{\omega}_{\text{syst}} = \begin{bmatrix} \dot{\varphi}\sin\beta\sin\varphi \\ \dot{\varphi}\sin\beta\cos\varphi \\ \dot{\varphi}\cos\beta \end{bmatrix}\,,\quad \underset{\sim}{\alpha}_{\text{syst}} = \begin{bmatrix} \ddot{\varphi}\sin\beta\sin\varphi \\ \ddot{\varphi}\sin\beta\cos\varphi \\ \ddot{\varphi}\cos\beta \end{bmatrix}\,,$$

$$\underset{\sim}{\omega}_{\text{abs}} = \begin{bmatrix} \dot{\varphi}\sin\beta\sin\varphi \\ \dot{\varphi}\sin\beta\cos\varphi \\ \dot{\varphi}\cos\beta + \dot{\varphi} \end{bmatrix}\,,\quad \underset{\sim}{\alpha}_{\text{abs}} = \begin{bmatrix} \sin\beta\left(\ddot{\varphi}\sin\varphi + \dot{\varphi}\dot{\varphi}\cos\varphi\right) \\ \sin\beta\left(\ddot{\varphi}\cos\varphi - \dot{\varphi}\dot{\varphi}\sin\varphi\right) \\ \ddot{\varphi}\cos\beta + \ddot{\varphi} \end{bmatrix}$$

Die Beschleunigung des Punktes K

$$\ddot{\mathbf{X}}_K = \ddot{\mathbf{s}} + \dot{\boldsymbol{\omega}}_{\text{syst}} \times \mathbf{x}_K + \boldsymbol{\omega}_{\text{syst}} \times \left(\boldsymbol{\omega}_{\text{syst}} \times \mathbf{x}_K\right) + 2\boldsymbol{\omega}_{\text{syst}} \times \overset{\circ}{\mathbf{x}}_K + \overset{\circ\circ}{\mathbf{x}}_K \ .$$

Mit $\quad \mathbf{s} = s\,\mathbf{e}_1 \ , \quad \dot{\mathbf{s}} = \boldsymbol{\omega}_{\text{syst}} \times \mathbf{s} \ , \quad \ddot{\mathbf{s}} = \dot{\boldsymbol{\omega}}_{\text{syst}} \times \mathbf{s} + \boldsymbol{\omega}_{\text{syst}} \times \left(\boldsymbol{\omega}_{\text{syst}} \times \mathbf{s}\right)$

und $\quad \mathbf{x}_K = \mathbf{e}_3 a \ , \quad \overset{\circ}{\mathbf{x}}_K = 0 \ , \quad \overset{\circ\circ}{\mathbf{x}}_K = 0$

erhält man daraus:

$$\ddot{\mathbf{X}}_K = \dot{\boldsymbol{\omega}}_{\text{syst}} \times \mathbf{X}_K + \boldsymbol{\omega}_{\text{syst}} \times \left(\boldsymbol{\omega}_{\text{syst}} \times \mathbf{X}_K\right),$$

worin für

$$\mathbf{X}_K = \mathbf{s} + \mathbf{x}_K = s\,\mathbf{e}_1 + a\,\mathbf{e}_3 = s\left(\cos\varphi\,\mathbf{n}_1 - \sin\varphi\,\mathbf{n}_2\right) + a\,\mathbf{n}_3$$

einzusetzen ist. Die Ausrechnung ergibt für die Koordinaten a_{Ki} von $\ddot{\mathbf{X}}_K$ in $(\mathbf{n}_1\ \mathbf{n}_2\ \mathbf{n}_3)$ zusammengefaßt zu einer Spaltenmatrix:

$$\underset{\sim}{a}_K = \left|\begin{array}{l} \ddot{\phi}\left(a\sin\beta\cos\varphi + s\cos\beta\sin\varphi\right) \ + \dot{\phi}^2\left(a\sin\beta\cos\beta\sin\varphi - s\cos\varphi\right) \\[4pt] \ddot{\phi}\left(-a\sin\beta\sin\varphi + s\cos\beta\cos\varphi\right) + \dot{\phi}^2\left(a\sin\beta\cos\beta\cos\varphi + s\sin\varphi\right) \\[4pt] -\ddot{\phi}\,s\sin\beta \qquad\qquad\qquad\qquad\quad\ -\dot{\phi}^2 a\sin^2\beta \end{array}\right|$$

Die Kräfte und die (auf K bezogenen) Momente

Entsprechend den fünf geometrischen (Zwangs-) Bedingungen für die relativen Lagekoordinaten: $\vartheta \equiv 0$, $\psi \equiv 0$, $x_{K1} \equiv 0$, $x_{K2} \equiv 0$, $x_{K3} = a = \text{konst.}$ sind zwei Zwangsmomente (M_1^{*}, M_2^{*}) und drei Zwangskräfte ($F_1^{*}, F_2^{*}, F_3^{*}$) einzuführen.

$$\mathbf{F} = \mathbf{G} + \mathbf{F}^{*} = -mg\mathbf{E}_3 + F_i^{*}\mathbf{n}_i$$

$$\mathbf{F} = \left(-mg\sin\beta\sin\varphi + F_1^{*}\right)\mathbf{n}_1 + \left(-mg\sin\beta\cos\varphi + F_2^{*}\right)\mathbf{n}_2 + \left(-mg\cos\beta + F_3^{*}\right)\mathbf{n}_3$$

$$\mathbf{M}_K = \mathbf{r}_C \times \mathbf{G} + M_1^{*}\mathbf{n}_1 + M_2^{*}\mathbf{n}_2 = b\,\mathbf{n}_1 \times \left(-mg\mathbf{E}_3\right) + M_1^{*}\mathbf{n}_1 + M_2^{*}\mathbf{n}_2 =$$

$$= -mgb\,\mathbf{n}_1 \times \left[\sin\beta\left(\sin\varphi\,\mathbf{n}_1 + \cos\varphi\,\mathbf{n}_2\right) + \cos\beta\,\mathbf{n}_3\right] + M_1^{*}\mathbf{n}_1 + M_2^{*}\mathbf{n}_2$$

$$\mathbf{M}_K = M_1^{*}\mathbf{n}_1 + \left(M_2^{*} + mgb\cos\beta\right)\mathbf{n}_2 + \left(-mgb\sin\beta\cos\varphi\right)\mathbf{n}_3$$

In Spaltenmatrizen zusammengefaßte Kraft- bzw. Momentenkomponenten (in $K\ \mathbf{n}_1\ \mathbf{n}_2\ \mathbf{n}_3$):

$$\underset{\sim}{F} = \left|\begin{array}{l} F_1^{*} - mg\sin\beta\sin\varphi \\[4pt] F_2^{*} - mg\sin\beta\cos\varphi \\[4pt] F_3^{*} - mg\cos\beta \end{array}\right| \ , \qquad \underset{\sim}{M}_K = \left|\begin{array}{l} M_1^{*} \\[4pt] M_2^{*} + mgb\cos\beta \\[4pt] \quad - mgb\sin\beta\cos\varphi \end{array}\right| \ .$$

Der Impulssatz, Massenzentrumssatz

$$\mathbf{F} = m\ddot{\mathbf{X}}_C = m\left[\ddot{\mathbf{X}}_K + \dot{\boldsymbol{\omega}}_{\mathrm{abs}} \times \mathbf{r}_C + \boldsymbol{\omega}_{\mathrm{abs}} \times (\boldsymbol{\omega}_{\mathrm{abs}} \times \mathbf{r}_C)\right].$$

Mit $\quad \mathbf{r}_C = b\,\mathbf{n}_1$

und den oben bereitgestellten Formeln für $\ddot{\mathbf{X}}_K$, $\boldsymbol{\omega}_{\mathrm{abs}}$, $\dot{\boldsymbol{\omega}}_{\mathrm{abs}}$ und $\mathbf{F}$ erhält man daraus folgende drei Gleichungen:

$$F_1^* - mg\sin\beta\sin\varphi = m\Big\{\ddot{\phi}\big[\,a\sin\beta\cos\varphi + s\cos\beta\sin\varphi\big] +$$
$$+\,\dot{\phi}^2\big[a\sin\beta\cos\beta\sin\varphi - s\cos\varphi + b(-1+\sin^2\beta\sin^2\varphi)\big] -$$
$$-\,b\big(2\cos\beta\,\dot{\phi}\dot{\varphi} + \dot{\varphi}^2\big)\Big\}$$

$$F_2^* - mg\sin\beta\cos\varphi = m\Big\{\ddot{\phi}\big[-a\sin\beta\sin\varphi + s\cos\beta\cos\varphi + b\cos\beta\big] +$$
$$+\,\dot{\phi}^2\big[a\sin\beta\cos\beta\cos\varphi + s\sin\varphi + b\sin^2\beta\sin\varphi\cos\varphi\big] + b\ddot{\varphi}\Big\}$$

$$F_3^* - mg\cos\beta = m\Big\{-\ddot{\phi}\sin\beta\big[s+b\cos\varphi\big] +$$
$$+\,\dot{\phi}^2\sin\beta\big[-a\sin\beta + b\cos\beta\sin\varphi\big] + 2b\dot{\phi}\dot{\varphi}\sin\beta\sin\varphi\Big\}$$

Der Drallsatz, der auf K bezogene Momentensatz

$$\mathbf{M}_K = \mathbf{r}_C \times m\ddot{\mathbf{X}}_K + \boldsymbol{\Theta}_K \circ \dot{\boldsymbol{\omega}}_{\mathrm{abs}} + \boldsymbol{\omega}_{\mathrm{abs}} \times (\boldsymbol{\Theta}_K \circ \boldsymbol{\omega}_{\mathrm{abs}})$$

Mit dem Trägheitstensor

$$\boldsymbol{\Theta}_K = J_1\mathbf{n}_1\mathbf{n}_1 + J_2\mathbf{n}_2\mathbf{n}_2 + J_3\mathbf{n}_3\mathbf{n}_3 \;,\quad \mathbf{r}_C = b\,\mathbf{n}_1$$

und den oben bereitgestellten Formeln für $\ddot{\mathbf{X}}_K$, $\boldsymbol{\omega}_{\mathrm{abs}}$, $\dot{\boldsymbol{\omega}}_{\mathrm{abs}}$ erhält man daraus die restlichen drei Gleichungen:

$$M_1^* = \sin\beta\Big\{\ddot{\phi}(J_1\sin\varphi) + \cos\varphi\big[\dot{\phi}^2(J_3-J_2)\cos\beta + \dot{\phi}\dot{\varphi}(J_1+J_3-J_2)\big]\Big\}$$

$$M_2^* + mgb\cos\beta = \sin\beta\Big\{\ddot{\phi}(J_2\cos\varphi + mbs) +$$
$$+\,\dot{\phi}^2\big[(J_1-J_3)\cos\beta\sin\varphi + mba\sin\beta\big] +$$
$$+\,\dot{\phi}\dot{\varphi}\sin\varphi(J_1-J_3-J_2)\Big\}$$

$$-\,mgb\sin\beta\cos\varphi = J_3\ddot{\varphi} + \ddot{\phi}\big[J_3\cos\beta + mb(-a\sin\beta\sin\varphi + s\cos\beta\cos\varphi)\big] +$$
$$+\,\dot{\phi}^2\big[(J_2-J_1)\sin^2\beta\sin\varphi\cos\varphi +$$
$$+\,mb(a\sin\beta\cos\beta\cos\varphi + s\sin\varphi)\big].$$

Ist die Systembewegung durch $\phi(t)$ vorgegeben, dann stehen nunmehr zur Bestimmung der Funktionen $\varphi(t)$, $M_2^*(t)$, $M_3^*(t)$, $F_1^*(t)$, $F_2^*(t)$ und $F_3^*(t)$ sechs Differentialgleichungen zur Verfügung. Die eigentliche „Bewegungsgleichung" ist die zuletzt angeschriebene Gleichung, die nur $\varphi(t)$ und $\phi(t)$ enthält. Sie ist bei (nicht vorgegebener Funktion $\phi(t)$ aber) geforderter Relativbewegung $\varphi(t)$ auch als Differentialgleichung zur Bestimmung der Systembewegung $\phi(t)$ auffaßbar. Für $\phi(t) \equiv 0$ existieren zwei Gleichgewichtslagen:

$$\varphi = -90° \qquad \text{(stabil für } \beta > 0, \text{ labil für } \beta < 0)$$

$$\text{und} \quad \varphi = 90° \qquad \text{(stabil für } \beta < 0, \text{ labil für } \beta > 0).$$

Stichwortverzeichnis

J

K

S